G. Kreisel · J.-L. Krivine

Modelltheorie

Eine Einführung in die mathematische Logik und Grundlagentheorie

Aus dem Französischen übersetzt von
J. Jung

Springer-Verlag
Berlin · Heidelberg · New York 1972

Dr. Georg Kreisel
Professor of Logic and Mathematics
Stanford University, Stanford, CA 94305/USA

Dr. Jean-Louis Krivine
Maître de Conférences à la Faculté
des Sciences de Paris
Departement de Mathématiques
Tour 45–55
9 Quai Saint - Bernard
F-75 Paris (5°)

Joachim Jung
Institut für angewandte Mathematik der Universität Heidelberg
69 Heidelberg, Im Neuenheimer Feld 5

Titel der französischen Ausgabe: Eléments de logique methématique. © by Dunod, Paris 1966

AMS Subject Classifications (1970)
Primary: 02–01, 02 B xx, 02 H xx
Secondary: 02 A 05

ISBN-13: 978-3-540-05654-6 e-ISBN-13: 978-3-642-65302-5
DOI: 10.1007/978-3-642-65302-5

Offsetdruck: Julius Beltz, Hemsbach/Bergstr.

Vorwort

Diesem Buch liegt eine Vorlesung zu Grunde, die ich im Jahre 1960/61 an der Universität von Paris für Mathematiker gehalten habe und die 1962 vervielfältigt wurde. Nach dem ersten Teil dieser Vorlesung fertigte Herr J.-L. Krivine eine in vielem verbesserte Darstellung an, die die Kapitel 0 - 5 umfasste. Für die erste gedruckte Ausgabe (Eléments de logique mathématique, Dunod 1966) habe ich Kapitel 6 und 7 selbst geschrieben. Sie enthalten wichtige Ergebnisse der neueren Forschung und Material, das im Anhang II benötigt wird. Eine englische Übersetzung wurde kurz danach von der North-Holland Publ. Co. herausgebracht (Elements of mathematical logic, Amsterdam 1967).

Für die vorliegende deutsche Übersetzung, die von Herrn Jochen Jung stammt, habe ich neues Material hinzugenommen, ohne jedoch das Buch wirklich zu überarbeiten. Dabei handelt es sich zunächst einmal um Corrigenda und Addenda, die schon im Nachdruck (1971) der englischen Ausgabe vorkommen, z.B. Hinweise auf die neuere Literatur in den Zusammenfassungen, die den einzelnen Kapiteln vorausgehen. (Allgemein sei hier bemerkt, daß jede dieser Zusammenfassungen auch als Einführung zum einschlägigen Kapitel dient: die wichtigsten Ergebnisse des Kapitels und ihre Beziehungen werden so prägnant formuliert wie es nach der Lektüre der vorhergehenden Kapitel möglich ist - und zwar ohne die üblichen pseudo-philosophischen "Motivierungen". Den philosophisch interessierten Leser verweise ich auf den - für ihn geschriebenen - Anhang II A, wo Ergebnisse aus der mathematischen Logik tatsächlich für philosophische Zwecke verwendet werden.)

Außerdem sind noch folgende Zusätze zum Haupttext zu erwähnen: die Aufgaben 2 und 6 zu Kapitel 1; Aufgabe 1(c) zu Kapitel 3; Satz 9 und Aufgaben 6(a) und 10 im Kapitel 7, die den Zusammenhang zwischen der Rekursionstheorie und der Theorie der invarianten Definitionen herstellen; vor allem aber die Aufgaben 4-8 zu Kapitel 5, die als Einführung in die abstrakte Mengenlehre dienen, wenn diese - wie im Anhang II A - als globale Theorie geeigneter Stufen- oder Typenstrukturen aufgefaßt wird. Dies schien mir nützlich, da der Mengenbegriff oft, ganz unnötigerweise, unanalysiert bleibt - selbst in guten Darstellungen wie z.B. der Théorie axiomatique des ensembles (Paris 1969) von J.-L. Krivine, wo übrigens die im Anhang II A verwendeten Ergebnisse aus der axiomatischen Mengenlehre in nahezu gleicher Reihenfolge, aber ausführlicher und schöner bewiesen werden.

Was sonst noch die Anhänge betrifft, so habe ich zwar mehrere Abschnitte ganz neu gefaßt, z.B. S. 186, 195-200, 208, 238-241, 273-274. Aber bedeutend wichtiger, so scheint es mir, sind die vielen *Präzisierungen*, die ich Herrn Sieg - direkt oder indirekt - verdanke. Er hat übrigens auch mit Energie, Scharfsinn und, vor allem, wissenschaftlichem Ernst die Übersetzung der Anhänge in Ordnung gebracht.

Der Vorschlag, diese Übersetzung anfertigen und im Springer-Verlag erscheinen zu lassen, geht auf die Herren G.H. Müller und K. Peters zurück. Herr W. Kaufmann-Bühler hat das Sachverzeichnis zusammengestellt, und Frau I. Rossbach hat das Buch nach verschiedenen Manuskripten mit sozusagen mathematischer Präzision und philosophischer Geduld getippt.

Februar 1972 G. Kreisel

Inhaltsverzeichnis

Einleitung I (für Mathematiker)

Diese Einleitung betrifft den Haupttext und Anhang I. Wie in meiner, im Vorwort erwähnten, Pariser Vorlesung 1960/61 handelt es sich auch hier darum, dem Mathematiker eine Idee von den Anwendungsmöglichkeiten der Logik in der üblichen mathematischen Praxis zu vermitteln. Ich sage "Idee von", da es im Jahre 1960 noch keine wirklich überzeugenden Anwendungen gab. (Das hat sich im letzten Jahrzehnt geändert.) Anhang I, der übrigens ohne besondere Vorkenntnisse aus der Logik verständlich ist, legt dar, warum die Praxis den Mathematiker nicht auf jene Anwendungsmöglichkeiten vorbereitet hat. Im Haupttext werden dann Begriffe und Methoden systematisch entwickelt, die für die Anwendungen wichtig sind. Es war mir daran gelegen, dem (französischen) Leser sinnlose Schwierigkeiten zu ersparen, etwa durch einen ihm in der Mathematik ungewohnten Stil oder gar durch Beispiele aus dem Alltagsleben, die den - unbegründeten - Eindruck erwecken sollen, die (gegenwärtige) mathematische Logik wäre für die Analyse des täglichen Denkens nützlich.

Die *Modelltheorie*, auch "Semantik" genannt, schien mir für die eben erwähnten Ziele besonders geeignet. Hier wird die *axiomatische Methode* konsequent mengentheoretisch - also in der Sprache der Mengenlehre mit Hilfe der bekannten Eigenschaften des Mengenbegriffes - entwickelt. Die für die Modelltheorie grundlegenden Begriffe beziehen sich auf: verschiedene Arten von *Sprachen*; deren *Realisierungen*, d.h. geeignete Klassen von mathematischen Strukturen; und *Modelle* einer Formel(menge) der betrachteten Sprache, d.h. Realisierungen, die die Formel(n) erfüllen. Die zwei Hauptthemen des Buches betreffen die *Folgerungsbeziehung* (eine Formel *A folgt* aus den "Axiomen" A, die in einer Sprache *L* formuliert sind, wenn jede Realisierung von *L*, die die Formeln von A erfüllt, auch *A* erfüllt) und *Definierbarkeit* (einer Menge in einer Realisierung von *L* mit Hilfe einer Formel dieser Sprache). Offenbar lassen sich der Folgerungs- und der Definierbarkeitsbegriff mit den erwähnten modelltheoretischen Grundbegriffen erklären. Hier wird aber nicht eine allgemeine Theorie modelltheoretischer Sprachen entwickelt, wie man sie in der auf S.14 angegebenen Arbeit von Lindström findet, sondern einige wichtige Beispiele solcher Sprachen werden untersucht. Die weitgehendsten Ergebnisse gelten für die klassische Prädikatenlogik erster Stufe. Außerdem werden (im Kapitel 6) aber auch Sprachen erster Stufe mit unendlich langen Formeln und die Prädikatenlogik höherer Stufe behandelt: dadurch wird der Leser auf die im letzten Jahrzehnt aufgeblühte Modelltheorie jener Sprachen vorbereitet. Aber mir scheint noch wichtiger zu sein, daß er dadurch von der Versuchung befreit wird, der üblichen Prädikatenlogik eine prinzipiell ausgezeichnete Stellung zuzuschreiben: dies wäre jedenfalls bei der hier zu Grunde gelegten semantischen Auffassung der axiomatischen Methode verfehlt, da ja die modelltheoretischen Grundbegriffe für alle jene Sprachen mit Hilfe derselben, aus der Mengenlehre bekannten Begriffe formuliert werden; nur braucht man von diesen Begriffen beim Aufbau der Theorie verschiedene Sprachen mehr oder weniger elementare Eigenschaften.

Für den Kenner sei hier erwähnt, daß ich den Interpolationssatz für mehrsortige Sprachen (Kapitel 5) und die invarianten Definitionen (Kapitel 7) jedenfalls z.T. wegen ihrer Anwendungen auf Sprachen mit unendlich langen Formeln ausführlicher als üblich behandelt habe. Der Interpolationssatz ersetzt oft, z.B. bei Definierbarkeitssätzen (Kapitel 7), die bekannte "Methode der Diagramme", die nicht ohne Weiteres verallgemeinert werden kann. Die invarianten Definitionen braucht man für eine Verallgemeinerung rekursionstheoretischer Begriffe, die ihrerseits für eine vernünftige Wahl von Sprachen mit unendlich langen Formeln und eine entsprechende Erweiterung der Modelltheorie notwendig sind.

Daß ich mich auf Modelltheorie beschränke, soll keineswegs heißen, andere Teile der Logik hätten wenig mathematisches Interesse! Die rekursionstheoretischen Charakterisierungen der Untergruppen von endlich präsentierten Gruppen (Higman, Proc. Roy. Soc. A 262 (1961) 455-474) und der diophantischen Relationen (Matjasevitsch, Soviet Math. Doklady 11 (1970) 354-358) werden in ihrem mathematischen Interesse von keiner Anwendung der Modelltheorie übertroffen. Es hat sich einfach im Laufe der Forschung herausgestellt, daß - im Gegensatz zu oberflächlichen Eindrücken bis vor 20 Jahren - eine *rein* modelltheoretische Darstellung zu besonders natürlichen Formulierungen und Beweisen führt. Z.B. wurden ursprünglich viele Ergebnisse dieses Buches nur für *formale Systeme* ausgesprochen, d.h. für bestimmte Beschreibungen der betrachteten Folgerungsbeziehung durch formale Regeln; die entsprechenden Axiomenmengen sind dann automatisch rekursiv aufzählbar. Die meisten dieser Ergebnisse gelten aber für beliebige Axiomenmengen der klassischen Prädikatenlogik. Die oben erwähnte Beschreibung der Folgerungsbeziehung, die durch den bekannten Vollständigkeitssatz gerechtfertigt wird, ist *hier* ganz überflüssig; dagegen ist der auf ähnliche Weise bewiesene Endlichkeitssatz in der Modelltheorie sehr nützlich. (Erst bei der Verallgemeinerung auf Sprachen mit unendlich langen Formeln beschränkt man sich wieder auf Axiomenmengen, die in dem mit Hilfe invarianter Definitionen verallgemeinerten Sinn "rekursiv aufzählbar" sind.)

Da im Haupttext überhaupt keine formalen Regeln vorkommen, enthält er natürlich keine Beweistheorie. Es besteht übrigens kein Grund anzunehmen, daß die Beweistheorie in absehbarer Zukunft für die *Mathematik* nützlich sein wird (in bezug auf die Grundlagenforschung ist das ganz anders, siehe Anhang II B). Wie dem auch sei, ist es auf jeden Fall natürlich, mit der Modelltheorie anzufangen: hier handelt es sich um den Aufbau, die Definitionen, der *Objekte*, von denen man redet; nachher kommt die erkenntnistheoretische Analyse der *Methoden*, der Beweise, die zu unseren Kenntnissen über jene Objekte führen (Anhang II C). Die paar Brocken Beweistheorie, die üblicherweise geboten werden, berühren sicher nicht das Wesentliche einer solchen Analyse, die, jedenfalls beim gegenwärtigen Stand der Dinge, spezifisch philosophisches Interesse erfordert. Kurz, die heutige Beweistheorie scheint mir für die *meisten* Anfänger ganz ungeeignet.

Aus ähnlichen Gründen habe ich im Haupttext sogenannte historische Bemerkungen vermieden (ganz abgesehen davon, daß es sich um ein Lehrbuch der elementaren, mehr oder weniger klassischen Teile der Modelltheorie handelt): Die Logik verfolgte zunächst philosophische Ziele. Deshalb wird die *Geschichte* der Logik einfach verfälscht, wenn man nicht auf philosophisch wichtige Unterscheidungen eingeht, nur weil sie mathematisch unwesentlich zu sein scheinen oder es auch sind. Beispiele von Verfälschungen dieser Art - oder zumindest von Gedankenlosigkeit - findet man in den oft undifferenzierten "Inhabernamen" von Begriffen oder Sätzen, die ich durchwegs vermieden habe. (Der Kenner denke an den heute weit verbreiteten Brauch, das Uniformitätstheorem auf S.22 als "Herbrandschen Satz" zu bezeichnen. Jenes Theorem betrifft den Schritt von der *Gültigkeit* einer Formel zur *Existenz* einer expliziten Definition, wohingegen Herbrand den Begriff der semantischen Gültigkeit überhaupt ablehnte! Konsequenterweise interessierte er sich also für einen *anderen* Satz, betreffend den Schritt von einer formalen Ableitung jener Formel zu einer Schranke für die Komplexität der gewünschten Definition; außerdem braucht er wesentlich andere Methoden, siehe S.259-260. Kurz, das Uniformitätstheorem leistet nicht das, was Herbrand wollte.) Aber ganz abgesehen von aller Historik oder Pedantik scheint es mir überhaupt wünschenswert, wenn auch nicht immer leicht, Beziehungen für Sätze zu wählen, die ihren *Inhalt* treffen, statt diesen hinter Markennamen wie bei einem Patentmedikament zu verbergen.

Einleitung II (Grundlagen der Mathematik)

Hier handelt es sich um Anhang II, der für philosophisch interessierte Leser bestimmt ist (die genügend Erfahrung in der Mathematik haben, um sich mit ihren Grundlagen sinnvoll zu beschäftigen). Aber gelegentlich könnte dieser Anhang auch dem Lehrenden in einer Mathematikvorlesung nützlich sein, da besonders der Anfänger - mehr oder weniger explizit - philosophische Fragen stellt, die im Anhang untersucht werden.

Mein Ziel war es, die *mengentheoretischen Grundlagen* darzustellen, auf denen der Haupttext aufbaut. Ich habe mich bemüht, die sich dabei ergebenden spezifisch philosophischen Überlegungen möglichst streng und systematisch zu formulieren (und von rein mathematischen zu trennen). Als Ergebnisse philosophischer Analyse sind u.a. zu nennen:

die *Adäquatheitsbedingungen* für die mengentheoretische Reduktion intuitiver mathematischer Begriffe (nicht: Rezepte dafür, wie die Reduktionen zu finden sind!), S.203-206;

die *begrifflichen Unterscheidungen*, die die Arithmetik (S.207-208) und vor allem den unanalysierten Mengenbegriff betreffen (S.210-213, einschließlich der Cantor'schen Unterscheidung zwischen Vielheiten und Einheiten auf S.213 unten);

die philosophisch hochwichtige *Unterscheidung zwischen Unabhängigkeit von Axiomen erster und höherer Stufe* (S.229-231);

der *Beweis* der Äquivalenz zwischen dem intuitiven und dem mengentheoretischen Gültigkeitsbegriff für Formeln der klassischen Prädikatenlogik mit Hilfe der axiomatischen Analyse des intuitiven Begriffs durch die Axiome II und III auf S.234.

Die oben erwähnte Trennung zwischen philosophischen und mathematischen Überlegungen ist nicht ganz ausgewogen, teilweise weil beim gegenwärtigen

Stand der Dinge das Verhältnis zwischen der oft kurzen philosophischen Analyse und dem mathematischen Überbau recht einseitig ist. (Die philosophische Analyse ist so elementar, daß sie oft von Mathematikern gefunden wurde und jedenfalls immer von ihnen verstanden wird.) Aber man muß zugeben, daß es für die *pädagogische* Wirkung der Trennung, nämlich das philosophisch Wesentliche deutlich herauszustellen, nützlich gewesen wäre, manche im Anhang II A verwendete mathematische Ergebnisse in (neuen) Aufgaben zu den Kapiteln 6 und 7 des Haupttextes explizit zu formulieren und zu beweisen. Sätze über Axiome zweiter Stufe (z.B. Satz 1 und 2 auf S.217-218) passen gut ins Kapitel 6; ebenso die auf S.229-231 benutzten Unabhängigkeiten des Ersetzungsaxioms von den urspünglichen Zermelo'schen Axiomen, die als Axiome zweiter Stufe gemeint waren, oder des Parallelenaxioms von den entsprechenden geometrischen Axiomen; schließlich, als Gegenstücke, die Bestimmtheit (Entscheidbarkeit) der Kontinuumhypothese auf Grund jener Zermelo'schen Axiome und natürlich die Bestimmtheit von Aussagen über formale Widerspruchsfreiheit auf Grund der ursprünglichen Peano'schen Axiome. Übrigens gehören die Einzelheiten über kanonische (invariante) Definitionen, die auf S.218-228 im Beweis der Gödel'schen Unvollständigkeitssätze immer wieder benötigt werden, ins Kapitel 7; ich habe die Syntax nicht arithmetisiert, sondern hereditär-endliche Mengen als Formeln benutzt, was ja bei einer mengentheoretischen Darstellung das einzig Natürliche ist. - Gemäß dem in der Einleitung I formulierten Ziel habe ich die Gödel'schen Sätze in den Anhang aufgenommen, weil sie für die bekannten Anwendungen der Logik nicht wichtig, für die Grundlagen der Mathematik aber entscheidend sind.

Ich glaube, daß auf den Seiten 202-237 des Anhangs II A dem Leser ein vernünftiges Bild davon vermittelt wird, was mengentheoretische Grundlagen sind und was sie sollen. Allerdings leisten sie nicht das, was heute oft von Grundlagen der Mathematik verlangt wird, nämlich die sogenannte Sicherung der üblichen Mathematik, z.B. durch das bekannte Hilbert'sche Programm. Die Tatsache, daß *dieser* Ansatz nicht durchgeführt werden kann - jedenfalls nicht so, wie er ursprünglich gemeint war - hat anscheinend viele Mathematiker dazu gebracht, *alle* Grundlagenforschung für aussichtslos oder gar sinnlos zu halten! Oft glauben sie eine Art theoretische Rechtfertigung für diese Einstellung im Neo-Formalismus zu finden, der z.B. durch Bourbaki verbreitet ist. Nun spricht der (Neo-)Formalismus in der mathematischen Praxis wahrhaftig eine rein formelle Rolle. Er verwirft zwar abstrakte Begriffe generell und weist daher Fragen nach der Gültigkeit von Definitionen oder Prinzipien ab, welche abstrakte Begriffe betreffen; aber er überläßt es schließlich doch dem (begabten) Mathematiker, eine "richtige" Wahl zwischen Definitionen usw. zu treffen. Dieser Zwiespalt ist für die Grundlagenforschung, wo Fragen der Gültigkeit den Hauptgegenstand der Untersuchung bilden, fatal oder zumindest verwirrend.

Ich kenne keine bessere Methode, prinzipielle Verwirrungen zu vermeiden als (1) auf sie einzugehen, auch auf die Hintergründe (in unserem Fall, was denn an der üblichen Mathematik problematisch sein soll und einer Sicherung bedarf) und auf die Folgen (wer sich dauernd mit der Sicherung des Unproblematischen beschäftigt, kommt gar nicht dazu, das wirklich Problematische zu untersuchen) und (2) Alternativen (zu den mengentheoretischen Grundlagen) explizit zu formulieren und im Detail zu verfolgen. Die Einleitung zu Anhang II hat (1), Anhang II B hat (2) zum Ziel; insbesondere enthält die Einleitung eine allgemeine Kritik des Neo-Formalismus, die *nach* dem Studium der Grundlagen - wie zu erwarten - vertieft und verschärft werden kann (siehe S.238-241, S.270-272). Es versteht sich von selbst, daß der grobe (Neo-)Formalismus und das Hilbert'sche Programm in diesem Buch weniger gründlich als die mengentheoretischen Grundlagen dargestellt sind. Denn für eine solche Darstellung wäre der Apparat der Rekursionstheorie, bzw. der Beweistheorie erforderlich, Teilen der Logik also, die hier nicht behandelt werden.

0 Vorbereitungen. Definitionsschemata

Dieses Kapitel enthält einfache Ergebnisse über Funktionenklassen, die durch endliche Schemata definiert sind. Solche Schemata kommen in der Mathematik häufig vor, z.B. Polynome über einem Ring, rationale Funktionen über einem Körper; hier werden sie hauptsächlich zur Konstruktion von Sprachen verwendet. Die in der Mathematik übliche Bezeichnung "Funktionenschema" wird in späteren Kapiteln durch "Term" ersetzt, um Verwechslungen zwischen diesen symbolischen Objekten und den durch sie bezeichneten Objekten, den Funktionen nämlich, zu vermeiden. Die "klammerfreie" Schreibweise wird durch Satz 2 gerechtfertigt.

Die Definitionen dieses Kapitels erscheinen vielleicht etwas pedantisch, da sie rein mengentheoretisch formuliert werden; dies ist aber in der Mengenlehre selbst von Bedeutung, wenn man Klassen von Mengen betrachtet, deren Definierbarkeitseigenschaften wesentlich benutzt werden; vgl. die Vorbereitungen zum Beweis des Gödelschen Unvollständigkeitssatzes in Anhang II, S.218 oder zu Gödels Theorie der konstruktiblen Mengen auf S.73-79 von J.L. Krivine, Théorie axiomatique des ensembles, Paris 1969. (Diese mengentheoretische Formulierung entspricht einer Einführung in die Zahlentheorie, bei der die natürlichen Zahlen und einfache arithmetische Operationen in der Sprache der Mengenlehre definiert werden.) Die Begriffe dieses Kapitels können auch ausschließlich mit Hilfe (hereditär) *endlicher* Mengen definiert werden; siehe Kapitel 5, Aufgabe 6, oder Anhang II, S. 207-209.

Wir gehen aus von einer abzählbaren Familie $F_n (n=0,1,\ldots)$ disjunkter Mengen. Ein Element von F_n heißt *n-stelliges Funktionszeichen*.
Wir setzen $F=\bigcup_n F_n$ und bezeichnen die Menge aller endlichen Folgen von Elementen aus F mit $\sigma(F)$. (Für eine solche Folge $(f_1,f_2,\ldots,f_n)$ schreiben wir zur Abkürzung $f_1\ldots f_n$.) Wir betrachten Teilmengen M von $\sigma(F)$ mit

folgender Eigenschaft:
Sind $a_1, \ldots, a_n$ Elemente von M und ist $f \varepsilon F_n$, dann ist $f a_1 \ldots a_n \varepsilon M$ (kurz: M hat die Eigenschaft S).
Durchschnitte von Mengen mit der Eigenschaft S besitzen ebenfalls diese Eigenschaft. Folglich hat der Durchschnitt aller Teilmengen von $\sigma(F)$ mit der Eigenschaft S wieder diese Eigenschaft. Dieser Durchschnitt heißt *funktionaler Abschluß* der Familie (F_n) und wird mit $\overline{F}$ bezeichnet. Ein Element von $\overline{F}$ heißt *Funktionenschema* (konstruiert mit den Zeichen von F).

$\overline{F}$ ist genau dann nicht leer, wenn F_0 nicht leer ist (d.h. wenn F 0-stellige Funktionszeichen enthält. 0-stellige Funktionszeichen nennt man auch *Konstante*). Ist nämlich F_0 nicht leer, etwa $a \varepsilon F_0$, so enthalten alle Mengen mit der Eigenschaft S die Konstante a, d.h. $a \varepsilon \overline{F}$. Ist umgekehrt F_0 leer, dann hat die leere Menge die Eigenschaft S, woraus $\overline{F} = \emptyset$ folgt.

Jedes Element von $\overline{F}$ hat die Gestalt $f a_1 \ldots a_n$ mit $f \varepsilon F_n$ und $a_1, \ldots, a_n \varepsilon \overline{F}$. Denn die Menge E aller Elemente dieser Gestalt ist $\subseteq \overline{F}$, weil $\overline{F}$ die Eigenschaft S hat; andererseits ist $\overline{F} \subseteq E$, da auch E die Eigenschaft S hat, w.z.b.w.
Ist $x, y \varepsilon \overline{F}$, $a \varepsilon F_0$ und geht (die endliche Folge) *z aus x dadurch hervor, daß in x die Konstante a an einer Stelle durch y ersetzt wird, dann ist auch $z \varepsilon \overline{F}$.*
Beweis durch Induktion nach der Länge von x: Wir dürfen $x = f_n a_i \ldots a_n$ setzen. Aus $n=0$ folgt entweder $x=a$ und $z=y$ oder $x \neq a$ und $z=x$: in beiden Fällen also $z \varepsilon \overline{F}$. Im Fall $n>0$ hat jedes a_i eine kleinere Länge als x und ist $\varepsilon \overline{F}$. Daher ist auch $b_i \varepsilon \overline{F}$, wenn b_i aus a_i dadurch hervorgeht, daß man a an der betrachteten Stelle durch y ersetzt. Wegen $z = f b_1 \ldots b_n$ folgt hieraus $z \varepsilon \overline{F}$.

LEMMA 1: *Ist $a \varepsilon \overline{F}$ und $u \varepsilon \sigma(F)$, $u \neq \emptyset$, dann ist $au \notin \overline{F}$.*
BEWEIS: durch Induktion nach der Länge von a: Hat a die Länge 1, so muß $a \varepsilon F_0$ sein. Aus $au \varepsilon \overline{F}$ folgt $au = f a_1 \ldots a_k$ mit $f \varepsilon F_k$ und $a_1, \ldots, a_k \varepsilon \overline{F}$. Da die ersten Zeichen auf beiden Seiten gleich sein müssen, erhält man $a=f$. Folglich ist $k=0$, also $au=a$ und $u=\emptyset$.
Wir nehmen an, das Lemma sei bewiesen für alle $x \varepsilon \overline{F}$ der Länge kleiner oder gleich n und sei $a = f a_1 \ldots a_k$ ein Element von $\overline{F}$ der Länge $n>1$ mit $f \varepsilon F_k$ und $a_1, \ldots, a_n \varepsilon \overline{F}$. Wir schließen wieder indirekt: aus $au \varepsilon \overline{F}$ folgt $au = g b_1 \ldots b_l$ $(g \varepsilon F_l, b_1 \ldots b_l \varepsilon \overline{F})$, d.h. $f a_1 \ldots a_k u = g b_1 \ldots b_l$; daher ist $f=g$. Sei i die kleinste ganze Zahl mit $a_i \neq b_i$. Man erhält damit $a_i a_{i+1} \ldots a_k u = b_i b_{i+1} \ldots b_l$. Für ein gewisses $v \varepsilon \sigma(F)$, $v \neq \emptyset$, ist daher entweder $a_i v = b_i$ oder $a_i = b_i v$. Die Länge von a_i ist aber kleiner als die von a, also kleiner als n. Deshalb widerspricht $a_i v = b_i \varepsilon \overline{F}$ der Induktionsvoraussetzung.

Wenn $b_i v=a_i$, ist b_i kürzer als a_i, und wegen $b_i v\varepsilon\overline{F}$ erhalten wir wieder einen Widerspruch.

SATZ 2: *Jedes* $x\varepsilon\overline{F}$ *kann eindeutig in der Form* $fa_1\ldots a_n$ *mit* $f\varepsilon F_n$ *und* $a_1,\ldots,a_n\varepsilon\overline{F}$ *dargestellt werden.*
Denn anderenfalls sei etwa $fa_1\ldots a_n=x=gb_1\ldots b_p$ mit $f\varepsilon F_n$, $g\varepsilon F_p$ und $a_1,\ldots,a_n$, $b_1,\ldots,b_p\varepsilon\overline{F}$. Es folgt $f=g$. Sei i die kleinste ganze Zahl mit $a_i\neq b_i$; dann ist $a_i\ldots a_n=b_i\ldots b_p$, also $a_i=b_i v$ oder $b_i=a_i v$ mit $v\neq\emptyset$. In jedem Fall widerspricht dies aber Lemma 1.

Der nächste Satz wird sich als sehr nützlich erweisen.

SATZ 3: *Sei* X *eine Menge, und für jede ganze Zahl* n *sei* $f\to\hat{f}$ *eine Abbildung von* F_n *in die Menge aller Abbildungen von* X^n *in* X. *Dann gibt es genau eine Abbildung* $x\to\overline{x}$ *von* $\overline{F}$ *nach* X, *so daß für alle* $f\varepsilon F_n$ *und alle* $a_1,\ldots,a_n\varepsilon\overline{F}$ *:*

$$\overline{fa_1\ldots a_n}=\hat{f}(\overline{a}_1,\ldots,\overline{a}_n).$$

BEWEIS:
Eindeutigkeit: angenommen, es gibt zwei solche Abbildungen von $\overline{F}$ nach X. Die Menge U aller Elemente von $\overline{F}$, auf denen diese beiden Abbildungen übereinstimmen, hat die Eigenschaft S. Daher ist $\overline{F}\subseteq U$, also $\overline{F}=U$. Die beiden Abbildungen sind also gleich.
Existenz: Sei Φ_n die Menge aller Elemente von $\overline{F}$ mit der Länge n . Wir definieren durch Induktion nach n eine Abbildung ϕ_n von Φ_n nach X wie folgt: für $n=1$ setzen wir $\phi_1(x)=\hat{x}$ für alle $x\varepsilon\Phi_1=F_0$. Sei ϕ_i für alle $i<n$ schon definiert. $x\varepsilon\Phi_n$ kann eindeutig in der Form $fa_1\ldots a_k$ mit $f\varepsilon F_k$ geschrieben werden, und jedes $a_i (i\leq k)$ ist ein Element von $\overline{F}$ mit einer Länge $l_i<n$. Wir setzen daher

$$\phi_n(x) = \hat{f}(\phi_{l_1}(a_1),\ldots,\phi_{l_k}(a_k)).$$

Wenn x die Länge n hat, wird die gesuchte Abbildung $x\to\overline{x}$ durch $\overline{x}=\phi_n(x)$ gegeben. Es folgt unmittelbar, daß diese Abbildung die Bedingungen des Satzes erfüllt.
Spezialfall: jedes $f\varepsilon F_n$ definiert eine n-stellige Funktion $\hat{f}$ auf $\overline{F}$ wenn man $\hat{f}(a_1,\ldots a_n)=fa_1\ldots a_n$ für $a_1,\ldots,a_n\varepsilon\overline{F}$ setzt. Diese Funktion $\hat{f}$ heißt der *natürliche Wert* von f auf dem funktionalen Abschluß von F.

1 Aussagenkalkül

Dieses Kapitel behandelt grammatische Verknüpfungen (oder Operationen) wie Negation, Konjunktion und Disjunktion. Mit diesen Verknüpfungen bildet man aus gegebenen Aussagen neue Aussagen. Die speziellen Verknüpfungen, die wir hier betrachten, heißen "aristotelisch", "klassisch" oder "zweiwertig": aristotelisch, weil Aristoteles erstmals ihre Bedeutung unterstrich; zweiwertig, weil sie auf Aussagen mit wohlbestimmten Wahrheitswerten (wahr oder falsch) angewendet werden und nicht auf unbestimmte Aussagen. Außerdem beschränken wir uns auf solche Verknüpfungen, bei welchen die Wahrheitswerte der Aussagen, auf die die Verknüpfungen angewendet werden, die Wahrheitswerte der so gebildeten Aussagen bestimmen. Dies ist beispielsweise bei der üblichen Auffassung der Implikation (A impliziert B) nicht erfüllt, wo man annimmt, daß die Hypothese A mit der Konklusion B "etwas zu tun hat".

Wir nennen die betrachteten Verknüpfungen "Wahrheitsfunktionen". Sie bilden dieselbe Struktur wie die Klasse aller Funktionen von $\{0,1\}^n$ nach $\{0,1\}$. Aufgabe 1 präzisiert, wie die Gesamtheit all dieser Verknüpfungen durch Überlagerung der im Text erwähnten Verknüpfungen aufgebaut werden kann. Da diese Struktur sehr einfach ist, sind mathematisch nur *unendliche* Mengen von Aussagenformeln interessant. Neben der Klasse *aller* Funktionen von $\{0,1\}^n$ nach $\{0,1\}$ spielen noch geeignete Teilklassen eine Rolle, die sog. Fragmente des Aussagenkalküls, die in Aufgabe 6 definiert werden.

Die wichtigsten Begriffe dieses Kapitels sind "Aussagenformel" und "Modell" einer Formelmenge. Der erste Begriff wird mit den Methoden des vorausgegangenen Kapitels definiert, der zweite ist ein Spezialfall des allgemeinen Modellbegriffs in der Prädikatenlogik. Hauptergebnis ist der Endlichkeitssatz, der durch ein einfaches Kompaktheitsargument bewiesen werden kann. Aus diesem Grund wird der Endlichkeitssatz auch "Kompaktheitssatz" genannt.(Wir geben auch einen Beweis mit transfiniter Induktion, der auf Sprachen verallgemeinert werden kann, wie sie in Kapitel 6 betrachtet werden.) Einige algebraische Anwendungen findet man in den Aufgaben 4 und 5. (Dies sind Spezialfälle von Satz 13 in Kapitel 3.)

Sei P eine Menge. Mit Prop(P) bezeichnen wir die Menge aller Funktionenschemata, die mit folgenden Zeichen konstruiert sind (die untereinander verschieden sein sollen):

1) $\top$ (gelesen "wahr"), $\bot$ (gelesen "falsch"), und die Elemente von P sind die 0-stelligen Funktionszeichen.

2) $\neg$ (gelesen "nicht") ist das einzige einstellige Funktionszeichen.

3) $\vee$ (gelesen "oder") ist das einzige zweistellige Funktionszeichen.

Die Elemente von P heißen *Aussagenvariable*, die Elemente von Prop(P) heißen *Formeln*, und Prop(P) selbst heißt der "Aussagenkalkül über P".

Seien $A,B\varepsilon$Prop(P); wir schreiben im allgemeinen $(A)\vee(B)$ für $\vee AB$, $(A)\wedge(B)$ ("A und B") für $\neg((\neg A)\vee(\neg B))$, $(A)\rightarrow(B)$ ("A impliziert B") für $(\neg A)\vee(B)$ und $(A)\leftrightarrow(B)$ ("A ist äquivalent zu B") für $((A)\rightarrow(B))\wedge((B)\rightarrow(A))$. Um Formeln leichter lesbar machen zu können, lassen wir, wenn keine Verwechslungen zu befürchten sind, die (runden) Klammern weg, und manchmal benutzen wir auch eckige Klammern, z.B. $[(A)\rightarrow(B)]$ anstelle von $((A)\rightarrow(B))$.

Eine *Realisierung* des Aussagenkalküls über P ist eine Abbildung δ von P nach $\{0,1\}$ (oder allgemeiner, von P in eine geordnete zweielementige Menge).

Aus dem Hauptsatz über Funktionenschemata (Satz 0.3) folgt, *daß jede Realisierung δ zu einer Abbildung von* Prop(P) *nach* $\{0,1\}$ *erweitert werden kann*, falls $\top$, $\bot$, $\neg$, $\vee$ als Funktionen auf $\{0,1\}$ bzw. $\{0,1\}^2$ definiert werden durch:

$\top$ ist die Konstante 1

$\bot$ ist die Konstante 0

$\neg$: $\{0,1\}\rightarrow\{0,1\}$ wird gegeben durch $\neg 0=1$, $\neg 1=0$,

$\vee$: $\{0,1\}^2\rightarrow\{0,1\}$ wird gegeben durch $\vee 00=0$, $\vee 01=\vee 10=\vee 11=1$.

Wir bezeichnen diese Erweiterung ebenfalls mit δ.

Eine Realisierung δ von Prop(P) *erfüllt* eine Formel $A\varepsilon$Prop(P) oder ist ein *Modell* von A, wenn $\delta(A)=1$ ist. Entsprechend: eine Realisierung δ erfüllt eine Formelmenge A oder ist ein Modell von A, wenn δ jede Formel von A erfüllt.

Eine Formel $A\varepsilon$Prop(P) heißt *Theorem* des Aussagenkalküls, wenn sie von allen Realisierungen erfüllt wird. Zwei Formeln A und B heißen *äquivalent*, wenn $A\leftrightarrow B$ ein Theorem ist oder wenn $\delta(A)=\delta(B)$ für alle Realisierungen δ, was offenbar dasselbe ist.

LEMMA 1: INTERPOLATIONSLEMMA FÜR DEN AUSSAGENKALKÜL:

Ist $A\vee B$ ein Theorem von Prop(P), *dann gibt es eine Formel C, deren Aussagenvariable sowohl in A als auch in B vorkommen, so daß $A\vee C$ und $\neg C\vee B$ Theoreme von* Prop(P) *sind.*

BEWEIS durch Induktion nach der Anzahl k der in A, nicht aber in B vorkommenden Aussagenvariablen: Im Fall $k=0$ genügt es, $C=\neg A$ zu setzen. Für $k=n-1$ sei das Lemma bereits bewiesen. Wir betrachten eine Formel A, für die $A\vee B$ ein Theorem ist und die genau n Aussagenvariable enthält, die in B nicht vorkommen. Sei p eine dieser Variablen, und A_1 bzw. A_2 seien die Formeln, die aus A durch Ersetzen von p durch $\top$ bzw. $\bot$ hervorgehen. $A_1\vee B$ und $A_2\vee B$ sind Theoreme; daher ist $(A_1\wedge A_2)\vee B$ ein Theorem, auf das wir die Induktionsvoraussetzung anwenden können. Es gibt also eine Formel C, deren Variable sowohl in $A_1\wedge A_2$ als auch in B vorkommen, so daß $(A_1\wedge A_2)\vee C$ und $\neg C\vee B$ Theoreme sind. Aus der Definition von A_1 und A_2 folgt, daß auch $A\vee C$ ein Theorem ist, w.z.b.w. (siehe auch Aufgabe 2).

Ersetzen wir in diesem Lemma A durch $\neg A$, so erhalten wir das folgende Ergebnis:

Ist $A \rightarrow B$ ein Theorem von Prop(P), *dann gibt es eine Formel C, deren Aussagenvariable sowohl in A als auch in B vorkommen, so daß $A \rightarrow C$ und $C \rightarrow B$ Theoreme von* Prop(P) *sind.*

Wir nennen C eine *Interpolationsformel* für A und B. Als Korollar hierzu erhalten wir:

SATZ 2. DEFINIERBARKEITSTHEOREM FÜR DEN AUSSAGENKALKÜL:

Seien p,p' Aussagenvariable und $A(p)$ eine Formel, die p, nicht aber p' enthält; die Formel $A(p')$ entstehe aus $A(p)$ durch Ersetzen von p durch p'. Ist dann $(A(p)\wedge A(p')) \rightarrow (p \rightarrow p')$ ein Theorem, so gibt es eine Formel F, die nur Aussagenvariable, die in $A(p)$ vorkommen, nicht aber p und p' enthält, so daß $A(p) \rightarrow (p\leftrightarrow F)$ ein Theorem ist.

BEWEIS: Da nach Voraussetzung $(A(p)\wedge A(p'))\rightarrow (p \rightarrow p')$ ein Theorem ist, ist auch $(A(p)\wedge p) \rightarrow (A(p') \rightarrow p')$ ein Theorem. Das Interpolationslemma liefert eine Formel F, die weder p noch p' enthält, so daß $(A(p)\wedge p)\rightarrow F$ und $F \rightarrow (A(p') \rightarrow p')$ Theoreme sind. Daher ist auch $A(p) \rightarrow (p\leftrightarrow F)$ ein Theorem.

Wir können die Gestalt der Formel F genau angeben. Ersetzen wir $(A(p)\wedge p) \rightarrow (A(p') \rightarrow p')$ durch $(\neg A(p)\vee\neg p)\vee(\neg A(p')\vee p')$, so ergibt der Beweis des Interpolationslemmas für F die Formel $(A(\top)\wedge\top)\vee(A(\bot)\wedge\bot)$, die zu $A(\top)$ äquivalent ist. Daher ist $F=A(\top)$, d.h. F entsteht aus $A(p)$ durch Ersetzen von p durch $\bot$. (Etwas direkter könnten wir wie folgt argumentieren: für jedes A ist $A(p') \rightarrow (p' \rightarrow A(\top))$ ein Theorem. $A(p')\rightarrow(A(\top)\rightarrow p')$ ist aber ebenfalls ein Theorem. Man sieht dies, wenn man in $(A(p)\wedge A(p')\rightarrow (p \rightarrow p')$ die Variable p durch $\top$ ersetzt. Daraus folgt, daß $A(p')\rightarrow (p'\leftrightarrow A(\top))$ ein Theorem ist.)

Der nächste Satz wird uns in Kapitel 4 bei der Quantorenelimination helfen.

SATZ 3: *Jede Formel von* Prop(P) *ist äquivalent zu einer Formel der Gestalt* $A_1 \vee \ldots \vee A_k$, *wo* A_i $(1 \leq i \leq k)$ *die Gestalt* $\alpha_1 \vee \ldots \vee \alpha_{r_i}$ *hat. Hierin ist* $\alpha_j (1 \leq j \leq r_i)$ *entweder* p *oder* $\neg p$, *und* p *ist entweder eine in* A *vorkommende Aussagenvariable oder* $\top$.
A kann also als eine Disjunktion von Konjunktionen geschrieben werden. Für eine "Konjunktion von Disjunktionen" ist der Satz ebenfalls richtig und läßt sich auch entsprechend beweisen.
BEWEIS durch Induktion nach der Anzahl k der in A vorkommenden Aussagenvariablen: Im Fall $k=0$ ist A zu $\top$ oder zu $\bot$, d.h. zu $\neg\top$, äquivalent.

Der Satz sei für $k=n-1$ bewiesen. Sei $A(p)$ eine Formel, die n Aussagenvariable enthält, unter denen p vorkommen soll. In $A(p)$ ersetzen wir p einmal durch $\top$ und einmal durch $\bot$, wodurch etwa die Formeln B bzw. C entstehen. B und C enthalten beide n-1 Aussagenvariable, und offensichtlich ist $A(p)$ zu $(p \wedge B) \vee (\neg p \wedge C)$ äquivalent. Nach Induktionsvoraussetzung ist B zu $B_1 \vee \ldots \vee B_k$ und C zu $C_1 \vee \ldots \vee C_l$ äquivalent. Daher ist $A(p)$ äquivalent zu der Formel $(p \wedge B_1) \vee (p \wedge B_2) \vee \ldots \vee (p \wedge B_k) \vee (\neg p \wedge C_1) \vee \ldots \vee (\neg p \vee C_l)$, die die gewünschte Gestalt hat, w.z.b.w.

SATZ 4. ENDLICHKEITSSATZ FÜR DEN AUSSAGENKALKÜL:
Sei A *eine Menge von Formeln von* Prop(P), *so daß jede endliche Teilmenge von* A *ein Modell hat. Dann hat auch* A *ein Modell.*
BEWEIS: Zunächst betrachten wir den Fall, der am häufigsten vorkommt, daß nämlich P (und damit auch A) abzählbar ist.
Sei $p_1, \ldots, p_k, \ldots$ eine Abzählung von P. Angenommen, wir haben eine Abbildung δ von $\{p_1, \ldots, p_n\}$ nach $\{0,1\}$ gefunden, so daß jede endliche Teilmenge von A ein Modell hat, in dem $p_1, \ldots, p_n$ die Werte $\delta(p_1)$, ..., $\delta(p_n)$ annehmen. Dann zeigen wir, daß man δ zu einer Abbildung von $\{p_1, \ldots, p_n, p_{n+1}\}$ nach $\{0,1\}$ mit derselben Eigenschaft erweitern kann. Wir nehmen hierzu an, dies sei nicht richtig, wenn $\delta(p_{n+1})=0$ gesetzt wird. Es muß dann eine endliche Teilmenge U_0 von A geben, die kein Modell hat, in welchem $p_1, \ldots, p_n, p_{n+1}$ die Werte $\delta(p_1), \ldots \delta(p_n)$, 0 annehmen. Sei U eine beliebige endliche Teilmenge von A. $U_0 \cup U$ ist eine endliche Teilmenge von A, hat also nach Voraussetzung ein Modell, in dem $p_1, \ldots, p_n$ die Werte $\delta(p_1), \ldots, \delta(p_n)$ annehmen. Nach Wahl von U_0 muß p_{n+1} in diesem Modell den Wert 1 bekommen. Für $\delta(p_{n+1})=1$ hat also jede endliche Teilmenge U von A ein Modell, in dem $p_1, \ldots, p_{n+1}$ die Werte $\delta(p_1), \ldots, \delta(p_{n+1})$ annehmen.
Auf diese Weise können wir durch Rekursion nach n eine Realisierung δ von Prop(P) konstruieren, so daß jede endliche Teilmenge von A ein Modell hat, in dem $p_1, \ldots, p_n$, n beliebig, die Werte $\delta(p_1), \ldots, \delta(p_n)$ annehmen. δ erfüllt dann jede Formel $A \in \mathsf{A}$: man braucht nur n so groß zu

wählen, daß alle Aussagenvariable von A unter $p_1,\ldots,p_n$ vorkommen.

Setzen wir voraus, daß P wohlgeordnet ist, so kann dieser Beweis offenbar auf den allgemeinen Fall (d.h. P nicht notwendig abzählbar) übertragen werden. Diesen allgemeinen Fall kann man auch so beweisen:

Für jede Formel $A \varepsilon \mathcal{A}$ sei $\overline{A}$ die Menge aller Realisierungen, die A erfüllen. $\{0,1\}^P$ wird mit der Produkttopologie zu einem kompakten topologischen Raum, und $\overline{A}$ ist offen in $\{0,1\}^P$, da A nur endlich viele Aussagenvariable enthält. Diese Menge ist auch abgeschlossen, da die Realisierungen, die A nicht erfüllen, gerade die sind, die $\neg A$ erfüllen. Aus der Voraussetzung des Satzes folgt, daß alle endlichen Durchschnitte der Mengen $\overline{A}$ nicht leer sind. Da $\{0,1\}^P$ kompakt ist, ist auch der Durchschnitt aller $\overline{A}$ für $A \varepsilon \mathcal{A}$ nicht leer, w.z.b.w.

Der Endlichkeitssatz kann auch in folgender Form ausgesprochen werden:

SATZ 5: *Sei $\mathcal{B}$ eine Formelmenge mit der Eigenschaft, daß jede Realisierung von* Prop(P) *eine Formel von $\mathcal{B}$ erfüllt. Dann gibt es in $\mathcal{B}$ Formeln $B_1,\ldots,B_k$ so daß $B_1 \vee \ldots \vee B_k$ ein Theorem ist.*

BEWEIS: Angenommen, eine solche Menge $\{B_1,\ldots,B_n\}$ existiert nicht. Dann gibt es zu jeder endlichen Teilmenge $\{B_1,\ldots,B_n\}$ von $\mathcal{B}$ eine Realisierung, die $B_1 \vee \ldots \vee B_n$ nicht erfüllt, also $\neg B_1 \wedge \ldots \wedge \neg B_n$ erfüllt. Sei $\mathcal{A} = \{\neg B;\ B \varepsilon \mathcal{B}\}$. Nach unserer Annahme hat jede endliche Teilmenge von $\mathcal{A}$ ein Modell; nach dem Endlichkeitssatz besitzt daher auch $\mathcal{A}$ ein Modell. Dies widerspricht aber der Voraussetzung, wonach jede Realisierung wenigstens eine Formel von $\mathcal{B}$ erfüllt.

Eine Formel A ***folgt*** aus einer Formelmenge $\mathcal{A}$ oder ist *Folge* von $\mathcal{A}$, wenn jede Realisierung, die $\mathcal{A}$ erfüllt, auch A erfüllt. Spezialfälle: eine Formel A folgt aus der leeren Menge, falls A ein Theorem ist, A folgt aus einer endlichen Menge $\mathcal{A} = \{A_1,\ldots,A_n\}$, falls $(A_1 \ \ldots \ A_n) \to A$ ein Theorem ist.

SATZ 6: *A folgt genau dann aus einer Formelmenge $\mathcal{A}$, wenn A aus einer endlichen Teilmenge von $\mathcal{A}$ folgt.*

BEWEIS: Offenbar ist die Bedingung hinreichend. Sie ist auch notwendig, denn "A folgt aus $\mathcal{A}$" und "$\mathcal{A} \cup \{\neg A\}$ hat kein Modell" bedeuten dasselbe. $\mathcal{A} \cup \{\neg A\}$ hat nur dann kein Modell, wenn es eine endliche Teilmenge $\mathcal{A}'$ von $\mathcal{A}$ gibt, so daß $\mathcal{A}' \cup \{\neg A\}$ kein Modell hat. Und diese Menge hat nur dann kein Modell, wenn A aus $\mathcal{A}'$ folgt.

Aufgaben

1. a) Offenbar definiert jede Formel A mit den Aussagenvariablen $p_1,\dots,p_n$ eine Abbildung von $\{0,1\}^n$ nach $\{0,1\}$. Zeige, daß man alle Abbildungen von $\{0,1\}^n$ nach $\{0,1\}$ auf diese Weise erhalten kann.

b) Sei U_k die Menge aller Abbildungen von $\{0,1\}^k$ nach $\{0,1\}$ und $U=\bigcup_{k\in N} U_k$. Eine Teilmenge S von U heißt *vollständig*, wenn man jedes Element von U durch Verknüpfung von Elementen aus S erhalten kann.

Zeige, daß die Mengen $S=\{\phi\}$ mit $\phi(p,q)=\neg p\wedge\neg q$ und $S=\{\to,\perp\}$ vollständig sind und daß $S=\{\top,\to\}$ und $S=\{\top,\to,\wedge,\vee\}$ unvollständig sind.

Lösung a) durch Induktion nach n. Für $n=k$ sei die Behauptung schon bewiesen. Sei $f(p_1,\dots,p_n,p_{n+1})$ eine Abbildung von $\{0,1\}^{k+1}$ nach $\{0,1\}$. Nach Voraussetzung ist $f(p_1,\dots,p_k,1)=A(p_1,\dots,p_n)$ und $f(p_1,\dots,p_k,0)=B(p_1,\dots,p_k)$, wo A und B Formeln mit den Variablen $p_1,\dots,p_k$ sind. Man sieht sofort, daß $f(p_1,\dots,p_k,p_{k+1})$ durch die Formel

$$[p_{k+1}\to A(p_1,\dots,p_k)]\wedge[\neg p_{k+1}\to B(p_1,\dots,p_k)]$$

gegeben wird.

b) Teil a) zeigt, daß $\{\neg,\vee\}$ vollständig ist. Wegen $\neg p=\phi(p,p)$ und $p\vee q=\neg\phi(p,q)=\neg p\to q$ folgt daraus, daß $\{\phi\}$und $\{\to,\perp\}$ vollständig sind.

Wir betrachten jetzt die Funktionenschemata, die mit $\{\top,\to\}$ und einer Menge P von Aussagenvariablen konstruiert werden können. Sie stellen alle Funktionen dar, die man mit $\{\top,\to\}$ durch Komposition erhalten kann. Sei $A(p)$ ein solches Schema, das nur die Aussagenvariable p enthält. Man sieht durch Induktion nach der Länge von $A(p)$, daß entweder $A(p)\leftrightarrow\top$ oder $A(p)\leftrightarrow p$ ein Theorem ist: hat $A(p)$ die Länge n, so ist $A(p)=B(p)\to C(p)$, wo $B(p)$ und $C(p)$ eine kleinere Länge als n haben. Folglich ist $A(p)$ zu einer der Formeln $p\to p$, $\top\to p$, $p\to\top$, $\top\to\top$, d.h. zu $\top$ oder zu p äquivalent.

Die Funktion $\neg$ kann daher nicht durch $\{\top,\to,\wedge,\vee\}$ dargestellt werden.

2. Wir schreiben $A=A(p)$ und $B=B(q)$, wo q nicht in A und p nicht in B vorkommt. $A(p')$ geht aus A durch Ersetzen von p durch p' hervor. ($A(p')=A$, falls p in A nicht vorkommt.)
Sei $A\to B$ ein Theorem. Zeige, daß

(a) $A(\top)\vee A(\perp)$
(b) $B(\top)\wedge B(\perp)$
(c) $A(A(\top))$ und $B(B(\perp))$
(d) $A(A[B(r)])$ und $B(B[A(r)])$

Interpolationsformeln für A und B sind, wobei in (d) die Variable r von p und q verschieden ist.

Lösung (a): Ersetzt man p in $A \to B$ einmal durch $\top$ und einmal durch $\bot$, so sieht man, daß $A(\top) \to B$ und $A(\bot) \to B$, also auch $(A(\top) \vee A(\bot)) \to B$ Theoreme sind.

Sei δ eine beliebige Realisierung; es ist entweder $\overline{p}=\top$ oder $\overline{p}=\bot$, also entweder $\overline{A(p) \to A(\top)}=\top$ oder $\overline{A(p) \to A(\bot)}=\top$, also $\overline{A(p) \to (A(\top) \vee A(\bot))}=\top$. Da δ beliebig war, folgt hieraus, daß $A(p) \to (A(\top) \vee A(\bot))$ ein Theorem ist.

(b) dual zu (a)

(c) Wir zeigen, daß $A(A(\top)) \leftrightarrow (A(\top) \vee A(\bot))$ ein Theorem ist. Betrachte eine beliebige Realisierung δ. Wenn $\overline{A(\top)}=\top$, sind beide Seiten $=\top$; ist $\overline{A(\top)}=\bot$, dann ist $\overline{(A(\top) \vee A(\bot))}=\overline{A(\bot)}$ und auch $\overline{A(A(\top))}=\overline{A(\bot)}$. Entsprechend zeigt man, daß auch $(B(\top) \wedge B(\bot)) \leftrightarrow B(B(\bot))$ ein Theorem ist.

(d) Für beliebiges δ betrachten wir $\overline{A(p) \to A(A[B(r)])}$. Im Fall $\overline{B(r)}=\top$ ist $\overline{A(p) \to A(A[B(r)])}=\top$ nach (c); falls $\overline{B(r)}=\bot$, ist $\overline{A(p)}=\bot$, also wieder $\overline{A(p) \to A(A[B(r)])}=\top$. Da auch $A(A[B(r)]) \to B$ ein Theorem ist (man muß nur p durch $A[B(r)]$ ersetzen), folgt die Behauptung.

3. Eine Formelmenge A heißt *unabhängig*, wenn kein $A \in$ A aus A$-\{A\}$ folgt. Zeige, daß

a) eine Formelmenge A genau dann unabhängig ist, wenn jede endliche Teilmenge von A unabhängig ist;

b) jede endliche Formelmenge A eine äquivalente unabhängige Teilmenge B hat (d.h. jede Formel von A folgt aus B und umgekehrt);

c) es zu jeder abzählbaren Formelmenge A eine äquivalente unabhängige Formelmenge gibt.

Wir bemerken, daß es eine abzählbare Formelmenge A gibt, die keine äquivalente unabhängige Teilmenge hat: sei $p_1,\ldots,p_n,\ldots$ eine Folge verschiedener Aussagenvariabler und A$=\{p_1, p_1 \wedge p_2, \ldots, p_1 \wedge \ldots \wedge p_n, \ldots\}$. Offensichtlich besteht jede unabhängige Teilmenge von A aus genau einer Formel; es gibt aber kein $A \in$ A, das zu A äquivalent wäre.

Lösung a) folgt unmittelbar aus dem Endlichkeitssatz.

b) beweisen wir durch Induktion nach der Anzahl k der Elemente von A. Der Fall $k=0$ ist trivial.

Sei also A$=\{A_1,\ldots,A_n,A_{n+1}\}$, und für $k=n$ sei die Behauptung schon bewiesen. Wenn A unabhängig ist, sind wir fertig. Wenn nicht, folgt etwa A_{n+1} aus $\{A_1,\ldots,A_n\}$, und es genügt, die Induktionsvoraussetzung auf diese Menge anzuwenden.

c) Sei $A_1,\ldots,A_n,\ldots$ eine Abzählung der Formeln von A. A_i sei in dieser

Abzählung die erste Formel, die kein Theorem ist. (Ist jedes A_n ein Theorem, so ist A zur leeren Menge äquivalent.) Wir setzen $B_1=A_i$ und allgemein $B_{n+1}=B_n \wedge A_j$, wo A_j die erste Formel (in der Abzählung) ist, die nicht aus B_n folgt. Offenbar sind A und $\{B_1,\ldots,B_n,\ldots\}$ äquivalent.

In der Folge $B_1,\ldots,B_n,\ldots$ folgt jedes B_n aus B_{n+1}, nicht aber aus B_{n-1}. Angenommen, die Folge ist endlich und B_n ihr letztes Glied; dann ist $\{B_n\}$ die gesuchte unabhängige Formelmenge. Sie ist unabhängig, denn sonst wäre B_n ein Theorem. Da $B_n \to B_1$ ein Theorem ist, wäre damit auch B_1 ein Theorem, was jedoch nicht der Fall ist.
Ist diese Folge unendlich, setzen wir $C_1=B_1$, $C_2=B_1 \to B_2,\ldots,$ $C_n=B_{n-1}\to B_n$. Es folgt unmittelbar, daß

i) kein C_n ein Theorem ist, und
ii) die Menge $\{C_1,\ldots,C_n,\ldots\}$ zu A äquivalent ist.

$\{C_1,\ldots,C_n,\ldots\}$ ist aber auch unabhängig. Denn wegen i) gibt es eine Realisierung δ_o, die $\neg C_n$ erfüllt, d.h. die B_{n-1} und $\neg B_n$ erfüllt. Da $\neg B_n \to \neg B_m$ für $m\geq n$ ein Theorem ist, erfüllt δ_o auch $\neg B_m$ für $m\geq n$, also auch C_m für $m>n$. Da auch $B_n \to B_p$ für $p\leq n$ ein Theorem ist, erfüllt δ_o auch C_p für $p<n$. δ_o erfüllt also alle C_q mit $q\neq n$, d.h. C_n folgt nicht aus $\{C_1,\ldots,C_{n-1},C_{n+1},\ldots\}$.

4. a) Eine Gruppe heißt *geordnet*, wenn es eine totale Ordnung auf G gibt, so daß aus $a\leq b$ stets $ac\leq bc$ und $ca\leq cb$ für alle $c\in G$ folgen. Zeige, daß eine Gruppe genau dann geordnet werden kann, wenn jede endlich erzeugte Untergruppe geordnet werden kann.

b) Zeige damit, daß eine kommutative Gruppe genau dann geordnet werden kann, wenn sie torsionsfrei ist, d.h. wenn kein Element außer der Identität endliche Ordnung hat.

Lösung a) Offenbar ist die Bedingung notwendig; sie ist auch hinreichend:

Wir betrachten den Aussagenkalkül über $G\times G$, d.h. den Aussagenkalkül mit den Elementen von $G\times G$ als Aussagenvariablen. Sei A die folgende Formelmenge:

i) (a,a) für alle $a\in G$
ii) $(a,b)\vee(b,a)$ für alle $a,b\in G$
iii) $(a,b) \to \neg(b,a)$ für alle $a,b\in G$ mit $a\neq b$
iv) $(a,b)\wedge(b,c) \to (a,c)$ für alle $a,b,c\in G$
v) $(a,b) \to (ac,bc) \wedge (ca,cb)$ für alle a,b,c in G.

In jeder endlichen Teilmenge U von A kommen nur endlich viele Elemente von G vor; sei G_U die von diesen Elementen erzeugte Untergruppe. Da G_U nach Voraussetzung geordnet werden kann, gibt es eine Realisierung, die

U erfüllt, nämlich die Realisierung, bei der (a,b) den Wert 1 oder 0 erhält, je nachdem, ob $a \leq b$ oder $a > b$ für $a,b \in G_U$ ist, und die sonst beliebig ist. Aus dem Endlichkeitssatz folgt, daß auch A ein Modell hat. Wir setzen jetzt $a \leq b$, wenn in diesem Modell $(a,b)=1$ ist, und $a>b$ sonst; dies ist dann eine Ordnung von G.

b) Es ist klar, daß geordnete kommutative Gruppen torsionsfrei sind. Ist umgekehrt G eine torsionsfreie Gruppe, so sind die endlich erzeugten Untergruppen von G freie Gruppen, die isomorph zu $\mathbb{Z}^n$ sind. $\mathbb{Z}^n$ kann aber lexikographisch geordnet werden, d.h. $(a_1,\ldots,a_n) < (b_1,\ldots,b_n)$, falls i die kleinste ganze Zahl ist mit $a_i \neq b_i$ und $a_i < b_i$.

5. Ein Graph (d.h. eine nicht-reflexive, symmetrische Relation), definiert auf einer Menge M, heißt k-chromatisch ($k>0$, k ganz), wenn es eine Zerlegung von M in k disjunkte Teilmengen $C_1,\ldots,C_k$ gibt, so daß keine zwei Elemente von M, die durch den Graph verbunden werden, zu demselben C_1 gehören. Zeige, daß ein Graph genau dann k-chromatisch ist, wenn jeder endliche Untergraph k-chromatisch ist.

Lösung: Die Bedingung ist offenbar notwendig, da jede Zerlegung von M auf jeder endlichen Teilmenge von M eine Zerlegung induziert. Wir werden sehen, daß die Bedingung auch hinreichend ist.
Wir betrachten den Aussagenkalkül über $\{1,2,\ldots,k\} \times M$. Sei A die Menge der folgenden Formeln:

i) $(i,a) \to \neg(j,a)$ für alle $i,j \leq k$ mit $i \neq j$ und alle $a \in M$
ii) $(1,a) \vee (2,a) \vee \ldots \vee (k,a)$ für alle $a \in M$
iii) $(i,a) \to \neg(i,b)$ für alle $i \leq k$ und alle Paare (a,b), die durch den Graph verbunden sind.

Da jeder endliche Untergraph k-chromatisch ist, hat jede endliche Teilmenge von A ein Modell. Folglich hat A ein Modell. Definieren wir C_i durch "$a \in C_i$ genau dann, wenn (i,a) in diesem Modell den Wert 1 hat", so erhalten wir eine Zerlegung von M mit den gewünschten Eigenschaften.

6. *Fragmente des Aussagenkalküls*
Seien $A_1,\ldots,A_n \in \mathrm{Prop}(V)$, wo V eine Menge von Aussagenvariablen ist. Die Klasse aller Formeln, die mit den aussagenlogischen Verknüpfungen $A_1,\ldots,A_n$ (genauer: mit den durch $A_1,\ldots,A_n$ definierten aussagenlogischen Verknüpfungen) aufgebaut sind, ist nach Definition die kleinste Klasse $\mathcal{C}$, so daß: (i) jedes $A_i \in \mathcal{C}$ $(1 \leq i \leq n)$, und $\top$ und $\bot \in \mathcal{C}$, falls es eine Formel $A \in \mathcal{C}$ gibt, so daß A bzw. $\neg A$ ein Theorem von $\mathrm{Prop}(V)$ ist; (ii) ist $A \in \mathcal{C}$ und $B \in \mathcal{C}$ und entsteht C aus A dadurch, daß man eine Variable von A an allen Stellen durch eine Variable $\in V$ oder durch B ersetzt, dann ist auch $C \in \mathcal{C}$.

a) Seien P,Q,R disjunkte Teilmengen von V, $A\varepsilon C$, $B\varepsilon C$, $A\varepsilon\text{Prop}(P\cup R)$, $B\varepsilon\text{Prop}(Q\cup R)$. Zeige: ist $A \to B$ ein Theorem, dann gibt es eine Formel $C\varepsilon C$, $C\varepsilon\text{Prop}(R)$, so daß $A \to C$ und $C \to B$ Theoreme sind. (Interpolationslemma für beliebige Mengen von aussagenlogischen Verknüpfungen.)

b) Sei C ein beliebiges Fragment, das $\to$ enthält. Zeige: jede abzählbare Formelmenge in C ist äquivalent zu einer unabhängigen Formelmenge, die ebenfalls C ist.

Lösung a) Falls $P=\emptyset$ oder $Q=\emptyset$, ist nichts zu beweisen.

Fall 1: $R=\emptyset$. In diesem Fall ist entweder B oder $\neg A$ ein Theorem (und $C=\top$ bzw. $C=\bot$ ist die gesuchte Formel). Angenommen, $\neg A$ ist kein Theorem, d.h. es gibt eine Realisierung δ_P von P mit $\overline{A}=1$; da $A\varepsilon\text{Prop}(P)$, ist $\overline{A}=1$ für jede Erweiterung $\delta(=\delta_P \cup \delta_Q)$ von δ_P. Da $A \to B$ ein Theorem ist, folgt $\overline{B}=1$ für δ. Wegen $B\varepsilon\text{Prop}(Q)$ ist $\overline{B}=1$ für jedes δ', dessen Einschränkung auf Q gerade δ_Q ist. Da δ_Q beliebig war, bedeutet dies, daß B ein Theorem ist.

Fall 2: $R\neq\emptyset$. Wir nehmen $r\varepsilon R$ und wenden Aufgabe 2 (d) an. Sei $P=\{p_1,\dots,p_n\}$, $Q=\{q_1,\dots,q_m\}$, $n\geq 1$, $m\geq 1$. In B ersetzen wir alle q_j $(1\leq j\leq m)$ durch r und erhalten etwa B_r. $A \to A(A(B_r))$ und $A(A(B_r)) \to B$ sind dann Theoreme. Jetzt ersetzen wir in $A(A(B_r))$ alle p_i $(1\leq i\leq n)$ durch r und erhalten dadurch eine Formel C_r. $A(A(B_r)) \to C_r$ *und* $C_r \to B$ sind Theoreme; und offenbar gehört C_r zu $\text{Prop}(R)$ und zu jedem Fragment, das sowohl A als auch B enthält.

b) Man muß hier nur noch einmal Aufgabe 3 durchgehen.

2 Prädikatenkalkül

Die Betrachtungen von Kapitel 1 werden in diesem Kapitel durch Berücksichtigung der Quantoren "für alle" und "es gibt" erweitert. Diese Quantoren werden nicht auf Aussagen, sondern auf Relationen angewendet; mit ihrer Hilfe bildet man n-stellige Relationen aus $(n+1)$-stelligen und insbesondere Aussagen (d.h. 0-stellige Relationen) aus einstelligen Relationen. Gleichzeitig erweitern wir die Anwendungsmöglichkeiten der in Kapitel 1 definierten aussagenlogischen Verknüpfungen, so daß sie auch auf Relationen angewendet werden können. Die besondere Rolle, die die üblichen aussagenlogischen Verknüpfungen spielen, wenn sie auf Relationen angewendet werden (und nicht nur auf Wahrheitswerte wie in Kapitel 1, Aufgabe 1), wird diskutiert in CRAIG, Boolean notions extended to higher dimensions, in: The Theory of Models (North-Holland Publ. Co., Amsterdam, 1965) pp.55-69.
Wie sich herausstellt, lassen sich mit dieser Sprache die meisten mathematischen Begriffe ausdrücken. Sie liefert daher einen geeigneten Rahmen für eine allgemeine Theorie axiomatischer Systeme. Für weitere Untersuchungen, siehe Anhang II, S.207 und S.235.
Man kann den Begriff "Quantor" ganz allgemein definieren; im Gegensatz zum Aussagenkalkül ist es aber nicht möglich, alle Quantoren durch die beiden oben erwähnten Quantoren auszudrücken. Genaueres hierüber erfährt man in KEISLER, Logic with the Quantifier "there exist uncountably many", Annals of Math. Logic 1 (1970) pp.1-100 und P. LINDSTRÖM, On Extensions of Elementary Logic, Theoria vol. 35 (1969) p.1-11.
Die wichtigsten Begriffe dieses Kapitels sind: "Formel" und "Sprache" der Prädikatenlogik erster Stufe, sowie "Realisierung" einer Sprache, womit der Begriff des "Modells" einer Formelmenge definiert wird. Ein besonders wichtiger Spezialfall hiervon sind die "Termmodelle", bei denen jedes Objekt (d.h. Element des Modells) einen *Namen* in der betrachteten Sprache hat.
Als Beweismittel benutzen wir in diesem Kapitel hauptsächlich die Konstruktion von Termmodellen mit Hilfe von Funktionenschemata. Diese

Methode führt zu folgenden Ergebnissen:
i) Jedes Modell einer endlichen oder abzählbaren Formelmenge A hat ein abzählbares Teilsystem, das ebenfalls Modell von A ist.
ii) Der Endlichkeitssatz. Er wird durch Reduktion auf den Aussagenkalkül bewiesen.
iii) Das Uniformitätstheorem. Der Name "Uniformitätstheorem" stammt aus der projektiven Mengenlehre; dort liefern sogenannte Uniformisierungssätze explizite Definitionen von Objekten, die eine geeignete Bedingung A erfüllen, vorausgesetzt, es gibt überhaupt ein Objekt, das A erfüllt. Das Uniformitätstheorem hier betrifft die Parameter, die in A vorkommen. Aufgabe 6 zeigt, daß dieser wichtige Satz in verschiedener Hinsicht optimal ist.
Weitere Ergebnisse über die Hauptthemen dieses Kapitels findet man in den Kapiteln 3 und 5. Dieses letzte Kapitel enthält auch eine zweite Methode zur Konstruktion von Termmodellen (und andere Beweise für die wichtigsten Sätze dieses Kapitels).

Satz 16 stellt eine Beziehung zwischen impliziter und expliziter Definierbarkeit her: wenn die Formel A in jedem Modell M einer beliebigen Formelmenge A (höchstens) eine Relation R_M implizit definiert, so gibt es eine Formel F, die R_M in M explizit definiert. Dieser Satz folgt, wie in Kapitel 1, aus dem Interpolationslemma, das in Kapitel 7 weitere Anwendungen findet.

Eine *Sprache* L besteht aus

1) einer Menge V_L. Die Elemente von V_L heißen *Variable*.
2) einer Folge von Mengen F_L^n (n=0,1,...). Die Elemente von F_L^n heißen *n-stellige Funktionszeichen*. $F_L = \bigcup_n F_L^n$ heißt Menge der Funktionszeichen.
3) einer Folge von Mengen R_L^n (n=0,1,...). Die Elemente von R_L^n heißen *n-stellige Relationszeichen*.

Die Mengen V_L, F_L^n, R_L^n sollen paarweise disjunkt sein.

T_L, die Menge der *Terme* von L, besteht aus den Funktionenschemata, die mit den Elementen von $F_L^0 \cup V_L$ als 0-stelligen und den Elementen von F_L^n als n-stelligen Funktionszeichen (n=1,2,...) konstruiert werden können.

$\mathrm{At}_L = \bigcup_n [R_L^n \times (T_L)^n]$ heißt Menge der atomaren Formeln von L. Eine atomare Formel von L ist also eine Folge $Rt_1 \ldots t_n$, wo R ein n-stelliges Relationszeichen und $t_1,\ldots,t_n$ Terme von L sind.
F_L, die Menge der Formeln aus L, besteht aus den Funktionenschemata, die mit folgenden Zeichen konstruiert werden können (diese Zeichen sollen alle verschieden sein):

i) die 0-stelligen Zeichen sind die atomaren Formeln von L, $\top$ ("wahr") und $\bot$ ("falsch"), d.h. die Menge der 0-stelligen Zeichen ist $At_L \cup \{\top, \bot\}$.

ii) die einstelligen Zeichen sind $\neg$("nicht") und die Elemente von $\{\bigvee x : x \in V_L\}$; $\bigvee x$ wird gelesen "es gibt ein x".

iii) einziges zweistelliges Zeichen ist $\vee$ ("oder"). Bemerkung: $F_L = \mathrm{Prop}(P)$ im Sinne von Kapitel 1, wo $P \subseteq F_L$ aus allen Formeln von L besteht, deren erstes Zeichen keine aussagenlogische Konstante ($\top, \bot$, $\neg$ oder $\vee$) ist.

Eine *Realisierung* der Sprache L besteht nach Definition

i) aus einer nicht leeren Menge E, dem sog. *Bereich* der Realisierung.

ii) für jedes $n \geq 0$ aus einer Abbildung von F^n_L in die Menge der Funktionen f von E^n nach E.

Nach Satz 0.3 induziert diese Abbildung eine Abbildung von T_L in die Menge der Funktionen f von E^n nach E.

iii) für jedes $n \geq 0$ aus einer Abbildung von R^n_L nach $P(E^n)$, der Potenzmenge von E^n (= Menge aller Teilmengen von E^n).

Diese Abbildung induziert eine Abbildung von At_L nach $P(E^n)$: das Bild einer atomaren Formel $Rt_1 \ldots t_n$ bei dieser Abbildung ist die Menge $\{\delta \in E^{V_L} : (\delta t_1, \ldots, \delta t_m) \in \overline{R}\}$, wobei $\overline{R}$ das Bild von R unter der gegebenen Abbildung und δt_i der Wert der von t_i induzierten Funktion an der Stelle $(\delta x_1, \ldots, \delta x_m)$ ist, wo $x_1, \ldots, x_m$ die Variablen von t_i sind. ($\delta \in E^{V_L}$ ist eine Abbildung von V_L nach E.)

Aus dem Hauptsatz über Funktionenschemata (Satz 0.3) folgt, daß jeder Formel von L in einer Realisierung eine Teilmenge von E^{V_L} entspricht, falls wir $\top, \bot, \neg, \vee, \bigvee x$ als Funktionen auf $P(E^{V_L})$ wie folgt definieren:

$\top$ ist die Konstante E^{V_L}

$\bot$ ist die Konstante $\emptyset$

bei $\neg : P(E^{V_L}) \to P(E^{V_L})$ geht X über in cX, das Komplement von X in E^{V_L},

bei $\vee : [P(E^{V_L})]^2 \to P(E^{V_L})$ geht (X,Y) über in $X \cup Y$,

bei $\bigvee x : P(E^{V_L}) \to P(E^{V_L})$ geht X über in die Projektion von X längs x, d.h. in $\{\delta \in E^{V_L}$: es gibt ein $\delta' \in X$ mit $\delta = \delta'$, höchstens die Stelle x ausgenommen$\}$.

(Aufgabe 1 bringt ein einfaches Beispiel zu dieser Konstruktion.)

Haben wir es nur mit einer einzigen Realisierung von L zu tun, bezeichnen wir den Wert der Formel A in dieser Realisierung mit $\overline{A}$. ($\overline{A} \subseteq E^{V_L}$, wenn E der Bereich dieser Realisierung ist.)

Eine Teilmenge X von E^{V_L} *hängt* nur von den Variablen $x_1,\ldots,x_n$ ab, wenn es eine Menge $Y \subseteq E^{(x_1,\ldots,x_n)}$ gibt, so daß $X = Y \times E^{V_L - (x_1,\ldots,x_n)}$.

LEMMA 1: *Sei A eine Formel und seien $x_1,\ldots,x_n$ die einzigen Variablen, die in den Termen von A vorkommen. Dann hängt $\overline{A}$ in jeder Realisierung nur von den Variablen $x_1,\ldots,x_n$ ab.*

BEWEIS: Für atomare Formeln ist die Behauptung klar. Ist sie für A und B bewiesen, so gilt sie wegen $\overline{\vee AB} = \overline{A} \cup \overline{B}$ und $\overline{\neg A} = c\overline{A}$ auch für $A \vee B$ bzw. $\neg A$. Für $\bigvee xA$ ist die Behauptung ebenfalls richtig, da $\overline{\bigvee xA}$ die Projektion von $\overline{A}$ längs x ist. Nach Definition von F_L ist das Lemma daher für alle Formeln bewiesen.

Um die Beweismethode, die wir eben vorgeführt haben, in Zukunft leichter anwenden zu können, definieren wir die *Länge* einer Formel A als die Zahl der in A vorkommenden Zeichen vom Typ i), ii) und iii); d.h. die Länge von A ist (Anzahl der atomaren Formeln in A) + (Anzahl der Zeichen $\top$, $\bot$, $\neg$, $\vee$, $\bigvee x$ in A), wobei mehrfach auftretende Zeichen auch mehrfach zu zählen sind.

Jeder Formel A aus L ordnen wir durch Rekursion nach der Länge von A eine endliche Menge von Variablen zu, die wir die in A *frei* vorkommenden Variablen nennen: Hat A die Länge 1, so ist A eine atomare Formel, $\top$ oder $\bot$. Eine Variable kommt in A genau dann frei vor, wenn sie in den Termen von A vorkommt. Ist $A = \neg B$ bzw. $\vee BC$, so kommt eine Variable in A genau dann frei vor, wenn sie in B bzw. B oder C frei vorkommt. Ist schließlich $A = \bigvee xB$, so besteht die Menge der in A frei vorkommenden Variablen aus den in B frei vorkommenden Variablen, ausgenommen x, wenn x in B frei vorkommt.

Kommt eine Variable in A zwar vor, aber nicht frei, so kommt sie in A gebunden vor.

Eine Variable heißt *freie Variable* von A, wenn sie in A frei vorkommt, gebunden, wenn nicht.

Insbesondere sind alle Variablen, die in A nicht vorkommen, gebunden in A. Beachte, daß eine freie Variable von A auch gebunden in A vorkommen kann.

SATZ 2: *Sei A eine Formel mit den freien Variablen $x_1,\ldots,x_n$. Dann hängt $\overline{A}$ in allen Realisierungen nur von den Variablen $x_1,\ldots,x_n$ ab.*

BEWEIS: unmittelbar durch Induktion nach der Länge von A.

Eine Formel A heißt *geschlossen*, wenn sie keine freien Variablen hat. Für geschlossene A gilt in einer Realisierung mit Bereich E nach Satz 2 entweder $\overline{A} = \emptyset$ oder $\overline{A} = E^{V_L}$.

Eine Realisierung mit Bereich E *erfüllt* eine geschlossene Formel A oder ist ein *Modell* von A, wenn $\overline{A}=E^{V_L}$. Eine Realisierung von L erfüllt eine Menge A von geschlossenen Formeln der Sprache L oder ist ein Modell von A, wenn sie jede Formel von A erfüllt.

Wir schreiben wieder $(A)\vee(B)$ für $\vee AB$; die Zeichen $\wedge,\rightarrow,\leftrightarrow$ werden wie in Kapitel 1 definiert. Weiter schreiben wir $\bigwedge xA$ für $\neg\bigvee x\neg A$; $\bigwedge x$ wird gelesen "für alle x". Ist A eine Formel mit den freien Variablen $x_1,\dots,x_n$, so heißt $\bigwedge x_1,\dots,\bigwedge x_n A$ der *Abschluß* von A. Der Abschluß von A ist also eine geschlossene Formel.

Bisweilen schreiben wir auch $A(x_1,\dots,x_n)$ für A. Ersetzen wir $x_1,\dots,x_n$ an *allen* Stellen in A durch die Terme $t_1,\dots,t_n$, so erhalten wir (nach Kapitel 0) wieder eine Formel, die wir mit $A(t_1,\dots,t_n)$ bezeichnen.

Eine (nicht notwendig geschlossene) Formel A heißt *Theorem* der Sprache L, wenn in jeder Realisierung $\overline{A}=E^{V_L}$, wo E der Bereich der Realisierung ist. Dies ist gleichbedeutend damit, daß jede Realisierung den Abschluß von A erfüllt.

Kommt keine Variable von t_i $(1\leq i\leq n)$ in $A=A(x_1,\dots,x_n)$ gebunden vor und ist $A(x_1,\dots,x_n)$ ein Theorem, dann ist auch $A(t_1,\dots,t_n)$ ein Theorem.

Der Beweis ergibt sich unmittelbar durch Induktion nach der Länge von A und mit Satz 2.

QUANTORENFREIE FORMELN: Eine Formel des Aussagenkalküls über At_L heißt *quantorenfreie Formel* der Sprache L. Offenbar ist eine solche Formel εF_L. Sie heißt "quantorenfrei", weil die Zeichen $\bigvee x,\bigwedge x$ "Quantoren" heißen.

PRÄNEXE FORMELN: Eine Formel befindet sich in *pränexer Normalform* oder ist eine *pränexe Formel*, wenn sie die Gestalt QA hat, wo Q eine endliche Folge von Zeichen $\neg$ und $\bigvee x_i (x_i \varepsilon V_L)$ und A eine quantorenfreie Formel ist.

LEMMA 3: *Sind A,B pränexe Formeln und ist V_L unendlich, dann gibt es eine zu $A\vee B$ äquivalente pränexe Formel.*

BEWEIS durch Induktion nach der Länge von $A\vee B$: Für quantorenfreie A und B ist nichts zu beweisen. Wir nehmen also an, daß z.B. A einen Quantor enthält. Es ist dann etwa $A=\bigvee xA'$ oder $A=\neg\bigvee xA''$, denn offenbar dürfen wir annehmen, daß vor $\bigvee x$ das Zeichen $\neg$ höchstens einmal vorkommt.

Sei x' eine Variable, die weder in A noch in B vorkommt; da V_L unendlich ist, gibt es eine solche Variable.

Wenn $A=\bigvee xA'$, ersetzen wir x überall in A' durch x' und erhalten dadurch die Formel A''. $A\vee B$ ist dann zu $(\bigvee x'A'')\vee B$ und daher zu $\bigvee x'(A''\vee B)$ äquivalent, denn x' kommt in B nicht vor. Da A'' und B pränexe Formeln sind und $A''\vee B$ kürzer als $A\vee B$ ist, gibt es nach Induktionsvoraussetzung eine

pränexe Formel C', die zu $A'' \vee B$ äquivalent ist. $C=\bigvee x'C'$ ist dann die gesuchte Formel.
Wenn $A=\neg\bigvee xA'$, ersetzen wir wieder x an allen Stellen in A' durch x', wodurch wir die Formel A'' erhalten. Offenbar ist A zu $\neg\bigvee x'A''$, also zu $\bigwedge x'\neg A''$ äquivalent. Da $\neg A''$ kürzer als A ist, gibt es nach Induktionsvoraussetzung eine pränexe Formel C', die zu $\neg A'' \vee B$ äquivalent ist. Wir setzen $C=\neg\bigvee x'\neg C'$; C ist äquivalent zu der Formel $\bigwedge x'(\neg A'' \vee B)$, die wiederum zu $(\bigwedge x'\neg A'')\vee B$ äquivalent ist, da x' in B nicht vorkommt. C ist also zu $A \vee B$ äquivalent, w.z.b.w.

SATZ 4: *Ist V_L unendlich, dann gibt es zu jeder Formel A eine äquivalente pränexe Formel A'.*
BEWEIS durch Induktion nach der Länge von A: Für eine atomare Formel A setzen wir $A'=A$. Ist $A=\neg B$ oder $A=\bigvee xB$, so gibt es nach Induktionsvoraussetzung eine zu B äquivalente pränexe Formel B'. Wir setzen $A'=B'$ bzw. $A'=\neg xB'$. Ist $A=B \vee C$, gibt es wieder nach Induktionsvoraussetzung pränexe Formeln B' und C', die zu B bzw. C äquivalent sind. Mit Lemma 3 finden wir eine zu $B'\vee C'$, also auch zu A äquivalente pränexe Formel A'.

Eine pränexe Formel kann stets in der Form $Q_1x_1\ldots Q_nx_nH$ geschrieben werden, wo jedes Q_i ein Quantor $\bigwedge$ oder $\bigvee$ und H quantorenfrei ist. Die Formel heißt *Existenzformel*, wenn jedes $Q_i=\bigvee$, sie heißt *Allformel*, wenn jedes $Q_i=\bigwedge$.
Sei E eine Menge von Formeln von L; $L(E)$, die Sprache von E, besteht aus den Variablen von L und den Relations- und Funktionszeichen, die in den Formeln von E vorkommen.
Eine *Termrealisierung* von E ist eine Realisierung von $L(E)$ mit dem Bereich $T_{L(E)}$ (= Menge aller Terme von $L(E)$), in der die Funktionszeichen ihren natürlichen Wert als Funktionen auf $T_{L(E)}$ bekommen (vgl. Kapitel 0). Die Werte der Relationszeichen sind beliebig.
Die folgenden Sätze bis zum Uniformitätstheorem einschließlich geben Kriterien dafür, ob eine gegebene Formel Theorem ist oder nicht. Wir betrachten nur pränexe Formeln (vgl. auch Anhang IIA, Lemma 3).

SATZ 5: *Sei E eine Menge geschlossener pränexer Allformeln. Hat E ein Modell, dann hat E auch ein Termmodell.*
BEWEIS: Wir setzen $L'=L(E)$. Sei E der Bereich des gegebenen Modells und $\overline{R}\subseteq E^n$ der Wert des Relationszeichens $R \in R^n_L$ in diesem Modell. Sei $\delta \in E^{V_{L'}}$ beliebig, aber fest; δ induziert eine Abbildung $t \to \overline{t}$ von $T_{L'}$ nach E. Wir definieren eine Termrealisierung von E, indem wir $R \in R^n_L$ den Wert $\overline{\overline{R}}=\{(t_1,\ldots,t_n)\in T^n_{L'} : (\overline{t}_1,\ldots,\overline{t}_n)\in\overline{R}\}$ geben.
Die Abbildung $t \to \overline{t}$ von $T_{L'}$ nach E definiert eine Abbildung $\phi: T_{L'}^{V_{L'}} \to E^{V_{L'}}$,

und hieraus erhalten wir durch "Urbild nehmen" eine Abbildung $\phi^{-1}:P(E^{V_{L'}}) \to P(T_{L'}^{V_{L'}})$. Für quantorenfreie Formeln A von L' gilt $\overline{\overline{A}}=\phi^{-1}(\overline{A})$, wenn wir den Wert von A in dem gegebenen Modell mit $\overline{A}$, den Wert in der Termrealisierung mit $\overline{\overline{A}}$ bezeichnen: für atomare Formeln ist das klar, und bekanntlich ist ϕ^{-1} mit Vereinigung und Komplementbildung vertauschbar.
Sei jetzt $\bigwedge x_1 \ldots \bigwedge x_n A$, A quantorenfrei, eine beliebige Formel von E. Nach Voraussetzung ist $\overline{A}=E^{V_{L'}}$. Hieraus folgt $\overline{\overline{A}}=\phi^{-1}(\overline{A})=T_{L'}^{V_{L'}}$. $\bigwedge x_1 \ldots \bigwedge x_n A$ wird also von unserem Termmodell erfüllt, w.z.b.w.

Dual hierzu ist

SATZ 6: *Sei A eine geschlossene pränexe Existenzformel. A ist genau dann ein Theorem, wenn A von allen Termrealisierungen erfüllt wird.*

BEWEIS: Die Bedingung ist offenbar notwendig. Wenn umgekehrt A von allen Termrealisierungen erfüllt wird, kann $\neg A$ kein Termmodell haben. Nach Satz 5 hat dann $\neg A$ überhaupt kein Modell.

SATZ 7: *Zu jeder pränexen Formel F gibt es eine pränexe Allformel $\hat{F}$, die bis auf endlich viele neue Funktionszeichen dieselbe Sprache wie F hat, so daß gilt:*

(a) *$\hat{F} \to F$ ist ein Theorem, d.h. in jeder Realisierung von $L(\hat{F})$ ist $\overline{\hat{F}} \subseteq \overline{F}$, und*

(b) *jede Realisierung von $L(F)$ läßt sich zu einer Realisierung von $L(\hat{F})$ erweitern, so daß $\overline{F}=\overline{\hat{F}}$.*

BEWEIS durch Induktion nach der Anzahl der Quantoren in F: Für quantorenfreies F setzen wir $\hat{F}=F$.
Sei $F=\bigwedge xG$; nach Induktionsvoraussetzung gibt es zu G schon eine solche Formel $\hat{G}$, und es genügt, $\hat{F}=\bigwedge x\hat{G}$ zu setzen.
Sei $F=\bigvee xG$ und $\hat{G}$ die G entsprechende pränexe Allformel. Seien $x_o,x_1,\ldots,x_n$ die freien Variablen von $\hat{G}$. Kommt x in $\hat{G}$ nicht frei vor, dann ist in jeder Realisierung $\overline{\bigvee x\hat{G}}=\overline{\hat{G}}$, und wir können $\hat{F}=\hat{G}$ setzen. Andernfalls sei etwa $x=x_o$. Sei ϕ ein n-stelliges Funktionszeichen $\notin L(\hat{G})$. In $\hat{G}$ ersetzen wir x überall durch $\phi x_1 \ldots x_n$ und erhalten dadurch eine Formel $\hat{F}$; offenbar ist $\hat{F}$ eine Allformel.
$\hat{F}$ erfüllt die Bedingung (a): Sei E der Bereich einer Realisierung von $L(\hat{F})$; $\overline{\hat{F}}$ ist die Menge aller $(a_1,\ldots,a_n)\varepsilon E^{(x_1,\ldots,x_n)}$, so daß

$$(\overline{\phi}(a_1,\ldots,a_n),\ a_1,\ldots,a_n)\varepsilon\overline{\hat{G}} \subseteq \overline{G} \subset E^{(x_1,\ldots,x_n)}.$$

Aus $(a_1,\ldots,a_n)\varepsilon\overline{\hat{F}}$ folgt also $(a_1,\ldots,a_n)\varepsilon\overline{\bigvee xG}=\overline{F}$, d.h. $\overline{\hat{F}}\subseteq\overline{F}$.

$\hat{F}$ erfüllt die Bedingung (b): Sei E der Bereich einer Realisierung von $L(F)$. Nach Voraussetzung kann diese Realisierung zu einer Realisierung von $L(\hat{G})$ erweitert werden, so daß $\overline{G}=\overline{\hat{G}}$. Es ist also $\overline{F}=\overline{\bigvee xG}=\overline{\bigvee x\hat{G}}$. $(a_1,\ldots,a_n)\in E^{(x_1,\ldots,x_n)}$ ist daher genau dann ein Element von $\overline{F}$, wenn es ein $a\in E$ gibt, so daß $(a,a_1,\ldots,a_n)\in\overline{\hat{G}}$. Wir definieren $\overline{\Phi}$ wie folgt (das müssen wir noch, weil ja nach Voraussetzung $\Phi \notin L(\hat{G})$):

$$\overline{\Phi}(a_1,\ldots,a_n) = \begin{cases} a\ , \text{ falls } (a_1,\ldots,a_n)\in\overline{F} \\ a_0,\ a_0\in E \text{ beliebig, sonst.} \end{cases}$$

Auf diese Weise erhalten wir eine Realisierung von $L(\hat{F})$. In dieser Realisierung besteht $\overline{\hat{F}}$ aus allen $(a_1,\ldots,a_n)$, so daß

$$(\overline{\Phi}(a_1,\ldots,a_n),a_1,\ldots,a_n) \in \overline{\hat{G}}.$$

Es folgt $\overline{\hat{F}}=\overline{\bigvee x\hat{G}}=\overline{F}$, w.z.b.w.

Der duale Satz lautet:

SATZ 8: *Zu jeder pränexen Formel F gibt es eine pränexe Existenzformel $\check{F}$, die bis auf endlich viele neue Funktionszeichen dieselbe Sprache wie F hat, so daß gilt:*

(a) *$F \to \check{F}$ ist ein Theorem, d.h. in jeder Realisierung von $L(F)$ ist $\overline{F} \subseteq \overline{\check{F}}$, und*

(b) *jede Realisierung von $L(F)$ läßt sich zu einer Realisierung von $L(\check{F})$ erweitern, so daß $\overline{F}=\overline{\check{F}}$.*

BEWEIS: Setze $\check{F}=\neg\widehat{(\neg F)}$.

KOROLLAR 1: *Eine geschlossene pränexe Formel F ist genau dann ein Theorem, wenn $\check{F}$ von allen Termrealisierungen erfüllt wird.*
BEWEIS: Da F und $F \to \check{F}$ Theoreme sind, ist auch $\check{F}$ ein Theorem. Insbesondere wird F von allen Termrealisierungen erfüllt.
Wenn umgekehrt $\check{F}$ von allen Termrealisierungen erfüllt wird, dann ist $\check{F}$ nach Satz 6 ein Theorem, denn $\check{F}$ ist eine Existenzformel. Jede Realisierung $\mathfrak{R}$ von $L(F)$ kann erweitert werden, so daß $\overline{F}=\overline{\check{F}}$. Da $\check{F}$ von dieser Erweiterung erfüllt wird, muß F von $\mathfrak{R}$ erfüllt werden; F ist also ein Theorem.

KOROLLAR 2: *Sei E eine abzählbare Menge von geschlossenen Formeln. Wenn E ein Modell hat, hat E auch ein abzählbares Modell.*

BEWEIS: Wir dürfen annehmen, daß E aus pränexen Formeln besteht. Sei $\hat{E}=\{\hat{F} : F\varepsilon E\}$, wobei wir für verschiedene F verschiedene Funktionszeichen nehmen. Jedes Modell von E kann zu einem Modell von $\hat{E}$ erweitert werden; $\hat{E}$ besteht aber aus pränexen Allformeln, hat also ein Termmodell. Ein solches Modell ist offenbar abzählbar, w.z.b.w.

In den Aufgaben 4 und 5 bringen wir genauere Formulierungen dieses Satzes.

Zu jeder Termrealisierung einer Sprache L gehört für jedes $n \geq 0$ eine Abbildung von R_L^n nach $P((T_L)^n) = \{0,1\}^{T_L^n}$. Wir erhalten damit für jedes $n \geq 0$ eine Abbildung von $R_L^n \times (T_L)^n$ nach $\{0,1\}$, also eine Abbildung von At_L nach $\{0,1\}$. Wir erhalten also

SATZ 9: *Jeder Termrealisierung von L entspricht eine Realisierung des Aussagenkalküls über* At_L *und umgekehrt.*

LEMMA 10: *Sei $F(x_1,\ldots,x_m)$ eine quantorenfreie Formel von L mit den freien Variablen $x_1,\ldots,x_m$, und $t_1,\ldots,t_m$ seien Terme von L. Sei $\overline{F}$ der Wert von F in einer beliebigen Termrealisierung von L. $(t_1,\ldots,t_m)$ ist genau dann $\varepsilon\overline{F}$, wenn $F(t_1,\ldots,t_m)$ von der entsprechenden Realisierung des Aussagenkalküls über* At_L *erfüllt wird.*

BEWEIS durch Induktion nach der Länge von F: Für eine atomare Formel F und für $F=\neg G$ ist das Lemma klar.

Sei $F=G\vee H$; $(t_1,\ldots,t_m)\varepsilon\overline{G\vee H} = \overline{G}\vee\overline{H}$ genau dann, wenn $(t_1,\ldots,t_m)\varepsilon\overline{G}$ oder $(t_1,\ldots,t_m)\varepsilon\overline{H}$, d.h. genau dann wenn $G(t_1,\ldots,t_m)$ oder $H(t_1,\ldots,t_m)$ von der entsprechenden Realisierung des Aussagenkalküls über At_L erfüllt werden, d.h. wenn $F(t_1,\ldots,t_m)$ von dieser Realisierung erfüllt wird.

SATZ 11: UNIFORMITÄTSTHEOREM: *Sei $F(x_1,\ldots,x_m)$ eine quantorenfreie Formel mit den freien Variablen $x_1,\ldots,x_m$. $\bigvee x_1\ldots\bigvee x_m F(x_1,\ldots,x_m)$ ist genau dann ein Theorem, wenn es Terme $t_1^i,\ldots,t_m^i$, $1\leq i\leq k$, von $L(F)$ gibt, so daß die Formel*

$$F(t_1^1,\ldots,t_m^1)\vee F(t_1^2,\ldots,t_m^2)\vee\ldots\vee F(t_1^k,\ldots,t_m^k)$$

ein Theorem des Aussagenkalküls über $\mathrm{At}_{L(F)}$ *ist.*

BEWEIS: Die Bedingung ist hinreichend. Sei

$$F(t_1^1,\ldots,t_m^1)\vee F(t_1^2,\ldots,t_m^2)\vee\ldots\vee F(t_1^k,\ldots,t_m^k)$$

ein Theorem des Aussagenkalküls über $At_{L(F)}$ und R eine beliebige Termrealisierung von $L(F)$. In der R entsprechenden Realisierung des Aussagenkalküls über $At_{L(F)}$ wird die Formel oben erfüllt, d.h. es gibt ein i, $1 \leq i \leq k$, so daß $F(t_1^i,\ldots,t_m^i)$ von dieser Realisierung erfüllt wird. Nach Lemma 10 ist in R daher $(t_1^i,\ldots,t_m^i)\varepsilon\overline{F}$, d.h. R erfüllt $\bigvee x_1\ldots\bigvee x_m F(x_1,\ldots,x_m)$. Da R beliebig war, ist $\bigvee x_1\ldots\bigvee x_m F(x_1,\ldots,x_m)$ nach Satz 6 ein Theorem.

Sei umgekehrt $\bigvee x_1\ldots\bigvee x_m F(x_1,\ldots,x_m)$ ein Theorem. Insbesondere wird $\bigvee x_1\ldots\bigvee x_m F(x_1,\ldots,x_m)$ von allen Termrealisierungen erfüllt, d.h. in jeder Termrealisierung von $L(F)$ gibt es Terme $t_1,\ldots,t_k$, so daß $(t_1,\ldots,t_k)\varepsilon\overline{F}$. Das bedeutet nach Lemma 10, daß jede Realisierung des Aussagenkalküls über $At_{L(F)}$ eine Formel $F(t_1,\ldots,t_m)$ mit gewissen $t_1,\ldots,t_m$ erfüllt. Nach Satz 1.5 (zweite Fassung des Endlichkeitssatzes für den Aussagenkalkül) gibt es daher Terme $t_1^i,\ldots,t_m^i$, $1 \leq i \leq k$, so daß $F(t_1^i,\ldots,t_m^i)\vee\ldots\vee F(t_1^k,\ldots,t_m^k)$ ein Theorem des Aussagenkalküls über $At_{L(F)}$ ist, w.z.b.w.

Mit diesen Sätzen können wir nun nachprüfen, ob eine pränexe Formel A ein Theorem ist. Wir konstruieren die Existenzformel $\check{A}$, etwa $\check{A}=\bigvee x_1\ldots\bigvee x_m F(x_1,\ldots,x_m)$, wo F quantorenfrei ist. Dann betrachten wir alle Formeln der Gestalt

$$F(t_1^1,\ldots,t_m^1)\vee\ldots\vee F(t_1^k,\ldots,t_m^k) \ ,$$

wo die t_j^i Terme von $L(F)$ sind, bis wir auf eine Formel stoßen, die ein Theorem des Aussagenkalküls über $At_{L(F)}$ ist. (Für jede Formel dieser Gestalt können wir in endlich vielen Schritten angeben, ob sie ein Theorem ist oder nicht. Dies folgt aus der Definition eines Theorems des Aussagenkalküls.)

A ist genau dann ein Theorem, wenn wir auf diesem Weg schließlich ein Theorem des Aussagenkalküls finden.

SATZ 12: ENDLICHKEITSSATZ FÜR DEN PRÄDIKATENKALKÜL: *Eine Menge E von geschlossenen Formeln hat genau dann ein Modell, wenn jede endliche Teilmenge von E ein Modell hat.*

BEWEIS: Offenbar ist die Bedingung notwendig.

Angenommen, jede endliche Teilmenge von E hat ein Modell. Wir müssen zeigen, daß E ein Modell hat.

Sei $L=L(E)$; wir dürfen annehmen, daß E aus pränexen Formeln besteht. Sei $\hat{E}=\{\hat{A}:A\varepsilon E\}$, wobei wir zur Konstruktion von $\hat{A}$ für verschiedene A auch verschiedene Funktionszeichen nehmen. Da $\hat{A}\rightarrow A$ ein Theorem ist, genügt

es zu zeigen, daß $\hat{E}$ ein Modell hat.
Jede endliche Teilmenge $\{\hat{A}_1,..,\hat{A}_n\}$ von $\hat{E}$ hat ein Modell. Denn nach Voraussetzung hat $\{A_1,..,A_n\}$ ein Modell, und nach Satz 7 kann dieses Modell zu einem Modell von $\{\hat{A}_1,...,\hat{A}_n\}$ erweitert werden. Wir dürfen also annehmen, daß E aus pränexen Allformeln besteht.
Jedes $A \in E$ läßt sich also schreiben als $\bigwedge x_1 \ldots \bigwedge x_n A_0(x_1,...,x_n)$, wo A_0 quantorenfrei ist. Sei $A = \{A_0(t_1,...,t_n) : A \in E$ und $(t_1,...,t_n) \in T_L^n\}$; A ist eine Menge von Formeln des Aussagenkalküls über At_L.
Jede endliche Teilmenge von E hat ein Modell, also auch ein Termmodell. Nach Lemma 10 hat daher jede endliche Teilmenge von A ein Modell im Sinne des Aussagenkalküls über At_L. Nach dem Endlichkeitssatz für den Aussagenkalkül hat A ein Modell. Aus Lemma 10 folgt, daß die diesem Modell entsprechende Termrealisierung E erfüllt, w.z.b.w. (siehe auch Aufgabe 7).

Wir führen neue Bezeichnungen ein:
1. Seien L und L' Sprachen. Die Sprache $L \cup L'$ bestehe aus den Funktions- und Relationszeichen von L und L', die Sprache $L \cap L'$ bestehe aus den Funktions-und Relationszeichen, die sowohl zu L als auch zu L' gehören. $L \subseteq L'$ bedeute, daß jedes Funktions- und Relationszeichen von L auch zu L' gehört. Z.B. ist $L(A \vee B) = L(A) \cup L(B)$.
2. Seien $A_1,...,A_k$ Formeln. Wir schreiben $\bigvee_{1 \le i \le k} A_i$ für $A_1 \vee \ldots \vee A_k$ (und $\bigwedge_{1 \le i \le k} A_i$ für $A_1 \wedge \ldots \wedge A_k$).

SATZ 13: INTERPOLATIONSLEMMA FÜR DEN PRÄDIKATENKALKÜL:
Ist $A \vee B$ ein Theorem, dann gibt es eine Formel C mit $L(C) \subseteq L(A) \cap L(B)$, so daß $A \vee C$ und $B \vee \neg C$ Theoreme sind.
BEWEIS: Wir dürfen annehmen, daß A und B geschlossene Formeln sind: Seien $A(z_1,...,z_k)$ und $B(z_1,...,z_k)$ Formeln, deren freie Variable unter $z_1,...,z_k$ vorkommen, so daß $A(z_1,...,z_k) \vee B(z_1,...,z_k)$ ein Theorem ist. Seien $a_1,...,a_k$ Individuenkonstante (0-stellige Funktionszeichen) $\notin L(A) \cup L(B)$. Dann ist $A(a_1,...,a_k) \vee B(a_1,...,a_k)$ ein Theorem. Nach dem Interpolationslemma für geschlossene Formeln gibt es eine Formel D mit $L(D) \subseteq (L(A) \cup L(B)) \cup \{a_1,...,a_n\}$, so daß $A(a_1,...,a_k) \vee D$ und $B(a_1,...,a_k) \vee \neg D$ Theoreme sind. Wenn wir in D die Konstanten $a_1,...,a_k$ durch $z_1,...,z_k$ ersetzen, erhalten wir eine Formel C, so daß $A(z_1,...,z_k) \vee C$ und $B(z_1,...,z_k) \vee \neg C$ Theoreme sind.
Weiter dürfen wir annehmen, daß A und B Existenzformeln sind: Seien A und B geschlossene pränexe Formeln, so daß $A \vee B$ ein Theorem ist. Mit verschiedenen Funktionszeichen $\notin L(A) \cup L(B)$ konstruieren wir $\check{A}$ und $\check{B}$. Da $A \to \check{A}$ und $B \to \check{B}$ Theoreme sind, ist $\check{A} \vee \check{B}$ ein Theorem. Nach dem Interpo-

lationslemma für Existenzformeln gibt es eine Formel C mit $L(C)\subseteq L(\check{A})\cap L(\check{B})=L(A)\cap L(B)$, so daß $\check{A}\vee C$ und $\check{B}\vee\neg C$ Theoreme sind. Jede Realisierung von $\underline{L}(A)$ kann zu einer Realisierung von $L(\check{A})$ erweitert werden, so daß $\overline{A}=\check{\overline{A}}$. Daher kann jede Realisierung von $L(A\vee C)$ zu einer Realisierung von $L(\check{A}\vee C)$ erweitert werden, so daß $\overline{A\vee C}=\check{A}\vee C$. $A\vee C$ wird also von allen Realisierungen erfüllt, ist also ein Theorem. Entsprechend sieht man, daß $B\vee\neg C$ ein Theorem ist.
Seien also $A=\bigvee x_1\ldots\bigvee x_m H(x_1,\ldots,x_m)$ und $B=\bigvee y\ \ldots\bigvee y_n K(y_1,\ldots,y_n)$ mit quantorenfreien H und K. Da $A\vee B$ ein Theorem ist, gibt es nach dem Uniformitätstheorem Terme t_i^k und u_j^k von $L(A\vee B)$, so daß $A_1\vee B_1$ ein Theorem des Aussagenkalküls über $A_{L(A\vee B)}$ ist, wo

$$A_1 = \bigvee\!\!\!\bigvee_h H(t_1^h,\ldots,t_m^h)$$

und

$$B_1 = \bigvee\!\!\!\bigvee_k K(u_1^k,\ldots,u_n^k)\ .$$

Das Interpolationslemma für den Aussagenkalkül liefert eine Formel C, deren Aussagenvariable sowohl in A_1 als auch in B_1 vorkommen, so daß $A_1\vee C$ und $B_1\vee\neg C$ Theoreme des Aussagenkalküls sind.
Seien $\xi_1,\ldots,\xi_l$ die Terme, die in den atomaren Formeln von C vorkommen. Es ist also $C=C_1(\xi_1,\ldots,\xi_l)$, wo $C_1(z_1,\ldots,z_l)$ eine Formel mit den freien Variablen $z_1,\ldots,z_l$ ist, die keine Funktionszeichen enthält und deren Relationszeichen alle zu $L(A)\cap L(B)$ gehören.
Durch Rekursion nach p konstruieren wir eine Folge von quantorenfreien Formeln $C_p(z_1,\ldots,z_{l_p})$, deren Sprache in $L(A)\cap L(B)$ enthalten ist, und eine Folge von Termen $\xi_1^p,\ldots,\xi_{l_p}^p$ aus $L(A)\cap L(B)$, so daß $C=C_p(\xi_1^p,\ldots,\xi_{l_p}^p)$. Für $p=1$ nehmen wir die Formel $C_1(z_1,\ldots,z_l)$ und die Terme $\xi_1,\ldots,\xi_l$. C_p und $\xi_1^p,\ldots,\xi_{l_p}^p$ seien schon konstruiert, so daß $C=C_p(\xi_1^p,\ldots,\xi_{l_p}^p)$. Wir wählen ein ξ_i^p maximaler Länge, das mit einem Funktionszeichen $\phi\in L(A)\cap L(B)$ beginnt, falls ein solches ξ_i^p existiert. Sei etwa $\xi_{l_p}^p$ dieser Term, also $\xi_{l_p}^p=\phi\eta_0\ldots\eta_r$, wo $\eta_0,\ldots,\eta_r$ Terme aus $L(A)\cap L(B)$ sind. Wir setzen dann $C_{p+1}(z_1,\ldots,z_{l_p+r})=C_p(z_1,\ldots,z_{l_p-1},\phi z_{l_p}\ldots z_{l_p+r})$, und die entsprechenden Terme sind $\xi_1^p,\ldots,\xi_{l_p-1}^p,\eta_0,\ldots,\eta_r$.
Beim Schritt von p zu $p+1$ nimmt die Summe der Längen der Terme ξ_i^p um 1 ab. Deshalb bricht diese Konstruktion nach endlich vielen Schritten ab. Wir erhalten also eine quantorenfreie Formel $M(z_1,\ldots,z_q)$ und eine Folge von Termen $\eta_1,\ldots,\eta_q$, so daß $C=M(\eta_1,\ldots,\eta_q)$, $L(M(z_1,\ldots,z_q))\subseteq L(A)\cap L(B)$ und keiner der Terme $\eta_1,\ldots,\eta_q$ mit einem Funktionszeichen $\in L(A)\cap L(B)$ beginnt.
Da $A_1\vee C$ und $B_1\vee\neg C$ Theoreme des Aussagenkalküls über $\mathrm{At}_{L(A\vee B)}$ sind, sind nach Lemma 10 $\bigvee x_1\ldots\bigvee x_m H(x_1,\ldots,x_m)\vee M(\eta_1,\ldots,\eta_q)$ und

$\bigvee y_1\ldots\bigvee y_n K(y_1,\ldots,y_n)\vee\neg M(\eta_1,\ldots,\eta_q)$ Theoreme. Wir wollen annehmen, daß die $\eta_1,\ldots,\eta_q$ nach absteigender Länge angeordnet sind (so daß also kein Term Teilterm eines folgenden Terms ist).
Wir setzen $D=Q_q z_q\ldots Q_1 z_1 M(z_1,\ldots,z_q)$, wo $Q_i=\bigwedge$, falls η_i mit einem Funktionszeichen $\varepsilon L(B)$ (also $\notin L(A)$) beginnt, und $Q_i=\bigvee$, falls η_i mit einem Funktionszeichen $\varepsilon L(A)$ (also $\notin L(B)$) beginnt. D ist die gesuchte Formel.
Offenbar ist $L(D)\subseteq L(A)\cap L(B)$, weil $L(M)\subseteq L(A)\cap L(B)$. Angenommen, wir haben schon gezeigt, daß für $l\leq q$

$$A\vee Q_{l-1}z_{l-1}\ldots Q_1 z_1 M(z_1,\ldots,z_{l-1},\eta_l,\ldots,\eta_q)$$

und

$$B\vee\neg Q_{l-1}z_{l-1}\ldots Q_1 z_1 M(z_1,\ldots,z_l,\eta_l,\ldots,\eta_q)$$

Theoreme sind. (Für $l=1$ ist das sicher richtig.)
Wir setzen $U(z_l)=Q_{l-1}z_{l-1}\ldots Q_1 z_1 M(z_1,\ldots,z_{l-1},z_l,\eta_{l+1},\ldots,\eta_q)$. Nach unserer Annahme sind also $A\vee U(\eta_l)$ und $B\vee\neg U(\eta_l)$ Theoreme. Sei etwa $\eta_l=\phi t_1\ldots t_r$, wobei $\phi\varepsilon L(B)$, also $\phi\notin L(A)$, und $t_1,\ldots,t_r$ Terme von $L(A)\cup L(B)$ sind. Wir müssen zeigen, daß $A\vee\bigwedge z_l U(z_l)$ und $B\vee\bigvee z_l\neg U(z_l)$ Theoreme sind. Das ist klar für die zweite Formel, denn $B\vee\neg U(\eta_l)$ ist ein Theorem.
Wir setzen $A\vee U(z_l)=V(z_l,\eta_{l+1},\ldots,\eta_q)$, wo

$$V(z_l,z_{l+1},\ldots,z_q)=A\vee Q_{l-1}z_{l-1}\ldots Q_1 z_1 M(z_1,\ldots,z_{l-1},z_l,\ldots,z_q).$$

Wir müssen also zeigen, daß $\bigwedge z_l V(z_l,\eta_{l+1},\ldots,\eta_q)$ ein Theorem ist. Dies folgt aus

LEMMA 14: *Sei $V(z,z_1,\ldots,z_q)$ eine Formel mit der freien Variablen z, und sei ϕ ein Funktionszeichen, das in $V(z,z_1,\ldots,z_q)$ nicht vorkommt. Sei $\eta=\phi\tau_1\ldots\tau_r$ ein Term, der mit ϕ anfängt, von den Termen $\eta_1,\ldots,\eta_q$ verschieden ist und mindestens so lang wie jedes η_i $(1\leq i\leq q)$ ist. Wenn dann $V(\eta,\eta_1,\ldots,\eta_q)$ ein Theorem ist, ist auch $\bigwedge zV(z,\eta_1,\ldots,\eta_q)$ ein Theorem.*

BEWEIS: Es genügt, eine Existenzformel V zu betrachten. Denn ist $V(\eta,\eta_1,\ldots,\eta_q)$ ein Theorem, so ist auch $\check{V}(\eta,\eta_1,\ldots,\eta_q)$ ein Theorem. Das Lemma, angewendet auf diese Existenzformel, zeigt, daß $\bigwedge z\check{V}(z,\eta_1,\ldots,\eta_q)$ ein Theorem ist. Sei a eine Individuenkonstante oder Variable, die nicht in $V(\eta,\eta_1,\ldots,\eta_q)$ vorkommt (V_L ist unendlich!). Dann ist $\check{V}(a,\eta_1,\ldots,\eta_q)$, d.h. $[\bigwedge zV(z,\eta_1,\ldots,\eta_q)]^{\vee}$ ein Theorem, woraus folgt, daß auch $\bigwedge zV(z,\eta_1,\ldots,\eta_q)$ ein Theorem ist.

Sei also $V(z,\eta_1,\dots,\eta_q)=\bigvee x_1\dots\bigvee x_m W(z,\eta_1,\dots,\eta_q,x_1,\dots,x_m)$, und a eine neue Konstante oder Variable. Wir wollen zeigen, daß $V(a,\eta_1\dots\eta_q)$ ein Theorem ist, d.h. daß $V(a,\eta_1,\dots,\eta_q)$ von allen Termrealisierungen M erfüllt wird.

In M ändern wir den Wert von $\overline{\phi}$ an der Stelle $(\tau_1,\dots,\tau_r)$ ab, in dem wir $\overline{\phi}(\tau_1,\dots,\tau_r)=a$ setzen (anstelle von $\overline{\phi}(\tau_1,\dots,\tau_r)=\phi\tau_1\dots\tau_r$, dem Wert von $\overline{\phi}$ in der Termrealisierung M). Wir bezeichnen diese neue Realisierung mit M'. Die Werte von $\eta_1\dots\eta_q$ in M und M' sind gleich, nämlich $\eta_1,\dots,\eta_q$, da kein η_i den Term η als Teilterm enthält. Da ϕ in $W(z,z_1,\dots,z_q,x_1,\dots,x_m)$ nicht vorkommt, ist der Wert von W in M und M' ebenfalls gleich, etwa $\overline{W}$.

$V(\eta,\eta_1,\dots\eta_q)$, d.h. $\bigvee x_1\dots\bigvee x_m W(\eta,\eta_1,\dots,\eta_q,x_1,\dots,x_m)$ ist nach Voraussetzung ein Theorem, wird also von M' erfüllt. Da T_L der Bereich von M' ist, gibt es Terme $t_1,\dots,t_m$, so daß $(\overline{\eta},\overline{\eta}_1,\dots,\overline{\eta}_q,t_1,\dots,t_m)\varepsilon\overline{W}$; es ist aber $\overline{\eta}_1=\eta_1,\dots,\overline{\eta}_q=\eta_q$ und $\overline{\eta}=a$, also $(a,\eta_1,\dots,\eta_q,t_1,\dots,t_m)\varepsilon\overline{W}$. Da $t_1,\dots,t_m$ auch zum Bereich von M gehören, bedeutet dies, daß $\bigvee x_1\dots\bigvee x_m W(a,\eta_1,\dots,\eta_q,x_1,\dots,x_m)$, d.h. $V(a,\eta_1,\dots,\eta_q)$ von M erfüllt wird.

Damit sind das Lemma und Satz 13 bewiesen.

In Aufgabe 8 gehen wir den Beweis des Interpolationslemmas an einem Beispiel noch einmal durch. Ergänzungen findet man in Aufgabe 9. Satz 13 können wir auch wie folgt formulieren:

SATZ 15: *Ist $A \to B$ ein Theorem, dann gibt es eine Formel C mit $L(C)\subseteq L(A)\cap L(B)$, so daß $A \to C$ und $C \to B$ Theoreme sind.*

Als Korollar erhalten wir

SATZ 16: DEFINIERBARKEITSTHEOREM FÜR DEN PRÄDIKATENKALKÜL:
Sei A eine Formelmenge, $R\varepsilon L(\mathsf{A})$ ein n-stelliges Relationszeichen und A' die Formelmenge, die wir erhalten, wenn wir R in jeder Formel aus A durch ein n-stelliges Relationszeichen $R'\notin L(\mathsf{A})$ ersetzen. Folgt dann $(Rx_1\dots x_n \to R'x_1\dots x_n)$ aus $\mathsf{A}\cup\mathsf{A}'$, dann gibt es eine Formel F mit $L(F)\subseteq L(\mathsf{A})$ und $R\notin L(F)$, so daß $(F\leftrightarrow Rx_1\dots x_n)$ aus A folgt.

BEWEIS: Da $(Rx_1\dots x_n \to R'x_1\dots x_n)$ aus $\mathsf{A}\cup\mathsf{A}'$ folgt, gibt es nach dem Endlichkeitssatz eine endliche Teilmenge A_1 von A, so daß $(Rx_1\dots x_n \to R'x_1\dots x_n)$ aus $\mathsf{A}_1\cup\mathsf{A}_1'$ folgt. Wenn A die Konjunktion der Formeln von A_1 und A' die Konjunktion der Formeln von A_1' bezeichnet, ist also

$$(A \wedge A') \to (Rx_1\dots x_n \to R'x_1\dots x_n),$$

also auch

$$(A \wedge Rx_1 \ldots x_n) \to (A' \to R'x_1 \ldots x_n)$$

ein Theorem.
Das Interpolationslemma liefert jetzt eine Formel F mit $L(F) \subseteq L(A) \cap L(A')$, so daß

$$(A \wedge Rx_1 \ldots x_n) \to F \quad \text{und} \quad F \to (A' \to R'x_1, \ldots x_n)$$

Theoreme sind. Deshalb sind $A \to (Rx_1 \ldots x_n \to F)$ und $A' \to (F \to R'x_1 \ldots x_n)$ Theoreme, w.z.b.w.

Aufgaben

1. Die Sprache L sei gegeben durch:
   V_L ist die zweielementige Menge $\{x,y\}$
   R_L enthält zwei Elemente, das einstellige Zeichen U und das zweistellige Zeichen R.
   F_L enthält ein einstelliges Zeichen f.

Man betrachte die folgende Realisierung von L. Der Bereich ist R, die Menge der reellen Zahlen, der Wert von U ist das abgeschlossene Intervall $[0,1]$, R hat den Wert $\overline{R}=\{(x,y)\in \mathrm{R}^2 : x<y\}$, und der Wert von f wird gegeben durch $\overline{f}(t)=t^2+1$.
Wie sieht die Menge der Terme von L aus?
Die Werte der Formeln aus L können als Teilmengen der Ebene $\mathrm{R}^{\{x,y\}}$ aufgefaßt werden. Welche Teilmengen der Ebene entsprechen den folgenden Formeln:

$$Ux, Ufx, \bigvee x Ufx, R(x,fy), \bigwedge x R(y,fx), \bigwedge x R(x,fy),$$
$$\bigwedge x R(x,fx), \bigwedge y (Uy \to R(fy,x)).$$

2. Bringe die Formel
$\bigwedge x \bigvee y \bigwedge z A(x,y,z) \to \bigwedge y \bigvee z B(y,z), (A\in R_L^3, B\in R_L^2)$ auf pränexe Normalform.

3. Wir betrachten die Formel $F=\bigwedge x \bigvee y \bigvee z \bigwedge u \bigvee v A(x,y,z,u,v)$ mit einem fünfstelligen Relationszeichen A.
Konstruiere Formeln $\hat{F}$ und $\check{F}$, die Satz 7 bzw. Satz 8 genügen.

Lösung: Die Beweise dieser Sätze liefern die folgenden Formeln:

$$\hat{F} = \bigwedge x \bigwedge u A(x,fx,gx,u,h(x,fx,gx,u))$$

mit den einstelligen Funktionszeichen f,g und dem vierstelligen Funktionszeichen h; sowie

$$\check{F} = \bigvee y \bigvee z \bigvee v A(a,y,z,\phi(a,y,z),v)$$

mit dem 0-stelligen Funktionszeichen a und dem dreistelligen Funktionszeichen ϕ.

4. Sei E eine Formelmenge der Kardinalzahl $\aleph \geq \aleph_0$. Man zeige: Hat E ein Modell, dann hat E auch ein Modell der Kardinalzahl $\aleph'$ für jede Kardinalzahl $\aleph' > \aleph$.

Lösung: Sei $\hat{E}=\{\hat{F}:F\varepsilon E\}$, wobei wir zur Konstruktion von $\hat{F}$ für verschiedene F auch verschiedene Funktionszeichen $\notin L(E)$ verwenden. E hat ein Modell, und dieses Modell kann zu einem Modell von $\hat{E}$ erweitert werden. Wir erweitern $L(E)$ durch eine Menge C von Individuenkonstanten der Kardinalzahl $\aleph'$. Da $\hat{E}$ ein Modell hat, besitzt $\hat{E}$ ein Termmodell bzgl. dieser neuen Sprache. Dieses Termmodell hat offenbar die Kardinalzahl $\aleph'$.

5. Sei R eine Realisierung der Sprache L mit Bereich E. Eine Realisierung R' von L mit einem Bereich $E' \subseteq E$ heißt *Unterrealisierung* von R, wenn $\overline{\phi}(E'^n) \subseteq E'$ für jedes $\phi \varepsilon F_L^n$ und wenn die Werte der Funktions- und Relationszeichen in R' die Einschränkungen ihrer Werte in R auf E' sind.

a) Zeige: Ist E eine Menge von pränexen Allformeln, dann ist jede Unterrealisierung eines Modells von E wieder ein Modell von E.
b) Sei E eine Menge von pränexen Formeln der Kardinalzahl $\aleph \geq \aleph_0$. Zeige: Hat E ein Modell, dann besitzt dieses Modell eine Unterrealisierung mit einem Bereich der Kardinalzahl $\leq \aleph$, die ebenfalls ein Modell von E ist.

Lösung: a) Sei F eine quantorenfreie Formel, $\overline{F}$ ihr Wert in R, $(\overline{F} \subseteq E^{V_L})$, $\overline{\overline{F}}$ ihr Wert in der Unterrealisierung R' von R, $(\overline{\overline{F}} \subseteq E'^{V_L} \subseteq E^{V_L})$. Wir zeigen $\overline{\overline{F}}=\overline{F} \cap E'^{V_L}$.
Dies ist klar für atomares F; und wenn die Behauptung für F und G richtig ist, dann ist sie auch für $\neg F$ und $F \vee G$, also für alle quantorenfreien Formeln richtig. Nun sei $A=\wedge x_1 \ldots \wedge x_n F$, F quantorenfrei, eine Formel von E. A wird von der Realisierung R erfüllt, d.h. $\overline{F} = E^{V_L}$. Daraus folgt $\overline{\overline{F}} = E'^{V_L}$, d.h. A wird auch von der Unterrealisierung R' erfüllt.

b) Wir konstruieren die Menge $\hat{E}=\{\hat{F}:F\varepsilon E\}$, wobei wir für verschiedene Formeln F verschiedene Funktionszeichen $\notin L(E)$ nehmen. Das gegebene Modell R von E kann zu einem Modell von $\hat{E}$ erweitert werden. Sei E der Bereich dieses Modells und T die Menge der Terme aus $L(\hat{E})$. Offenbar ist die Kardinalzahl von T kleiner oder gleich $\aleph$.

Sei δ ein beliebiges, aber festes Element aus E^{V_L}. δ induziert eine Abbildung $t \to \bar{t}$ von T nach E, so daß $\bar{x}=\delta(x)$ für jede Variable x, und $\overline{\phi t_1 \ldots t_n} = \bar{\phi}(\bar{t}_1,\ldots,\bar{t}_n)$ für jedes $\phi \varepsilon F_L^n$, wo bei $\bar{\phi}$ der Wert von ϕ in dem Modell R von $\hat{E}$ ist. Sei E' das Bild von T unter dieser Abbildung. Offenbar hat E' eine Kardinalzahl $\leq \aleph$. Sei ϕ ein n-stelliges Funktionszeichen von $L(\hat{E})$ und $a_1,\ldots,a_n \varepsilon E'$, dann ist $\bar{\phi}(a_1,\ldots,a_n) \varepsilon E'$. Folglich gibt es eine Unterrealisierung R' von R mit dem Bereich E'.
Nach a) erfüllt R' die Menge $\hat{E}$, R' ist also ein Modell von E.

6. a) Sei R ein zweistelliges Relationszeichen. Mit der Methode von Seite 23 zeige man, daß die Formel $\bigwedge x \bigvee y \bigwedge z(R(x,y) \vee \neg R(x,z))$ ein Theorem ist.
b) Zeige: Es gibt eine quantorenfreie Formel $A(y)$, so daß zwar $\bigvee y A(y)$ ein Theorem ist, aber $A(t)$ kein Theorem ist für jeden Term t aus $L(A)$.
c) Zeige: Es gibt eine quantorenfreie Formel $A(x,y,z)$, so daß zwar $\bigwedge x \bigvee y \bigwedge z A(x,y,z)$ ein Theorem ist, aber $A(x,t_1(x),z)$ ... $A(x,t_n(x),z)$ kein Theorem ist für jede Folge $t_1(x),\ldots,t_n(x)$ von Termen aus $L(A)$ mit x als einziger freier Variabler.

Lösung: a) Diese Formel ist offensichtlich ein Theorem; sie ist nämlich der Abschluß von $\bigvee y R(x,y) \vee \bigwedge z \neg R(x,z)$, d.h. der Abschluß einer Formel der Gestalt $A \vee \neg A$.
Für $F = \bigwedge x \bigvee y \bigwedge z(R(x,y) \vee \neg R(x,z))$ ist $\check{F} = \bigvee y R(a,y) \vee \neg R(a,\phi y)$, wo a eine Individuenkonstante und ϕ ein einstelliges Funktionszeichen ist. Nach dem Uniformitätstheorem ist $\check{F}$ genau dann ein Theorem, wenn es Terme $t_1,\ldots,t_k$ gibt, die mit a,ϕ und Variablen aufgebaut sind, so daß

$$(R(a,t_1) \vee \neg R(a,\phi t_1)) \vee \ldots \vee (R(a,t_k) \vee \neg R(a,\phi t_k))$$

ein Theorem des Aussagenkalküls ist. Dies ist aber richtig, denn wir brauchen nur $t_1=a$ und $t_2=\phi a$ zu setzen und erhalten die Formel

$$R(a,a) \vee \neg R(a,\phi a) \vee R(a,\phi a) \vee \neg R(a,\phi\phi a) ,$$

die offenbar ein Theorem des Aussagenkalküls ist. Daraus folgt, daß auch F ein Theorem ist.
b) Wir setzen $A(y)=R(a,y) \vee \neg R(a,\phi y)$. $\bigvee y A(y)$ ist offenbar ein Theorem. Sei t ein beliebiger Term; $A(t)=R(a,t) \vee \neg R(a,\phi t)$ ist nur dann ein Theorem, wenn $A(t)$ ein Theorem des Aussagenkalküls über $\{R(a,t), \neg R(a,\phi t)\}$ ist. Dies ist aber nicht der Fall.
c) Wir setzen $A(x,y,z)=R(x,y) \vee \neg R(x,z)$. Wir haben in a) gesehen, daß $\bigwedge x \bigvee y \bigwedge z A(x,y,z)$ ein Theorem ist. Andererseits ist $A(x,t_1(x),z) \vee \ldots \vee A(x,t_n(x),z)$

zu $\neg R(x,z) \vee R(x,t_1(x)) \vee \ldots \vee R(x,t_n(x))$ äquivalent, und diese letzte Formel ist nur dann ein Theorem, wenn einer der Terme $t_k(x)$ gleich z ist.

7. Eine Formel A *folgt aus* einer Formelmenge E, wenn alle Realisierungen von E, die E erfüllen, auch A erfüllen.

a) Zeige: A folgt aus einer endlichen Formelmenge $\{A_1,\ldots,A_n\}$ genau dann, wenn $(A_1 \wedge \ldots \wedge A_n) \to A$ ein Theorem ist.

b) Zeige: A folgt genau dann aus einer Formelmenge E, wenn A aus einer endlichen Teilmenge von E folgt.

c) Eine Formelmenge E heißt *unabhängig*, wenn keine Formel $A \in E$ aus $E-\{A\}$ folgt. Zeige: E ist genau dann unabhängig, wenn jede endliche Teilmenge von E unabhängig ist.

d) Zeige, daß jede endliche Formelmenge eine äquivalente unabhängige Teilmenge enthält und daß es zu jeder abzählbaren Formelmenge eine äquivalente unabhängige Formelmenge gibt.

Lösung: Diese Ergebnisse beweist man wie die entsprechenden Resultate für den Aussagenkalkül.

8. Sei F eine Formel; mit verschiedenen Funktionszeichen konstruieren wir $\hat{F}$ und $\check{F}$. Zeige, daß $\hat{F} \to \check{F}$ ein Theorem ist. Welches ist die entsprechende Interpolationsformel?

Sei $F = \bigwedge x \bigvee y \bigwedge z A(x,f(y),z)$, worin A ein 3-stelliges Relationszeichen und f ein einstelliges Funktionszeichen ist. Man suche eine Interpolationsformel für $\hat{F}$ und $\check{F}$, indem man den Beweis des Interpolationslemmas nachvollzieht.

Lösung: Wir wissen schon, daß $\hat{F} \to F$ und $F \to \check{F}$ Theoreme sind. Daher ist auch $\hat{F} \to \check{F}$ ein Theorem. Da wir $\hat{F}$ und $\check{F}$ mit verschiedenen Funktionszeichen gebildet haben, ist $L(F) \subseteq L(\hat{F}) \cap L(\check{F})$. F ist also eine Interpolationsformel.

Für $F = \bigwedge x \bigvee y \bigwedge z A(x,f(y),z)$ ist $\hat{F} = \bigwedge x \bigwedge z A(x,f(\phi x),z)$ und $\check{F} = \bigvee y A(\alpha,f(y),\psi(\alpha,y))$, wo α ein 0-stelliges, ϕ ein einstelliges und ψ ein zweistelliges Funktionszeichen ist. Das Theorem $\neg\hat{F} \vee \check{F}$ wird damit zu

$$\bigvee x \bigvee z \neg A(x,f(\phi x),z) \vee \bigvee y A(\alpha,f(y),\psi(\alpha,y)) \; ;$$

diese letzte Formel schreiben wir - um die Bezeichnungen dem Beweis des Interpolationslemmas anzupassen - als $\bigvee x \bigvee z H(x,z) \vee \bigvee y K(y)$.

Man sieht sofort, daß $H(\alpha,\psi(\alpha,\phi\alpha)) \vee K(\phi\alpha)$ ein Theorem des Aussagenkalküls ist. (Denn diese Formel ist vom Typ $N \vee \neg N$ mit $N = A(\alpha,f(\phi\alpha),\psi(\alpha,\phi\alpha))$.)

Die entsprechende Interpolationsformel ist N.

Schreiben wir $N=C(\xi_1,\ldots,\xi_p)$, so ist die Formel $C(z_1,\ldots,z_p)$ in diesem Fall $A(z_1,z_2,z_3)$ mit $\xi_1=\alpha$, $\xi_2=f(\phi\alpha)$ und $\xi_3=\psi(\alpha,\phi\alpha)$. Wir wählen das längste ξ_i, das mit einem Funktionszeichen beginnt, welches sowohl in $\hat{F}$ als auch in $\check{F}$ vorkommt (hier ξ_2) und setzen $C_2=C_1(z_1,fz_2,z_3)=A(z_1,fz_2,z_3)$. Wir haben also $\xi_1^2=\alpha$, $\xi_2^2=\phi\alpha$, $\xi_3^2=\psi(\alpha,\phi\alpha)$, und die Folge der Formeln C_p bricht hier ab. Für die Formel $M(z_1,\ldots,z_q)$ erhalten wir daher in vorliegendem Fall die Formel $A(z_3,fz_2,z_1)$, und es ist $\eta_1=\psi(\alpha,\phi\alpha)$, $\eta_2=\phi\alpha$, $\eta_3=\alpha$, wenn wir die η gleich nach absteigender Länge ordnen. Die gesuchte Interpolationsformel ist daher $Q_3z_3Q_2z_2Q_1z_1A(z_3,fz_2,z_1)$ mit $Q_1=\bigwedge$, da η_1 mit $\psi\varepsilon L(\check{F})$ beginnt, mit $Q_2=\bigvee$, da η_2 mit $\phi\varepsilon L(\hat{F})$ beginnt, und mit $Q_3=\bigwedge$, da η_3 mit $\alpha\varepsilon L(\check{F})$ beginnt. Die Interpolationsformel ist also $\bigwedge z_3\bigvee z_2\bigwedge z_1A(z_3,fz_2,z_1)$; diese Formel ist zu $\bigwedge x\bigvee y\bigwedge zA(x,fy,z)$ äquivalent. Dieser Beweis hat also dieselbe Interpolationsformel geliefert.

9. Ergänzungen zum Interpolationslemma

Sei U eine pränexe Allformel, etwa $U=\bigwedge x_1\ldots\bigwedge x_mU_0$ mit quantorenfreiem U_0. Zeige:

a) Folgt U aus einer Formelmenge A, dann gibt es eine pränexe Allformel als Interpolationsformel;

b) Folgt U aus einer pränexen Existenzformel E, dann gibt es eine quantorenfreie Formel C, deren Variable unter den freien Variablen von U wie auch von E vorkommen, so daß $E\to C$ und $C\to U$ Theoreme sind.

Lösung: a) Wir betrachten den Beweis von Satz 13. Nach dem Endlichkeitssatz folgt U aus einer endlichen Teilmenge A_1 von A; die Negation der Konjunktion der Formeln aus A_1 übernimmt die Rolle von A in Satz 13, U übernimmt die von B. Dann unterscheidet sich U, d.h. B, von U_0 nur durch Umbenennung von Variablen (keine neuen Funktionszeichen werden eingeführt), und diese Variablen kommen in A nicht vor. Die Interpolationsformel ist daher einfach der Allabschluß von C.

b) Sei $E=\bigvee y_1\ldots\bigvee y_nV_0$, V_0 quantorenfrei. Wir setzen voraus, daß keine der Variablen y_i in U_0 und keine der Variablen x_i in V_0 vorkommt. Da $E\to U$ ein Theorem ist, ist $V_0\to U_0$ ein Theorem im Sinne des Aussagenkalküls. Es gibt daher eine Formel C, deren atomare Formeln sowohl in U_0 als auch in V_0 vorkommen, so daß $V_0\to C$ und $C\to U_0$ Theoreme sind. C enthält nur Variable, die in U_0 und V_0 zugleich vorkommen, enthält also insbesondere weder die Variablen $x_1,\ldots,x_m$ noch die Variablen $y_1,\ldots,y_n$. Daher sind $\bigvee y_1\ldots\bigvee y_nV_0\to C$ und $C\to\bigwedge x_1\ldots\bigwedge x_mU_0$ Theoreme, w.z.b.w. (Man beachte jedoch, daß zu Formeln A,B des Prädikatenkalküls, für die $B\to A$ ein Theorem ist, nicht immer eine Formel C existiert, deren Variable in A als auch in B vorkommen, so daß $B\to C$ und $C\to A$ Theoreme sind; man nehme z.B. $A=\bigvee yR(y)$ und $B=R(x)$.)

10. a) Sei $\mathcal{U}$ eine Menge von pränexen Allformeln, $E=\bigvee y_1 \ldots \bigvee y_m E_0$, E_0 quantorenfrei, eine Existenzformel, so daß $\mathcal{U} \vdash E$, d.h. E folgt aus $\mathcal{U}$. Zeige, daß es eine quantorenfreie Formel A gibt, so daß $\mathcal{U} \vdash A$ und $A \vdash E$.

b) Sei $\mathcal{U}$ eine Menge von Allformeln, U eine Allformel und E eine Existenzformel, so daß $\mathcal{U} \vdash U \leftrightarrow E$ Mit Teil a) bewies man, daß es eine quantorenfreie Formel B gibt, so daß $\mathcal{U} \vdash U \leftrightarrow B$ und $\mathcal{U} \vdash B \leftrightarrow E$.

Lösung: a) Wir gehen wieder den Beweis von Satz 13 durch: E folgt schon aus einer endlichen Teilmenge $\mathcal{U}_1$ von $\mathcal{U}$. Die Negation der Konjunktion der Formeln aus $\mathcal{U}_1$ ist äquivalent zu einer Existenzformel $U'=\bigvee x_1 \ldots x_m U_0$, U_0 quantorenfrei. Mit dem Theorem $U' \vee E$ verfahren wir wie im Beweis von Satz 13 (mit U' anstelle von A und E anstelle von B), bis wir auf die quantorenfreie Formel $M(\eta_1,\ldots,\eta_q)$ stoßen. Dies ist dann unsere gesuchte Formel A. (Dieses A kann durchaus Terme enthalten, die weder in U' noch in E vorkommen, z.B. wenn $m=n=1$, $U_0=R(x_1)$, $E_0=R(y_1)$.)
b) Es genügt, geschlossene Formeln U zu betrachten, denn wir können den Fall, daß freie Variable auftreten, hierauf zurückführen, indem wir Individuenkonstante verwenden, die nicht in $\mathcal{U} \cup \{U\}$ vorkommen.

Sei $\mathcal{U}'=\mathcal{U} \cup \{U\}$. Es ist dann $\mathcal{U}' \vdash E$; wegen a) gibt es eine quantorenfreie Formel B mit $\mathcal{U}' \vdash B$ und $B \vdash E$. Daher gilt $\mathcal{U} \vdash U \rightarrow B$, also auch $\mathcal{U} \vdash U \leftrightarrow B$ und $\mathcal{U} \vdash B \leftrightarrow E$.

3 Prädikatenkalkül mit Gleichheit

Wir betrachten hier Sprachen wie im vorigen Kapitel, verlangen aber jetzt, daß diese Sprachen das Zeichen = enthalten; wir interessieren uns auch nur für solche Realisierungen, in denen = die Identität darstellt. Es stellt sich heraus, daß diese (bzgl. der Gleichheit) *normalen* Realisierungen mit den Mitteln aus Kapitel 2 untersucht werden können. Wenn wir jedoch verlangen, daß ein bestimmtes Relationszeichen eine bestimmte Realisierung haben soll, wird die Theorie dieser Modelle im allgemeinen etwas anders als diejenige in Kapitel 2 aussehen, vgl. die ω-Modelle in Kapitel 6, Aufgabe 3(d).
Der wichtigste Satz dieses Kapitels ist der Einbettungssatz, der notwendige und hinreichende Bedingungen angibt, damit eine gegebene Realisierung in ein Modell einer gegebenen Formelmenge eingebettet werden kann. Diese Bedingungen sind übrigens auch für Sprachen ohne Gleichheit von Bedeutung. Als interessante Folgerungen erhalten wir ein allgemeines Ergebnis über die Existenz "symmetrischer Gesetze" im Sinne von Bourbaki, rein algebraische Bedingungen für die Existenz einer mit einer gegebenen Struktur verträglichen Ordnung und in Aufgabe 8 geeignete hinreichende Bedingungen für freie Modelle.
Die Sprachen (und Realisierungen), die wir in diesem und im vorangehenden Kapitel untersuchen, nennt man Sprachen (bzw. Realisierungen) *erster Stufe*, im Unterschied zu Sprachen (Realisierungen) *zweiter* oder *höherer Stufen*, die erst in Kapitel 6 eingeführt werden. Die ersten Axiomensysteme, die in der Mathematik betrachtet werden, nämlich die Axiome von Frege und Dedekind für die natürlichen Zahlen mit Nachfolgeroperation, die man auch Peano-Axiome nennt, und Dedekinds Charakterisierung des Kontinuums (vgl. Aufgabe 1 von Kapitel 6) waren von zweiter Stufe. Der Unterschied zwischen Sprachen erster und höherer Stufe läßt sich in groben Zügen so beschreiben: an die Realisierungen von Sprachen erster Stufe stellt man als einzige einschränkende Bedingungen, daß lediglich die logischen Zeichen ihre intendierte Bedeutung haben, während im

zweiten Fall die Bereiche der Realisierungen durch die *Potenzmengenoperation* bestimmt werden (vgl. Aufgabe 5 von Kapitel 6 für die Beziehung zwischen dieser Art von Einschränkung und der oben erwähnten Einschränkung auf ω-Modelle). Indem wir der genauen Untersuchung der Sprachen höherer Stufen oder - genauer - der *maximalen* Modelle in Kapitel 6 vorgreifen, können wir einige Ergebnisse des vorliegenden Kapitels wie folgt beschreiben.

Der Einbettungssatz ist Spezialfall eines allgemeinen Satzes über die Äquivalenz von gewissen Axiomen *zweiter* (oder höherer) *Stufe* und gewissen Mengen von Axiomen erster Stufe. Aufgabe 5 enthält ein Axiom zweiter Stufe, das zu einer unendlichen Menge von Axiomen erster Stufe (derselben Sprache) äquivalent ist, aber zu keiner endlichen Menge solcher Axiome. Es gibt also eine unendliche Menge von Axiomen erster Stufe, formuliert in einer Sprache mit nur *endlich* vielen Relationszeichen, die zu keiner ihrer endlichen Teilmengen äquivalent ist. Die Aufgaben 1 und 2 bringen wichtige Nicht-Kategorizitätseigenschaften von Axiomensystemen erster Stufe (sogar bzgl. normaler Realisierungen); keiner der Begriffe "endliche Menge", "abzählbare Menge" oder "Menge der natürlichen Zahlen (mit Nachfolgeroperation)" kann durch Formeln erster Stufe charakterisiert werden. Aus Kapitel 6, Aufgabe 1, geht hervor, daß diese Begriffe sich nur durch Formeln zweiter Stufe charakterisieren lassen.

Eine Sprache L heißt eine *Sprache mit Gleichheit*, wenn $R^2_L \neq \emptyset$ und wenn es ein ausgezeichnetes Element E aus R^2_L gibt (das Identität oder Gleichheitszeichen genannt wird).

Eine Realisierung einer Sprache mit Gleichheit mit dem Bereich U heißt *normal*, wenn $\overline{E}$ in dieser Realisierung die Diagonale von U ist, d.h. die Menge aller Paare (x,x) mit $x \varepsilon U$.

Eine Formel A aus L heißt *Theorem des Prädikatenkalküls mit Gleichheit*, wenn in jeder normalen Realisierung von L gilt $\overline{A}=U^{V_L}$, wo U der Bereich der Realisierung ist, d.h. wenn A von jeder normalen Realisierung von L erfüllt wird.

Für eine Sprache L mit Gleichheit sei E_L die folgende Formelmenge

1. $\bigwedge xExx$.
2. Für alle $P \varepsilon R^n_L$ (einschließlich $P=E$) die Formel

$$\bigwedge x_1 \ldots \bigwedge x_n \bigwedge y_1 \ldots \bigwedge y_n ((Ex_1y_1 \wedge \ldots \wedge Ex_ny_n \wedge Px_1 \ldots x_n) \rightarrow Py_1 \ldots y_n).$$

3. Für alle $\phi\varepsilon F_L^n$ die Formel

$$\bigwedge x_1\ldots\bigwedge x_n\bigwedge y_1\ldots\bigwedge y_n(Ex_1y_1\wedge\ldots\wedge Ex_ny_n \rightarrow E(\phi x_1\ldots x_n,\phi y_1\ldots y_n)).$$

Offenbar ist jede Formel aus E_L ein Theorem des Prädikatenkalküls mit Gleichheit.

Sei M eine Realisierung von L, die E_L erfüllt. M erfüllt daher die Formeln $\bigwedge xExx$ und $\bigwedge x_1\bigwedge x_2\bigwedge y_1\bigwedge y_2((Ex_1y_1\wedge Ex_2y_2\wedge Ex_1x_2) \rightarrow Ey_1y_2)$, woraus folgt, daß $\overline{E}$, der Wert von E in M, der Graph einer Äquivalenzrelation auf U ist (U ist der Bereich von M). Da M alle Formeln von 2) erfüllt, ist $\overline{P}$ für jedes $P\varepsilon R_L^n$ abgeschlossen unter der Äquivalenzrelation $\overline{E}$. D.h. wenn $(a_1,\ldots,a_n)\varepsilon\overline{P}$ und $a_1\sim b_1,\ldots,a_n\sim b_n$ bzgl. $\overline{E}$, dann ist auch $(b_1,\ldots,b_n)\varepsilon\overline{P}$. Wir bilden eine neue Realisierung M' von L: der Bereich von M' ist $U'=U/\overline{E}$, der Quotient von U bzgl. $\overline{E}$, d.h. die Menge aller Äquivalenzklassen von Elementen aus U bzgl. der Äquivalenzrelation $\overline{E}$. $\overline{\overline{P}}$, der Wert eines Relationszeichens $P\varepsilon R_L^n$ in M', ist $\overline{P}/\overline{E}$. Der Wert $\overline{\overline{\phi}}$ eines Funktionszeichens $\phi\varepsilon F_L^n$ in M' wird gegeben durch

$$\overline{\overline{\phi}}(a_1/\overline{E},\ldots,a_n/\overline{E})=\overline{\phi}(a_1,\ldots,a_n)/\overline{E}.$$

Diese Definition ist korrekt, da M alle Formeln von 3) erfüllt.

LEMMA 1: *Für jede Formel A aus L ist $\overline{A}$, der Wert von A in der Realisierung M, abgeschlossen unter der Äquivalenzrelation $\overline{E}$, und es gilt* $\overline{\overline{A}}=\overline{A}/\overline{E}$.

BEWEIS durch Induktion nach der Länge von A: für atomare Formeln A und für $A=B\vee C$ oder $A=\neg B$ ist die Behauptung klar. Denn wenn z.B. $A=\neg B$, ist $\overline{A}=c\overline{B}$ und $\overline{\overline{A}}=c\overline{\overline{B}}$; weil $\overline{B}$ abgeschlossen ist, ist auch $c\overline{B}$ abgeschlossen, und $c\overline{\overline{B}}=c\overline{B}/\overline{E}$.

Sei $A=\bigvee xB$ und seien $x,x_1,\ldots,x_n$ die freien Variablen von B. Bis auf einen Faktor von $U^{V_L-\{x_1,\ldots,x_n\}}$ ist

$$\overline{A}=\{(a_1,\ldots,a_n)\varepsilon U^{\{x_1,\ldots,x_n\}}\text{: es gibt ein } a\varepsilon U \text{ mit } (a,a_1,\ldots,a_n)\varepsilon\overline{B}\}.$$

Sei $a_1\sim a_1',\ldots,a_n\sim a_n'$ bzgl. $\overline{E}$; da $\overline{B}$ abgeschlossen ist nach Induktionsvoraussetzung, ist $(a,a_1',\ldots,a_n')\varepsilon\overline{B}$, also $(a_1',\ldots,a_n')\varepsilon\overline{A}$, d.h. $\overline{A}$ ist ebenfalls abgeschlossen.

Für die zweite Behauptung betrachten wir

$$\overline{\overline{A}}=\{(\alpha_1,\ldots,\alpha_n)\varepsilon U'^{\{x_1,\ldots,x_n\}}\text{: es gibt ein } \alpha\varepsilon U' \text{ mit } (\alpha,\alpha_1,\ldots,\alpha_n)\varepsilon\overline{\overline{B}}\}.$$

Seien $a,a_1,\ldots,a_n$ Elemente von U, deren Äquivalenzklassen (bzgl. $\overline{E}$) gerade $\alpha,\alpha_1,\ldots,\alpha_n$ sind. Da für B das Lemma richtig ist, ist $(a,a_1,\ldots,a_n)\varepsilon\overline{B}$, also $(a_1,\ldots,a_n)\varepsilon\overline{A}$, d.h. $\overline{\overline{A}}=\overline{A}/\overline{E}$.

SATZ 2: *Eine Formelmenge* A *hat genau dann ein normales Modell, wenn die Menge* $E_L \cup \mathsf{A}$ *ein Modell hat.*
BEWEIS: Die Bedingung ist offenbar notwendig, da jede Formel aus E_L ein Theorem des Prädikatenkalküls mit Gleichheit ist.
Hat umgekehrt $E_L \cup \mathsf{A}$ ein Modell M, dann gilt in der normalen Realisierung M', die wir aus M in der oben angegebenen Weise erhalten, für alle Formeln A nach Lemma 1 $\overline{\overline{A}}=\overline{A}/\overline{E}$. Wenn daher M ein Modell von A ist, dann ist auch M' ein Modell von A.

KOROLLAR 1: *Eine abzählbare Formelmenge* A *von* L*, die ein normales Modell hat, hat auch ein abzählbares oder endliches normales Modell.*
BEWEIS: Da für abzählbares A auch $E_{L(\mathsf{A})}$ abzählbar ist, hat $E_{L(\mathsf{A})} \cup \mathsf{A}$ ein abzählbares Modell. Der Bereich des normalen Modells von A, das wir von diesem Modell erhalten, ist der Quotient des Bereiches dieses abzählbaren Modells bzgl. einer Äquivalenzrelation (siehe oben). Folglich ist der Bereich des normalen Modells endlich oder abzählbar.

KOROLLAR 2: *Eine Formel* A *ist genau dann ein Theorem des Prädikatenkalküls mit Gleichheit, wenn* A *aus* $E_{L(A)}$ *folgt.*
BEWEIS: Die Bedingung ist offenbar hinreichend. Sie ist auch notwendig. Denn wenn A ein Theorem des Prädikatenkalküls mit Gleichheit ist, dann hat $\neg A$ kein normales Modell. Nach Satz 2 hat daher $E_{L(A)} \cup \{\neg A\}$ überhaupt kein Modell, d.h. A folgt aus $E_{L(A)}$.

SATZ 3. ENDLICHKEITSSATZ FÜR DEN PRÄDIKATENKALKÜL MIT GLEICHHEIT:
Eine Formelmenge A *von* L *hat genau dann ein normales Modell, wenn jede endliche Teilmenge von* A *ein normales Modell hat.*
BEWEIS: Die Bedingung ist selbstverständlich notwendig. Sie ist auch hinreichend, denn aus ihr folgt, daß jede endliche Teilmenge von $E_{L(\mathsf{A})} \cup \mathsf{A}$ ein Modell hat. Daher hat $E_{L(\mathsf{A})} \cup \mathsf{A}$ ein Modell, also A ein normales Modell.

SATZ 4. INTERPOLATIONSLEMMA FÜR DEN PRÄDIKATENKALKÜL MIT GLEICHHEIT:
Ist $A \to B$ *ein Theorem des Prädikatenkalküls mit Gleichheit, dann gibt es eine Formel* C *mit* $L(C) \subseteq L(A) \cap L(B)$*, so daß* $A \to C$ *und* $C \to B$ *Theoreme des Prädikatenkalküls mit Gleichheit sind.*
BEWEIS: Die Konjunktion der endlich vielen Formeln in $E_{L(A)}$ bezeichnen wir kurz auch wieder mit $E_{L(A)}$. Da $A \to B$ ein Theorem des Prädikatenkalküls mit Gleichheit ist, folgt diese Formel aus $E_{L(A)} \wedge E_{L(B)}$. $(E_{L(A)} \wedge E_{L(B)}) \to (A \to B)$ ist also ein Theorem, und daher ist auch $(E_{L(A)} \wedge A) \to (E_{L(B)} \to B)$ ein Theorem. Das Interpolationslemma für den

Prädikatenkalkül liefert eine Formel C mit $L(C) \subseteq L(A) \cap L(B)$, so daß $(E_{L(A)} \wedge A) \rightarrow C$ und $C \rightarrow (E_{L(B)} \rightarrow B)$ Theoreme sind. $A \rightarrow C$ und $C \rightarrow B$ sind daher Theoreme des Prädikatenkalküls mit Gleichheit.
Man beachte, daß jede Interpolationsformel = enthalten kann, auch wenn das Gleichheitszeichen in B nicht vorkommt. Man nehme z.B. $A = \bigwedge x \bigwedge y (x=y)$ und $B = \bigwedge x Px \vee \bigwedge x \neg Px$ mit einem einstelligen Relationszeichen P. $A \rightarrow B$ ist dann ein Theorem, aber eine Interpolationsformel ohne = wäre entweder $\top$ oder $\bot$, was unmöglich ist.

SATZ 5. ERSTES DEFINIERBARKEITSTHEOREM FÜR DEN PRÄDIKATENKALKÜL MIT GLEICHHEIT: *Sei A eine Formel und R ein n-stelliges Relationszeichen $\in L(A)$. In A ersetzen wir R durch ein n-stelliges Relationszeichen $R' \notin L(A)$ und erhalten so eine Formel A'. Wenn dann*

$$(A \wedge A') \rightarrow (Rx_1 \ldots x_n \rightarrow R'x_1 \ldots x_n)$$

ein Theorem des Prädikatenkalküls mit Gleichheit ist, dann gibt es eine Formel F mit $L(F) \subseteq L(A)$ und $R \notin L(F)$, so daß $A \rightarrow (F \leftrightarrow Rx_1 \ldots x_n)$ ein Theorem des Prädikatenkalküls mit Gleichheit ist.
BEWEIS: Mit dem Interpolationslemma wie in Kapitel 2.

SATZ 6. ZWEITES DEFINIERBARKEITSTHEOREM FÜR DEN PRÄDIKATENKALKÜL MIT GLEICHHEIT: *Sei A eine Formel und ϕ ein n-stelliges Funktionszeichen $\in L(A)$. In A ersetzen wir ϕ durch ein n-stelliges Funktionszeichen $\phi' \notin L(A)$ und erhalten so eine Formel A'. Wenn dann*

$$(A \wedge A') \rightarrow (\phi x_1 \ldots x_n = \phi' x_1 \ldots x_n)$$

ein Theorem des Prädikatenkalküls mit Gleichheit ist, dann gibt es eine Formel F von $L(A)$ mit $\phi \notin L(F)$, so daß $A \rightarrow (F \leftrightarrow y = x_1 \ldots x_n)$ ein Theorem des Prädikatenkalküls mit Gleichheit ist.
(In diesem Satz haben wir $u=v$ anstatt Euv geschrieben: wir verfahren auch in Zukunft so.)
BEWEIS: $(A \wedge A' \wedge (y=\phi x_1 \ldots x_n)) \rightarrow (y=\phi' x_1 \ldots x_n)$ ist ein Theorem, also auch $(A \wedge y=\phi x_1 \ldots x_n) \rightarrow (A' \rightarrow y=\phi' x_1 \ldots x_n)$. Der Satz folgt jetzt durch Anwenden des Interpolationslemmas auf diese Formel.

Die folgenden Sätze ergeben sich unmittelbar aus den entsprechenden Sätzen des vorigen Kapitels.

SATZ 7: *Zu jeder pränexen Formel F gibt es eine pränexe Allformel $\hat{F}$ und eine pränexe Existenzformel $\check{F}$, so daß*

a) $\hat{F} \to F$ *und* $F \to \check{F}$ *Theoreme des Prädikatenkalküls mit Gleichheit sind, und*

b) *Jede Realisierung von* $L(F)$ *zu einer Realisierung von* $L(\hat{F})$ *bzw.* $L(\check{F})$ *erweitert werden kann, so daß* $\overline{F}=\overline{\hat{F}}$ *und* $\overline{F}=\overline{\check{F}}$.

SATZ 8: UNIFORMITÄTSTHEOREM FÜR DEN PRÄDIKATENKALKÜL MIT GLEICHHEIT: $\forall x_1 \ldots \forall x_n A(x_1,\ldots x_n)$ *mit quantorenfreiem* A *ist genau dann ein Theorem des Prädikatenkalküls mit Gleichheit, wenn es Terme* $t_1^i,\ldots,t_n^i$ $(1 \leq i \leq k)$ *gibt, so daß die Formel*

$$\bigvee_{1 \leq i \leq k} A(t_1^i,\ldots,t_n^i)$$

im Sinne des Aussagenkalküls über $\mathrm{At}_{L(A)}$ *aus der folgenden Formelmenge folgt:*

1) $t=t$ *für jeden Term* $t \varepsilon L(A)$

2) *Für jedes* n*-stellige Relationszeichen* $R \varepsilon L(A)$ *und jedes Paar von* n*-tupeln* $(t_1,\ldots,t_n)$ *und* $(t_1',\ldots,t_n') \varepsilon (T_{L(A)})^n$:

$$(t_1=t_1' \wedge \ldots \wedge t_n=t_n' \wedge Rt_1 \ldots t_n) \to Rt_1' \ldots t_n'$$

3) *Für jedes* n*-stellige Funktionszeichen* $\phi \varepsilon L(A)$ *und jedes Paar von* n*-tupeln* $(t_1,\ldots,t_n)$ *und* $(t_1',\ldots,t_n') \varepsilon (T_{L(A)})^n$:

$$(t_1=t_1' \wedge \ldots \wedge t_n=t_n') \to \phi t_1 \ldots t_n = \phi t_1' \ldots t_n' \ .$$

BEWEIS: Man muß nur das Uniformitätstheorem auf die Formel $\neg E_{L(A)} \vee A$ anwenden.

ERWEITERUNGEN VON REALISIERUNGEN

Unter einer *Erweiterung* einer Realisierung M der Sprache L mit Bereich U verstehen wir eine Realisierung M' einer Sprache $L' \supseteq L$, so daß (Querstrich bedeutet Wert in M, doppelter Querstrich bedeutet Wert in M') gilt:

a) der Bereich U' von M' enthält U;

b) für jedes n-stellige Relationszeichen R von L ist $\overline{R}=\overline{\overline{R}} \cap U^n$;

c) für jedes n-stellige Funktionszeichen ϕ von L ist $\overline{\phi}$ die Einschränkung von $\overline{\overline{\phi}}$ auf U^n.

LEMMA 9: *Sei* M' *eine Erweiterung von* M. *Für jede quantorenfreie Formel* F *mit den Werten* $\overline{F}$ *und* $\overline{\overline{F}}$ *in* M *bzw.* M' *gilt* $\overline{F}=\overline{\overline{F}} \cap U^{V_L}$.

BEWEIS durch Induktion nach der Länge von F: Seien $x_1,\ldots,x_k$ die freien Variablen der atomaren Formel $F=Rt_1 \ldots t_n$. Es ist

$$\overline{F}=\{(a_1,\ldots,a_k)\varepsilon U^{\{x_1,\ldots,x_k\}}:(\overline{t}_1,\ldots,\overline{t}_n)\varepsilon\overline{R}\}=\overline{\overline{R}}\cap U^n.$$

Auf $U^{\{x_1,\ldots,x_k\}}$ gilt aber $\overline{t}_i=\overline{\overline{t}}_i$ $(1\leq i\leq k)$, woraus $\overline{F}=\overline{\overline{F}}\ U^{\{x_1,\ldots,x_k\}}$ folgt. Für $F=\neg G$ und $F=G\vee H$ ist die Behauptung wegen $\overline{F}=c\overline{G}$ und $\overline{F}=\overline{G}\cup\overline{H}$ ebenfalls richtig, w.z.b.w.

SATZ 10: *Ist M' eine Erweiterung von M, so erfüllt auch M alle geschlossenen Allformeln von L, die in M' erfüllt werden.*

BEWEIS: Wenn $\bigwedge x_1\ldots\bigwedge x_n A(x_1,\ldots,x_n)$ mit quantorenfreiem A in M' erfüllt wird, so hat A in M' den Wert U'^{V_L}. A wird also auch von M erfüllt.

Für den Rest dieses Kapitels betrachten wir nur Sprachen mit Gleichheit und normale Realisierungen.

Sei M eine Realisierung von L mit Bereich U. Wir bilden die Sprache L', indem wir jedes Element von U als Individuenkonstante zu L hinzufügen. (Es soll $U\cap L=\emptyset$ sein.) $D(M)$, das Diagramm von M, ist die Menge der folgenden Formeln von L':

a) für jedes $R\varepsilon R_L^n$ und jedes $(a_1,\ldots,a_n)\varepsilon U^n$ entweder $Ra_1\ldots a_n$ oder $\neg Ra_1\ldots a_n$, je nachdem, ob $(a_1,\ldots,a_n)\varepsilon\overline{R}$ oder $(a_1,\ldots,a_n)\notin\overline{R}$;

b) für jedes $\phi\varepsilon F_L^n$ und jedes $(a,a_1,\ldots,a_n)\varepsilon U^{n+1}$ entweder $a=\phi a_1\ldots a_n$ oder $a\neq\phi a_1\ldots a_n$, je nachdem, ob $a=\overline{\phi}(a_1,\ldots,a_n)$ oder $a\neq\overline{\phi}(a_1,\ldots,a_n)$.

Insbesondere enthält $D(M)$ für jedes Paar $(a,b)\varepsilon U^2$ die Formel $a=b$ oder $a\neq b$, je nachdem, ob $a=b$ oder $a\neq b$.

SATZ 11: *Eine Realisierung M' von L ist (bis auf Isomorphie) genau dann eine Erweiterung von M, wenn M' derart auf L' erweitert werden kann, daß M' ein Modell von D(M) wird.*

BEWEIS: M' hat genau dann eine zu M isomorphe Unterrealisierung, wenn es eine injektive Abbildung von U nach U' gibt, die die Werte der Funktions- und Relationszeichen von L in den beiden Realisierungen erhält. Die Existenz einer solchen Abbildung ist gleichbedeutend damit, daß die Realisierung M' derart auf L' erweitert werden kann, daß sie $D(M)$ erfüllt.

SATZ 12. EINBETTUNGSSATZ: *Sei M eine Realisierung der Sprache L_0 und A eine Menge von Formeln einer Sprache L_1. M kann genau dann zu einem Modell von A erweitert werden, wenn M alle Allformeln von L_0, die aus A folgen, erfüllt.*

BEWEIS: Die Bedingung ist notwendig, denn wenn M' eine Erweiterung von M ist, erfüllt M alle Allformeln von L_0, die von M' erfüllt werden.

Umgekehrt nehmen wir an, daß es keine solche Erweiterung von M gibt. Nach Satz 11 hat daher die Menge $D(M)\cup A$ kein Modell. Es gibt also schon eine endliche Teilmenge Δ von $D(M)$, so daß $\Delta\cup A$ kein Modell hat. Seien $a_1,\ldots,a_n$ alle Elemente von U, die in Δ vorkommen (U ist der Bereich von M). Mit $F(a_1,\ldots,a_n)$ bezeichnen wir die Konjunktion aller Formeln von Δ. $F(x_1,\ldots,x_n)$ ist eine quantorenfreie Formel von L_0, und offenbar wird $F(a_1,\ldots,a_n)$ von M erfüllt, wenn wir $\overline{a}_1=a_1,\ldots,\overline{a}_n=a_n$ setzen; folglich wird $\bigvee x_1\ldots\bigvee x_n F(x_1,\ldots,x_n)$ von M erfüllt.
Nun hat aber $A\cup\{F(a_1,\ldots,a_n)\}$ kein Modell, und daher folgt $\neg F(a_1,\ldots,a_n)$ aus A. Da die Individuenkonstanten $a_1,\ldots,a_n$ in A nicht vorkommen, folgt auch $\bigwedge x_1\ldots\bigwedge x_n\neg F(x_1,\ldots,x_n)$ aus A. Wir haben damit eine Allformel gefunden, die aus A folgt, aber nicht von M erfüllt wird, w.z.b.w.

Wir betrachten hierzu folgende Anwendung. Für L_0 nehmen wir die Sprache, die nur ein einziges zweistelliges Funktionszeichen $\times$ besitzt (für $\times xy$ schreiben wir xy). Wir wollen zeigen, daß es eine (offenbar abzählbare) Menge G geschlossener Allformeln von L_0 gibt, so daß ein Monoid genau dann in eine Gruppe eingebettet werden dann, wenn es G erfüllt.
Jedes Monoid ist eine Realisierung von L_0. Sei L_1 die Sprache mit dem zweistelligen Funktionszeichen $\times$, dem einstelligen Funktionszeichen $^{-1}$ und der Konstanten e, und A die Menge der folgenden Formeln von L_1:

$$\bigwedge x\bigwedge y\bigwedge z(x(yz)=(xy)z),\quad \bigwedge x(xe=x),\quad \bigwedge x(xx^{-1}=e).$$

Satz 12 zeigt nun, daß die Menge G existiert.
Eine der Formeln von G ist die Kürzungsregel

$$\bigwedge x\bigwedge y\bigwedge u\bigwedge v(uxv=uyv\rightarrow x=y).$$

Diese Formel allein genügt, wenn das Monoid kommutativ ist.

Sei M eine Realisierung einer Sprache L mit Bereich U und U' eine Teilmenge von U. U' ist genau dann der Bereich einer Unterrealisierung M' von M, wenn U' unter dem Wert $\overline{\phi}$ eines jeden Funktionszeichens ϕ von L abgeschlossen ist; d.h. (wenn ϕ n-stellig ist): wenn $\overline{\phi}(a_1,\ldots,a_n)\varepsilon U$ für alle $(a_1,\ldots,a_n)\varepsilon U^n$. Offenbar hat jeder Durchschnitt von Teilmengen von U mit dieser Eigenschaft wieder diese Eigenschaft. Wir definieren daher:
Sei U' eine beliebige Teilmenge von U. Die *von U' erzeugte Unterrealisierung M' von M* ist die Unterrealisierung, deren Bereich die kleinste Teilmenge von U ist, die U' enthält und obige Eigenschaft hat.

Der folgende Satz verallgemeinert die Aufgaben 4 und 5 aus Kapitel 1.

SATZ 13: *Sei* M *eine Realisierung einer Sprache* L_0, *und sei* A *eine Menge von Formeln einer Sprache* L_1. M *kann genau dann zu einem Modell von* A *erweitert werden, wenn jede endlich erzeugte Unterrealisierung von* M *zu einem Modell von* A *erweitert werden kann.*

BEWEIS: Die Bedingung ist notwendig, da eine Erweiterung von M offenbar auch eine Erweiterung einer jeden Unterrealisierung von M ist.
Umgekehrt sei B die Menge der Allformeln von L_0, die aus A folgen. Wenn M keine Erweiterung hat, die Modell von A ist, gibt es nach dem Einbettungssatz eine Formel von B, die von M nicht erfüllt wird. Sei $F=\bigwedge x_1 \dots \bigwedge x_k G(x_1,\dots,x_k)$, G quantorenfrei, diese Formel. Sei $\overline{G}$ der Wert von G in M. Dann gibt es Elemente $a_1,\dots,a_k \in E$, dem Bereich von M, so daß $(a_1,\dots,a_k) \notin \overline{G}$. Sei M' die von $\{a_1,\dots,a_k\}$ erzeugte Unterrealisierung von M, E' ihr Bereich und $\overline{\overline{G}}$ der Wert von G in M'. Da G quantorenfrei ist, gilt $\overline{\overline{G}}=\overline{G} \cap E'^{\{x_1,\dots,x_k\}}$. Daher ist $(a_1,\dots,a_k) \notin \overline{\overline{G}}$, und auch M' erfüllt F nicht. Daher hat M' keine Erweiterung, die Modell von A ist.

Weitere Anwendungen dieses Satzes bringen wir in den Aufgaben.

Aufgaben

(Für das Gleichheitszeichen schreiben wir in diesen Aufgaben durchweg = anstelle von E; ebenso $x=y$ für $=xy$.)

1. *Kardinalzahlen von Modellen.* Sei L eine Sprache mit Gleichheit und A eine Formelmenge aus L, welche ein normales Modell M der Kardinalzahl $\aleph$ besitzt.

(a) (*endliche Modelle*) Ist $\aleph$ endlich, so gibt es eine Formel aus L, die bis auf Isomorphie genau ein Modell hat, welches $\aleph$ Elemente enthält (teilweise Kategorizität für endliche Strukturen).

(b) (*unendliche Modelle :* Beziehungen zwischen der Anzahl der Relations- und Funktionszeichen in A und der Kardinalzahl der Modelle von A).
Sei $\aleph \geq \aleph_0$; zeige: A hat ein normales Modell für alle Kardinalzahlen $\aleph'$ mit

$$\text{(i)}\quad \aleph' \geq \aleph_0 \dotplus \text{card } A \qquad \text{oder} \qquad \text{(ii)}\quad \aleph' \geq 2^{\aleph} .$$

(c) Zeige, daß die Schranken in (b) optimal sind, d.h. es gibt eine Formelmenge A mit card $A=2^{\aleph_0}$, die ein Modell der Kardinalzahl $\aleph=\aleph_0$, aber keines der Kardinalzahl $\aleph'$ mit $\aleph<\aleph'<\min(\aleph_0+\text{card } A,\ 2^{\aleph})$ besitzt. (Die Bedingung ist leer, wenn die Kontinuumshypothese gilt, da dann nach (ii) A ein Modell für jede Kardinalzahl $\geq \aleph_0$ besitzt.

Lösung: (a) Sei $\aleph \geq 1$; wir nehmen die "Anzahlformel"

$$\bigvee x_1 \ldots \bigvee x_{\aleph} \bigwedge\!\!\!\bigwedge_{1 \leq i < j \leq \aleph} \neg x_i = x_j \wedge \bigwedge x_1 \ldots \bigwedge x_{\aleph+1} \bigvee\!\!\!\bigvee_{1 \leq i < j \leq \aleph+1} x_i = x_j \quad .$$

(b)(i) Sei $\aleph_0$ + card A $\leq 2^{\aleph}$. Wir fügen zu $L(A)$ eine neue Menge C von Individuenkonstanten mit card(C)$=\aleph'$ hinzu. Sei $B=\{a \neq b : a,b \varepsilon C, a \neq b\} \cup A$. Offenbar hat jede endliche Teilmenge von B ein normales Modell (das gegebene normale Modell von A nämlich, welches ja unendlich ist). Dann hat aber auch B selbst ein normales Modell der Kardinalzahl $\aleph'$.

(ii) Sei $2^{\aleph} < \aleph_0$ + card A. Wir führen eine Hilfssprache L_M ein, die durch das gegebene Modell M festgelegt ist: die Konstanten, Relations- und Funktionszeichen von L_M sind gerade die Individuen von M, die Relationen bzw. Funktionen auf dem Bereich von M. Für unendliches $\aleph$ ist card(L_M)$=2^{\aleph}$.

Jeder Konstanten, jedem Relations-und Funktionszeichen aus A wird die Realisierung in M, also ein Zeichen aus L_M zugeordnet. Durch diese Abbildung geht die Formelmenge A in eine Formelmenge A_M aus L_M über. Ein normales Modell M' von A_M (der Kardinalzahl $\aleph'$) wird zu einem Modell von A (mit demselben Bereich), wenn wir jedem Zeichen aus A in M' denselben Wert geben wie dem entsprechenden Zeichen aus L_M. Da card(A_M)$\leq 2^{\aleph}$, können wir nun (i) anwenden.

(c) Wir nehmen hier speziell $\aleph = \aleph_0$ und card A = $2^{\aleph_0}$. Wir betrachten die Sprache L mit der Konstanten 0, dem einstelligen Funktionszeichen s, dem zweistelligen Relationszeichen < und einem einstelligen Funktionszeichen f_ϕ für jede Abbildung $\phi : \mathbb{N} \to \mathbb{N}$ ($\mathbb{N}$ die Menge der natürlichen Zahlen).

A sei folgende Formelmenge: für alle Abbildungen $\phi, \psi : \mathbb{N} \to \mathbb{N}$.
(1) die Axiome für eine totale Ordnung mit Nachfolgeroperation, d.h. die Axiome (a,b) aus Kapitel 4, Abschnitt II.

(2) $\quad \bigwedge x \bigwedge y([y > x \wedge f_\phi(x) \neq f_\psi(x)] \to f_\phi(y) \neq f_\psi(y)), \neg f_\phi(s^n 0) = f_\psi(s^n 0),$

falls $\phi(m) \neq \psi(m)$ für ein $m \leq n$.

A hat folgendes abzählbare Modell: der Bereich ist $\mathbb{N}$, $0, s, <$ haben die üblichen Werte in N. $\overline{f}_\phi$ wird gegeben durch

$$\overline{f_\phi(s^n0)} = \langle\phi(0),\ldots,\phi(n)\rangle ,$$

wobei $\langle,..,\rangle$ bijektive Abbildungen von $\mathbb{N}^p \to \mathbb{N}$ sind.

Die oben beschriebene Realisierung erfüllt die Axiome (1), da $\mathbb{N}$ sie erfüllt, und die Axiome (2), da $\overline{f}_\phi(n) \neq \overline{f}_\psi(n)$, genau dann, wenn es ein $m \leq n$ mit $\phi(m) \neq \psi(m)$ gibt.

Sei nun M' ein überabzählbares Modell von A. Dann gibt es in M' sicher ein Objekt a mit $a \neq \overline{s^n0}$ für alle $n \in \mathbb{N}$; nach (1) ist daher $a > \overline{s^n0}$. Für jedes Paar ϕ und ψ gibt es ein m, so daß $\neg f_\phi(s^m0) = f_\psi(s^m0)$ ein Axiom aus (2) ist; es folgt $\overline{f}_\phi(a) \neq \overline{f}_\psi(a)$. Also hat der Bereich von M' mindestens die Kardinalzahl $2^{\aleph_0}$.

Bemerkung: Betrachtet man nur allgemeine Modelle, so wird die Situation einfacher: vgl. Aufgabe 4 von Kapitel 2.

2. Sei L die Sprache mit = als einzigem Relationszeichen, mit der Individuenkonstanten 0, dem einstelligen Funktionszeichen s (gelesen "Nachfolger") und den beiden zweistelligen Funktionszeichen $+,\times$. Sind t,t' Terme von L, so schreiben wir $t+t'$ für $+tt'$ und $t\times t'$ (oder auch nur tt') für $\times tt'$. Unter der *Standardrealisierung* von L verstehen wir die Realisierung mit Bereich $\mathbb{N}$, der Menge der natürlichen Zahlen, in der die Zeichen $0,s,+,\times$ ihre natürlichen Werte in $\mathbb{N}$ annehmen, nämlich Null, Nachfolger, Addition und Multiplikation.
Wir betrachten die Menge A der folgenden Formeln aus L:

$$\bigwedge x(sx \neq 0), \quad \bigwedge x \bigwedge y(sx=sy \to x=y), \quad \bigwedge x \bigvee y(x=0 \vee x=sy),$$
$$\bigwedge x(x+0=x), \quad \bigwedge x \bigwedge y(s(x+y)=x+sy),$$
$$\bigwedge x(x\times 0=0), \quad \bigwedge x \bigwedge y((x\times sy)=(x+y)+x).$$

a) Zeige, daß die Standardrealisierung von L ein normales Modell von A ist (das *Standardmodell* von A) und daß alle normalen Modelle von A ein zu diesem Standardmodell isomorphes Untermodell besitzen. Die Elemente dieses Untermodelles, d.h. die Werte der Terme $0,s0,ss0,\ldots$ heißen die natürlichen Zahlen dieses Modelles.
b) Sei B eine Menge von Formeln aus L, die A enthält und ein Modell hat. Zeige: es gibt keine Formel $A(x)$ aus L mit x als einziger freier Variabler, deren Wert in *allen* Modellen von B die Menge der natürlichen Zahlen dieses Modelles ist.
c) Sei B eine abzählbare Formelmenge aus L, die A enthält und ein Modell besitzt. Zeige: es gibt ein abzählbares normales Modell von B, das nicht das Standardmodell von A ist (A ist also nicht kategorisch bzgl. der Klasse aller abzählbaren Modelle).

d) (Eine Verschärfung von b).) Man erhält das System der sog. *Arithmetik erster Stufe*, wenn man zu A die folgende abzählbare Formelmenge hinzufügt:
für jede Formel $A(x)$ mit den freien Variablen $x, x_1, \ldots x_k$ die Formel

$$\bigwedge x_1 \ldots \bigwedge x_k [(A(0) \wedge \bigwedge x(A(x) \rightarrow A(sx))) \rightarrow \bigwedge x A(x)].$$

Diese Formelmenge drückt das Induktionsprinzip für Eigenschaften aus, die in L definierbar sind.
Zeige: Für jede Formel A aus L mit nur einer freien Variablen und für jedes Nichtstandardmodell M der Arithmetik erster Stufe ist $\overline{A}$, der Wert von A in M, nicht die Menge der natürlichen Zahlen von M.

Lösung: a) Offenbar erfüllt die Standardrealisierung die Menge A. Ist umgekehrt M ein normales Modell von A, so folgt aus den drei ersten Formeln von A, daß die Werte der Terme s^n0 in M eine Menge bilden, die vermöge der Abbildung $\overline{s^n0} \rightarrow n$ isomorph zu $\mathbb{N}$ ist, wo 0 und s ihre natürlichen Werte haben. Wegen der übrigen Formeln von A sind die Werte von $+$ und $\times$ Addition und Multiplikation auf dieser Menge. Diese Teilmenge von M ist also unter $\overline{s}, \overline{+}$ und $\overline{\times}$ abgeschlossen, ist also ein Untermodell von M.
b) Wir fügen zu L die Konstante a hinzu und betrachten die Formelmenge $E = \{A(a), a \neq 0, a \neq s\ , \ldots, a \neq s^n 0, \ldots\}$, wo $A(x)$ eine Formel aus L mit nur einer freien Variablen ist. Wenn der Wert von $A(x)$ in jedem Modell von B die Menge der natürlichen Zahlen ist, dann hat jede endliche Teilmenge von E ein Modell, das B erfüllt (man muß nur für $\overline{a}$ eine genügend große natürliche Zahl wählen). Daher hat E ein Modell, das B erfüllt. In diesem Modell wird $A(x)$ von einem Element erfüllt, das keine natürliche Zahl ist, nämlich von dem Wert von a.
c) Man nehme für $A(x)$ in b) die Formel $x=x$. Wir erhalten dann ein normales Modell, das das Standardmodell als echtes Untermodell enthält (weil der von a angenommene Wert von allen natürlichen Zahlen verschieden ist) und nicht zum Standardmodell isomorph ist.
d) Wenn $\overline{\neg A(x)} = \emptyset$, enthält $\overline{A(x)}$ Nichtstandardelemente, da M nach Voraussetzung ein Nichtstandardmodell ist. Sei jetzt $\overline{\neg A(x)} \neq \emptyset$. Da

$$(A(0) \wedge \bigwedge y(A(y) \rightarrow A(sy))) \rightarrow \bigwedge y A(y)$$

zu

$$\bigwedge x(\neg A(x) \rightarrow (\neg A(0) \vee \bigvee y(\neg A(sy) \wedge A(y))))$$

äquivalent ist, ist entweder

$$\overline{0} \notin \overline{A(x)} \ ,$$

oder es gibt ein Nichtstandardelement $\overline{y}\varepsilon\overline{A(x)}$,
oder es gibt eine natürliche Zahl $\overline{y}$ von M, so daß $\overline{y}\varepsilon\overline{A(x)}$ und $\overline{s}\overline{y}\notin\overline{A(x)}$.
In keinem Fall ist $\overline{A(x)}$ die Menge der natürlichen Zahlen von M.

Wir sehen nun, warum die Peano-Axiome kategorisch sind, die der Arithmetik erster Stufe aber nicht. Wir betrachten eine beliebige Realisierung von A mit Bereich E. Die Peanoaxiome besagen, daß das Induktionsprinzip auf alle Eigenschaften von Elementen aus E angewendet werden kann; insbesondere auf die Eigenschaft, eine natürliche Zahl dieser Realisierung zu sein. Diese letzte Eigenschaft kann in der Sprache L jedoch nur für die Standardrealisierung von L definiert werden.

3. Die Sprache L enthalte das Gleichheitszeichen =, die beiden Konstanten 0 und 1 und die beiden zweistelligen Funktionszeichen + und ×. Zeige: Zu jeder Formel A aus L, die in allen kommutativen Körpern der Charakteristi 0 gilt, gibt es eine ganze Zahl P, so daß A in allen kommutativen Körpern der Charakteristik $p>P$ gilt.

Lösung: C sei die folgende Formelmenge aus L:

$\bigwedge x\bigwedge y\bigwedge z(x+(y+z)=(x+y)+z)$,	$\bigwedge x\bigwedge y\bigwedge z(x(yz)=(xy)z)$
$\bigwedge x\bigwedge y(x+y=y+x)$,	$\bigwedge x\bigwedge y(xy=yx)$
$\bigwedge x(x+0=x)$,	$\bigwedge x(x1=x)$
$\bigwedge x\bigvee y(x+y=0)$,	$\bigwedge x\bigvee y(x=0\vee xy=1)$
$\bigwedge x\bigwedge y\bigwedge z(x(y+z)=xy+xz)$,	$1\neq 0$

(Wir haben hier xy für $\times xy$ geschrieben.)
Die normalen Modelle von C sind offenbar gerade die kommutativen Körper. Sei F_p die Formel $1+\ldots+1=0$, (p Summanden). Die normalen Modelle von $C\cup\{F_p : p \text{ prim}\}$ sind genau die kommutativen Körper der Charakteristik 0. Nach Voraussetzung über A folgt A aus $C\cup\{F_p : p \text{ prim}\}$ Daher folgt A schon aus einer endlichen Teilmenge dieser Menge, etwa aus $C\cup\{\neg F_2,\ldots,\neg F_p\}$, d.h. gilt in allen kommutativen Körpern der Charakteristik $p>P$.

4. (Satz von Steinitz) Wir betrachten einen kommutativen Körper K. Zeige, daß es einen Erweiterungskörper L von K gibt, in dem jedes Polynom mit Koeffizienten aus K in Linearfaktoren zerfällt. Man beweise damit die Existenz der algebraischen Hülle von K.

Lösung: L und C wie in Aufgabe 3. Der Körper K ist eine Realisierung von L; sei D_K das Diagramm dieser Realisierung. Offenbar ist jedes normale Modell von $C\cup D_K$ ein Erweiterungskörper von K.
Für jedes Polynom $P(x)=a_0+a_1x+\ldots+a_{n-1}x^{n-1}+x^n$ mit Koeffizienten aus K betrachten wir die Formel

$$\bigvee x_1 \ldots \bigvee x_n (a_0 + \ldots + a_{n-1} x^{n-1} + x^n = (x+x_1) \ldots (x+x_n))$$

der Sprache L', in der das Diagramm von K formuliert ist. Sei A die Menge all dieser Formeln und $A_0 \subset A$ endlich. $C \cup D_K \cup A_0$ hat ein normales Modell, denn bekanntlich gibt es einen Erweiterungskörper von K mit endlicher Dimension über K, in dem ein gegebenes Polynom in Linearfaktoren zerfällt. Daher hat $C \cup D_K \cup A$ ein normales Modell L. L ist ein kommutativer Erweiterungskörper von K, in dem jedes Polynom mit Koeffizienten aus K in Linearfaktoren zerfällt. Sei Ω der Unterkörper von L, der aus allen Elementen von L besteht, die algebraisch über K sind. Offenbar ist Ω die algebraische Hülle von K.

5. Man betrachte eine Sprache L_0 mit einem einzigen zweistelligen Relationszeichen P. Sei M eine Realisierung von L_0 und $\overline{P}$ der Wert von P in M. Zeige: Es gibt eine Menge U von Allformeln der Sprache L_0, so daß $\overline{P}$ genau dann zu einer Ordnungsrelation erweitert werden kann, wenn M die Menge U erfüllt. Man gebe ein Beispiel einer solchen Menge U und zeige, daß sie zu keiner endlichen Teilmenge von $\{F{:}F$ folgt aus $U\}$ äquivalent ist. Zeige, daß $\overline{P}$ genau dann zu einer totalen Ordnung erweitert werden kann, wenn M ein Modell von U ist.

Lösung: Wir betrachten die Sprache L_1 mit den beiden zweistelligen Relationszeichen P und $\leq$. Sei A die Menge der folgenden Formeln aus L_1:

$$\bigwedge x \bigwedge y (Pxy \rightarrow x \leq y)$$
$$\bigwedge x (x \leq x)$$
$$\bigwedge x \bigwedge y (x \leq y \wedge y \leq x \rightarrow x = y)$$
$$\bigwedge x \bigwedge y \bigwedge z (x \leq y \wedge y \leq z \rightarrow x \leq z)$$

Nach dem Einbettungssatz kann eine Realisierung M von L_0 genau dann zu einem Modell von A erweitert werden, wenn M die Menge U der Allformeln von L_0 erfüllt, die aus A folgen. M kann aber offenbar genau dann zu einem Modell von A erweitert werden, wenn $\overline{P}$ zu einer Ordnungsrelation erweitert werden kann. U ist also die gesuchte Formelmenge.
Man sieht sofort, daß U für jedes $n \geq 1$ die Formel

$$F_n = \bigwedge x_1 \ldots \bigwedge x_n ((Px_1x_2 \wedge \ldots \wedge Px_{n-1}x_n \wedge Px_nx_1) \rightarrow (x_1 = x_2 = \ldots = x_n))$$

enthält.
Wir zeigen jetzt, daß in jeder Realisierung M, die die Formeln F_n erfüllt, $\overline{P}$ zu einer totalen Ordnung erweitert werden kann oder - was

dasselbe ist - daß M eine Erweiterung hat, die ein Modell von

$$B=A\cup\{\Lambda x\Lambda y(x\leq y\vee y\leq x)\}$$

ist.

Hierzu genügt es zu zeigen, daß jede endlich erzeugte Unterrealisierung M' von M eine solche Erweiterung besitzt. Dies beweisen wir durch Induktion nach der Anzahl k der Elemente aus E', dem Bereich von M', der ja endlich ist.

Für $k=1$ ist nichts zu beweisen. Sei der Fall $k=r-1$ schon erledigt und $E'=\{a_1,\ldots,a_r\}$. Es muß ein $i, 1\leq i\leq r$, geben, so daß $(a_i,a_j)\notin\overline{P}$ für alle $j, j\neq i$. Denn andernfalls gibt es eine Folge $n_1,\ldots,n_p,\ldots$ von ganzen Zahlen $(1\leq n_i\leq r)$, so daß $(a_1,a_{n_1}),(a_{n_1},a_{n_2}),\ldots,(a_{n_{p-1}},a_n),\ldots$ alle in $\overline{P}$ liegen, was einer der Formeln F_n widerspricht.

Wir können $i=r$ annehmen, so daß also $(a_r,a_j)\notin\overline{P}$ für $1\leq j\leq r$.

Da $E''=\{a_1,\ldots,a_{r-1}\}$ nur r-1 Elemente enthält, kann $\overline{P}$ nach Induktionsvoraussetzung zu einer totalen Ordnung auf E'' erweitert werden. Um $\overline{P}$ zu einer totalen Ordnung auf E' zu erweitern, genügt es nun, $a_i\leq a_r$ für $1\leq i\leq r$ zu setzen.

Wir betrachten die Relation $\overline{P}$ auf der Menge $\{1,\ldots,n\}$, die aus den Paaren $(1,2),(2,3),\ldots,(n-1,n),(n,1)$ besteht. Dies ist offenbar ein Modell von $\{F_1,\ldots,F_{n-1},\neg F_n\}$. Mit dem Endlichkeitssatz folgt daraus, daß die Menge der F_n zu keiner endlichen Teilmenge von $\{F:F$ folgt aus der Menge der $F_n\}$ äquivalent ist.

6. a) Die Sprache L_0 enthalte das zweistellige Funktionszeichen $\times$. Zeige, daß es eine Menge U von geschlossenen Allformeln aus L_0 gibt, so daß eine Gruppe G genau dann total geordnet werden kann, wenn sie ein Modell von U ist. Im Falle einer kommutativen Gruppe gebe man eine solche Formelmenge U an.

b) Dasselbe Problem für einen Körper. In diesem Fall enthält die Sprache zwei zweistellige Funktionszeichen $+,\times$ und eine Individuenkonstante 0.

Lösung: Dies ist eine einfache Folgerung aus dem Einbettungssatz. Für den Fall einer kommutativen Gruppe ist $\{\Lambda x\Lambda y(x^n=y^n \rightarrow x=y):n\geq 1\}$ die gesuchte Menge U. Die kommutativen Gruppen, die diese Formelmenge erfüllen, sind die torsionsfreien Gruppen.

Im Falle eines Körpers ist $\{\Lambda x_1\ldots\Lambda x_n(x_1^2+\ldots+x_n^2=0 \rightarrow x_1=\ldots=x_n=0):n\geq 1\}$ die gewünschte Formelmenge. Die kommutativen Körper, die Modelle dieser Menge sind, sind die reellen Körper.

7. Sei L eine Sprache mit Gleichheit, die ein von = verschiedenes zweistelliges Relationszeichen R enthält. Zeige: Es gibt keine Formelmenge A aus L, die ein unendliches normales Modell besitzt und so daß R in allen normalen Modellen von A eine Wohlordnung darstellt.

Lösung: Sei A eine Menge von Formeln aus L und M ein unendliches normales Modell von A mit dem Bereich E, so daß der Wert $\overline{R}$ von R in diesem Modell eine Wohlordnung von E ist. E enthält daher eine unendliche, streng aufsteigende Folge von Elementen $\xi_1,..,\xi_n,...$. Für jede ganze Zahl i ist $(\xi_i,\xi_{i+1})\varepsilon\overline{R}$ und $\xi_i\neq\xi_{i+1}$. Wir erweitern L um eine unendliche Folge $a_1,...,a_n,...$ von Individuenkonstanten. Für jede ganze Zahl n hat die Menge

$$A\cup\{Ra_2a_1 \wedge a_2\neq a_1,...,Ra_na_{n-1}\wedge a_n\neq a_{n-1}\}$$

ein Modell, nämlich das Modell M mit $\overline{a}_1=\xi_n,...,\overline{a}_n=\xi_1$. Nach dem Endlichkeitssatz hat also auch

$$A\cup\{Ra_{n+1}a_n\wedge a_{n+1}\neq a_n : n\geq 1\}$$

ein Modell. In diesem Modell ist $\overline{a}_1,...,\overline{a}_n,...$ eine unendliche, streng absteigende Folge. R stellt also keine Wohlordnung dar.

8. (Existenz freier Modelle). Sei L eine Sprache mit Gleichheit und A eine Menge geschlossener Formeln aus L vom Typ

$$\bigwedge x_1...\bigwedge x_n[(A_1\wedge...\wedge A_m) \rightarrow B]$$

(m=0 ist nicht ausgeschlossen), wobei A_i ($1\leq i\leq m$) und B atomare Formeln von L sind.

a) Zeige, daß A von der folgenden Realisierung der Sprache L erfüllt wird: ihr Bereich besteht aus den Äquivalenzklassen der Terme aus L, d.h. aus

$$[t]=\{t':t'=t \text{ folgt aus } A\}$$

für jeden Term t aus L; für jedes Funktionszeichen $f\varepsilon L$ wird $\overline{f}$ durch

$$\overline{f}([t_1],...,[t_n])=[ft_1...t_n]$$

definiert; und für jedes Relationszeichen $R\varepsilon L$ wird $\overline{R}$ definiert durch

$$([t_1],...,[t_n])\varepsilon\overline{R} \text{ genau dann, wenn } Rt_1...t_n \text{ aus A folgt.}$$

b) Mit Teil a) beweise man: Ist jedes C_i eine atomare Formel, eventuell mit freien Variablen, und folgt $C_1 \vee \ldots \vee C_p$ aus A, dann folgt schon eines der C_i $(1 \leq i \leq p)$ aus A.

Lösung: a) Die Gleichheitsaxiome für L haben die Form $\bigwedge x_1 \ldots \bigwedge x_n [(A_1 \wedge \ldots \wedge A_m) \rightarrow B]$ mit $m=1$ und $m=2$. Seien $t_1, \ldots, t_n$ Terme aus L; wenn $([t_1], \ldots, [t_n]) \varepsilon \overline{A}_i (1 \leq i \leq m)$, dann folgt jede Formel $A_i(t_1, \ldots, t_n)$ aus A; daher folgt auch $B(t_1, \ldots, t_n)$ aus A, d.h. $([t_1], \ldots, [t_n]) \varepsilon \overline{B}$.

b) Jedes C_i hat die Gestalt $R_i(t_1, \ldots, t_{p_i})$ mit einem Relationszeichen R_i und Termen $t_1, \ldots, t_{p_i}$ aus L. Da $C_1 \vee \ldots \vee C_p$ aus A folgt, wird diese Disjunktion von der Realisierung aus a) erfüllt. Daher wird schon ein C_i von dieser Realisierung erfüllt. Das bedeutet aber, daß C_i aus A folgt.

4 Quantorenelimination

Wir wenden die allgemeine Theorie, die in den vorangehenden Kapiteln dargestellt wurde, hier auf Axiomensysteme mit folgender Eigenschaft an: jede Formel (der Sprache des betrachteten Axiomensystems) ist zu einer quantorenfreien Formel äquivalent. Die in diesem Kapitel behandelten Beispiele solcher Systeme sind: gewisse diskret (und total) geordnete kommutative Gruppen, algebraisch abgeschlossene Körper, reell abgeschlossene Körper und atomare Boolesche Ringe. Die Quantorenelimination hat die folgenden wichtigen Konsequenzen:
1) Eine vollständige Charakterisierung all jener Relationen, die in dem betrachteten Axiomensystem explizit definierbar sind.
2) (In der Regel) Vollständigkeit (in dem Sinne, daß jede geschlossene Formel in allen Modellen des betrachteten Systems entweder wahr oder in allen solchen Modellen falsch ist).
Mit diesem zweiten Ergebnis kann man (unter anderem) im Fall der algebraisch abgeschlossenen Körper den Hilbertschen Nullstellensatz (Aufgabe 4) und im Fall der reell abgeschlossenen Körper den Satz von Artin über die Darstellung positiver Formen (Aufgabe 5) beweisen. Eine algebraische Anwendung des Ergebnisses 1) (in Verbindung mit dem Definierbarkeitstheorem aus dem vorigen Kapitel) bringt Aufgabe 6.
In Abschnitt VI betrachten wir ein Axiomensystem, das nicht vollständig ist, aber die Quantorenelimination zuläßt; in den Aufgaben 1 und 2 bringen wir vollständige Axiomensysteme, die sie nicht zulassen. Dieses letzte Ergebnis wird mit einer einfachen modelltheoretischen Bedingung aus Satz 2 bewiesen. Eine teilweise Umkehrung dieser Bedingung lernen wir in Kapitel 7, Aufgabe 1 kennen. Viele Ergebnisse des vorliegenden Kapitels können mit dieser Umkehrung schneller bewiesen werden, sind dafür aber weniger *explizit* oder *konstruktiv*, d.h. genauer: die Beweise des vorliegenden Kapitels beschreiben expliziter, wie die Gestalt einer Formel mit ihrer äquivalenten quantorenfreien Formel zusammenhängt.

In Aufgabe 3 beschreiben wir eine Methode, wie man die Vollständigkeit gewisser Axiomensysteme auch ohne Quantorenelimination beweisen kann (indem man an ihrer Stelle Überlegungen mehr algebraischer Natur verwendet). Fragen dieser Art lassen sich auch mit Ultraprodukten behandeln; siehe hierzu Kochen, Ultraproducts in the Theory of Models, Annals of Maths. **74** (1962) S. 229-261, und Keisler, Ultraproducts and Elementary Classes, Proc. Kon. Ned. Akad. Wet. (= Indagationes Mathematicae), **64** (1961) S. 477-495. Die Anwendung dieser Methode auf p-adische Körper findet man in Ax-Kochen, Diophantine Problems over Local Fields, Amer. J. of Maths. **87** (1965) S. 605-648. (Für eine Behandlung ohne Ultrapotenzen vgl. ihren Artikel in den Annals of Maths. **83** (1966) S. 437-456, wo die Methode von Kapitel 7, Aufgabe 1 angewendet wird.) Eine konstruktive und einigermaßen explizite Beschreibung der Quantorenelimination für formal-p-adische Körper steht in P.J. Cohen, Decision Procedures for Real and p-adic Fields, Communications on Pure and Applied Mathematics, **22** (1969) S. 131-152. Die Beziehungen zwischen den betreffenden Methoden werden in Aufgabe 1 des Kapitels 7 näher analysiert.

In diesem Kapitel betrachten wir nur Sprachen mit Gleichheit und normale Realisierungen.
Sei L eine Sprache und A eine Menge von Formeln der Sprache L. A *läßt die Quantorenelimination in einer Formel F von L zu*, wenn es eine quantorenfreie Formel F' von L gibt, so daß $F \leftrightarrow F'$ aus A folgt oder, was dasselbe bedeutet, daß $\overline{F} = \overline{F'}$ in allen normalen Modellen von A gilt.
A *läßt die Quantorenelimination in L zu*, wenn A in jeder Formel von L die Quantorenelimination zuläßt.
Durch Induktion nach der Anzahl der Quantoren in einer pränexen Formel F können wir offenbar zeigen, daß A die Quantorenelimination in L zuläßt, wenn man in allen Formeln der Gestalt $\bigvee x H(x)$ mit quantorenfreiem $H(x)$ die Quantoren eliminieren kann. Nach Satz 1.3 des Aussagenkalküls ist jede quantorenfreie Formel $H(x)$ äquivalent zu einer Formel der Gestalt $H_1 \vee \ldots \vee H_k$, wo jedes H_i die Gestalt $\alpha_1 \wedge \ldots \wedge \alpha_r$ hat und jedes α_j eine atomare Formel von L oder die Negation einer solchen Formel ist. Da $\bigvee x(H_1 \vee \ldots \vee H_k)$ zu $\bigvee x H_1 \vee \ldots \vee \bigvee x H_k$ äquivalent ist, erhalten wir

SATZ 1: *Eine Menge A von Formeln der Sprache L läßt genau dann die Quantorenelimination in L zu, wenn A die Quantorenelimination in allen Formeln der Gestalt $\bigvee x(\alpha_1 \wedge \ldots \wedge \alpha_r)$ zuläßt, wo jedes α_i eine atomare Formel oder die Negation einer atomaren Formel von L ist.*

Eine Formelmenge A heißt *vollständig bzgl. L*, wenn für jede geschlossene Formel F von L entweder F oder $\neg F$ aus A folgt.

SATZ 2: *Läßt* A *die Quantorenelimination in* L *zu und ist* D(M) *das Diagramm eines Modelles* M *von* A*, so ist* $A \cup D(M)$ *vollständig (bzgl. der Sprache* L' *von* $A \cup D(M)$*).*

BEWEIS: Wir beginnen mit folgender Bemerkung: läßt eine Formelmenge A die Quantorenelimination in L zu, dann auch in allen Sprachen L', die aus L durch Hinzufügen einer Menge C von Individuenkonstanten hervorgehen. Denn angenommen, F ist eine Formel einer solchen Sprache L'. Wir ersetzen in F jedes Element $a \varepsilon C$ durch eine nicht in F vorkommende Variable x (verschiedene Elemente von C sind dabei durch verschiedene Variable zu ersetzen) und erhalten dadurch eine Formel F_1 von L. Es gibt dann eine quantorenfreie Formel F_1', die zu F_1 äquivalent ist. Wenn wir die Konstanten in F_1' rückersetzen, erhalten wir eine zu F äquivalente quantorenfreie Formel.
Sei jetzt L' die Sprache von $A \cup D(M)$ und F eine Formel von L', die von M erfüllt wird. Es gilt dann $\overline{F}=E^{V_L}$, E der Bereich von M. Wir betrachten ein beliebiges Modell M' von $A \cup D(M)$. In M und M', die beide Modelle von A sind, ist F zu einer quantorenfreien Formel äquivalent. Bezeichnen wir den Wert von F in M' mit $\overline{\overline{F}}$ und beachten, daß M' eine Erweiterung von M ist, so haben wir nach Lemma 3.9 $\overline{F}=\overline{\overline{F}} \cap E^{V_L} = E^{V_L}$. $\overline{F}$ ist also nicht leer; F ist aber eine geschlossene Formel, wird also von M' erfüllt. Damit ist gezeigt: wird F von M erfüllt, dann wird F auch von allen Modellen der Menge $A \cup D(M)$ erfüllt, folgt also aus $A \cup D(M)$.
Für jede geschlossene Formel ist aber entweder F oder $\neg F$ in M wahr. Daher folgt entweder F oder $\neg F$ aus $A \cup D(M)$, w.z.b.w.

Bemerkung. Normalerweise kann man jedes System A zu einem System A_1 erweitern, das Quantorenelimination zuläßt und "im wesentlichen" dieselben Modelle wie A hat. Genauer: für jedes n fügen wir zu A eine Menge R_L^n neuer Relationszeichen hinzu, die die gleiche Mächtigkeit wie die Sprache von A hat, und für jede Formel F der erweiterten Sprache ein Axiom

$$\bigwedge x_1 \ldots \bigwedge x_n (R \leftrightarrow F),$$

wo die freien Variablen von F unter $\{x_1, \ldots, x_n\}$ vorkommen sollen und das Zeichen R in F nicht auftreten soll. Dies ist möglich mit Hilfe einer Wohlordnung von A. Jedes Modell von A_1 induziert ein Modell von A, indem man die Realisierungen der neuen Zeichen R wegläßt; umgekehrt liefert jedes Modell M von A ein Modell M von A_1, wenn man $\overline{R}=\overline{F}$ setzt, wobei man mit den Formeln von A selbst anfängt.

Den Rest des Kapitels widmen wir der Betrachtung einiger Beispiele.

I. DICHTE ORDNUNGEN MIT ERSTEM UND LETZTEM ELEMENT

Wir betrachten die Sprache L, die zwei Individuenkonstante 0,1 und zwei zweistellige Relationszeichen $<,=$ besitzt (für $<xy$ schreiben wir $x<y$).

Sei A die Menge der folgenden Formeln von L.

$\bigwedge x \neg(x<x)$ $\bigwedge x \bigwedge y \bigwedge z (x<y \wedge y<z \rightarrow x<z)$ $\bigwedge x \bigwedge y (x=y \vee x<y \vee y<x)$	Axiome für eine totale Ordnung
$\bigwedge x \bigwedge y \bigvee z (x<y \rightarrow x<z \wedge z<y)$	Axiom für eine dichte Ordnung
$\bigwedge x (x=0 \vee 0<x)$ $\bigwedge x (x=1 \vee x<1)$	Axiome für das erste und letzte Element.

Wir zeigen, daß A die Quantorenelimination in L zuläßt. Hierzu betrachten wir eine Formel von L der Gestalt $\bigvee x(\alpha_1 \wedge \ldots \wedge \alpha_r)$, wo jedes α_i entweder eine atomare Formel oder die Negation einer atomaren Formel von L ist. Für jedes α_i kommen vier Möglichkeiten in Betracht, nämlich: $t_1<t_2$, $t_1=t_2$, $\neg(t_1<t_2)$, $t_1 \neq t_2$, wobei t_1,t_2 Terme von L sind, also entweder 0,1 oder eine Variable.
Aus A folgt, daß $\neg(t_1<t_2)$ zu $(t_2<t_1) \vee (t_1=t_2)$ und $t_1 \neq t_2$ zu $(t_1<t_2) \vee (t_2<t_1)$ äquivalent ist. Da $A \wedge (B \vee C)$ zu $(A \wedge B) \vee (A \wedge C)$ und $\bigvee x(A \vee B)$ zu $\bigvee xA \vee \bigvee xB$ äquivalent sind, müssen wir die Quantoren nur noch in Formeln der Gestalt $\bigvee x(\alpha_1 \wedge \ldots \wedge \alpha_r)$ eliminieren, wo jedes α_i die Gestalt $t_1=t_2$ oder $t_1<t_2$ hat.

Dies geschieht durch Rekursion nach r. Für $r=1$ hat unsere Formel die Gestalt $\bigvee x(t_1<t_2)$ oder $\bigvee x(t_1=t_2)$, wo die t_i $(i=1,2)$ 0,1 oder Variable sind. In diesem Fall ist die Elimination des Quantors trivial.
Die Fälle mit $r<h$ seien schon erledigt; wir betrachten die Formel $F=\bigvee x(\alpha_1 \wedge \ldots \wedge \alpha_h)$. Enthält eines der α_i, etwa α_1, die Variable x nicht, so ist F zu $\alpha_1 \wedge \bigvee x(\alpha_2 \wedge \ldots \wedge \alpha_h)$ äquivalent, und wir werden sofort auf den Fall $r=h-1$ zurückgeführt. Wir setzen also voraus, daß jedes α_i die Variable x enthält, daß also

$$F=\bigvee x(x<t_1 \wedge \ldots \wedge x<t_k \wedge u_1<x \wedge \ldots \wedge u_l<x \wedge x=v_1 \wedge \ldots \wedge x=v_m).$$

Weiter dürfen wir annehmen, daß die Terme t,u,v von x verschieden sind; denn ist z.B. $t_1=x$, so ist F zu $\perp$ äquivalent; und wenn etwa $v_1=x$, so sind wir wieder beim Fall $r=h-1$ angelangt.
Für $k>1$ ist F zu

$$(t_1<t_2 \wedge \bigvee x(x<t_1 \wedge x<t_3 \wedge \ldots)) \vee (\neg t_1<t_2 \wedge \bigvee x(x<t_2 \wedge x<t_3 \wedge \ldots))$$

äquivalent, worin wir nach Induktionsvoraussetzung die Quantoren schon eliminieren können. Eine ähnliche Reduktion erhalten wir für den Fall $l>1$.

Für $k=l=1$ ist

$$F=\bigvee x(x<t_1\wedge u_1<x\wedge x=v_1\wedge\ldots\wedge x=v_m).$$

Diese letzte Formel ist für $m\neq 0$ zu

$$(v_1=v_2=\ldots=v_m)\wedge(u_1<v_1<t_1)$$

und für $m=0$ zu

$$u_1<t_1$$

äquivalent.
Für $k=0$ ist

$$F=\bigvee x(u_1<x\wedge x=v_1\wedge\ldots\wedge x=v_m).$$

Diese Formel wiederum ist für $m\neq 0$ zu

$$(u_1<v_1)\wedge(v_1=v_2=\ldots=v_m)$$

und für $m=0$ zu

$$u_1\neq 1$$

äquivalent. Der Fall $l=0$ läßt sich entsprechend behandeln. Damit sind alle Fälle erschöpft.
Der Leser kann in ähnlicher Weise dichte Ordnungen mit erstem, aber ohne letztes Element untersuchen. (Man läßt die Konstante 1 weg und nimmt das Axiom $\bigwedge x\bigvee y(x<y)$ hinzu.)
Die zu $\bigvee x(\alpha_1\wedge\ldots\wedge\alpha_r)$ äquivalente quantorenfreie Formel enthält bis auf x die gleichen Variablen wie die Ausgangsformel. Daher enthält die einer geschlossenen Formel F entsprechende quantorenfreie Formel keine Variablen. Die in ihr vorkommenden Aussagenkalküle sind daher alle entweder zu $0<1$, $0=1$ oder $1<0$ äquivalent, die ihrerseits wieder zu $\top$ oder $\bot$ äquivalent sind. Daher ist F zu $\top$ oder $\bot$ äquivalent; die Menge A *ist also vollständig bzgl.* L.

II. DISKRETE ORDNUNGEN OHNE ERSTES UND LETZTES ELEMENT

Die Sprache L bestehe aus einem einstelligen Funktionszeichen s (gelesen "Nachfolger") und aus zwei zweistelligen Relationszeichen < und =. Die Terme von L haben daher die Form $s^p x$ (d.h. $\underbrace{ss\ldots s}_{p\text{ mal}}x$)

Sei A die folgende Formelmenge: a) die Axiome für eine totale Ordnung und b) die Formeln

$$\bigwedge x \bigwedge y (x<y \leftrightarrow (y=sx \vee sx<y))$$
$$\bigwedge x \bigvee y (x=sy) \quad .$$

A läßt die Quantorenelimination in L zu:
Wie oben in I brauchen wir nur eine Formel der Gestalt $\bigvee x(\alpha_1 \wedge \ldots \wedge \alpha_r)$ zu betrachten, wo jedes α_i die Gestalt $t_1<t_2$ oder $t_1=t_2$, d.h. $s^{p_1} x_1 < s^{p_2} x_2$ oder $s^{p_1} x_1 = s^{p_2} x_2$ hat.
Wir schließen durch Rekursion nach r. Der Fall $r=1$ ist trivial. Wir nehmen an, daß der Fall $r<h$ schon erledigt ist und daß eine Formel der Gestalt $\bigvee x(\alpha_1 \wedge \ldots \wedge \alpha_h)$ vorliegt. Wie oben sieht man unmittelbar, daß in jeder atomaren Formel $s^{p_1} x_1 < s^{p_2} x_2$ oder $s^{p_1} x_1 = s^{p_2} x_2$ wenigstens eines der x_i $(i=1,2)$ gleich x sein muß, denn sonst können wir das Problem sofort auf den Fall $r=h-1$ reduzieren. Wenn in irgendeinem α_i sowohl $x_1=x$ als auch $x_2=x$, dann hat α_i die Gestalt $s^{p_1} x < s^{p_2} x$ oder $s^{p_1} x = s^{p_2} x$, was zu $s^{p_1} x' < s^{p_2} x'$ bzw. $s^{p_1} x' = s^{p_2} x'$ mit $x \neq x'$ äquivalent ist, so daß wir wieder beim Fall $r=h-1$ angelangt sind.
Für die Formeln $s^p x < x_1$ und $s^p x = x_1$ schreiben wir zur Vereinfachung $x < s^{-p} x_1$ und $x = s^{-p} x_1$. Die Formeln $s^p x < s^{p_1} x_1$ und $s^p x = s^{p_2} x_1$ sind damit zu $x < s^{p_1 - p} x_1$ und $x = s^{p_2 - p} x_1$ äquivalent.

Wir haben also noch die Formel

$$\bigvee x(x<t_1 \wedge \ldots \wedge x<t_k \wedge u_1<x \wedge \ldots \wedge u_l<x \wedge x=v_1 \wedge \ldots \wedge x=v_m)$$

zu betrachten, wobei die Terme t,u,v von der Form $s^p y$ mit einer ganzen Zahl p sind.
Ist $k>1$ oder $l>1$, können wir das Problem wie oben auf den Fall $r=h-1$ zurückführen. Wir brauchen daher nur die Formel

$$\bigvee x(x<t_1 \wedge u_1<x \wedge x=v_1 \wedge \ldots \wedge x=v_m)$$

zu betrachten, und diese kann auf ähnliche Weise wie in I auf eine quantorenfreie Formel reduziert werden.
Genau wie in I folgt, daß A *vollständig bzgl. L ist.*

III. GEWISSE KOMMUTATIVE GRUPPEN MIT DISKRETER TOTALORDNUNG

Wir betrachten die Sprache L, die außer dem zweistelligen Relationszeichen = noch zwei Individuenkonstante 0 und 1, ein einstelliges

Funktionszeichen $-$, ein zweistelliges Funktionszeichen $+$ und ein einstelliges Relationszeichen >0 besitzt. Wir schreiben p bzw. pt für $\underbrace{1+\ldots+1}_{p \text{ mal}}$ bzw. $\underbrace{t+\ldots+t}_{p \text{ mal}}$, und t_1-t_2 für $t_1+(-t_2)$.

Sei A die folgende Formelmenge:

(a) Axiome für eine kommutative Gruppe

$$\bigwedge x \bigwedge y \bigwedge z((x+y)+z=x+(y+z))$$
$$\bigwedge x \bigwedge y(x+y=y+x)$$
$$\bigwedge x(x+0=x)$$
$$\bigwedge x(x-x=0)\ .$$

(b) Axiome für eine mit der Gruppenstruktur verträgliche totale Ordnung:

$$\bigwedge x \bigwedge y(x>0 \wedge y>0 \to x+y>0)$$
$$\bigwedge x \neg(x>0 \wedge -x>0)$$
$$\bigwedge x(x=0 \vee x>0 \vee -x>0).$$

(c) Axiom für eine diskrete Ordnung

$$\bigwedge x(x>0 \leftrightarrow (x=1 \vee x-1>0)).$$

Es ist klar (durch Induktion nach der Länge von t), daß zu jedem Term t von L ganze Zahlen $a_1,\ldots,a_n,b\in\mathbb{Z}$ und Variable $x_1,\ldots,x_n$ existieren, so daß $t=a_1x_1+\ldots+a_nx_n+b$ aus A folgt. (Tatsächlich brauchen wir nur die Axiome von (a).)

Man kann zeigen (siehe Aufgabe 2), daß A die Quantorenelimination in L nicht zuläßt. Für jede ganze Zahl $n>1$ nehmen wir zu L das einstellige Funktionszeichen $n|$ (gelesen "n teilt") hinzu und setzen $L'=L\cup\{n| : n>1, \text{ganz}\}$. Sei A' die Vereinigung von A mit der folgenden Formelmenge:

(d) $\qquad \bigwedge x(n|x \leftrightarrow \bigvee y(x=ny))$ für jedes $n>1$.

(e) $\qquad \bigwedge x(n|x \vee n|x+1 \vee \ldots \vee n|x+n-1)$ für jedes $n>1$.

Offenbar ist jedes Modell von A, d.h. jede kommutative Gruppe mit einer diskreten totalen Ordnung, auch ein Modell von (d), oder genauer: in jedem Modell von A gibt es genau einen Wert von $n|$, so daß (d) erfüllt wird. (e) folgt jedoch nicht aus $(a)\cup(b)\cup(c)\cup(d)$ (künftig schreiben wir dafür (a,b,c,d). Man kann zeigen (siehe Aufgabe 2), daß (a,b,c,d) die

Quantorenelimination in L' nicht zuläßt. Mit $(a,b,c,d,e)=A'$ wird dann die Quantorenelimination möglich.
Dazu betrachten wir die Formel $F=\bigvee x(\alpha_1\wedge\ldots\wedge\alpha_n)$, wo jedes α_i eine atomare Formel von L' oder die Negation einer solchen Formel ist. Für α_i kommen also die Formeln $t_1=t_2$ (was nach A' zu $t=0$ mit $t=t_1-t_2$ äquivalent ist), $t\neq 0, t>0, \neg(t>0)$, $n|t$ oder $\neg(n|t)$ in Frage.
Aus A' folgt, daß $t\neq 0$ zu $t>0\vee -t>0$, daß $\neg(t>0)$ zu $t=0\vee -t>0$ und daß $\neg(n|t)$ zu $n|t+1\vee\ldots\vee n|t+n-1$ äquivalent ist. Wir können also annehmen, daß jedes α_i die Gestalt $t=0$, $t>0$ oder $n|t$ hat.
Jeder Term t kann in der Form $px+t'$ mit $p\in\mathbb{Z}$ und einem Term t', der x nicht enthält, geschrieben werden. Der Deutlichkeit halber schreiben wir $t_1>t_2$ anstelle von $t_1-t_2>0$.

Wir dürfen also annehmen, daß

$$F=\bigvee x(p_1x>t_1\wedge\ldots\wedge p_kx>t_k\wedge q_1x=u_1\wedge\ldots\wedge q_lx=u_l\wedge u_1|r_1x-v_1\wedge\ldots\wedge u_m|r_mx-v_m),$$

wo die p aus $\mathbb{Z}$, die q und r aus $\mathbb{N}$ sind, und die Terme t,u,v die Variable x nicht enthalten.
Weiter dürfen wir $l=0$ voraussetzen. Denn wenn $l\geq 1$, multiplizieren wir in F alle Ungleichungen mit q_1, ebenso alle Gleichungen bis auf die erste, und ersetzen $u_j|r_jx-v_j$ durch $q_1u_j|r_jq_1x-q_1v_j$, $j=1,\ldots m$. Dann ersetzt man q_1x durch u_1, und F wird zu der quantorenfreien Formel

$$(p_1u>q_1t_1\wedge\ldots\wedge p_ku>q_1t_k\wedge q_1|u_1\wedge q_2u_1=q_1u_2\wedge\ldots\wedge q_lu_1=q_1u_l\wedge$$
$$\wedge\, q_1u_1|r_1u_1-v_1q_1\wedge\ldots\wedge q_1u_m|r_mu_1-v_mq_1)$$

äquivalent.
Wir dürfen auch annehmen, daß $v_i\in\mathbb{Z}$. Denn aus A' folgt, daß $n_i|r_ix=v_i$ zu

$$(n_i|r_ix\wedge n_i|v_i)\vee(n_i|r_ix+1\wedge n_i|v_i+1)\vee\ldots\vee(n_i|r_ix+n_i-1\wedge n_i|v_i+n_i-1)$$

äquivalent ist. Da $A\wedge(B\vee C)$ zu $(A\wedge B)\vee(A\wedge C)$ äquivalent ist, werden wir auf Formeln F zurückgeführt, in denen $v_1,\ldots,v_m\in\mathbb{Z}$ ist.
Weiter können wir $r_1=\ldots=r_m=1$ voraussetzen. Seien $a_1,\ldots,a_s$ die ganzen Zahlen des Intervalls $[0,n_i-1]$, so daß $n_i|r_ia_1-v_i\wedge\ldots\wedge n_i|r_ia_s-v_i$, wenn es solche ganzen Zahlen überhaupt gibt. Dann ist $n_i|r_ix-v_i$ zu $n_i|x-a_1\vee\ldots\vee n_i|x-a_s$ (wobei eine leere Disjunktion den Wert $\perp$ hat) äquivalent.
Weiterhin können wir annehmen, daß $k=2$ und p_1,p_2 entgegengesetzte Vorzeichen haben oder daß $k\leq 1$. Wir beweisen dies durch Induktion nach dem *Rang von F*, d.i. $|p_1|+\ldots+|p_k|$. Wenn zwei der p_iv, $i=1,\ldots,k$ etwa

p_1 und p_2, gleiches Vorzeichen haben, etwa positiv, so ist F äquivalent zu einer aussagenlogischen Kombination von Formeln niedrigeren Ranges:

$$(p_2t_1 \geq p_1t_2 \wedge \bigvee x(p_1x>t_1 \wedge p_3x>t_3 \wedge \ldots) \vee (p_1t_2>p_2t_1 \wedge \bigvee x(p_2x>t_2 \wedge p_3x>t_3 \wedge \ldots)).$$

Wenn $k=2$, $p_1>0$ und $p_2<0$, schreiben wir F mit $p=-p_2p_1$, $t=-p_2t_1$, $t'=p_1t_2$ als

$$\bigvee x(t<px<t' \wedge n_1|x-v_1 \wedge \ldots \wedge n_m|x-v_m),$$

oder (wie oben schon einmal) als

$$\bigvee y(t<y<t' \wedge p|y \wedge n_1p|y-v_1p \wedge \ldots \wedge n_mp|y-v_mp).$$

Wir werden also auf eine Formel der Gestalt

$$\bigvee x(t<x<t' \wedge n_1|x-v_1 \wedge \ldots \wedge n_m|x-v_m)$$

geführt.

Wir schließen nun durch Induktion nach dem *Grad* $n_1+\ldots+n_m$ von F. Wir können voraussetzen, daß jedes n_i eine Primzahlpotenz $\pi_i^{\rho_i}$ ist, denn wenn $n_i=nn'$ mit teilerfremden n und n', dann ist $n_i|x-v_i$ zu $n|x-v_i \wedge n'|x-v_i$ äquivalent, und jetzt ist $n+n'<n_i$. Schließlich dürfen wir auch annehmen, daß n_i und n_j teilerfremd sind, denn wenn π_i,π_j gleich sind und $\rho_i \leq \rho_j$, so ist $(n_i|x-v_i \wedge n_j|x-v_j)$ zu $(n_i|v_i-v_j \wedge n_j|x-v_j)$ äquivalent. F ist also zu einer Formel kleineren Grades äquivalent.

Da die n_i paarweise teilerfremd sind, gibt es im Intervall $[0,n_1n_2\ldots n_m-1]$ eine eindeutig bestimmte Zahl n_0, so daß

$$(n_1|x-v_1 \wedge \ldots \wedge n_m|x-v_m) \leftrightarrow \bigvee y(x=n_0+n_1\ldots n_my).$$

Daraus folgt: wenn $k=2$, ist F zu $\bigvee y(w<y<w' \wedge \mathrm{N}|y)$ äquivalent, wo $\mathrm{N}=p_1n_1\ldots n_m$, $w=t-n_0$, $w'=t'-n_0$.

Diese letzte Formel ist in allen Modellen von A' äquivalent zu

$$(\mathrm{N}|w+1 \wedge w+1<w') \vee (\mathrm{N}|w+2 \wedge w+2<w') \vee \ldots \vee (\mathrm{N}|w+\mathrm{N} \wedge w+\mathrm{N}<w'),$$

vorausgesetzt, es existieren die zur obigen Reduktion der r_i auf $r_i=1$ benötigten ganzen Zahlen a_i.

Damit ist gezeigt, daß A' die Quantorenelimination in L' zuläßt.

Wie oben sieht man, daß die einer geschlossenen Formel F entsprechende quantorenfreie Formel F' keine freien Variable enthält. Die atomaren

Formeln von F' sind daher $t=0$, $t>0$ und $n|t$, wo t ein Term von L' ohne Variable, also eine ganze Zahl ist. Jede dieser atomaren Formeln ist daher zu $\top$ oder $\bot$ äquivalent. Daher ist A' *vollständig bzgl.* L'.

IV. ALGEBRAISCH ABGESCHLOSSENE KÖRPER

Die Sprache L, die wir jetzt betrachten, besteht aus zwei Individuenkonstanten 0,1, einem einstelligen Funktionszeichen −, zwei zweistelligen Funktionszeichen +,× und aus = als einzigem Relationszeichen. (Wir schreiben xy für $\times xy$ und $x+y$ für $+xy$.)

Sei A die Menge der folgenden Formeln:

(*a*) Axiome für eine kommutative Gruppe bzgl. +:

$$\bigwedge x \bigwedge y \bigwedge z\,(x+(y+z)=(x+y)+z)$$
$$\bigwedge x \bigwedge y\,(x+y=y+x)$$
$$\bigwedge x\,(x+0=x)$$
$$\bigwedge x\,(x+(-x)=0$$

(*b*)

$$\bigwedge x \bigwedge y \bigwedge z\,(x(yz)=(xy)z)$$
$$\bigwedge x \bigwedge y\,(xy=yx)$$
$$\bigwedge x\,(x\cdot 1=x)$$
$$\bigwedge x \bigvee y\,(x=0 \vee xy=1)$$
$$\bigwedge x \bigwedge y \bigwedge z\,(x(y+z)=xy+xz)$$
$$0\neq 1.$$

Offenbar ist jedes Modell von (*a*,*b*) ein kommutativer Körper, und offenbar gibt es zu jedem Term t von L ein Polynom mit Koeffizienten in $\mathbb{Z}$, so daß $t=p(x_1,\ldots,x_n)$ aus (*a*,*b*) folgt.
(Wir schreiben p für den Term $\underbrace{1+\ldots+1}_{p \text{ mal}}$ und t^p für den Term $\underbrace{t\times\ldots\times t}_{p \text{ mal}}$.)

(*c*) Für jedes $n>1$ die Formel

$$\bigwedge x_0 \bigwedge x_1 \ldots \bigwedge x_{n-1} \bigvee x\,(x_0+x_1x+\ldots+x_{n-1}x^{n-1}+x^n=0).$$

Offenbar ist jedes Modell von A=(*a*,*b*,*c*) ein algebraisch abgeschlossener Körper. Wir werden sehen, daß A die Quantorenelimination in L zuläßt. Um dies zu zeigen, benötigen wir

LEMMA 3: *Seien* $p(x_1,\ldots,x_k,x)$ *und* $q(x_1,\ldots,x_k,x)$ *Terme von* L, *d.h. Polynome mit Koeffizienten in* $\mathbb{Z}$. *Dann gibt es eine quantorenfreie Formel* F *von* L, *so daß in jedem Modell von (a,b), d.h. in jedem kommu-*

tativen Körper K, $\overline{F}$ *gerade aus den Elementen* $(\xi_1,\ldots,\xi_k)\in K^k$ *besteht, für die* $p(\xi_1,\ldots,\xi_k,x)$ *ein Teiler von* $q(\xi_1,\ldots,\xi_k,x)$ *ist.*

BEWEIS: Es sei $p(x)=a_0+a_1x+\ldots+a_mx^m$ und $q(x)=b_0+b_1x+\ldots+b_nx^n$, wobei die a_i und b_j Polynome in $x_1,\ldots,x_k$ mit Koeffizienten aus $\mathbb{Z}$ sind. Wir erhalten die gewünschte Formel durch Rekursion nach $m+n$. Für $m+n=0$ ist die gesuchte Formel offenbar $a_0\neq 0\vee b_0=0$. Wir nehmen jetzt an, daß wir eine Formel F mit der verlangten Eigenschaft für alle m,n mit $m+n<h$ schon gefunden haben und daß $p(x)$ und $q(x)$ Polynome sind, für die $m+n=h$ ist.

Ist $n<m$, dann gibt es nach unserer Voraussetzung eine Formel F, die den Polynomen $p_1(x)=a_0+a_1x+\ldots+a_{m-1}x^{m-1}$ und $q(x)$ entspricht. Die gesuchte Formel ist daher

$$(a_m\neq 0\wedge b_0=b_1=\ldots=b_n=0)\vee(a_m=0\wedge F).$$

Ist $m\leq n$, so setzen wir $p_1(x)=a_0+a_1x+\ldots+a_{m-1}x^{m-1}$ und $q_1(x)=a_mq(x)-b_nx^{n-m}p(x)$; q_1 hat einen kleineren Grad als n. Nach Voraussetzung gibt es eine Formel F, die dem Polynompaar p_1,q entspricht, und eine Formel G, die dem Paar p,q_1 entspricht. Die gesuchte Formel ist daher

$$(a_m=0\wedge F)\vee(a_m\neq 0\wedge G)$$

w.z.b.w.

Wir betrachten jetzt eine Formel F von L der Gestalt $\bigvee x(\alpha_1\wedge\ldots\wedge\alpha_r)$, wo jedes α_i eine atomare Formel von L oder die Negation einer solchen Formel ist. Jedes α_i hat daher die Gestalt $t_1=t_2$ oder $t_1\neq t_2$, ist also zu einer Formel $t=0$ oder $t\neq 0$ (mit $t=t_1-t_2$) äquivalent. Da außerdem noch $t_1\neq 0\wedge\ldots\wedge t_l\neq 0$ zu $t_1\ldots t_l\neq 0$ äquivalent ist, sehen wir, daß F in der Form

$$\bigvee x(t_1=0\wedge\ldots\wedge t_k=0\wedge t\neq 0)$$

geschrieben werden kann.

Jedes t_i ist ein Polynom in x, dessen Koeffizienten Polynome in anderen Variablen mit Koeffizienten aus $\mathbb{Z}$ sind. Der Term mit höchstem Grad in t_i sei $a_ix^{n_i}$. Offenbar dürfen wir annehmen, daß alle $n_i\neq 0$ sind, denn ist zum Beispiel $n_1=0$, so ist F zu $t_1=0\wedge\bigvee x(t_2=0\wedge\ldots\wedge t_k=0\wedge t\neq 0)$ äquivalent.

Wir bezeichnen die Summe der n_i als den *Rang* von F und gehen jetzt durch Rekursion nach dem Rang von F vor.

Wenn $k\geq 2$ und etwa $n_1\geq n_2$, setzen wir $t_1'=a_2t_1-a_1x^{n_1-n_2}t_2$ und $t_2'=t_2-a_2x^{n_2}$. t_1' hat dann einen kleineren Grad als n_1, und t_2' hat einen kleineren Grad als n_2.
Also ist F zu

$$(a_2=0\wedge\bigvee x(t_1=0\wedge t_2'=0\wedge\ldots\wedge t_k=0\wedge t\neq 0))\vee(a_2\neq 0\wedge\bigvee x(t_1'=0\wedge t_2=0\wedge\ldots\wedge t_k=0\wedge t\neq 0))$$

äquivalent, und wir werden auf zwei Formeln von kleinerem Rang zurückgeführt.

Für $k=1$ ist

$$F=\bigvee x(t_1=0\wedge t\neq 0).$$

Bekanntlich gibt es in einem algebraisch abgeschlossenen Körper zu je zwei Polynomen $p(x)$ und $q(x)$ in einer freien Variablen x und mit Koeffizienten in K genau dann ein $x_0\varepsilon K$ mit $p(x_0)=0$ und $q(x_0)\neq 0$, wenn p kein Teiler von q^n ist, wo n der Grad von p bezüglich x ist. Wenn also G die dem Paar t_1,t^n (n=grad t_1) nach Lemma 3 entsprechende quantorenfreie Formel ist, so ist die Formel F in $\neg G$ äquivalent (d.h. sie hat in allen algebraisch abgeschlossenen Körpern den gleichen Wert wie $\neg G$).

Für $k=0$ ist $F=\bigvee x(t\neq 0)$. Sei $t=a_0+a_1x+\ldots+a_nx^n$. Da alle algebraisch abgeschlossenen Körper unendlich sind und jedes Polynom in einer Variablen, das nicht identisch verschwindet, nur endlich viele Wurzeln hat, ist F zu $a_0\neq 0\vee\ldots\vee a_n\neq 0$ äquivalent.
Damit ist bewiesen, daß A die Quantorenelimination in L zuläßt.

Wie zuvor sehen wir, daß jede geschlossene Formel F aus L zu einer quantorenfreien Formel äquivalent ist, deren atomare Formeln die Gestalt $t=0$ haben, wo t ein Term ohne Variable ist; d.h. diese atomaren Formeln sind von der Gestalt $n=0$ mit $n\varepsilon\mathbb{N}$. Nun folgt aber für $n>1$ weder $n=0$ noch $n\neq 0$ aus A, da es algebraisch abgeschlossene Körper der Charakteristik p für $p=0$ und für jede Primzahl p gibt. Daher ist die Menge A nicht vollständig; sie wird es aber, wenn wir irgendeine der Formeln $p=0$ für eine Primzahl p (Axiom für einen Körper der Charakteristik p) oder die Formelmenge $\{p\neq 0\colon p \text{ Primzahl}\}$ (Axiome für einen Körper der Charakteristik 0) den Axiomen hinzufügen.
Als Anwendung beweisen wir

SATZ 4: *Haben die Polynome $p_1,\ldots,p_k$ in den Variablen $x_1,\ldots,x_n$ mit Koeffizienten in dem Körper K eine gemeinsame Nullstelle in irgendeinem Erweiterungskörper L von K, dann haben sie auch eine gemeinsame Nullstelle, die algebraisch über K ist.*

BEWEIS: Sei Ω der algebraische Abschluß von K und sei D_Ω das Diagramm von Ω. Da die Menge A der Axiome eines algebraisch abgeschlossenen Körpers die Quantorenelimination zuläßt, ist nach Satz 2 $A\cup D_\Omega$ vollständig bzgl. der Sprache L' von $A\cup D_\Omega$.

$$\bigvee x_1 \ldots \bigvee x_n (p_1=0 \wedge \ldots \wedge p_k=0)$$

ist eine Formel aus L', die in einem Modell von $A\cup D_\Omega$ erfüllt wird, nämlich in dem algebraischen Abschluß von L. Daher wird sie in allen Modellen von $A\cup D_\Omega$ erfüllt und insbesondere auch in Ω.

V. REELL ABGESCHLOSSENE KÖRPER

Wir betrachten die Sprache L mit den Individuenkonstanten 0,1, dem einstelligen Funktionszeichen $-$, den zweistelligen Funktionszeichen $+,\times$, dem einstelligen Relationszeichen >0 und dem zweistelligen Relationszeichen $=$.

Sei A die folgende Formelmenge

(a) Die Axiome für einen kommutativen Körper (d.h. die Axiome (a) und (b) aus IV).

(b)
$$\bigwedge x \bigwedge y (x>0 \wedge y>0 \rightarrow x+y>0)$$
$$\bigwedge x (x=0 \vee x>0 \vee -x>0)$$
$$\bigwedge x \neg(x>0 \wedge -x>0)$$
$$\bigwedge x \bigwedge y (x>0 \wedge y>0 \rightarrow xy>0)$$

Jedes Modell von (a,b) ist ein geordneter Körper.

(c)
$$\bigwedge x \bigvee y (x=y^2 \vee -x=y^2)$$
$$\bigwedge x_0 \bigwedge x_1 \ldots \bigwedge x_{2n} \bigvee x (x_0+x_1x+\ldots+x_{2n}x^{2n}+x^{2n+1}=0)$$

für jedes $n\geq 1$.

Die Modelle von (a,b,c) sind die reell-abgeschlossenen Körper. (Die Eigenschaften dieser Körper, die wir im folgenden brauchen, findet man z.B. in B.L. van der Waerden, Algebra I.)

Zu jedem Term t gibt es wie oben ein Polynom $p(x_1,\ldots,x_n)$ mit Koeffizienten in $\mathbb{Z}$, so daß $t=p(x_1,\ldots,x_n)$ aus A folgt.

Der Einfachheit halber schreiben wir $t>t'$ oder $t'<t$ für $t-t'>0$, und $t<t'<t''$ für die Formel $t<t' \wedge t'<t''$. Jede atomare Formel von L ist zu einer Formel der Gestalt $p(x,x_1,\ldots,x_n)=0$ oder $p(x,x_1,\ldots,x_n)>0$ äquivalent. Jede quantorenfreie Formel F von L ist (in allen Modellen von A)

zu einer Disjunktion von Formeln $p_1=0\wedge\ldots\wedge p_k=0\wedge q_1>0\wedge\ldots\wedge q_l>0$ äquivalent. Der *Grad* einer Gleichung $p_i=0$ in x ist der Grad von p_i in x, der Grad einer Ungleichung $q_j>0$ ist (Grad von q_j in x) +1. Der Grad von F ist das Maximum der Grade seiner atomaren Bestandteile.

LEMMA 5: *Zu jeder quantorenfreien Formel A der Gestalt $p_1=0\wedge\ldots\wedge p_k=0\wedge q_1>0\wedge\ldots\wedge q_l>0$, wo p_i,q_j Polynome in $x,x_1,\ldots,x_n$ sind, gibt es eine quantorenfreie Formel B, die (in allen Modellen von A) zu A äquivalent ist, so daß der Grad von B in x kleiner oder gleich dem kleinsten Grad der Polynome p_i (in x) ist. (Diese Grade sollen nicht null sein.)*

BEWEIS: Wir nennen die Summe der Grade von p_i und q_j in x den *Rang* von A und beweisen das Lemma durch Induktion nach dem Rang von A. Sei das Lemma für Formeln von Rang $<h$ schon bewiesen und sei $p_1=0\wedge\ldots\wedge p_k=0\wedge q_1>0\wedge\ldots\wedge q_l>0$ eine Formel vom Rang h.

$k\geq 2$: Seien $a_1x^{m_1}$ und $a_2x^{m_2}$ die Terme von höchstem Grad in p_1 bzw. p_2; wir setzen $\pi_1=a_2p_1-a_1p_2x^{m_1-m_2}$ ($m_1\geq m_2$ vorausgesetzt) und $\pi_2=p_2-a_2x^{m_2}$. Dann ist A äquivalent zu

$$(a_2=0\wedge p_1=0\wedge\pi_2=0\wedge\ldots\wedge p_k=0\wedge q_1>0\wedge\ldots\wedge q_l>0)\vee$$
$$\vee(a_2\neq 0\wedge\pi_1=0\wedge p_2=0\wedge\ldots\wedge p_k=0\wedge q_1>0\wedge\ldots\wedge q_l>0);$$

wir erhalten also zwei Formeln vom Rang $<h$.

Falls $k=1$, kann man A schreiben als $p=0\wedge q_1>0\wedge\ldots\wedge q_l>0$. Ist der Grad aller q_i in x kleiner als der Grad von p, kann man $B=A$ nehmen. Wenn nicht, so habe etwa q_1 einen größeren Grad als p; seien ax^m und bx^n die Terme mit höchstem Grad in p bzw. q_1, also $m\leq n$. Wir setzen $P=p-ax^m$ und $Q=a^2q_1-abx^{n-m}p$. A ist dann zu

$$(a=0\wedge P=0\wedge q_1>0\wedge\ldots\wedge q_l>0)\vee(a\neq 0\wedge p=0\wedge Q>0\wedge q_2>0\wedge\ldots\wedge q_l>0)$$

äquivalent, und wir haben wieder zwei Formeln von kleinerem Rang als h.

Im Fall $k=0$ ist nichts zu beweisen. Damit ist das Lemma bewiesen.

SATZ 6: *Sei $A(x,x_1,\ldots,x_n)$ eine quantorenfreie Formel und seien a,b von $x,x_1,\ldots,x_n$ verschiedene Variable. Dann gibt es eine quantorenfreie Formel F, deren Variable unter $a,b,x_1,\ldots,x_n$ vorkommen, deren atomare Formeln a und b nicht gleichzeitig enthalten und für die*

$$F\leftrightarrow\bigvee x(a<x<b\wedge A(x,x_1,\ldots,x_n))$$

aus $\mathsf{A}\cup\{a<b\}$ folgt.

BEWEIS durch Induktion nach dem Grad von A in x. Ist dieser Grad $=0$, dann enthält A die Variable x nicht. Daher ist $\bigvee x(a<x<b\wedge A)$ zu $A\wedge a<b$ äquivalent und die gesuchte Formel F ist A selber.
Wir nehmen nun an, daß der Satz für Formeln vom Grad $<h$ schon bewiesen ist und daß der Grad von A in x genau h ist.
A ist äquivalent zu einer Disjunktion von Formeln der Gestalt $u_1\wedge\ldots\wedge u_r$, wo jedes u_i eine atomare Formel oder die Negation einer solchen Formel ist, d.h. jedes u_i hat die Gestalt $p=0$, $p\neq 0$, $p>0$ oder $\neg(p>0)$. Da $p\neq 0$ zu $p>0\vee -p>0$ und $\neg(p>0)$ zu $p=0\vee -p>0$ äquivalent ist, können wir annehmen, daß A die Gestalt $p_1=0\wedge\ldots\wedge p_k=0\wedge q_1>0\wedge\ldots\wedge q_l>0$ hat.
Mit Lemma 5 können wir noch weiter vereinfachen: wenn nämlich $k\geq 2$ oder wenn $k=1$ und der Grad der q_j in x größer oder gleich dem Grad von p_1 in x ist, können wir A durch B ersetzen, werden so auf eine Formel von kleinerem Grad zurückgeführt und können daher die Induktionsvoraussetzung anwenden.
Wir können also annehmen, daß sich A schreiben läßt entweder als

I: $p=0\wedge q_1>0\wedge\ldots\wedge q_l>0$, wo der Grad von q_j kleiner als der Grad von p ist, daß also der Grad von p gleich dem Grad von A, nämlich h, ist; oder als

II: $q_1>0\wedge\ldots\wedge q_l>0$.

Wir betrachten zuerst eine Formel A vom Grad h und der Gestalt II.
Sei $G=\bigvee x(a<x<b\wedge q_1>0\wedge\ldots\wedge q_l>0)$, wo der Grad von q_j in x $(1\leq j\leq l)$ kleiner als h ist. In einem reell abgeschlossenen Körper ist G genau dann wahr, wenn in einem offenen Intervall $(\alpha,\beta)\subset(a,b)$ jedes q_j streng positiv ist.
Die folgende Formelmenge schöpft alle Möglichkeiten aus:

$$G_0(a,b)=\bigwedge x\left[a<x<b \rightarrow (q_1>0\wedge\ldots\wedge q_l>0)\right]$$

$$G_i(a,b)=\bigvee u\left[a<u<b\wedge q_i(u)=0\wedge G_0(a,u)\right]\vee$$
$$\vee\bigvee v\left[a<v<b\wedge q_i(v)=0\wedge G_0(v,b)\right] \quad (1\leq i\leq l)$$

$$H_{ij}(a,b)=\bigvee u\bigvee v\left[a<u<v<b\wedge q_i(u)=0\wedge q_j(v)=0\wedge G_0(u,v)\right] \quad (1\leq i\leq l, 1\leq j\leq l).$$

Wir bezeichnen mit $q_j^{(m)}$ die m-te Ableitung von q_j und setzen

$$Q_j(a)=q_j(a)>0\vee\left[q_j(a)=0\wedge q_j^{(1)}(a)>0\right]\vee\ldots\vee\left[q_j(a)=0\wedge\ldots\wedge q_j^{(h-2)}(a)=0\wedge\right.$$
$$\left.\wedge q_j^{(h-1)}(a)>0\right].$$

In jedem Modell von A ist $G_0(a,b)$ äquivalent zu

$$Q_1(a)\wedge\neg\bigvee x(a<x<b\wedge q_1=0)\wedge\ldots\wedge Q_l(a)\wedge\neg\bigvee x(a<x<b\wedge q_l=0).$$

Da der Grad von $q_j=0$ kleiner als h ist, kann die Induktionsvoraussetzung auf jede Formel $\bigvee x(a<x<b\wedge q_j=0)$ angewendet werden. $G_0(a,b)$ ist daher zu einer quantorenfreien Formel äquivalent, genauer: $G_0(a,b)$ ist zu einer Disjunktion äquivalent, deren Komponenten die Gestalt $K_r(a)\wedge L_r(b)$ $(1\leq r\leq s)$ haben. $G_i(a,b)$ ist äquivalent zu der Disjunktion $(1\leq r\leq s)$ von Formeln

$$K_r(a)\wedge\bigvee u\,[a<u<b\wedge q_i(u)=0\wedge L_r(u)]\vee L_r(b)\wedge\bigvee v\,[a<v<b\wedge q_i(v)=0\wedge K_r(v)]\,;$$

auf jede Komponente von $G_i(a,b)$ können wir die Induktionsvoraussetzung anwenden, da sowohl der Grad von $q_i(u)=0\wedge L_r(u)$ in u als auch der Grad von $q_i(v)\wedge K_r(v)$ in v kleiner als h ist. (Dabei muß unter Umständen noch Lemma 5 angewendet werden.)
Schließlich ist $H_{ij}(a,b)$ äquivalent zu der Disjunktion $(1\leq r\leq s)$ der Formeln

$$\bigvee u(a<u<b\wedge q_i(u)=0\wedge K_r(u)\wedge\bigvee v\,[u<v<b\wedge q_j(v)=0\wedge L_r(v)]).$$

Da der Grad von $q_i(v)=0\wedge L_r(v)$ in v kleiner als h ist, liefert die Induktionsvoraussetzung Formeln $M_{jrt}(u)\wedge N_{jrt}(b)$ von einem Grad kleiner als h in u und b, so daß

$$\bigvee v\,[u<v<b\wedge q_j(v)=0\wedge L_r(v)]\leftrightarrow\bigvee\!\!\!\bigvee_t\,[M_{jrt}(u)\wedge N_{jrt}(b)].$$

$H_{ij}(a,b)$ ist also äquivalent zu der Disjunktion (über r und t) von

$$N_{jrt}(b)\wedge\bigvee u[a<u<b\wedge q_i(u)=0\wedge K_r(u)\wedge M_{jrt}(u)],$$

worauf die Induktionsvoraussetzung offenbar angewendet werden kann. Damit ist die Reduktion von Formeln des Typs II vom Grad h auf Formeln vom Grad $<h$ beendet.
Betrachten wir jetzt eine Formel vom Typ I, wobei wir die Bemerkung über die Grade von oben im Auge behalten. Wir werden diesen Fall reduzieren auf Formeln vom Grad $<h$ und auf Formeln des Typs II vom Grad h; diese Formeln haben wir gerade eben behandelt.

A ist offenbar äquivalent zu $A_1 \vee A_2 \vee A_3$, wo

A_1 die Formel $p=0 \wedge p'=0 \wedge q_1>0 \wedge \ldots \wedge q_{l'}>0$,
A_2 die Formel $p=0 \wedge p'>0 \wedge q_1>0 \wedge \ldots \wedge q_{l'}>0$,
A_3 die Formel $p=0 \wedge -p'>0 \wedge q_1>0 \wedge \ldots \wedge q_{l'}>0$

ist. Dabei bedeutet p' die Ableitung von p nach x.
A_1 berücksichtigt den Fall, daß p eine mehrfache Nullstelle besitzt. Da der Grad von p' in x kleiner als h ist, ist nach Lemma 5 A_1 zu einer Formel von einem Grad kleiner als h äquivalent, und die Induktionsvoraussetzung kann angewendet werden.
$\bigvee x(a<x<b \wedge A_2)$ ist in einem reell abgeschlossenen Körper genau dann richtig, wenn es ein offenes Intervall $(\alpha,\beta) \subset (a,b)$ gibt, in welchem alle $q_j (1 \leq j \leq l')$ und p' streng positiv sind und für das $p(\alpha)<0$, $p(\beta)>0$ gilt. Setzen wir $l=l'+1, q_l=p'$ und benützen wir wieder die Abkürzung

$$G_0(a,b)=\bigwedge x[a<x<b \rightarrow (q_1>0 \wedge \ldots \wedge q_l>0)],$$

so folgt, daß $\bigvee x(a<x<b \wedge A_2)$ zu der Disjunktion der Formeln

$$p(a)<0 \wedge p(b)>0 \wedge G_0(a,b),$$
$$p(a)<0 \wedge \bigvee u[a<u<b \wedge q_l(u)=0 \wedge p(u)>0 \wedge G_0(a,u)] \vee$$
$$\vee p(b)>0 \wedge \bigvee v[a<v<b \wedge q_l(v)=0 \wedge -p(v)>0 \wedge G_0(v,b)]$$
$$\bigvee u \bigvee v[a<u<v<b \wedge q_l(u)=0 \wedge q_l(v)=0 \wedge -p(u)>0 \wedge p(v)>0 \wedge G_0(u,v)]$$

äquivalent ist. G_0 wurde schon behandelt. Wegen Lemma 5 ist jede (quantorenfreie) Formel unter einem Existenzquantor äquivalent einer Formel vom Grad $<h$, da q_l einen Grad $<h$ hat.
A_3 wird entsprechend behandelt, wenn man p' mit $-p'$ und $p<0$ mit $p>0$ vertauscht. Damit ist Satz 6 bewiesen.

SATZ 7: A *läßt die Quantorenelimination in L zu.*
BEWEIS: Es genügt, den Satz für eine Formel der Gestalt $\bigvee x A(x,x_1,\ldots,x_n)$ zu beweisen. Wir erweitern L durch zwei Konstante u und $\frac{1}{u}$ und fügen zu A das Axiom $u \cdot \frac{1}{u}=1$ hinzu. Nach Satz 6 ist die Formel

$$\bigvee x(-1<x<1 \wedge A(x \cdot \tfrac{1}{u},x_1,\ldots,x_n))$$

zu einer quantorenfreien Formel Q äquivalent. Jede atomare Formel von Q hat die Gestalt $p(x \cdot \frac{1}{u})=0$ oder $p(x \cdot \frac{1}{u})>0$, ist also mit dem Axiom $u \cdot \frac{1}{u}=1$ von der Form $p(x,u)=0$ bzw. $p(x,u)>0$. Daher gibt es eine quantorenfreie

Formel $R(z)$, z eine Variable von L, so daß $(u\cdot\frac{1}{u}=1 \rightarrow \bigvee x(-1<x<1\wedge A(x\cdot\frac{1}{u},x_1,\ldots,x_n)))$ zu $R(u)$ äquivalent ist. Offenbar sind in allen Modellen von A die Formeln $\bigvee xA(x,x_1,\ldots,x_n)$ und $\bigvee z(0<z<1\wedge R(z))$ äquivalent. Nach Satz 6 ist aber diese letzte Formel zu einer quantorenfreien Formel äquivalent, w.z.b.w.

Insbesondere folgt hieraus, daß A vollständig ist, denn die atomaren Formeln von L ohne Variable sind von der Gestalt $n=0$ und $n>0$, $n\in\mathbf{Z}$. Die erste ist zu $\bot$ äquivalent, außer wenn $n=0$, da alle reell abgeschlossenen Körper die Charakteristik 0 haben, und die zweite ist zu $\top$ oder $\bot$ äquivalent.

VI. ATOMARE BOOLESCHE RINGE

Wir betrachten jetzt eine Sprache L mit zwei Konstanten 0,1, zwei zweistelligen Funktionszeichen $+,\times$ und dem zweistelligen Relationszeichen $=$. (Wie üblich schreiben wir t_1+t_2 für $+t_1t_2$ und t_1t_2 für $\times t_1t_2$.)
Sei A die folgende Formelmenge
(a) Axiome für eine kommutative Gruppe bzgl. $+$:

$$\bigwedge x\bigwedge y\bigwedge z(x+(y+z)=(x+y)+z)$$
$$\bigwedge x\bigwedge y(x+y=y+x)$$
$$\bigwedge x(x+0=x)$$
$$\bigwedge x\bigvee y(x+y=0).$$

(b)
$$\bigwedge x\bigwedge y\bigwedge z(x(yz)=(xy)z)$$
$$\bigwedge x(x\cdot 1=1\cdot x=x)$$
$$\bigwedge x\bigwedge y\bigwedge z(x(y+z)=xy+xz)$$
$$1\neq 0.$$

(c)
$$\bigwedge x(x^2=x).$$

(a) und (b) sind die Axiome für einen Ring mit 1; (a), (b), (c) sind ein Axiomensystem für einen Booleschen Ring.
Jeder Boolesche Ring ist kommutativ und erfüllt $\bigwedge x(2x=0)$; es ist nämlich

$$2x=(x+1)^2-(x^2+1)=(x+1)-(x+1)=0.$$

Weiterhin gilt

$$x+y=(x+y)^2=x^2+xy+yx+y^2=x+xy+yx+y,$$

also $xy+yx=0$, d.h. $xy=yx$.

Sind x,y Terme von L, so schreiben wir $x\cup y$ für den Term $x+y+xy$ und $x\subset y$ für die Formel $xy=x$. Offenbar sind die Terme von L Polynome $p(x_1,\ldots,x_n)$ vom Grad 1 in allen Variablen $x_1,\ldots,x_n$ und mit den Koeffizienten 0 oder 1.

Sei $F(x)$ die Formel $x\neq 0\wedge\bigwedge y(y\subset x\rightarrow y=0\vee y=x)$. Die Elemente, die diese Formel erfüllen, heißen *Atome*.

Wir erweitern L durch eine unendliche Folge einstelliger Relationszeichen $A_1, A_2,\ldots,A_n,\ldots$ und nehmen zu A die folgende Formelmenge (Schreibweise wie in Kapitel 2, Seite 24):

(*d*) für jede positive ganze Zahl n die Formel

$$\bigwedge x(A_n x\leftrightarrow\bigvee x_1\ldots\bigvee x_n(\bigwedge\!\!\!\bigwedge_{1\leq i<j\leq n} x_i\neq x_j\wedge\bigwedge\!\!\!\bigwedge_{1\leq i\leq n}(F(x_i)\wedge x_i\subset x))).$$

Offenbar kann man in jedem Modell von (a,b,c) auf genau eine Weise die Werte von $A_1,\ldots,A_n,\ldots$, definieren, so daß die Formel (*d*) erfüllt wird. Ein Element, das $A_n x$ erfüllt, enthält also n verschiedene Atome.

Wir setzen $A'=(a,b,c,d)$ und wollen zeigen, daß A' *mit dem Axiom*

$$\bigwedge x[x\neq 0\rightarrow A_1 x],$$

(d.h. jedes Element $x\neq 0$ enthält ein Atom) *die Quantorenelimination in* $L'=L(A')$ *zuläßt.*

Bemerkungen: Eine Anwendung wird in Aufgabe 7 gegeben. Erweitert man die Sprache nochmals, so erhält man eine Quantorenelimination für beliebige Boolesche Ringe, doch sind die bisher bekannten Methoden zu lang, als daß sie hier behandelt werden könnten.

Wir beachten, daß zu jedem Term t von L', der x enthält, x-freie Terme a und b existieren, so daß $A'\vdash t=ax+b$; die atomaren Formeln von L' sind (in allen Modellen von A' äquivalent zu) $ax+b=0$ und $A_n(ax+b)$, $n\geq 1$, mit gewissen Termen a und b, die x nicht enthalten.

Es folgen einige einfache Distributivgesetze und einfache Eigenschaften disjunkter Elemente, die aus A' folgen.

LEMMA 8: (*i*) $(a_1x=0\wedge\ldots\wedge a_kx=0)\leftrightarrow(a_1\cup\ldots\cup a_k)\cdot x=0$
(*ii*) $\neg A_1(x\cup y)\leftrightarrow(\neg A_1 x\wedge\neg A_1 y)$.

BEWEIS: (*i*) folgt durch Induktion nach k. $(ax=0\wedge bx=0)\rightarrow(a\cup b)x=0$ ist klar. Sei $(a\cup b)x=0$, d.h. $(a+b+ab)x=0$; dann ist

$$0=a(a+b+ab)x=(a^2+ab+a^2b)x=(a+2ab)x=ax.$$

Folglich ist $(ax=0\wedge bx=0)\leftrightarrow(a\cup b)x=0$.

(*ii*) Wie in (*i*) hat man elementare Eigenschaften der mengentheoretischen Vereinigung und des Durchschnitts zu benutzen, die formal auch für $\cup$ bzw. = gelten: $z\subset x \rightarrow z\subset x\cup y$ und $(zx)\cup(zy)=z(x\cup y)$, woraus (*ii*) folgt.

LEMMA 9: (i) $x(1+x)=0$

(ii) $xy=0 \rightarrow x+y=x\cup y$, und speziell $x\cup(1+x)=1$.
(x ist das Komplement von $1+x$.)

(iii) $xy=0 \rightarrow [x+y=0 \leftrightarrow (x=0 \wedge y=0)]$.

(iv) *Sind* $G_i(x)$ *Formeln aus* L', *dann*

$$\bigwedge_{1\leq i<j\leq n}(x_i x_j=0) \rightarrow [\bigwedge_{1\leq i\leq n} \bigvee u G_i(x_i u) \leftrightarrow \bigvee u \bigwedge_{1\leq i\leq n} G_i(x_i u)].$$

BEWEIS: (i)-(iii) durch Ausrechnen.

(iv) $[\bigvee u \bigwedge_{1\leq i\leq n} G_i(x_i u)] \rightarrow \bigwedge_{1\leq i\leq n} \bigvee u G_i(x_i u)$ ist ein Theorem des Prädikatenkalküls. Wird umgekehrt $\bigwedge_{1\leq i\leq n} \bigvee u G_i(x_i u)$ von einem Modell von A' erfüllt, so gibt es Elemente $u_1,\ldots,u_n$ des Bereiches dieses Modells, die die Formeln $G_1(x_i u),\ldots.$ bzw. $G_n(x_n u)$ erfüllen. Wir setzen $w=\sum u_i x_i$; dann ist

$$\bigwedge_{1\leq i<j\leq n}(x_i x_j=0) \rightarrow x_i w=x_i u_i \quad ,$$

weil $x_i x_j u_j=0$ für $j\neq i$ und $x_i^2 u_i=x_i \cdot u_i$. Man hat also für $1\leq j\leq n$

$$[\bigwedge_{1\leq i<j\leq n} G_i(x_i u_i)] \rightarrow G_j(x_j w),$$

woraus (iv) folgt.

Wir wollen nun die Quantoren in Formeln der Gestalt $\bigvee x[F(x)\wedge G(x)]$ eliminieren. Dazu dient

LEMMA 10: *Seien* a,b *Terme, die* x *nicht enthalten. Die folgenden Formeln* (i)-(iv) *folgen aus* $A'\cup\{Fx\}$:

(i) $(ax+b=b\wedge ax=0)\vee(ax+b=b+x\wedge(1+a)x=0)$

(ii) $(b+x=b\cup x\wedge bx=0)\vee(x\cup(b+x)=b\wedge(1+b)x=0)$

(iii) $ax+b=0\leftrightarrow[(ax=0\wedge b=0)\vee((1+a)x=0\wedge x=b)]$
$ax+b\neq 0\leftrightarrow[(ax=0\wedge b\neq 0)\vee((1+a)x=0\wedge x\neq b)]$

(iv) für $n\geq 1$: $A_n(b+x)\leftrightarrow[(bx=0\wedge A_{n-1}b)\vee((1+b)x=0\wedge A_{n+1}b)]$, wo $A_0 b=\top$ definiert wird.

BEWEIS: (i) Weil x ein Atom ist, gilt $ax=0 \vee ax=x$; wegen $ax=x \leftrightarrow (1+a)x=0$ folgt daraus (i).
(ii) Da x ein Atom ist, gilt wieder $bx=0 \vee bx=x$; im Falle $bx=0$ folgt $b+x=b\cup x$ mit Lemma 9 (ii); im Fall $bx=x$ folgt - wegen $bx=x \rightarrow x(b+x)=0$ und, nach Lemma 9 (ii), $x+(b+x)=x\cup(b+x)$, also $x\cup(b+x)=b$, weil $2x=0$.
(iii) ist klar.
(iv) Wir beachten $Fx \rightarrow A_1x$ und $Fx \rightarrow x\neq 0$; aus $bx=0$ folgt $x\subset b+x$; mit $A_{n-1}b$ ergibt sich hieraus $A_n(b+x)$. Sei jetzt $A_n(b+x)$; ist $bx=0$, also $\neg x\subset b$, so enthält b mindestens $(n-1)$ Atome. Für $x\subset b$ folgt entsprechend $A_n(b+x) \leftrightarrow A_{n+1}b$.

KOROLLAR 11: *Sei x ein Atom (d.h. Fx), a und b sollen x nicht enthalten; dann ist jede Formel $(\neg)(ax+b=0)$ (d.h. jede Formel der Gestalt $ax+b=0$ oder $\neg(ax+b=0)$ oder $A_n(ax+b)$) äquivalent zu einer Disjunktion von Konjunktionen von Formeln, die x nicht enthalten, und von Gleichungen der Form $ax=0$, $x=b$ und $x\neq c$.*

SATZ 12: *Sei $G(x)$ eine quantorenfreie Formel von L'. Dann ist $\bigvee x[F(x)\wedge G(x)]$ zu einer quantorenfreien Formel äquivalent.*
BEWEIS: Nach Korollar 11 genügt es, eine Formel $G(x)$ der Gestalt $a_1x=0\wedge\ldots\wedge a_kx=0\wedge x=b_1\wedge\ldots\wedge x=b_l\wedge x\neq c_1\wedge\ldots\wedge x\neq c_m$ zu betrachten.
Falls $x=b_i$ vorkommt, ist $\bigvee x[F(x)\wedge G(x)] \leftrightarrow F(b_i)\wedge G(b_i)$; nach Lemma 8(i) genügt es, die Formel

$$\bigvee x[F(x)\wedge ax=0\wedge x\neq c_1\wedge\ldots\wedge x\neq c_m]$$

zu betrachten.
Durch Induktion nach m sieht man, daß

$$\bigvee x[F(x)\wedge ax=0\wedge \bigwedge_{1\leq i\leq m} x\neq c_i]$$

der Disjunktion der folgenden Formeln äquivalent ist:

(i) $\bigvee x(\neg[F(c_i)\wedge ac_i=0]\wedge F(x)\wedge ax=0 \wedge \bigwedge_{j\neq i} x\neq c_j)$ $(1\leq j\leq n)$

(ii) $F(c_i)\wedge ac_i=0\wedge F(c_j)\wedge ac_j=0\wedge c_i=c_j\wedge\bigvee x[F(x)\wedge ax=0\wedge\bigwedge_{j\neq i} x\neq c_j]$ $(1\leq i<j\leq m)$

(iii) $\bigwedge_{1\leq i\leq m}[F(c_i)\wedge ac_i=0\wedge\bigwedge_{j\neq i} c_j\neq c_i]\wedge\bigvee x[F(x)\wedge ax=0\wedge \bigwedge_{1\leq i\leq m} x\neq c_i]$.

Auf (i) und (ii) können wir die Induktionsvoraussetzung anwenden, und

(iii) ist zu

$$A_{m+1}(1+a)\wedge \bigwedge_{1\leq i\leq m} [F(c_i)\wedge ac_i=0\wedge \bigwedge_{j\neq i} c_i\neq c_j]$$

äquivalent, w.z.b.w.

Mit diesem Satz ist die Quantorenelimination für Formeln, in denen nur über Atome quantifiziert wird, bewiesen. Im allgemeinen Fall können wir die zu untersuchenden Formeln etwas vereinfachen:

LEMMA:13: *Seien* $a_1,\ldots,a_n$ *Terme aus* L' *(und daher auch aus* L*), die* x *nicht enthalten. Dann gibt es Terme* $t_1,\ldots,t_N$*, die ebenfalls* x *nicht enthalten, und Teilmengen* $I_1,\ldots,I_n$ *von* $\{1,\ldots,N\}$*, so daß*

$$A\vdash t_i t_j=0,\ 1\leq i<j\leq N, \text{ und } A\vdash a_r=\sum_{i\in I_r} t_i,\ r=1,\ldots,n).$$

BEWEIS durch Induktion nach n: Genügen $u_1,\ldots,u_k$ den Bedingungen des Lemmas (anstelle der t_i) für $a_2,\ldots,a_n$, dann erfüllen $a_1u_1,\ldots,a_1u_k$, $(1+a_1)u_1,\ldots,(1+a_1)u_k,a_1(1+u_1+\ldots+u_k)$ das Lemma.

KOROLLAR 14: *Sei* $G(x)$ *eine Konjunktion von Formeln* $H_r(a_rx+b_r)$*,* $1\leq r\leq n$*, wo* $H_r(z)$ *die Gestalt* $\neg A_1(z)$ *oder* $(\neg)(z=0)$ *hat. Dann ist* $G(x)$ *äquivalent zu einer Disjunktion von Konjunktionen von Formeln* $H'(c_ix)$*,* $H'(c_ix+c_i)$*,* $H'(d_i)$ *des gleichen Typs. Hierin enthalten* c_i *und* d_i *die Variable* x *nicht, und für verschiedene Terme* c_i,c_j *gilt* $A\vdash c_ic_j=0$.

BEWEIS: Zuerst beachten wir, daß nach Lemma 8 (ii), Lemma 9 (ii) und (iii) entweder $A'\vdash xy=0\rightarrow[H(x+y)\leftrightarrow(Hx\wedge Hy)]$ oder $A'\vdash xy=0\rightarrow[H(x+y)\leftrightarrow(Hx\vee Hy)]$ gilt. Sind $t_1,\ldots,t_N$ die Terme, die $a_1,\ldots,a_n,b_1,\ldots,b_n$ gemäß Lemma 13 entsprechen, so folgt

$$a_rx+b_r=(x\cdot\sum_{i\in I_r} t_i)+\sum_{i\in J_r} t_i$$

mit geeigneten Teilmengen I_r,J_r von $\{1,2,\ldots,N\}$. Man erhält daher

$$a_rx+b_r=(x+1)\sum_{i\in I_r\cap J_r} t_i+(x\cdot\sum_{i\in I_r-J_r} t_i)+\sum_{i\in J_r-I_r} t_i,$$

wo $I_r\cap J_r$, I_r-J_r und J_r-I_r offenbar paarweise disjunkt sind.

$H_r(a_rx+b_r)$ ist deshalb entweder zu der Formel

$$\bigwedge_{i\in I_r\cap J_r} H_r(t_ix+t_i)\wedge\bigwedge_{i\in I_r-J_r} H_r(t_ix)\wedge\bigwedge_{i\in J_r-I_r} H_r(t_i)$$

oder zu der Formel

$$\bigvee_{i\in I_r\cap J_r} H_r(t_ix+t_i)\vee \bigvee_{i\in I_r-J_r} H_r(t_ix)\vee \bigvee_{i\in J_r-I_r} H_r(t_i)$$

äquivalent, die aus der ersten Formel durch Ersetzen der Konjunktionen durch Disjunktionen hervorgeht. Ersetzen wir in $G(x)$ jedes $H_r(a_rx+b_r)$ durch diese Formeln und benutzen die Distributivität von $\wedge$ bezüglich $\vee$, so erhalten wir das gewünschte Ergebnis.

LEMMA 15: *$\bigvee x[H_1(a_1x+b_1)\wedge\ldots\wedge H_n(a_nx+b_n)]$ ist zu einer quantorenfreien Formel äquivalent. (H_i, $1\leq i\leq n$, wie in Korollar 14).*
BEWEIS: Nach Korollar 14 genügt es, eine Formel

$$\bigvee x[K_1(a_1x)\wedge\ldots\wedge K_m(a_mx)]$$

zu betrachten, wo jedes $K_j(z)$, $1\leq j\leq m$, eine Konjunktion von $\neg A_1(z)$,$\neg A_1(a_j+z)$,$(\neg)(z=0)$ und $(\neg)(z=a_j)$ ist und wo $A\vdash a_ia_j=0$ für $i\neq j$ gilt.
Nach Lemma 9 (iv) genügt es dann, eine Formel $\bigvee xK(ax)$, d.h. eine Formel der Gestalt $\bigvee x[H_1(ax)\wedge\ldots\wedge H_k(ax)\wedge H_1'(ax+a)\wedge\ldots\wedge H_l'(ax+a)]$ zu betrachten. $H_i(z)$ und $H_i'(z)$ sind dabei eine der Formeln $\neg A_1z$, $z=0$, $\neg z=0$.
Weiter dürfen wir $k\leq 2$ und $l\leq 2$ voraussetzen, denn andernfalls kommt etwa H_i mehrmals oder zusammen mit seiner Negation vor; in diesem letzten Fall ist die Formel zu $\perp$ äquivalent.
Wir können annehmen, daß weder $ax=0$ noch $ax+a=0$ als Konjunktionsglied in $K(ax)$ vorkommen, denn andernfalls ist $\bigvee xK(ax)\leftrightarrow K(0)$ bzw. $\bigvee xK(ax)\leftrightarrow K(a)$. Wegen $K(ax)\leftrightarrow([ax=0\wedge K(ax)]\vee[ax\neq 0\wedge K(ax)])$ darf man aber annehmen, daß $ax\neq 0$ in $K(ax)$ vorkommt; entsprechend $ax+a\neq 0$.
Wir haben also eine Formel

$$\bigvee x[ax\neq 0\wedge H_i(ax)\wedge ax+a\neq 0\wedge H_i'(ax+a)]$$

zu untersuchen, wobei $H_i(ax)$ bzw. $H_i'(ax+a)$ durch $\neg A_1(ax)$ bzw. $\neg A_1(ax+a)$ dargestellt werden. Tritt aber $H_i(ax)$ oder $H_i'(ax)$ auf, so ist $\bigvee xK(ax)\leftrightarrow\perp$, denn $\neg A_1x\rightarrow x=0$, da der Ring atomar ist. Interessant ist also nur noch der Fall, daß $K(ax)=(ax\neq 0\wedge ax+a\neq 0)$. Dann ist $\bigvee xK(ax)\leftrightarrow A_2a$. "$\rightarrow$" ist klar. Gilt A_2a, so gibt es Atome $b_1\subset a$ und $b_2\subset a+b_1$. Man setze $b_1=ax$. Damit ist Lemma 15 bewiesen.

SATZ 16: *Sei $G(x)$ eine quantorenfreie Formel* aus L'. *Dann ist $\bigvee xG(x)$ (in allen atomaren Booleschen Ringen) zu einer quantorenfreien Formel* aus *L' äquivalent.*

BEWEIS: Nach Satz 1 genügt es, eine Konjunktion $G(x)$ von atomaren Formeln und Negationen solcher Formeln zu betrachten. Wir schreiben $E_n(x)$ ("x enthält *genau* n Atome") für $A_n(x) \wedge \neg A_{n+1}(x)$ $(n \geq 1)$ und $E_0(x)$ für $\neg A_1(x)$; es ist dann

$$\text{(i)} \qquad \neg A_n(x) \leftrightarrow [\neg A_1(x) \vee E_1(x) \vee \ldots \vee E_{n-1}(x)] \quad (n \geq 1)$$

Wenn die Variable y in $A_n(x)$ bzw. $E_n(x)$ nicht vorkommt und wenn wir die Definition $A_0(x) = \top$ aus Lemma 10 (v) verwenden, gilt weiter:

$$\text{(ii)} \qquad A_n(x) \leftrightarrow \bigvee y\, [F(y) \wedge y \subset x \wedge A_{n-1}(x+y)] \quad (n \geq 1)$$

$$\text{(iii)} \qquad E_n(x) \leftrightarrow \bigvee y\, [Fy \wedge y \subset x \wedge E_{n-1}(x+y)] \quad (n \geq 1)$$

Nach (i) genügt es, eine Formel der Gestalt $G'(x) \wedge G_1(x)$ zu betrachten, wo $G'(x)$ vom selben Typ ist wie die in Korollar 14 aufgezählten Formeln und $G_1(x)$ eine Konjunktion unnegierter atomarer Formeln $A_n(ax+b)$, $E_n(ax+b)$ ist.

Wir definieren den Grad von $G(x)$ in x als das geordnete Paar (0,0), falls $G_1(x)$ leer ist, und als (h,k), falls $h \geq 1$ die Länge (d.h. die Anzahl der Konjunktionsglieder) von $G_1(x) = C_k(ax+b) \wedge G_2(x)$ ist, wo $C_k(ax+b)$ das erste Konjunktionsglied von $G_1(x)$, also entweder $A_k(ax+b)$ oder $E_k(ax+b)$ ist. Für $k \geq 1$ ist der Grad von $G_2(x)$ in der lexikographischen Ordnung der Paare ganzer Zahlen kleiner als (h,k).

Da dies eine Wohlordnung ist, können wir mit Induktion nach dem Grad von $G(x)$ weiterschließen:

Ist der Grad =(0,0), reduziert sich der Satz auf Lemma 15.

Ist der Grad $=(h,k)$, $h \geq 1$, und kommt y in $G(x)$ nicht vor, so ist nach (ii) und (iii)

$$\bigvee x G(x) \leftrightarrow \bigvee x (G'(x) \wedge \bigvee y\, [Fy \wedge y \subset ax+b \wedge C_{k-1}(ax+b+y)] \wedge G_2(x)),$$

also

$$\bigvee x G(x) \leftrightarrow \bigvee y\, [Fy \wedge \bigvee x H(x,y)],$$

wo $H(x,y) = G'(x) \wedge ayx+by+y=0 \wedge C_{k-1}(ax+y+b) \wedge G_2(x)$, da ja $y \subset ax+b \leftrightarrow ayx+(by+y)=0$.

Der Grad von H (in x) ist kleiner als (h,k). Da $ayx+by+y=0$ von dem in Korollar 14 betrachteten Typ ist, ist der Grad von H gleich dem Grad von $C_{k-1}(ax+y+b) \wedge G_2(x)$. Wir müssen zwei Fälle unterscheiden: für $k>1$ ist $(h,k-1)$ der Grad von H, also kleiner als (h,k), für $k=1$ ist der Grad von H gleich dem Grad von G_2, also wiederum kleiner als (h,k). Damit ist der Satz bewiesen.

Aufgaben

1. Zeige, daß in Abschnitt II das Zeichen s zur Quantorenelimination nötig war; genauer: wir betrachten die Sprache L, die außer = nur noch das zweistellige Relationszeichen < besitzt. Sei A die Menge der folgenden Formeln aus L:

a) Axiome für eine totale Ordnung

b) $\bigwedge x \bigvee y \bigwedge z (x<z \leftrightarrow y=z \vee y<z)$
$\bigwedge x \bigvee y \bigwedge z (z<x \leftrightarrow y=z \vee z<y)$

Die Modelle von A sind dieselben wie die in Abschnitt II, nämlich diskret geordnete Mengen ohne erstes und letztes Element, aber A läßt in L die Quantorenelimination nicht zu.

Lösung: Die Menge $\mathbb{Z}$ der ganzen Zahlen ist ein Modell von A. Sei $D_{\mathbb{Z}}$ das Diagramm dieses Modells. Wenn A die Quantorenelimination zuläßt, dann ist $A \cup D_{\mathbb{Z}}$ vollständig. Wir nehmen die Zahl $\frac{1}{2}$ zu unserem Modell hinzu und haben immer noch ein Modell von A. Die Formel $\bigvee x(0<x<1)$ gilt aber nur im zweiten Modell, im ersten nicht, d.h. $A \cup D_{\mathbb{Z}}$ ist nicht vollständig. A läßt also die Quantorenelimination in L nicht zu.

2. Seien L und L' die Sprachen von Abschnitt III, und (a), (b), (c), (d) die in diesem Abschnitt angegebenen Axiomenmengen.

(i) Zeige, daß die Menge (a,b,c) in L die Quantorenelimination nicht zuläßt.

(ii) Zeige, daß die Menge (a,b,c,d) in L' die Quantorenelimination nicht zuläßt.

Lösung: Wir betrachten die Gruppe $G=\mathbb{Z}\times\mathbb{Z}$ mit folgender Ordnung: $(a,b)>0$ genau dann, wenn entweder $a>0$ oder $a=0$ und $b>0$. G ist ein Modell von (a,b,c), das $\mathbb{Z}$ als Untermodell enthält (wenn man $(0,n)$ mit n identifiziert). Sei $D_{\mathbb{Z}}$ das Diagramm von $\mathbb{Z}$. Dann ist $(a,b,c,d) \cup D_{\mathbb{Z}}$ nicht vollständig, denn die Formel $\bigwedge x \bigvee y (x=2y \vee x+1=2y)$ gilt zwar in $\mathbb{Z}$, nicht aber in G.

3. a) Sei A eine abzählbare Menge von Formeln einer Sprache L mit Gleichheit. Zeige: Hat A ein unendliches normales Modell, dann hat A ein Modell der Kardinalzahl $\aleph$ für jedes $\aleph > \aleph_0$.

b) Zeige: Hat A nur unendliche Modelle und sind alle Modelle von A der

Kardinalzahl $\aleph$ für gewisses $\aleph \geq \aleph_0$ isomorph, d.h. ist A kategorisch bzgl. der Klasse aller Realisierungen der Kardinalzahl $\aleph$, dann ist A vollständig.

c) Zeige, daß alle abzählbaren Modelle der Axiome von Abschnitt I, d.h. alle abzählbaren, dicht geordneten Mengen mit erstem und letztem Element, isomorph zur Menge der dyadisch-rationalen Zahlen (rationale Zahlen, deren Nenner eine Potenz von 2 ist) aus dem Intervall $[0,1]$ sind. Man beweise damit, daß diese Axiome vollständig sind.

d) Für diese Aufgabe benötigen wir Kenntnisse über die Transzendenzbasen einer Körpererweiterung (siehe Bourbaki, Algèbre, Chap. 5). Zeige: Ist Ω ein algebraisch abgeschlossener Körper und sind K,K' algebraisch abgeschlossene Erweiterungen von Ω von gleichem Transzendenzgrad über Ω, so sind K und K' isomorph.
Damit ist zu zeigen, daß zwei algebraisch abgeschlossene Körper gleicher Charakteristik und der Kardinalzahl $2^{\aleph_0}$ isomorph sind, daß also die Axiome für einen algebraisch abgeschlossenen Körper der Charakteristik $p, p=0$ oder p eine Primzahl, vollständig sind.

Lösung: a) Wir erweitern L durch eine Menge C von Individuenkonstanten der Kardinalzahl $\aleph$. Sei $B=\{a \neq b : a,b \in C, a \neq b\}$. Jede endliche Teilmenge von $A \cup B$ hat ein Modell, nämlich das gegebene unendliche Modell von A. Daher hat $A \cup B$ ein Modell. Sei $\hat{A}=\{\hat{A}: A \in A\}$. $\hat{A} \cup B$ hat dann ein Termmodell, das offenbar die Kardinalzahl $\aleph$ hat.

b) Sei F eine geschlossene Formel aus L, die nicht aus A folgt. $A \cup \{\neg F\}$ hat daher ein Modell, also auch ein Modell der Kardinalzahl $\aleph$, da A nur unendliche Modelle besitzt. Da alle Modelle von A der Kardinalzahl $\aleph$ isomorph sind, gilt $\neg F$ in allen Modellen von A der Kardinalzahl $\aleph$. Daher folgt $\neg F$ aus A; denn hätte $A \cup \{F\}$ ein Modell, dann hätte $A \cup \{F\}$ auch ein Modell der Kardinalzahl $\aleph$.

c) Sei $\{0,a_1,\ldots,a_n,\ldots\} \cup \{1\}$ eine abzählbare, dicht geordnete Menge mit erstem Element 0 und letztem Element 1. $[(2q+1)/2^n < (2q'+1)/2^{n'}$ genau dann, wenn $n<n'$ oder $n=n'$ und $q<q'$.$]$ Wir definieren nun eine ordnungserhaltende Abbildung ϕ von $\{0,a_1,\ldots,a_n,\ldots\} \cup \{1\}$ in die Menge der dyadisch-rationalen Zahlen aus $[0,1]$.
Sei $\phi(0)=0, \phi(1)=1$. Angenommen, $\phi(a_r)$ ist für $r \leq n$ schon definiert. Seien b,c Elemente von $X_n=\{0,a_1,\ldots,a_n,1\}$, so daß a_{n+1} unmittelbar zwischen b und c liegt, d.h. daß $b<a_{n+1}<c$ und zwischen b und c kein Element von X_n liegt. Wir setzen dann $\phi(a_{n+1})=\frac{1}{2}[\phi(b)+\phi(c)]$.
Wir zeigen, daß jede dyadisch-rationale Zahl in $[0,1]$ im Bild von ϕ vorkommt. Wenn nicht, so sei $(2q+1)/2^n$ die erste dyadische Zahl in $[0,1]$ (bzgl. der obigen Ordnung [ ]), die nicht im Bild von ϕ vorkommt.

$q/2^{n-1}$ und $(q+1)/2^{n-1}$ kommen dann im Bild von ϕ vor, etwa $q/2^{n-1}=\phi(a_i)$ und $(q+1)/2^{n-1}=\phi(a_j)$ für gewisse i,j. Sei a_k das erste a, das zwischen a_i und a_j liegt; dann ist $\phi(a_k)=(2q+1)/2^n$. ϕ ist also ein Isomorphismus. Da dicht geordnete Mengen immer unendlich sind, folgt die Behauptung aus Teil b) dieser Aufgabe.

d) Seien $\{b_i:i\epsilon I\}$ und $\{b_i':i\epsilon I\}$ Transzendenzbasen von K bzw. K' über Ω. K ist daher algebraisch über $\Omega(b_i)_{i\epsilon I}$, ist also der algebraische Abschluß von $\Omega(b_i)_{i\epsilon I}$. Entsprechend: K' ist der algebraische Abschluß von $\Omega(b_i')_{i\epsilon I}$. $\Omega(b_i)_{i\epsilon I}$ und $\Omega(b_i')_{i\epsilon I}$ sind aber beide zum Körper der rationalen Funktionen $\Omega(X_i)_{i\epsilon I}$ isomorph, und daher sind auch ihre algebraischen Abschlüsse K und K' isomorph.

Sei Ω_p der algebraische Abschluß des Primkörpers der Charakteristik p. Ω_p ist also abzählbar. Ist die Kardinalzahl $\bar{\bar{I}}$ von I größer oder gleich $\aleph_0$, dann ist die Kardinalzahl von $\Omega_p(X_i)_{i\epsilon I}$ gleich $\bar{\bar{I}}$, also gleich der Kardinalzahl des algebraischen Abschlusses von $\Omega_p(X_i)_{i\epsilon I}$.

Wenn also K ein algebraisch abgeschlossener Körper der Charakteristik p und der Kardinalzahl $2^{\aleph_0}$ ist, dann hat die Transzendenzbasis von K über Ω_p die Kardinalzahl $2^{\aleph_0}$. Zwei algebraisch abgeschlossene Körper der Charakteristik p und der Kardinalzahl $2^{\aleph_0}$ haben daher über Ω_p Transzendenzbasen gleicher Kardinalzahl, sind also isomorph.

Da die Axiome für algebraisch abgeschlossene Körper der Charakteristik p keine endlichen Modelle besitzen, folgt die Behauptung aus b) mit $\aleph=2^{\aleph_0}$.

4. (Hilbertscher Nullstellensatz): Sei K ein Körper und L eine algebraisch abgeschlossene Erweiterung von K. Wenn die Polynome $p_1,\ldots,p_k$ in den Variablen $x_1,\ldots,x_n$ mit Koeffizienten aus K keine gemeinsame Nullstelle in L haben, dann gibt es Polynome $q_1,\ldots,q_k\epsilon K[x_1,\ldots,x_n]$, so daß

$$\sum_{i=1}^{k} p_i q_i = 1.$$

Lösung: Seien A die Axiome für einen algebraisch abgeschlossenen Körper und D_K das Diagramm von K. L ist ein Modell der vollständigen Formelmenge $A\cup D_K$. Daher haben $p_1,\ldots,p_k$ in keiner algebraisch abgeschlossenen Erweiterung von K eine gemeinsame Nullstelle. Da jede Erweiterung von K in eine algebraisch abgeschlossene Erweiterung von K eingebettet werden kann, besitzen $p_1,\ldots,p_k$ in keiner Erweiterung von K eine gemeinsame Nullstelle.

Sei I das von $p_1,\ldots,p_k$ erzeugte Ideal in $K[x_1,\ldots,x_n]$. Ist dieses Ideal ungleich $K[x_1,\ldots,x_n]$, so kann es zu einem maximalen Ideal J erweitert werden. Der Quotient $K[x_1,\ldots,x_n]/J$ ist eine Erweiterung von K, in der $p_1,\dots,p_k$ eine gemeinsame Nullstelle besitzen, nämlich das Bild von $\{x_1,\dots,x_n\}$ unter der kanonischen Abbildung von $K[x_1,\dots,x_n]$ auf den Quotienten. Dies ist aber ein Widerspruch, d.h. es muß $I=K[x_1,\dots,x_n]$ sein. Daraus folgt $1\varepsilon I$, w.z.b.w.

5. a) Wir erinnern daran, daß jeder geordnete Körper in einen reell abgeschlossenen Körper eingebettet werden kann (siehe etwa Van der Waerden). Zeige: Ist ein Polynom $p(x_1,\dots,x_n)$ mit Koeffizienten in einem geordneten Körper K für alle Werte $x_1,\dots,x_n$ aus einer reell-abgeschlossenen Erweiterung von K größer oder gleich 0, dann ist das Polynom größer oder gleich 0 für alle Werte $x_1,\dots,x_n$ aus einer geordneten Erweiterung von K.

b) Ein Körper heißt *reell*, wenn $x_1^2+\dots+x_n^2+1\neq 0$ für alle $x_1,\dots,x_n\varepsilon L$. Wir erinnern daran, daß jeder reelle Körper in einen reell abgeschlossenen Körper eingebettet und daher geordnet werden kann.
Sei $a\varepsilon L$. Zeige: Ist a nicht Summe von Quadraten, so ist $L(\sqrt{-a})$ reell. Man leite daraus her, daß es eine Ordnung von L gibt, in der $a<0$.

c) Wir betrachten einen reellen Körper K, in dem für jedes $a\varepsilon K$ entweder a oder $-a$ eine Quadratsumme ist. Zeige: Ist ein Polynom $p(x_1,\dots,x_n)$ mit Koeffizienten in K für alle Werte $x_1,\dots,x_n$ aus einer reell abgeschlossenen Erweiterung von K größer oder gleich 0, dann gibt es rationale Funktionen $r_1,\dots,r_k$ mit Koeffizienten in K, so daß $p=r_1^2+\dots+r_k^2$.

d) Sei $p(x_1,\dots,x_k)$ ein Polynom mit Koeffizienten im Körper der rationalen Zahlen $\mathbb{Q}$, das für alle Werte von $x_1,\dots,x_n$ aus $\mathbb{Q}$ positiv oder 0 ist. Dann gilt es rationale Funktionen $r_1,\dots,r_k$ mit Koeffizienten in $\mathbb{Q}$, so daß $p=r_1^2+\dots+r_k^2$.

Lösung: a) Seien A die Axiome für einen reell abgeschlossenen Körper und D_K das Diagramm von K. In einem Modell der vollständigen Formelmenge $\mathsf{A}\cup D_K$ wird $F=\bigwedge x_1\dots\bigwedge x_n(p(x_1,\dots,x_n)\geq 0)$ erfüllt. F gilt daher in allen reell-abgeschlossenen Körpern, die K enthalten. Da geordnete Körper in reell-abgeschlossene Körper eingebettet werden können, gilt F auch in allen geordneten Erweiterungen von K.

b) Jedes Element von $L(\sqrt{-a})$ hat die Form $\alpha+\beta\sqrt{-a}$ mit $\alpha,\beta\varepsilon L$. Ist $1+\sum_i(\alpha_i+\beta_i\sqrt{-a})^2=0$, dann ist

$$1+\sum\alpha_i^2-a\sum\beta_i^2=0,$$

woraus

$$a=\frac{1+\sum_i\alpha_i^2}{\sum_i\beta_i^2}=\frac{1+\sum_i\alpha_i^2}{(\sum_i\beta_i^2)^2}\times\sum_i\beta_i^2$$

folgt. a ist demnach Summe von Quadraten, Widerspruch!

c) K kann offenbar auf genau eine Weise angeordnet werden, nämlich: $a \geq 0$, wenn a Quadratsumme ist, und $a<0$ sonst. Daher ist in allen geordneten Erweiterungen von K stets $p(x_1,\ldots,x_n) \geq 0$. Der Körper $K(X_1,\ldots,X_n)$ der rationalen Funktionen in n Veränderlichen über K ist ein reeller Körper. Folglich ist $p(X_1,\ldots,X_n)$ (d.h. der Wert des Polynoms $p(x_1,\ldots,x_n)$ für $x_1=X_1,\ldots,x_n=X_n$) in allen Anordnungen des Körpers $K(X_1,\ldots,X_n)$ größer oder gleich 0, also Summe von Quadraten von Elementen dieses Körpers.

d) Da nach Voraussetzung $p(x_1,\ldots,x_n) \geq 0$ für alle $x_1,\ldots,x_n \in \mathbb{Q}$, ist auch $p(x_1,\ldots,x_n) \geq 0$ für alle $x_1,\ldots,x_n \in \mathbb{R}$, da p eine stetige Funktion ist. Um die Behauptung d) (Satz von Artin) zu erhalten, hat man nun nur noch zu beachten, daß $\mathbb{R}$ reell-abgeschlossen ist und jedes positive Element von $\mathbb{Q}$ Quadratsumme von Elementen aus $\mathbb{Q}$ ist.

6. a) Die in Abschnitt III beschriebene Sprache L erweitern wir durch ein zweistelliges Funktionszeichen $\times$ und bezeichnen diese neue Sprache mit L'.
Zeige, daß es keine Formel aus L mit drei freien Variablen gibt, deren Wert in der Standardrealisierung (mit Bereich $\mathbb{Z}$) von L die Menge

$$\{(m,n,p) \in \mathbb{Z}^3 : m=np\}$$

ist.

b) Sei A eine Menge von Formeln der Sprache L', die von der Standardrealisierung von L erfüllt werden (wo $\times$ als Multiplikation interpretiert wird). In jeder Formel von A ersetzen wir $\times$ durch ein neues zweistelliges Funktionszeichen $\times_1 \notin L'$, wodurch die Formelmenge A_1 entstehen möge. Zeige, daß $A \cup A_1$ ein Modell hat, in dem die Werte von $\times$ und $\times_1$ verschieden sind.

Lösung: a) Sei $F(x,y,z)$ eine Formel mit den verlangten Eigenschaften. Da die Standardrealisierung die Axiome von Abschnitt III erfüllt, gibt es eine quantorenfreie Formel $G(x)$ mit einer einzigen freien Variablen, so daß $G(x)$ und $\bigvee y F(x,y,y)$ in der Standardrealisierung denselben Wert haben. Dieser gemeinsame Wert ist die Menge der Quadratzahlen.
Wir werden aber zeigen, daß es zu jeder quantorenfreien Formel $H(x)$ von L mit einer einzigen freien Variablen zwei positive ganze Zahlen N und p gibt, so daß:
für jede ganze Zahl $n \geq N$ ist $n \in \overline{H}$ genau dann, wenn $n+p \in \overline{H}$, wo $\overline{H}$ den Wert von $H(x)$ in der Standardrealisierung bezeichnet.
Dies ist klar für atomares H, denn dann hat H entweder die Gestalt $ax+b=0$, $ax+b>0$ oder $n|ax+b$ mit $a,b \in \mathbb{Z}$. Wenn H und H' diese Eigenschaft

haben, dann haben auch $\neg H$ und $H \vee H'$ diese Eigenschaft. Daher ist die Behauptung für alle quantorenfreien Formeln richtig.
Wir erhalten damit einen Widerspruch, denn es gibt keine positiven ganzen Zahlen N und p, so daß für alle $n \geq N$, n genau dann eine Quadratzahl ist, wenn $n+p$ eine Quadratzahl ist.
b) Angenommen, in allen Modellen von $\mathsf{A} \cup \mathsf{A}_1$ sind die Werte von $\times$ und $\times_1$ gleich. Dann folgt $\bigwedge a \bigwedge b(a \times b = a \times_1 b)$ aus $\mathsf{A} \cup \mathsf{A}_1$. Nach dem Definierbarkeitstheorem gibt es daher eine Formel $F(a,b,c)$ aus L, so daß $F(a,b,c) \leftrightarrow a = b \times c$ aus A folgt. Da A von der Standardrealisierung von L erfüllt wird, ist der Wert von F in dieser Realisierung die Menge $\{(m,n,p) \varepsilon \mathbb{Z}^3 : m = n \cdot p\}$, was aber a) widerspricht.

7. Sei L die Sprache der Booleschen Ringe und L_1 die Sprache der Mengenkörper, d.h. L_1 enthält zwei einstellige Relationszeichen I und T ("I" für Individuum, "T" für Teil) und ein zweistelliges Relationszeichen $\underline{\varepsilon}$; wir schreiben $x \underline{\varepsilon} y$ für $\underline{\varepsilon} xy$.
Für eine Menge $X \neq \emptyset$ sei E eine Teilmenge von $\mathfrak{P}(X)$ mit folgenden Eigenschaften: $\emptyset \varepsilon E$, $X \varepsilon E$; für $x \varepsilon X$ ist $\{x\} \varepsilon E$; E ist abgeschlossen unter symmetrischer Differenz ($\dot{-}$) und Durchschnitt ($\cap$). Wenn also $\mathsf{M} = \langle E, \emptyset, X, \dot{-}, \cap \rangle$ und $\mathsf{M}_1 = \langle X \cup E, X, E, \varepsilon \rangle$ (ε ist die Elementbeziehung, eingeschränkt auf $X \times E$), dann ist M eine Realisierung von L, M_1 eine Realisierung von L_1.
a) Zeige, daß M ein atomarer Boolescher Ring ist.
b) Für jede Formel A aus L gebe man eine Formel A_1 aus L_1 mit den gleichen freien Variablen $x_1, \ldots, x_n$ an, so daß - für alle X und E wie oben - $(\bar{x}_1, \ldots, \bar{x}_n)$ die Formel A in M genau dann erfüllt, wenn $(\bar{x}_1, \ldots, \bar{x}_n)$ die Formel A_1 in M_1 erfüllt, und umgekehrt.
c) Wir schreiben

$$I_n(x) \text{ für } Tx \wedge \bigvee x_1 \ldots \bigvee x_n [x_1 \underline{\varepsilon} x \wedge \ldots \wedge x_n \underline{\varepsilon} x \wedge \bigwedge_{1 \leq i < j \leq n} (x_i \neq x_j)],$$

$$T_0(x) \text{ für } \bigwedge u \neg (u \underline{\varepsilon} x), \; T_1(x) \text{ für } \bigwedge u (u \underline{\varepsilon} x),$$

$$I'_n(x) \text{ für } \bigvee x_1 \ldots \bigvee x_n [x_1 \underline{\not\varepsilon} x \wedge \ldots \wedge x_n \underline{\not\varepsilon} x \wedge \bigwedge_{1 \leq i < j \leq n} (x_i \neq x_j)].$$

Zeige mit Hilfe von b), daß es zu jeder Formel $A(x)$ von L_1, mit x als einziger freier Variabler, eine aussagenlogische Kombination $A^*(x)$ von Formeln $I(x)$, $I_n(x)$ $(n \geq 1)$, $I'_n(x)$, $T_0(x)$ und $T_1(x)$ gibt, so daß $\bar{A} = A^*$ in M_1 (für alle X und E).

Lösung: a) Offenbar ist M ein Boolescher Ring. Jedes Element $\{x\}$ mit $x\varepsilon X$ ist ein Atom, und jedes nicht-leere $y\varepsilon E$ enthält ein solches $\{x\}$, weil y eine Teilmenge von X ist. M ist also atomar.

b) Wir "definieren" in natürlicher Weise die Operationen von M in der Sprache L_1 und umgekehrt die Relationen von M_1 in L.

Sei $A\varepsilon L$ in pränexer Normalform, und der quantorenfreie Teil von A sei eine Disjunktion von Konjunktionen von Formeln $a\subseteq b$ und Negationen solcher Formeln $(a=b\leftrightarrow a\subseteq b\wedge b\subseteq a)$. Sei u eine Variable, die nicht in A vorkommt; zu jedem Term a aus L geben wir eine Formel A_a aus L_1 an, so daß $(\bar{u},\bar{x}_1,\ldots,\bar{x}_n)$ die Formel A_a in M_1 genau dann erfüllt, wenn $\{\bar{u}\}\subseteq\bar{a}$, wo $\bar{a}$ der Wert von a in M ist; da $\bar{x}_i\subseteq X$ für alle i mit $1\leq i\leq n$, erfüllt $\bar{x}_i$ die Eigenschaft $\bar{T}$ in M_1.

Ist a das Zeichen 0 oder 1, so setzen wir $A_a=\bot$ bzw. $A_a=\top$. Ist $a=b\cdot c$ oder $a=b+c$, so ist $A_a=A_b\wedge A_c$ bzw. $\neg(A_b\wedge A_c)\wedge(A_b\vee A_c)$.

A_1 definieren wir induktiv:

$$(a\subseteq b)_1=Tx_1\wedge\ldots\wedge Tx_n\wedge\bigwedge u(A_a u\rightarrow A_b u)$$
$$(\neg(a\subseteq b))_1=Tx_1\wedge\ldots\wedge Tx_n\wedge\bigvee u(A_a u\wedge\neg A_b u)$$
$$(A\wedge B)_1=A_1\wedge B_1$$
$$(A\vee B)_1=A_1\vee B_1$$
$$(\bigwedge x_i A)_1=\bigwedge x_i(Tx_i\rightarrow A_1),\quad(\bigvee x_i A)_1=\bigvee x_i(Tx_i\wedge A_1).$$

Die erste Hälfte von b) folgt nun durch Induktion nach der Lange von A.

Umgekehrt sei nun eine Formel A aus L_1 mit den freien Variablen $x_1,\ldots,x_n$ gegeben; wir müssen eine Formel A' aus L finden, so daß A von $(\bar{x}_1,\ldots,\bar{x}_n)$ in M_1 genau dann erfüllt wird, wenn A' in M von $(\bar{x}_1',\ldots,\bar{x}_n')$ erfüllt wird, wobei $\bar{x}_i'=\bar{x}_i$, falls $\bar{x}_i\varepsilon E$, und $\bar{x}_i'=\{\bar{x}_i\}$, falls $\bar{x}_i\varepsilon X$ (wir identifizieren die Individuen mit ihren Einermengen).

Wir setzen nun $(Ix)'=Fx,(Tx)'=T$,

$(x\varepsilon y)'=Fx\wedge x\subseteq y$, $(\neg A)'=\neg(A')$, $(A\wedge B)'=A'\wedge B'$,
$(A\vee B)'=A'\vee B'$, $(\bigwedge xA)'=\bigwedge xA'$, $(\bigvee xA)'=\bigvee xA'$.

Der Beweis liegt auf der Hand.

c) Gegeben sei eine Formel $A(x)$ aus L_1 mit x als einziger freier Variabler, und $A'(x)$ sei die ihr gemäß b) entsprechende Formel von L. Da M ein atomarer Boolescher Ring ist, ist nach Abschnitt VI $A'(x)$ zu einer aussagenlogischen Kombination von Formeln $A_n x$, $x=0$, $x=1$ und $A_n(1+x)$ äquivalent. Nach b) ist daher $A(x)$ in M_1 äquivalent zu $\top,\bot,\bigwedge u\neg(u\varepsilon x)$, $\bigwedge u(u\varepsilon x)$ oder: x ist ein Individuum, oder x bzw. das Komplement von x enthält mindestens bzw. höchstens n Individuen.

5 Prädikatenkalkül mit mehreren Objektsorten

Im ersten Teil dieses Kapitels und in den Aufgaben 1, 2 und 3 wird - wie schon in der Zusammenfassung von Kapitel 2 erwähnt - eine zweite Methode angegeben*, die Theorie der Prädikatenlogik erster Stufe zu entwickeln; außerdem wird die Theorie der Funktionen auf die ihrer Graphen zurückgeführt. Die wesentlichen Ergebnisse werden direkt für die in der Mathematik geläufigen mehrsortigen Sprachen (d.h. Sprachen mit Variablen verschiedener Sorten) formuliert und bewiesen. Diese mehrsortigen Sprachen sind prinzipiell entbehrlich, denn man kann sie durch einsortige Sprachen mit Relationszeichen $M_i(x)$ für "x ist von der Sorte i" ersetzen. Sie sind jedoch sehr bequem, da man einige Ergebnisse einfacher formulieren kann, z.B. eine verschärfte Fassung des Interpolationslemmas, die wir für Kapitel 7 benötigen. Für mehrsortige Sprachen ist die Konstruktion von Termmodellen, wie wir sie in diesem Kapitel durchführen, sehr viel günstiger als die von Kapitel 2. Den Zusammenhang zwischen diesen beiden Methoden stellt Aufgabe 2 her.

Im zweiten Teil untersuchen wir mehrsortige Sprachen, die wie folgt aufgebaut sind: eine Sorte für Individuen, eine für Mengen von Individuen, eine für Familien solcher Mengen und so weiter (endlich oft). Diese Sprachen kennen wir aus der axiomatischen Mathematik, beispielsweise aus der Gruppentheorie, wo die Elemente der gegebenen Gruppe die Rolle der Individuen spielen, während die Untergruppen Mengen(solcher Individuen) sind, auf die die Gruppenoperation eingeschränkt wird. Allgemeiner: die hier betrachteten Sprachen betreffen die endlichen Stufen in der Struktur oder "Hierarchie" der (einfachen) *Typen*.

Die Aufgaben 4 und 5 beschreiben zwei andere Typenstrukturen, die sogenannten "ganzen" und "kumulativen" Typenstrukturen, sowie ihre Beziehung zur einfachen Typenstruktur. Diese Beziehungen werden mit Hilfe *uniformer Definitionen* angegeben, die mit der bekannten "Repräsentation" geordneter Paare in der Mengenlehre verwandt sind. Die Darstellung ist insofern pedantisch, als sie explizit analysiert, was mit "Repräsentation" gemeint ist. In den Aufgaben 6 und 8 betrachten wir zwei konkrete Hierarchien über einem gegebenen Bereich: die der nichtindizierten Typenstrukturen und die der hereditär endlichen Mengen, wobei auch die Notwendigkeit einer Indizierung bewiesen wird. Aufgabe 7 enthält eine mengentheoretische Entwicklung der Kardinalzahlarithmetik (im Gegensatz zu der etwas gebräuchlicheren Entwicklung der Ordinalzahlen, z.B. in Anhang II, A, Seite 207 ff).

Die Realisierungen, die wir in diesem Kapitel betrachten (die sog. allgemeinen Modelle), sehen so aus: der Bereich C_0 der Individuenvariablen ist beliebig, und die Bereiche der anderen Variablen sind Familien von Mengen jeweils des Typs 1,2,... der Hierarchie über C_0, die gewissen Abgeschlossenheitsbedingungen genügen. Mit Hilfe der Extensionalitätsaxiome kann man diese Realisierungen mit der Theorie von Kapitel 2 untersuchen. Zwei andere Klassen von Realisierungen werden im nächsten Kapitel behandelt.

Neben ihrer technischen Seite dienen die Aufgaben 4-8 einer Einführung in die axiomatische Mengenlehre, insbesondere zu Zermelos Axiomen, wie sie in Anhang II, S.215/16 oder in der auf Seite 1 bereits zitierten Monographie von Krivine angegeben werden. Man erhält die zu betrachtenden Mengen, ausgehend von einem Individuenbereich, durch Iteration der Potenzmengenoperation oder durch "dünne" Varianten davon, etwa wenn man nur die Menge aller endlichen Teilmengen einer gegebenen Menge bildet; in den Aufgaben werden nur endliche Iterationen betrachtet. Der "Typ" oder die "Sorte" einer Menge hängt von der Anzahl der Iterationen ab (einfache, ganze, kumulative Typen).

Die übliche axiomatische Mengenlehre erhält man als *globale* Theorie der kumulativen Typenstrukturen, in der der Typ einer Menge nicht mehr erwähnt wird, obwohl man ihn durch explizite Definitionen in der Sprache der Mengenlehre wiederfinden kann. Dieses Verfahren ist analog zur elementaren Algebra der rationalen Zahlen: die rationalen Zahlen werden als Brüche (mit Hilfe der natürlichen Zahlen) eingeführt, aber viele algebraische Verfahren werden einfacher, wenn man diese Konstruktion vergißt; um die Gültigkeit der Rechenregeln zu beweisen, muß man jedoch auf die Konstruktion zurückgehen.

Aufgabe 8 bringt einige Hinweise zum *Ersetzungsaxiom*. Die Beschäftigung mit den Aufgaben 4-8 ist eine nützliche Vorbereitung zur Lektüre der oben erwähnten Monographie von Krivine.

Eine *Sprache L mit k Objektsorten* besteht
1) aus k disjunkten unendlichen Mengen $V_L^{(1)},\dots,V_L^{(k)}$. Die Elemente von $V_L^{(i)}$ $(1\le i\le k)$ heißen *Variable der Sorte i von L*.
2) aus k disjunkten Mengen $C_L^{(1)},\dots,C_L^{(k)}$. Die Elemente von $C_L^{(i)}$ $(1\le i\le k)$ heißen *Individuenkonstante der Sorte i von L*.
3) für jede ganze Zahl $n\ge 0$ aus einer Menge $R_L^{(n)}$. Die Elemente von $R_L^{(n)}$ heißen *n-stellige Relationszeichen* (mit Variablen beliebiger Sorte).
4) für jede Folge $(i_1,\dots,i_n)$ ganzer Zahlen zwischen 1 und k aus einer Menge $S_L^{(i_1,\dots,i_n)}$. Die Elemente von $S_L^{(i_1,\dots,i_n)}$ heißen *Relationszeichen der Sorte* $(i_1,\dots,i_n)$ (oder n-stellige Relationszeichen, deren erste Variable von der Sorte $i_1,\dots$ und deren n-te Variable von der Sorte i_n sind).
Alle diese Mengen sollen paarweise disjunkt sein.
Die *atomaren Formeln von L* sind Folgen entweder der Gestalt
a) $R(\xi_1,\dots,\xi_n)$ mit einem n-stelligen Relationszeichen $R\varepsilon R_L^{(n)}$ und Variablen oder Individuenkonstanten $\xi_1,\dots,\xi_n$ beliebiger Sorte aus L, d.h. $\xi_i\varepsilon \bigcup_{j=1}^{k} (C_L^{(j)}\cup V_L^{(j)})$ für $1\le i\le n$; oder der Gestalt
b) $S(\xi_1^{(i_1)},\dots,\xi_n^{(i_n)})$ mit einem Relationszeichen S der Sorte $(i_1,\dots,i_n)$ $(S\varepsilon S_L^{(i_1,\dots,i_n)})$ und Variablen oder Individuenkonstanten $\xi_j^{(i_j)}$ der Sorte i_j aus L $(1\le j\le n)$.
Die Menge der atomaren Formeln aus L bezeichnen wir mit At_L.

F_L, die Menge der Formeln von L, ist die Menge der Funktionenschemata, die mit den atomaren Formeln von L als 0-stelligem, mit $\neg$ und $\bigvee x$ (wo $x\varepsilon V_L^{(1)}\cup\dots\cup V_L^{(k)}$) als einstelligem und $\vee$ als einzigem zweistelligem Zeichen aufgebaut sind. (siehe Kapitel 0)
Die Abkürzungen $\bigwedge x,\rightarrow,\leftrightarrow$ werden wie in Kapitel 2 definiert, ebenso der Begriff der *freien Variablen* einer Formel von L und der einer *geschlossenen Formel* aus L.

Eine *Realisierung der Sprache L mit k Objektsorten* besteht
1) aus k nicht leeren Mengen $E_1,\dots,E_k$. $E_i (1\le i\le k)$ heißt *Bereich der Sorte i* der Realisierung.
2) für jedes i, $1\le i\le k$, aus einer Abbildung $c\rightarrow\overline{c}$ von $C_L^{(i)}$ nach E_i;
3) für jede ganze Zahl $n\ge 0$ aus einer Abbildung $R\rightarrow\overline{R}$ von R_L^n nach $\mathfrak{P}((E_1\cup\dots\cup E_k)^n)$.
4) für jede Folge $(i_1,\dots,i_n)$ ganzer Zahlen zwischen 1 und k aus einer Abbildung $S\rightarrow\overline{S}$ von $S_L^{(i_1,\dots,i_n)}$ nach $\mathfrak{P}(E_{i_1}\times\dots\times E_{i_n})$.

Der Wert $\overline{F}$ einer Formel F von L in dieser Realisierung ist eine Teilmenge von $E_1^{V_L^{(1)}}\times\ldots\times E_k^{V_L^{(k)}}$ (d.h. $\overline{F}$ ist eine Menge von Folgen $(\delta_1,\ldots,\delta_k)$, wo δ_i eine Abbildung von $V_L^{(i)}$ nach E_i ist; da die Mengen $V_L^{(i)}$ paarweise disjunkt sind, kann man dies auch anders formulieren: $\overline{F}$ ist eine Menge von Abbildungen $\delta\colon \bigcup_{j=1}^{k} V_L^{(j)} \to \bigcup_{j=1}^{k} E_j$, so daß $\delta(V_L^{(i)})\subseteq E_i$ für $1\leq i\leq k$).
Diese Menge $\overline{F}$ wird wie folgt definiert:
Ist F eine atomare Formel, also $F=R(\xi_1^{(i_1)},\ldots,\xi_n^{(i_n)})$ mit $R\epsilon R_L^{(n)}$ oder $R\epsilon S_L^{(i_1,\ldots,i_n)}$ und Variablen oder Individuenkonstanten $\xi_1^{(i_1)},\ldots,\xi_n^{(i_n)}$ der Sorten $i_1,\ldots,i_n$, so ist

$$\overline{F}=\{\delta\epsilon E_1^{V_L^{(1)}}\times\ldots\times E_k^{V_L^{(k)}}\colon (\delta'(\xi_1^{(i_1)}),\ldots,\delta'(\xi_n^{(i_n)}))\epsilon\overline{R}\},$$

wobei

$$\delta'(\xi_j^{(i)})=\delta(\xi_j^{(i)}),\text{ falls } \xi_j^{(i)} \text{ eine Variable ist,}$$

und

$$\delta'(\xi_j^{(i)})=\overline{\xi}_j^{(i)},\text{ falls } \xi_j^{(i)} \text{ eine Konstante ist.}$$

Weiter setzen wir $\overline{F\vee G}=\overline{F}\cup\overline{G}$, $\overline{\neg F}=c\overline{F}$ und $\overline{\forall xF}=$ Projektion von $\overline{F}$ längs der Variablen x (d.h. $\overline{\forall xF}=\{\delta\epsilon E_1^{V^{(1)}}\times\ldots\times E_k^{V^{(k)}}$: es gibt ein $\delta_1\epsilon\overline{F}$, so daß $\delta=\delta_1$, die Stelle x eventuell ausgenommen$\}$). Nach dem Satz über Funktionenschemata (Satz 0.3) ist $\overline{F}$ damit für jede Formel F definiert.
Wie in Kapitel 2 sieht man, daß der Wert einer geschlossenen Formel entweder $E_1^{V_L^{(1)}}\times\ldots\times E_k^{V_L^{(k)}}$ oder $\emptyset$ ist. Im ersten Fall sagt man, daß F von der gegebenen Realisierung *erfüllt* wird. Sei A eine Menge geschlossener Formeln aus L; F *folgt aus* A, geschrieben $A\vdash F$ (wie auf Seite 69), wenn jede Realisierung, die A erfüllt (d.h. die jede Formel von A erfüllt), auch F erfüllt. Ein *Theorem* von L ist eine Formel, deren Abschluß von jeder Realisierung von L erfüllt wird.
Formeln in pränexer Normalform oder pränexe Formeln definiert man wie in Kapitel 2. Man kann auch wieder zeigen, daß jede Formel von L zu einer pränexen Formel äquivalent ist.
Eine Realisierung von L heißt *Termrealisierung*, wenn ihr Bereich der Sorte i für jedes i ($1\leq i\leq k$) die Menge $C_L^{(i)}$ der Individuenkonstanten der Sorte i von L ist, und wenn der Wert $\overline{c}$ einer jeden Individuenkonstanten c von L in dieser Realisierung gleich c ist. Wenn also eine der Mengen $C_L^{(i)}$ leer ist, hat L keine Termrealisierung.
Jeder Termrealisierung von L entspricht eine Realisierung des Aussagenkalküls über den geschlossenen atomaren Formeln aus L, die wie folgt definiert wird:

Sei R ein n-stelliges Relationszeichen oder ein Relationszeichen der Sorte $(i_1,\ldots,i_n)$, und seien $a_1^{(i_1)},\ldots,a_n^{(i_n)}$ Individuenkonstante der Sorte $i_1,\ldots,$ bzw. i_n. Der Wert von $R(a_1^{(i_1)},\ldots,a_n^{(i_n)})$ ist dann 1 oder 0, je nachdem, ob $(a_1^{(i_1)},\ldots,a_n^{(i_n)})\varepsilon\bar{R}$ ist oder nicht.
Umgekehrt definiert jede Realisierung des Aussagenkalküls über der Menge der geschlossenen atomaren Formeln von L eine Termrealisierung von L. Ohne Schwierigkeit beweist man durch Induktion nach der Länge von F das

LEMMA 1: *Sei F eine geschlossene quantorenfreie Formel aus L. F wird genau dann von einer Termrealisierung der Sprache L erfüllt, wenn F von der entsprechenden Realisierung des Aussagenkalküls über der Menge der geschlossenen atomaren Formeln aus L erfüllt wird.*

Sei $\{\Delta_n^{(i)}:1\leq i\leq k,\ n \text{ eine ganze Zahl } \geq 1\}$ eine Familie disjunkter Mengen mit folgenden Eigenschaften: alle $\Delta_n^{(i)}$ sollen die gleiche Kardinalzahl wie F_L (= Menge der Formeln aus L) haben und zu L disjunkt sein, d.h. es soll keine endliche Folge von Variablen oder anderen Zeichen von L zu $\Delta_n^{(i)}$ gehören. Wir setzen $\Delta^{(i)}=\bigcup_{n\geq 1}\Delta_n^{(i)}$ und bezeichnen mit L_Δ die Sprache, die wir erhalten, wenn wir die Elemente von $\Delta^{(i)}$ als Individuenkonstante der Sorte i zu L hinzufügen. Die Menge der Individuenkonstanten der Sorte i von L_Δ ist also $C_L^{(i)}\cup\Delta^{(i)}$. Sei

$$\Delta_n=\bigcup_{1\leq i\leq k}\Delta_n^{(i)} \quad \text{und} \quad \Delta=\bigcup_{n\geq 1}\Delta_n=\bigcup_{1\leq i\leq k}\Delta^{(i)}.$$

Der *Rang* eines Elementes $a\varepsilon\Delta^{(i)}$ ist nach Definition eine ganze Zahl n, so daß $a\varepsilon\Delta_n^{(i)}$. Hierbei ist die ganze Zahl i $(1\leq i\leq k)$ die Sorte von a. Der Rang einer Formel F aus L_Δ ist das Maximum der Ränge der Elemente aus Δ, die in F vorkommen, oder Null, wenn kein solches Element in F vorkommt, d.h. wenn F eine Formel aus L ist.

Für jedes i $(1\leq i\leq k)$ wählen wir eine Variable $x^{(i)}$ der Sorte i aus L und bezeichnen mit $F_n^{(i)}$ die Menge aller Formeln vom Rang n der Sprache L_Δ mit $x^{(i)}$ als einziger freier Variabler. Offenbar haben $F_n^{(i)}$ und $\Delta_{n+1}^{(i)}$ die gleiche Kardinalzahl, nämlich die von F_L. Daher gibt es für jedes Paar (i,n) ganzer Zahlen mit $1\leq i\leq k$ und $n\geq 0$ eine bijektive Abbildung $\hat{\varepsilon}$ von $F_n^{(i)}$ nach $\Delta_{n+1}^{(i)}$. Für jedes $a\varepsilon\Delta^{(i)}$ gibt es daher eine eindeutig bestimmte Formel $A(x^{(i)})$, mit $x^{(i)}$ als einziger freier Variabler, so daß $a=\hat{\varepsilon}(A(x^{(i)}))$. Es ist zu beachten, daß (Rang von $A(x^{(i)})$)=(Rang von a)-1.

Mit Ω_a bezeichnen wir die Formel

$$\bigvee x^{(i)} A(x^{(i)}) \rightarrow A(a)$$

mit $a=\hat{\varepsilon}(A(x^{(i)}))$.

Sei

$$\Omega_n^{(i)}=\{\Omega_a : a\varepsilon\Delta_n^{(i)}\}$$

$$\Omega^{(i)}=\{\Omega_a : a\varepsilon\Delta^{(i)}\}$$

und

$$\Omega_n=\{\Omega_a : a\varepsilon\Delta_n\}$$

$$\Omega=\{\Omega_a : a\varepsilon\Delta\}.$$

Es ist also

$$\Omega=\bigcup_{n\geq 1}\Omega_n=\bigcup_{1\leq i\leq k}\Omega^{(i)}.$$

SATZ 2: *Jede Realisierung von L kann zu einer Realisierung von L_Δ erweitert werden, die Ω erfüllt.*

BEWEIS: Sei M eine Realisierung von L mit den Bereichen $E_1,\ldots,E_k$. Wir definieren den Wert $\overline{a}$ von $a\varepsilon\Delta$ durch Rekursion nach dem Rang von a. Sei $\overline{b}$ für $b\varepsilon\bigcup_{p<n}\Delta_p$ schon definiert, derart daß alle Formeln $\Omega_1,\ldots,\Omega_{n-1}$ erfüllt sind, und sei $a\varepsilon\Delta_n$. Die Formel $A(x)$, für die $a=\hat{\varepsilon}(A(x))$ gilt, ist vom Rang n-1 und hat daher in der bereits definierten Realisierung von $L\cup\Delta_1\cup\ldots\cup\Delta_{n-1}$ einen Wert $\overline{A(x)}$. Ist $\overline{A(x)}\neq\emptyset$, dann gibt es ein $\alpha\varepsilon E_i$ (i ist die Sorte von a), so daß $\alpha\varepsilon\overline{A(x)}$. Wir setzen $\overline{a}=\alpha$. Wenn $A(x)=\emptyset$, dann soll $\overline{a}$ ein beliebiges Element von E_i sein. In beiden Fällen ist Ω_a, d.h. die Formel $\bigvee xA(x) \rightarrow A(a)$, erfüllt, w.z.b.w.

SATZ 3: *Zu jedem Modell M von Ω gibt es ein Termmodell M_1, das dieselben geschlossenen Formeln aus L_Δ erfüllt wie M.*

BEWEIS: Sei R ein n-stelliges Relationszeichen aus L oder ein Relationszeichen der Sorte $(i_1,\ldots,i_n)$ aus L. Weiter sei $\overline{R_M}$ der Wert von R in der gegebenen Realisierung M. Wir definieren $\overline{R_{M_1}}$, den Wert von R in M_1, durch

$$\overline{R_{M_1}}=\{(a_1,\ldots,a_n) : R(a_1,\ldots,a_n) \text{ wird von } M \text{ erfüllt}\}.$$

(Ist R ein Relationszeichen der Sorte $(i_1,\ldots,i_n)$, dann sind $a_1,\ldots,a_n$ von der Sorte $i_1,\ldots$, bzw. i_n, denn sonst wäre $R(a_1,\ldots,a_n)$ keine Formel von L_Δ.)

Sei F eine geschlossene Formel von L_Δ. Wir zeigen durch Induktion nach der Länge von F, daß F genau dann von M erfüllt wird, wenn F von M_1 erfüllt wird. Nach Definition von M_1 ist dies für eine atomare Formel F klar.

Für Formeln mit einer Länge kleiner als h sei der Satz schon richtig; wir betrachten eine Formel F der Länge h.

Sei $F=\neg G$. Nach Induktionsvoraussetzung wird G beispielsweise von M und von M_1 erfüllt; daher wird F weder von M noch von M_1 erfüllt. Umgekehrt, wenn G weder von M noch von M_1 erfüllt wird, dann wird F von beiden Realisierungen erfüllt. $F=G\vee H$ wird entsprechend behandelt.

Sei $F=\bigvee xG(x)$. Wir nehmen zuerst an, daß F von M erfüllt wird. Da M ein Modell von Ω ist, erfüllt M die Formel $G(g)$ mit $g=\hat{\varepsilon}(G(x))$, da ja Ω die Formel $\bigvee xG(x) \rightarrow G(g)$ enthält. Nach Induktionsvoraussetzung erfüllt M_1 die Formel $G(g)$; M_1 erfüllt daher auch F. Jetzt nehmen wir an, daß F von M nicht erfüllt wird. Dann erfüllt M alle Formeln $\neg G(a)$, wo a eine Individuenkonstante aus L_Δ derselben Sorte wie x ist. Nach Induktionsvoraussetzung erfüllt M_1 all diese Formeln. Der Bereich der Sorte i von M_1 ist aber die Menge der Individuenkonstanten der Sorte i aus L_Δ. Daher erfüllt M_1 die Formel $\bigwedge x\neg G(x)$, d.h. M_1 erfüllt $\neg F$, w.z.b.w.

Jeder geschlossenen pränexen Formel F aus L_Δ ordnen wir eine Menge $\langle F\rangle$ von geschlossenen quantorenfreien Formeln aus L_Δ und eine Teilmenge $\Delta(F)$ von Δ zu, die durch Rekursion nach der Länge von F wie folgt definiert werden:

i) für quantorenfreies F ist $\langle F\rangle=\{F\}$ und $\Delta(F)=\emptyset$

ii) für $F=\bigvee xG(x)$ ist $\langle F\rangle=\langle G(g)\rangle$ und $\Delta(F)=\{g\}\cup\Delta(G(g))$, wo $g=\hat{\varepsilon}(G(x))$

iii) für $F=\bigwedge xG(x)$ ist $\langle F\rangle= \bigcup_a\langle G(a)\rangle$ und $\Delta(F)= \bigcup_a\Delta(G(a))$, wobei a die Menge aller Individuenkonstanten aus L_Δ derselben Sorte wie x durchläuft.

Sei $\Omega(F)=\{\Omega_a : a\varepsilon\Delta(F)\}$.

LEMMA 4: *Jedes Termmodell von* $\langle F\rangle$ *erfüllt* F*, und jedes Modell von* $\{F\}\cup\Omega(F)$ *erfüllt* $\langle F\rangle$ *(oder kurz:* $F, \Omega(F)\vdash\langle F\rangle$*).*

BEWEIS durch Induktion nach der Länge von F. Für eine quantorenfreie Formel F ist wegen $\langle F\rangle=\{F\}$ nichts zu beweisen.

Sei F eine Formel der Länge h, für kürzere Formeln sei das Lemma schon bewiesen.

Sei $F=\bigvee xG(x)$: Ein Termmodell M von $\langle F\rangle$ ist ein Modell von $\langle G(g)\rangle, g=\hat{\varepsilon}(G(x))$. Nach Induktionsvoraussetzung erfüllt M die Formel $G(g)$, also auch F. Wir müssen jetzt zeigen, daß $F,\Omega(F)\vdash\langle F\rangle$. Da $\Omega_g\varepsilon\Omega(F)$, d.h. $\bigvee xG(x) \rightarrow G(g)\varepsilon\Omega(F)$, ist $\{F\}\cup\Omega(F)\vdash G(g)$. Da $\Omega(G(g))\subset\Omega(F)$ und (nach Induktionsvoraussetzung) $\Omega(G(g))\cup\{G(g)\}\vdash\langle G(g)\rangle$, folgt $\{F\}\cup\Omega(F)\vdash\langle G(g)\rangle$, d.h. $\{F\}\cup\Omega(F)\vdash\langle F\rangle$.

Sei $F=\bigwedge xG(x)$: Ein Termmodell M von $\langle F\rangle$ ist ein Modell von $\bigcup\{\langle G(a)\rangle$: a eine Individuenkonstante derselben Sorte wie $x\}$. Nach Induktionsvoraussetzung erfüllt M alle Formeln $G(a)$. Da M ein Termmodell ist, erfüllt M auch $\bigwedge xG(x)$, d.h. F. Nach Induktionsvoraussetzung gilt

$G(a),\Omega(G(a)) \vdash \langle G(a)\rangle$; wegen $\Omega(G(a)) \subset \Omega(F)$ folgt daraus $G(a),\Omega(F) \vdash \langle G(a)\rangle$. Da weiter $F \vdash G(a)$ für jedes a, erhält man $F,\Omega(F) \vdash \langle G(a)\rangle$, d.h. $F,\Omega(F) \vdash \bigcup_a \langle G(a)\rangle$, also $F,\Omega(F) \vdash \langle F\rangle$, wie behauptet.

SATZ 5. ENDLICHKEITSSATZ: *Sei* A *eine Menge geschlossener Formeln aus* L. *Hat jede endliche Teilmenge von* A *ein Modell, dann hat auch* A *ein Modell.*
BEWEIS: Wir können annehmen, daß A nur aus geschlossenen pränexen Formeln besteht.
Sei $B = \bigcup\{\langle F\rangle : F \varepsilon A\}$ und U eine endliche Teilmenge von B; es ist also $U \subseteq \langle F_1\rangle \cup \ldots \cup \langle F_n\rangle$. Nach Voraussetzung hat $\{F_1,\ldots,F_n\}$ ein Modell, welches wir nach Satz 2 zu einem Modell von $\Omega \cup \{F_1,\ldots,F_n\}$ erweitern können. Hieraus folgt mit Satz 3, daß $\Omega \cup \{F_1,\ldots,F_n\}$ ein Termmodell besitzt. Wegen $\Omega(F) \subset \Omega$ und Lemma 4 ist $\Omega, F_i \vdash \langle F_i\rangle$. Dieses Termmodell erfüllt also $\langle F_1\rangle \ldots \langle F_n\rangle$. Jede endliche Teilmenge U von B hat demnach ein Termmodell, also auch (nach Lemma 1) ein Modell im Sinne des Aussagenkalküls über den geschlossenen atomaren Formeln aus L_Δ. Nach dem Endlichkeitssatz für den Aussagenkalkül hat B ein Modell im Sinne des Aussagenkalküls, und daher (wieder nach Lemma 1) auch ein Termmodell. Da dieses Termmodell für jedes $F \varepsilon A$ die Menge $\langle F\rangle$ erfüllt, erfüllt es nach Lemma 4 auch A, w.z.b.w.

KOROLLAR 6: *Sei* I *eine total geordnete Menge und sei* $\{A_i : i \varepsilon I\}$ *eine Familie von Mengen geschlossener Formeln der Sprache* L *mit der Eigenschaft, daß* $A_i \subseteq A_j$ *für* $i<j$ $(i,j \varepsilon I)$. *Wenn jedes* A_i *ein Modell hat, dann hat auch* $A = \bigcup_{i \varepsilon I} A_i$ *ein Modell.*
BEWEIS: Es genügt zu zeigen, daß jede endliche Teilmenge $A_0 = \{F_1,\ldots,F_n\}$ von A ein Modell hat. Sei etwa $F_j \varepsilon A_{i_j}$ und i_k das größte Element von $\{i_1,\ldots,i_n\}$. Dann gilt $A_0 \subseteq A_{i_k}$, und weil A_{i_k} ein Modell hat, hat A_0 auch ein Modell.

Die *Sorten einer Formel* F sind nach Definition die Sorten der in F vorkommenden Variablen und Individuenkonstanten.

LEMMA 7: *Seien* F,G *geschlossene pränexe Formeln aus* L_Δ. *Ist* $\Delta(F) \cap \Delta(G) \neq \emptyset$, *so enthalten* F *und* G *die gleichen Relationszeichen und dieselben Sorten.*
BEWEIS: Sei $b \varepsilon \Delta(F) \cap \Delta(G)$. Aus $b \varepsilon \Delta$ folgt $b = \hat{\varepsilon}(B(x))$, wo $B(x)$ eine Formel mit einer einzigen freien Variablen x ist. Wir zeigen durch Induktion nach der Länge von F, daß $B(x)$ und F die gleichen Relationszeichen und Sorten enthalten.
F kann nicht quantorenfrei sein, denn sonst wäre $\Delta(F) = \emptyset$. Ist $F = \bigvee x H(x)$, so ist (wegen $b \varepsilon \Delta(F)$) $b \varepsilon \Delta(H(g)) \cup \{g\}$ mit $g = \hat{\varepsilon}(H(x))$. Ist $b \varepsilon \Delta(H(g))$, so

enthalten $H(g)$ und $B(x)$ nach Induktionsvoraussetzung die gleichen Relationszeichen und Sorten; folglich trifft dies auch für F und $B(x)$ zu. Wenn $b=g$, folgt aus der Injektivität von $\hat{\varepsilon}$, daß $B(x)=H(x)$ sein muß. F und $B(x)$ enthalten daher auch in diesem Fall die gleichen Relationszeichen und Sorten.
Ist $F=\bigwedge xH(x)$, so ist (wegen $b\varepsilon\Delta(F)$) $b\varepsilon\Delta(H(a))$ für eine gewisse Individuenkonstante a derselben Sorte wie x. Nach Induktionsvoraussetzung enthalten $H(a)$ und $B(x)$ die gleichen Relationszeichen und Sorten; daher trifft dies auch für F und $B(x)$ zu.
Ähnlich kann man zeigen, daß G und $B(x)$ die gleichen Relationszeichen und Sorten enthalten. Hieraus folgt dann Lemma 7.

SATZ 8: INTERPOLATIONSLEMMA: *Seien F und G geschlossene Formeln aus L, so daß $F\wedge G$ kein Modell hat. Dann gibt es eine Formel H aus L, deren Relationszeichen, Individuenkonstanten und Sorten sowohl in F als auch in G vorkommen, so daß $F \rightarrow H$ und $G \rightarrow \neg H$ Theoreme sind.*
BEWEIS: Da $F\wedge G$ kein Modell hat, folgt aus Lemma 4, daß $\langle F\rangle\cup\langle G\rangle$ kein Termmodell und daher auch kein Modell im Sinne des Aussagenkalküls über den geschlossenen atomaren Formeln von L_Δ hat (Lemma 1). Nach dem Interpolationslemma für den Aussagenkalkül gibt es daher eine geschlossene quantorenfreie Formel C aus L_Δ, deren atomare Formeln sowohl in $\langle F\rangle$ als auch in $\langle G\rangle$ vorkommen, so daß $\langle F\rangle\vdash C$ und $\langle G\rangle\vdash\neg C$. Der Definition von $\langle F\rangle$ entnimmt man unmittelbar, daß die in $\langle F\rangle$ auftretenden Relationszeichen und Sorten gerade die sind, die in F vorkommen. Entsprechendes gilt für $\langle G\rangle$. Daher kommen die Relationszeichen und Sorten von C sowohl in F wie auch in G vor.
Aus Lemma 4 folgt $\Omega(F),F\vdash C$ und $\Omega(G),G\vdash\neg C$. Ist $\Delta(F)\cap\Delta(G)\neq\emptyset$, so enthalten F und G nach Lemma 7 dieselben Relationszeichen und dieselben Sorten. In diesem Fall ist der Satz trivial: man braucht nur $A=F$ zu setzen. Wir können deshalb annehmen, daß $\Delta(F)\cap\Delta(G)=\emptyset$.
Aus dem Endlichkeitssatz folgt

$$\Omega_{a_1},\ldots,\Omega_{a_n},F\vdash C \tag{1}$$

und

$$\Omega_{b_1},\ldots,\Omega_{b_p},G\vdash\neg C, \tag{2}$$

wobei $a_1,\ldots,a_n$ verschiedene Elemente von $\Delta(F)$ und $b_1,\ldots,b_p$ verschiedene Elemente von $\Delta(G)$ sind. Wegen $\Delta(F)\cap\Delta(G)=\emptyset$ ist außerdem $b_i\neq a_j$ $(1\leq i\leq p,\ 1\leq j\leq n)$. Sei etwa a_n das Element mit größtem Rang aus $\{a_1,\ldots,a_n,b_1,\ldots,b_p\}$. $\Omega_{a_1},\ldots,\Omega_{a_{n-1}},\Omega_{b_1},\ldots,\Omega_{b_p}$ enthalten dann a_n nicht. Wir ersetzen in C die Konstante a_n durch eine Variable z derselben Sorte, die nicht in C vorkommen soll, und erhalten dadurch eine Formel C_1;

es ist also $C=C_1(a_n)$ und folglich $C\vdash\bigvee zC_1(z)$. Daher gilt

$$\Omega_{a_1},\ldots,\Omega_{a_n},F\vdash\bigvee zC_1(z)$$

$\Omega_{a_1},\ldots,\Omega_{a_{n-1}},F,\bigvee zC_1(z)$ enthalten a_n nicht. Da $\Omega_{a_n}=(\bigvee xA(x)\rightarrow A(a_n))$, wo a_n in $A(x)$ nicht vorkommt, erhält man

$$\Omega_{a_1},\ldots,\Omega_{a_{n-1}},\bigvee y[\bigvee xA(x)\rightarrow A(y)],F\vdash\bigvee zC_1(z),$$

d.h., weil $\bigvee y[\bigvee xA(x)\rightarrow A(y)]$ ein Theorem ist, gilt

$$\Omega_{a_1},\ldots,\Omega_{a_{n-1}},F\vdash\bigvee zC_1(z)\ . \qquad (3)$$

Andererseits hat man

$$\Omega_{b_1},\ldots,\Omega_{b_p},G,\vdash\bigvee\neg C_1(a_n).$$

Da a_n in $\Omega_{b_1},\ldots,\Omega_{b_p}$, G nicht vorkommt, folgt daraus

$$\Omega_{b_1},\ldots,\Omega_{b_p},G\ \vdash\ \bigwedge z\neg C_1(z)\ . \qquad (4)$$

Wir können dieses Verfahren fortsetzen, indem wir mit (3) und (4) beginnen anstatt mit (1) und (2), usw. Auf diese Weise eliminieren wir nacheinander die Formeln $\Omega_{a_j},\Omega_{b_i}$ $(1\leq j\leq n,\ 1\leq j\leq p)$. Nach $n+p$ Schritten erhalten wir eine Formel H, die dieselben Relationszeichen und Sorten wie C enthält, so daß $F\vdash H$ und $G\vdash\neg H$.

Schließlich betrachten wir noch den Fall, daß H eine Konstante c enthält, die etwa in F nicht vorkommt. Wir ersetzen in H die Konstante c durch eine Variable u, die nicht in H vorkommt. Wir erhalten dadurch eine Formel H'. Es ist dann $F\vdash\bigwedge uH'$ und $\bigwedge uH'\vdash G$. Entsprechend verfährt man, wenn H eine Konstante c enthält, die in G nicht vorkommt: in diesem Fall ist $F\vdash\bigvee uH'$ und $\bigvee uH'\vdash G$. Auf diese Weise werden wir in H alle Konstanten los, die in F und G nicht gleichzeitig vorkommen.
Damit ist Satz 8 bewiesen.

Die beiden nächsten Sätze brauchen wir für Kapitel 7.
Sei $a\varepsilon\Delta$. Sei Θ_a der Durchschnitt aller Teilmengen X von Ω, die die folgenden Eigenschaften besitzen

1) $\Omega_a\varepsilon X$
2) ist $b\varepsilon\Delta$ und kommt b in einer Formel von X vor, dann ist $\Omega_b\varepsilon X$.

θ_a ist also die kleinste Teilmenge von Ω, die diese beiden Eigenschaften hat.

LEMMA 9: *Seien* $a_1,\ldots,a_n$ *die von* a *verschiedenen Elemente von* Δ, *die in* Ω_a *vorkommen. Dann ist* $\theta_a=\theta_{a_1}\cup\ldots\cup\theta_{a_n}\cup\{\Omega_a\}$.

BEWEIS: Offenbar hat $\theta_{a_1}\cup\ldots\cup\theta_{a_n}\cup\{\Omega_a\}$ die beiden obigen Eigenschaften, enthält also θ_a.
Umgekehrt enthält θ_a die Formeln Ω_{a_i} $(1\leq i\leq n)$ und hat somit die Eigenschaften, die θ_a definieren. Es folgt $\theta_{a_i}\subseteq\theta_a$ $(1\leq i\leq n)$, also $\theta_{a_1}\cup\ldots\cup\theta_{a_n}\cup\{\Omega_a\}\subseteq\theta_a$, w.z.b.w.

Hieraus folgt unmittelbar, daß θ_a *für jedes* $a\in\Delta$ *eine endliche Teilmenge von* Ω *ist*. Für $a\in\Delta_1$ ist dies klar, denn dann ist $\theta_a=\{\Omega_a\}$, und gilt die Behauptung für alle a von kleinerem Rang als n, so zeigt das vorangehende Lemma, daß sie auch für alle a vom Rang n richtig ist.

LEMMA 10: *Sei* $H(a_1,\ldots,a_n)$ *eine geschlossene Formel aus* L_Δ, *die außer* $a_1,\ldots,a_n$ *keine weiteren Elemente von* Δ *enthält. Ist* $\Omega\vdash H(a_1,\ldots,a_n)$, *dann gilt schon* $\theta_{a_1},\ldots,\theta_{a_n}\vdash H(a_1,\ldots,a_n)$.

BEWEIS: Sei $\Omega\vdash H(a_1,\ldots,a_n)$; nach dem Endlichkeitssatz gibt es dann eine endliche Teilmenge Ω' von Ω, so daß $\Omega'\vdash H(a_1,\ldots,a_n)$. Sei Σ die Menge aller endlichen Teilmengen von Ω, die $\theta_{a_1},\ldots,\theta_{a_n}$ enthalten und aus denen $H(a_1,\ldots,a_n)$ folgt. Σ ist nicht leer, und daher gibt es ein Element $\Omega_0=\theta_{a_1}\cup\ldots\cup\theta_{a_n}\cup\{\Omega_{b_1},\ldots,\Omega_{b_p}\}$ von Σ, das möglichst wenig Formeln enthält. Wir zeigen, daß $p=0$ sein muß.
Wir nehmen $p\neq 0$ an. Seien $b_1,\ldots,b_p$ nach aufsteigendem Rang geordnet, und sei $B_p(x)$ die durch $b_p=\hat{\varepsilon}(B_p(x))$ eindeutig bestimmte Formel. Wir haben also

$$\theta_{a_1},\ldots,\theta_{a_n},\Omega_{b_1},\ldots,\Omega_{b_{p-1}},\bigvee xB_p(x)\to B_p(b_p)\vdash H(a_1,\ldots,a_n).$$

b_p kommt in θ_{a_i} $(1\leq i\leq n)$ nicht vor, denn andernfalls wäre $\Omega_{b_p}\in\theta_{a_i}$ (Definition von θ_{a_i}!), woraus $\Omega_0-\{\Omega_{b_p}\}\in\Sigma$ folgen würde, was der Wahl von Ω_0 widersprechen würde. b_p kommt auch in keiner der Formeln $\Omega_{b_1},\ldots,\Omega_{b_{p-1}}$ vor, denn sonst hätte eines der b_j $(1\leq j\leq p)$ einen größeren Rang als b_p. Schließlich kommt b_p auch in $H(a_1,\ldots,a_n)$ nicht vor, denn außer $a_1,\ldots,a_n$ enthält $H(a_1,\ldots,a_n)$ keine Zeichen von Δ. Damit ergibt sich

$$\theta_{a_1},\ldots,\theta_{a_n},\Omega_{b_1},\ldots,\Omega_{b_{p-1}},\bigvee y(\bigvee xB_p(x)\to B_p(y))\vdash H(a_1,\ldots,a_n);$$

da aber $\bigvee y(\bigvee x B_p(x) \to B_p(y))$ ein Theorem ist, folgt

$$\theta_{a_1},\dots,\theta_{a_n},\Omega_{b_1},\dots,\Omega_{b_{p-1}} \vdash H(a_1,\dots,a_n),$$

was wiederum der Wahl von Ω_0 widerspricht, w.z.b.w.

PRÄDIKATENKALKÜL MIT k OBJEKTSORTEN UND GLEICHHEIT

Eine Sprache L mit k Objektsorten heißt Sprache *mit Gleichheit*, wenn es ein ausgezeichnetes zweistelliges Relationszeichen E in L ($E \in R_L^{(2)}$) gibt.

Sei L eine Sprache mit Gleichheit und seien ξ,η Variable oder Individuenkonstante (beliebiger Sorte); für die atomare Formel $E(\xi,\eta)$ schreiben wir künftig $\xi = \eta$.

Eine Realisierung von L mit den Bereichen $U_1,\dots,U_k$ heißt *normal* (bzgl. der Gleichheit), wenn der Wert von E in dieser Realisierung die Diagonale von $(U_1 \cup \dots \cup U_k)^2$, d.h. die Menge aller Paare (u,u) mit $u \in U_1 \cup \dots \cup U_k$, ist.

Sei A eine Menge von geschlossenen Formeln der Sprache L und F eine geschlossene Formel; *F folgt bzgl. normaler Realisierungen* aus A (kurz $A \models F$), wenn jede normale Realisierung, die A erfüllt, auch F erfüllt. Wenn keine Verwechslung möglich ist, schreiben wir $A \vdash F$ anstelle von $A \models F$.

Eine Formel F von L heißt *normales Theorem*, wenn ihr Abschluß von allen normalen Realisierungen der Sprache L erfüllt wird.

Sei E_L die Menge der folgenden Formeln aus L:

1) für jede ganze Zahl i ($1 \le i \le k$)

$$\bigwedge x^{(i)}(x^{(i)} = x^{(i)}),$$

$x^{(i)}$ eine Variable der Sorte i.

2) für jedes Relationszeichen $R \in R_L^{(n)}$ (einschließlich E, wenn $n=2$) und für jede Folge $i_1,\dots,i_n,j_1,\dots,j_n$ von $2n$ ganzen Zahlen zwischen 1 und k

$$\bigwedge x_1^{(i_1)} \dots \bigwedge x_n^{(i_n)} \bigwedge y_1^{(j_1)} \dots \bigwedge y_n^{(j_n)} [(x_1^{(i_1)} = y_1^{(j_1)} \wedge \dots \wedge x_n^{(i_n)} = y_n^{(j_n)}) \to$$
$$\to (R(x_1^{(i_1)},\dots,x_n^{(i_n)}) \to R(y_1^{(j_1)},\dots,y_n^{(j_n)}))].$$

Dabei sind $x_1^{(i_1)},\dots,x_n^{(i_n)},y_1^{(j_1)},\dots,y_n^{(j_n)}$ Variable jeweils der Sorten $i_1,\dots,i_n,j_1,\dots,j_n$.

3) für jedes Relationszeichen S der Sorte $(i_1,\ldots,i_n)$

$$\bigwedge x_1^{(i_1)}\ldots\bigwedge x_n^{(i_n)}\bigwedge y_1^{(i_1)}\ldots\bigwedge y_n^{(i_n)}[(x_1^{(i_1)}=y_1^{(i_1)}\wedge\ldots\wedge x_n^{(i_n)}=y_n^{(i_n)})\to$$

$$\to(S(x_1^{(i_1)},\ldots,x_n^{(i_n)})\to S(y_1^{(i_1)},\ldots,y_n^{(i_n)}))].$$

Dabei sind $x_j^{(i)}, y_j^{(i)}$ Variable der Sorte i.

Die Formeln der Menge E_L heißen *Gleichheitsaxiome für L*.
Sei M ein Modell von E_L mit den Bereichen $U_1,\ldots,U_k$. E_L enthält die Formeln

$$\bigwedge x_1^{(i_1)}\bigwedge x_2^{(i_2)}\bigwedge y_1^{(j_1)}\bigwedge y_2^{(j_2)}[(x_1^{(i_1)}=y_1^{(j_1)}\wedge x_2^{(i_2)}=y_2^{(j_2)}\wedge x_1^{(i_1)}=x_2^{(i_2)})\to y_1^{(j_1)}=y_2^{(j_2)}]$$

da M diese Formeln erfüllt, ist $\overline{E_M}$, der Wert von E in M, der Graph einer Äquivalenzrelation auf $U_1\cup\ldots\cup U_k$
Von M ausgehend, können wir nun eine normale Realisierung M' in folgender Weise konstruieren: die Bereiche von M' sind die Bilder von $U_1,\ldots,U_k$ bei der kanonischen Abbildung von $U_1\cup\ldots\cup U_k$ nach $U_1\cup\ldots\cup U_k/\overline{E_M}$. Hat eine Individuenkonstante c aus L in M den Wert $\overline{c_M}$, so ist ihr Wert $\overline{c_{M'}}$ in M' die Äquivalenzklasse von $\overline{c_M}$ bzgl. der Relation $\overline{E_M}$. Ist R ein Relationszeichen (ein n-stelliges Relationszeichen oder eines der Sorte $(i_1,\ldots,i_n)$), das in M den Wert $\overline{R_M}$ hat, so wird sein Wert $\overline{R_{M'}}$ in M' definiert als das Bild von $\overline{R_M}$ bei der kanonischen Abbildung von $U_1\cup\ldots\cup U_k$ nach $U_1\cup\ldots\cup U_k/\overline{E_M}$.
Wie in Kapitel 3 können wir zeigen, daß für jede Formel A aus L, die in M und M' die Werte $\overline{A_M}$ bzw. $\overline{A_{M'}}$ hat, die Menge $\overline{A_M}$ abgeschlossen unter der Äquivalenzrelation $\overline{E_M}$ ist und daß $\overline{A_{M'}}$ das Bild von $\overline{A_M}$ bei der kanonischen Abbildung von $U_1\cup\ldots\cup U_k$ nach $U_1\cup\ldots\cup U_k/\overline{E_M}$ ist.
Insbesondere wird eine geschlossene Formel A der Sprache L genau dann von M erfüllt, wenn A von M' erfüllt wird.

SATZ 11: *Sei* A *eine Menge geschlossener Formeln aus* L, F *eine geschlossene Formel aus* L. $A\vdash F$ *genau dann, wenn* $A\cup E_L\vdash F$.
BEWEIS: Jedes normale Modell von A erfüllt E_L; wegen $A\cup E_L\vdash F$ erfüllt es auch F.
Wenn F nicht aus $A\cup E_L$ folgt, gibt es ein Modell M von $A\cup E_L\cup\{\neg F\}$. Das von M induzierte normale Modell M' erfüllt A, nicht aber F. Daher kann $A\models F$ nicht richtig sein.

Der Endlichkeitssatz für den Prädikatenkalkül mit k Objektsorten und Gleichheit kann aus dem Endlichkeitssatz für den Prädikatenkalkül ohne

Gleichheit (Satz 5) auf die gleiche Weise abgeleitet werden wie in Kapitel 3. Wir erhalten also

SATZ 12: *Sei A eine Menge von geschlossenen Formeln der Sprache L mit Gleichheit, so daß jede endliche Teilmenge von A ein normales Modell hat. Dann hat auch A ein normales Modell.*

Das Interpolationslemma für den Prädikatenkalkül mit Gleichheit kann wie folgt formuliert werden:

SATZ 13: *Seien F und G geschlossene Formeln der Sprache L mit Gleichheit, so daß $F \wedge G$ kein normales Modell besitzt. Dann gibt es eine geschlossene Formel H aus L, deren Relationszeichen, die Gleichheit ausgenommen, und Sorten sowohl in F als auch in G vorkommen, so daß $F \to H$ und $G \to \neg H$ normale Theoreme sind.*

BEWEIS: Sei L die Sprache von $F \wedge G$. Weiter definieren wir die Sprachen L_1, L_2, L_3: L_1 bestehe aus den Zeichen und Sorten, die in F, nicht aber in G vorkommen, L_2 aus den Zeichen und Sorten, die sowohl in F als auch in G vorkommen, und L_3 aus den Zeichen und Sorten, die in G, nicht aber in F vorkommen.

Es genügt zu zeigen, daß die Menge

$$A = \{F, G, E_{L_1 \cup L_2}, E_{L_2 \cup L_3}\}$$

kein Modell hat. (Wir haben hier die Konjunktion der Formeln von E_L wieder mit E_L bezeichnet.) Wir nehmen nun an, dies sei bewiesen. Wenden wir dann das Interpolationslemma (Satz 8) auf die Formeln $E_{L_1 \cup L_2} \wedge F$ und $E_{L_2 \cup L_3} \wedge G$ an, so erhalten wir eine geschlossene Formel H aus L_2, derart daß $E_{L_1 \cup L_2}, F \vdash H$ und $E_{L_2 \cup L_3}, G \vdash \neg H$ gilt, woraus folgt, daß $F \to H$ und $G \to \neg H$ normale Theoreme sind.

Wir nehmen an, M sei ein Modell von A. Sei V_1 die Vereinigung derjenigen Bereiche von M, deren Sorten in L_1 vorkommen. Entsprechend werden V_2 und V_3 für L_2 bzw. L_3 definiert.

Wir konstruieren nun ein Modell M_1 von A mit denselben Bereichen wie M auf folgende Weise:

Ist R ein n-stelliges Relationszeichen von L ($R \varepsilon R_L^{(n)}$), das in M den Wert $\overline{R_M}$ hat, so definieren wir $\overline{R_{M_1}}$, den Wert von R in M_1, durch

$$\overline{R_{M_1}} = \{(u_1, \ldots, u_n) \varepsilon (V_1 \cup V_2 \cup V_3)^2 :$$

$(u_1, \ldots, u_n) \varepsilon \overline{R_M}$, und entweder sind alle $u_1, \ldots, u$ Elemente von $V_1 \cup V_2$, oder alle $u_1, \ldots, u_n$ sind Elemente von $V_2 \cup V_3\}$.

Ist S ein Relationszeichen der Sorte $(i_1,\ldots,i_n)$, das in M den Wert $\overline{S_M}$ hat, so setzen wir $\overline{S_{M_1}}=\overline{S_M}$.

Man beachte hierbei, daß die Sorten $i_1,\ldots,i_n$, die in S vorkommen, entweder alle zu $L_1\cup L_2$ gehören (nämlich dann, wenn S in F vorkommt) oder aber alle zu $L_2\cup L_3$ gehören (nämlich dann, wenn S in G vorkommt). Ist also $(u_1,\ldots,u_n)\varepsilon\overline{S_M}$, so sind entweder alle $u_1,\ldots,u_n$ Elemente von $V_1\cup V_2$, oder alle sind Elemente von $V_2\cup V_3$.

Offenbar erfüllen M und M_1 dieselben Formeln aus $L_1\cup L_2$ und aus $L_2\cup L_3$; M_1 ist daher ein Modell von **A**.

Auf $V=V_1\cup V_2\cup V_3$ definieren wir eine Äquivalenzrelation $\tilde{E}$ wie folgt:
Es ist $(x,y)\,\varepsilon\,\tilde{E}$ genau dann, wenn entweder

(i) $(x,y)\varepsilon\overline{E_{M_1}}$

oder

(ii) $x\varepsilon V_1, y\varepsilon V_3$ und für gewisses $z\varepsilon V_2$
$(x,z)\varepsilon\overline{E_{M_1}}$ und $(z,y)\varepsilon\overline{E_{M_1}}$

oder

(iii) $x\varepsilon V_3, y\varepsilon V_1$ und für gewisses $z\varepsilon V_2$
$(x,z)\varepsilon\overline{E_{M_1}}$ und $(z,y)\varepsilon\overline{E_{M_1}}$

gilt.

Offensichtlich ist $\tilde{E}$ reflexiv und symmetrisch. Ferner ist $\tilde{E}$ auf $V_1\cup V_2$ mit $\overline{E_{M_1}}$ identisch, woraus folgt, daß $\tilde{E}$ auf $V_1\cup V_2$ eine Äquivalenzrelation ist, da ja M_1 die Formel $E_{L_1\cup L_2}$ erfüllt. Ähnlich sieht man, daß $\tilde{E}$ auf $V_2\cup V_3$ eine Äquivalenzrelation ist, denn auf $V_2\cup V_3$ ist $\tilde{E}$ mit $\overline{E_{M_1}}$ identisch, und M_1 erfüllt $E_{L_2\cup L_3}$.

Sei jetzt $(x,y)\varepsilon\tilde{E}$ und $(y,z)\varepsilon\tilde{E}$ und etwa $x,z\varepsilon V_1, y\varepsilon V_3$. Nach Definition gibt es dann Elemente $u,v\varepsilon V_2$, so daß $(x,u),(u,y),(y,v)\varepsilon\overline{E_{M_1}}$. Da $\overline{E_{M_1}}$ eine Äquivalenzrelation auf $V_2\cup V_3$ ist, ergibt sich $(u,v)\varepsilon\overline{E_{M_1}}$ und daher auch $(x,z)\varepsilon\overline{E_{M_1}}$, woraus wegen $x,z\varepsilon V_1$ die Beziehung $(x,z)\varepsilon\tilde{E}$ folgt. $\tilde{E}$ ist also tatsächlich eine Äquivalenzrelation auf V.

Für jedes n-stellige Relationszeichen $R(R\varepsilon R_L^{(n)})$ definieren wir $\tilde{R}$ durch

$$\tilde{R}=\{(u_1,\ldots,u_n)\varepsilon V^n : \text{es existiert ein } n\text{-tupel}$$
$$(v_1,\ldots,v_n)\varepsilon V^n \text{ mit } (u_1,v_1),\ldots,(u_n,v_n)\varepsilon\tilde{E} \text{ und } (v_1,\ldots,v_n)\varepsilon\overline{R_{M_1}}\}.$$

Für jedes Relationszeichen S der Sorte $(i_1,\ldots,i_n)$ setzen wir

$$\tilde{S}=\overline{S_{M_1}}=\overline{S_M}\ .$$

$\tilde{E}$, die $\tilde{R}$ und die $\tilde{S}$ definieren eine Realisierung $\tilde{M}$ von L mit denselben Bereichen wie M und M_1.

Zuerst zeigen wir, daß $\tilde{M}$ die Menge E_L erfüllt.

Sei $(u_1,\ldots,u_n)\varepsilon\tilde{R}$, $R\varepsilon R_L^{(n)}$, und $(u_1,v_1),\ldots,(u_n,v_n)\varepsilon\tilde{E}$. Nach Definition von $\tilde{R}$ existiert $(u_1',\ldots,u_n')\varepsilon\overline{R_{M_1}}$ mit $(u_1,u_1'),\ldots,(u_n,u_n')\varepsilon\tilde{E}$. Dann ist aber auch $(u_1',v_1),\ldots,(u_n',v_n)\ \varepsilon\ \tilde{E}$; nach Definition von $\tilde{R}$ ist daher $(v_1,\ldots,v_n)\ \varepsilon\ \tilde{R}$. Dies zeigt, daß die Gleichheitsaxiome, in denen das Relationszeichen R vorkommt, in $\tilde{M}$ erfüllt sind.

Sei jetzt S ein Relationszeichen der Sorte $(i_1,\ldots,i_n)$ aus L. Wenn S etwa in F vorkommt, dann sind alle Sorten $i_1,\ldots,i_n$ in $L_1\cup L_2$, Daher erfüllt M_1 das Gleichheitsaxiom für S, da M_1 die Formel $E_{L_1\cup L_2}$ erfüllt. Wegen $\tilde{S}=\overline{S_{M_1}}$ wird dieses Axiom auch von $\tilde{M}$ erfüllt.

$\tilde{M}$ erfüllt also E_L.

Als nächstes zeigen wir: ist $R\varepsilon R_L^{(n)}$ und sind $u_1,\ldots,u_n$ sämtlich in $V_1\cup V_2$ oder sämtlich in $V_2\cup V_3$, dann ist

$$(u_1,\ldots,u_n)\varepsilon\tilde{R} \text{ genau dann, wenn } (u_1,\ldots,u_n)\varepsilon\overline{R_{M_1}}. \quad (1)$$

Aus $(u_1,\ldots,u_n)\varepsilon\overline{R_{M_1}}$ folgt ersichtlich $(u_1,\ldots,u_n)\varepsilon\tilde{R}$.

Um die Umkehrung zu zeigen, nehmen wir an, daß $(u_1,\ldots,u_n)\varepsilon\tilde{R}$ und daß alle $u_1,\ldots,u_n$ in $V_1\cup V_2$ liegen. Nach Definition von $\tilde{R}$ gibt es dann Elemente $v_1,\ldots,v_n$ mit $(u_1,v_1),\ldots,(u_n,v_n)\varepsilon\tilde{E}$ und $(v_1,\ldots,v_n)\varepsilon\overline{R_{M_1}}$. Folglich liegen alle $v_1,\ldots,v_n$ entweder in $V_1\cup V_2$ oder alle in $V_2\cup V_3$.

Sind $v_1,\ldots,v_n\varepsilon V_1\cup V_2$, so erhält man (wegen $(u_i,v_i)\varepsilon\tilde{E}$, $1\leq i\leq n$, $(u_i,v_i)\varepsilon\overline{E_{M_1}}$. Weil M_1 die Formel $E_{L_1\cup L_2}$ erfüllt, folgt hieraus $(u_1,\ldots,u_n)\varepsilon\overline{R_{M_1}}$.

Sind $v_1,\ldots,v_n\varepsilon V_2\cup V_3$, so schließt man folgendermaßen:

Ist $v_i\varepsilon V_3$, $1\leq i\leq n$, so gibt es wegen $(u_i,v_i)\varepsilon\tilde{E}$ ein $w_i\varepsilon V_2$ (eventuell $w_i=u_i$) mit $(u_i,w_i)\varepsilon\overline{E_{M_1}}$ und $(w_i,v_i)\varepsilon\overline{E_{M_1}}$.

Ist $v_i\varepsilon V_2$, so setzen wir $w_i=v_i$, und zwischen u_i,v_i und w_i gelten die gleichen Bedingungen.

Weil M_1 die Formel $E_{L_2\cup L_3}$ erfüllt und weil $(v_1,\ldots,v_n)$ ein Element von $\overline{R_{M_1}}$ ist, folgt $(w_1,\ldots,w_n)\varepsilon\overline{R_{M_1}}$.

Da M_1 auch $E_{L_1\cup L_2}$ erfüllt, schließen wir hieraus, daß $(u_1,\ldots,u_n)$ ein Element von $\overline{R_M}$ ist.

Damit ist die Behauptung (1) bewiesen.

$\hat{M}$ und M_1 erfüllen daher dieselben Formeln aus $L_1 \cup L_2$ und aus $L_2 \cup L_3$. $\hat{M}$ erfüllt also F und G. Da $\hat{M}$ die Menge E_L erfüllt, hat $E_L \cup \{F,G\}$ ein Modell. Nach Satz 11 hat dann $F \wedge G$ ein normales Modell, was jedoch unserer Voraussetzung widerspricht.
Damit ist das Interpolationslemma bewiesen.

SPRACHEN MIT k OBJEKTSORTEN, GLEICHHEIT UND FUNKTIONSZEICHEN

In diesem Abschnitt beschränken wir uns darauf, die Definitionen anzugeben und die Sätze zu formulieren. Die Beweise dieser Behauptungen findet man in Aufgabe 1.
Eine *Sprache* L *mit* k *Objektsorten, mit Gleichheit und Funktionszeichen* besteht
1) aus k disjunkten unendlichen Mengen $V_L^{(1)},\ldots,V_L^{(k)}$. Die Elemente von $V_L^{(i)}$ heißen Variable der Sorte i von L.
2) für jede ganze Zahl $n \geq 0$ aus einer Menge $R_L^{(n)}$. Die Elemente von $R_L^{(n)}$ heißen n-stellige Relationszeichen (mit Variablen beliebiger Sorte). Wir setzen voraus, daß $R_L^{(2)} \neq \emptyset$ und daß $R_L^{(2)}$ ein ausgezeichnetes Element enthält, das Identität oder Gleichheitszeichen heißt.
3) für jede Folge $(i_1,\ldots,i_n)$ ganzer Zahlen zwischen 1 und k aus einer Menge $S_L^{(i_1,\ldots,i_n)}$. Die Elemente von $S_L^{(i_1,\ldots,i_n)}$ heißen Relationszeichen der Sorte $(i_1,\ldots,i_n)$.
4) für jede Folge $(i,i_1,\ldots,i_n)$ ganzer Zahlen zwischen 1 und k aus einer Menge $F_L^{(i,i_1,\ldots,i_n)}$. Die Elemente von $F_L^{(i,i_1,\ldots,i_n)}$ heißen Funktionszeichen der Sorte $(i,i_1,\ldots,i_n)$. $i_1,\ldots,i_n$ sind die Sorten der Argumente, i die Sorte der Werte.
Alle diese Mengen sollen paarweise disjunkt sein.

Wir definieren (siehe Aufgabe 1) die Menge T der Terme von L. T zerfällt in k disjunkte Mengen $T_1,\ldots,T_k$. $T_i (1 \leq i \leq k)$ ist die Menge der Terme aus L, deren Werte die Sorte i haben.
Die atomaren Formeln aus L sind Formeln entweder der Gestalt
i) $R(t_1,\ldots,t_n)$, wo $R \varepsilon R_L^{(n)}$ ist und $t_1,\ldots,t_n$ Terme beliebiger Sorten (d.h. Werte-Sorten) sind,

oder der Gestalt
ii) $S(t_1^{(i_1)},\ldots,t_n^{(i_n)})$, wo S ein Relationszeichen der Sorte $(i_1,\ldots,i_n)$ ist und $t_1^{(i_1)},\ldots,t_n^{(i_n)}$ Terme jeweils der Sorte $i_1,\ldots,i_n$ sind.

Insbesondere ist also $E(t_1,t_2)$ eine atomare Formel, für die wir $t_1 = t_2$ schreiben werden.
Die Menge der Formeln aus L ist die Menge der Funktionsschemata, die mit den atomaren Formeln von L als 0-stelligen, mit $\neg$ und

$\bigvee x$ (wo $x \varepsilon V_L^{(1)} \cup \ldots \cup V_L^{(k)}$) als einstelligen und mit $\vee$ als einzigem zweistelligen Funktionszeichen aufgebaut sind.

Eine *normale Realisierung* besteht

1) aus k nicht-leeren Mengen $U_1, \ldots, U_k$. Die Menge U_i heißt Bereich der Sorte i der Realisierung;

2) für jede ganze Zahl $n \geq 0$ aus einer Abbildung $R \to \overline{R}$ von $R_L^{(n)}$ nach $\mathcal{P}((U_1 \cup \ldots \cup U_k)^n)$. Wir verlangen, daß $\overline{E}$ die Identität auf $U_1 \cup \ldots \cup U_k$ ist, d.h. $\overline{E}$ ist die Menge aller Paare (u,u) mit $u \varepsilon U_1 \cup \ldots \cup U_k$;

3) für jede Folge $(i_1, \ldots, i_n)$ ganzer Zahlen zwischen 1 und k aus einer Abbildung $S \to \overline{S}$ von $S_L^{(i_1, \ldots, i_n)}$ nach $\mathcal{P}(U_{i_1} \times \ldots \times U_{i_n})$

4) für jede Folge $(i, i_1, \ldots, i_n)$ ganzer Zahlen zwischen 1 und k aus einer Abbildung $f \to \overline{f}$ von $F_L^{(i, i_1, \ldots, i_n)}$ in die Menge aller Abbildungen von $U_{i_1} \times \ldots \times U_{i_n}$ nach U_i.

Sei δ ein Element aus $U_1^{V_L^{(1)}} \times \ldots \times U_k^{V_L^{(k)}}$, mit anderen Worten: sei δ eine Abbildung von $V_L^{(1)} \cup \ldots \cup V_L^{(k)}$ nach $U_1 \cup \ldots \cup U_k$, so daß $\delta(V_L^{(i)}) \subseteq U_i$ für alle i $(1 \leq i \leq k)$. δ kann in natürlicher Weise zu einer Abbildung von T nach $U_1 \cup \ldots \cup U_k$ erweitert werden, so daß (wenn wir die erweiterte Abbildung wieder mit δ bezeichnen) $\delta(T_i) \subseteq U_i$ für jedes i $(1 \leq i \leq k)$.

Der Wert $\overline{F}$ einer Formel F in der soeben beschriebenen Realisierung von L ist eine Teilmenge von $U_1^{V_L^{(1)}} \times \ldots \times U_k^{V_L^{(k)}}$, die durch Rekursion nach der Länge von F wie folgt definiert wird:

a) für eine atomare Formel $F = R(t_1, \ldots, t_n)$ mit $R \varepsilon R_L^{(n)}$ oder $R \varepsilon S_L^{(i_1, \ldots, i_n)}$ wird $\overline{F}$, der Wert von F, definiert durch

$$\overline{F} = \{\delta \varepsilon U_1^{V_L^{(1)}} \times \ldots \times U_k^{V_L^{(k)}} : (\delta(t_1), \ldots, \delta(t_n)) \varepsilon \overline{R}\}.$$

b) $\overline{F \vee G} = \overline{F} \cup \overline{G}$, $\overline{\neg F} = c\overline{F}$,

$\overline{\bigvee x F}$ = Projektion von $\overline{F}$ längs der Variablen x, d.h.

$\overline{\bigvee x F} = \{\delta \varepsilon U_1^{V_L^{(1)}} \times \ldots \times U_k^{V_L^{(k)}}$: es gibt ein $\delta_1 \varepsilon \overline{F}$, so daß $\delta = \delta_1$, die Stelle x eventuell ausgenommen$\}$.

"F wird von einer Realisierung erfüllt" und "die geschlossene Formel F folgt aus der Menge A von geschlossenen Formeln" definieren wir wie zu Beginn dieses Kapitels.

Der in Satz 12 ausgesprochene Endlichkeitssatz bleibt auch für Sprachen mit Funktionszeichen richtig. Das Interpolationslemma formulieren wir als

SATZ 14: *Seien F, G geschlossene Formeln einer Sprache L mit k Objektsorten, Gleichheit und Funktionszeichen. Wenn $F \wedge G$ kein normales Modell hat, dann gibt es eine geschlossene Formel H aus L, deren (von $=$ verschiedene) Relationszeichen, Funktionszeichen und Sorten sowohl in F*

als auch in G vorkommen, so daß $F \to H$ und $G \to \neg H$ normale Theoreme sind. (Die *Sorten einer Formel A* sind nach Definition die Sorten der Variablen von A und die Sorten der Werte der Funktionszeichen, die in A vorkommen.) Beweis in Aufgabe 1.

DIE THEORIE DER ENDLICHEN TYPEN

Sei J die kleinste Menge mit folgenden Eigenschaften:

1) $0 \in J$

2) Sind $\tau_1,\ldots,\tau_n \in J$, dann ist das geordnete n-tupel $(\tau_1,\ldots,\tau_n) \in J$.

Die Elemente von J heißen *Typen*. Ist $\tau \neq 0$ ein Typ, so gibt es Typen $\tau_1,\ldots,\tau_n$ mit $\tau=(\tau_1,\ldots,\tau_n)$, denn die Menge aller Typen, die diese Eigenschaft besitzen, erfüllt die obigen Bedingungen 1) und 2). Offenbar sind die ganze Zahl n und die Typen $\tau_1,\ldots,\tau_n$ durch τ eindeutig bestimmt.

Zu jedem Typ $\tau \neq 0$ gibt es eine ganze Zahl N mit folgender Eigenschaft: jede Folge $\tau_1,\ldots,\tau_k$ von Typen, $\tau_i \neq 0$, $(1 \leq i \leq k)$, derart daß $\tau_k=\tau$ und τ_i eines der Elemente des n-tupels ist, aus dem τ_{i+1} besteht, hat eine Länge $k \leq N$. Dies sieht man sofort, denn die Menge aller Typen, für die eine solche ganze Zahl N existiert, erfüllt die Bedingungen 1) und 2) von oben. Die kleinste solche Zahl N heißt *Rang* von τ. Der Rang von τ ist also die Länge der längsten Folge $\tau_1,\ldots,\tau_k$ von Typen, $\tau_i \neq 0$, derart daß $\tau_k=\tau$ und τ_i $(1 \leq i < k)$ eines der Elemente des n-tupels ist, aus dem τ_{i+1} besteht.

Der Rang eines Typs $\tau \neq 0$ bezeichnen wir mit $r(\tau)$. Wir setzen $r(0)=0$. Für $\tau=(\tau_1,\ldots,\tau_n)$ folgt dann unmittelbar, daß $r(\tau)=1+\sup\{r(\tau_1),\ldots,r(\tau_n)\}$.

Für jeden Typ τ definieren wir die *transitive Hülle* $[\tau]$ von τ als die kleinste Menge mit folgenden Eigenschaften:

1') $\tau \in [\tau]$

2') ist $\tau'=(\tau_1,\ldots,\tau_n) \in [\tau]$, dann sind auch $\tau_1,\ldots,\tau_n \in [\tau]$.

Sei $\tau=(\tau_1,\ldots,\tau_n)$; aus der Definition von $[\tau]$ folgt, daß $[\tau]=[\tau_1] \cup \ldots \cup [\tau_n] \cup \{\tau\}$.

Denn $[\tau]$ hat die beiden Eigenschaften, die $[\tau_i]$ definieren. Es folgt $[\tau_i] \subseteq [\tau]$ $(1 \leq i \leq n)$, also $[\tau_1] \cup \ldots \cup [\tau_n] \cup \{\tau\} \subseteq [\tau]$.

Andererseits hat $[\tau_1] \cup \ldots \cup [\tau_n] \cup \{\tau\}$ die beiden Eigenschaften, die $[\tau]$ definieren, enthält also $[\tau]$.

Daraus folgt, daß $[\tau]$ eine endliche Teilmenge von J ist. Denn nach obiger Bemerkung hat die Menge J' aller τ, für die $[\tau]$ eine endliche Teilmenge von J ist, die Eigenschaften 1) und 2) von oben; wegen $J' \subseteq J$ ist daher $J'=J$.

LEMMA 15: *Jedes von τ verschiedene Element von $[\tau]$ hat einen kleineren Rang als τ.*
BEWEIS durch Induktion nach dem Rang von τ.

Auf J definieren wir eine Ordnungsrelation $\leq$ durch: $\tau\leq\sigma$ genau dann, wenn $\tau\in[\sigma]$. Offenbar ist $\tau\leq\tau$. Wenn $\tau\leq\sigma$ und $\sigma\leq\tau$, haben τ und σ denselben Rang; wegen $\tau\in[\sigma]$ folgt dann $\tau=\sigma$. Wenn $\tau\leq\sigma$ und $\sigma\leq\nu$, so zeigt man durch Induktion nach dem Rang von ν, daß $\tau\leq\nu$. $\leq$ ist also tatsächlich eine Ordnungsrelation auf J.
Wir betrachten eine Sprache L mit Gleichheit (im Sinne von Kapitel 3, d.h. L ist einsortig), eine Familie von Mengen $\{V^\tau:\tau\in J \text{ und } \tau\neq 0\}$ und eine Menge $\{\hat{\varepsilon}_\tau:\tau\in J \text{ und } \tau\neq 0\}$. Dabei sollen die Mengen V^τ unendlich, paarweise disjunkt und disjunkt zu L sein, und die $\hat{\varepsilon}_\tau$ sollen alle verschieden und keine Elemente von $L\cup\bigcup_{\tau\neq 0} V^\tau$ sein. Die Menge der Variablen aus L bezeichnen wir mit V^0.
Für jeden Typ τ definieren wir die mehrsortige Sprache L^τ (im schon erklärten Sinne) wie folgt:

die Objektsorten von L^τ sind die Typen $\sigma\leq\tau$.

die Menge der Variablen der Sorte σ ist V^σ.

die Funktionszeichen von L^τ sind die Funktionszeichen von L, die wir als Funktionszeichen mit Argumenten und Werten des Typs 0 ansehen;

die Relationszeichen von L^τ sind

1) die Relationszeichen von L (ausgenommen das Gleichheitszeichen), die wir als Relationszeichen mit Variablen des Typs 0 ansehen; das Gleichheitszeichen von L^τ ist das von L; und
2) die Zeichen $\hat{\varepsilon}_\sigma$ für $\sigma\neq 0$ und $\sigma\leq\tau$. Für $\sigma=(\sigma_1,\ldots,\sigma_n)$ ist $\hat{\varepsilon}_\sigma$ ein $n+1$-stelliges Relationszeichen vom Typ $(\sigma_1,\ldots,\sigma_n,\sigma)$.

Die Variablen des Typs σ werden mit x^σ, y^σ etc. bezeichnet. Den Typ 0 nennt man auch Typ der *Individuen*; eine Variable des Typs 0 nennt man *Individuenvariable*. Den Typ $(0,\ldots,0)$ (eine Folge von n Nullen) nennt man Typ der n-stelligen Relationen. Der Typ (0) heißt Typ der Mengen von Individuen, der Typ $((0))$ heißt Typ der Mengen von Mengen von Individuen, usw.
Ist $\sigma=(\sigma_1,\ldots,\sigma_n)$ ein Typ $\leq\tau$, so schreiben wir für die atomare Formel

$$\hat{\varepsilon}_\sigma(x_1^{\sigma_1},\ldots,x_n^{\sigma_n},x^\sigma)$$

aus L^τ auch

$$(x_1^{\sigma_1},\ldots,x_n^{\sigma_n})\hat{\varepsilon}_\sigma x^\sigma$$

oder auch

$$(x_1^{\sigma_1},\ldots,x_n^{\sigma_n})\hat{\varepsilon} x^\sigma \quad .$$

Die Sprache L^τ nennen wir die *Sprache der Ordnung* τ *über* L, die Formeln von L^τ heißen *Formeln der Ordnung* τ *aus* L. Da für $\tau \leq \tau'$ jede Formel der Ordnung τ auch eine Formel der Ordnung τ' ist, gilt $L^\tau \subseteq L^{\tau'}$. Die Formeln der Ordnung 0 von L sind die üblichen Formeln von L.
Für jeden Typ τ sei T_τ die Menge der folgenden Formeln der Ordnung τ:

$$\bigwedge x^\alpha \bigwedge x^\beta (x^\alpha \neq x^\beta) \quad \alpha, \beta \leq \tau,\ \alpha \neq \beta$$

$$\bigwedge x^\alpha \bigwedge y^\alpha (\bigwedge x_1^\alpha \ldots \bigwedge x_n^\alpha\ [(x_1^\alpha, \ldots, x_n^\alpha)\hat{\varepsilon} x^\alpha \leftrightarrow (x_1^\alpha, \ldots, x_n^\alpha)\hat{\varepsilon} y^\alpha] \rightarrow x^\alpha = y^\alpha)$$

für jeden Typ $\alpha \leq \tau$ mit $\alpha = (\alpha_1, \ldots, \alpha_n)$. Diese letztere Formel heißt *Extensionalitätsaxiom der Ordnung* L.
Eine Realisierung der Ordnung τ oder eine τ-*Realisierung von* L ist nach Definition eine normale Realisierung, die T_τ erfüllt. Die Bereiche $E_\sigma (\sigma \leq \tau)$ der τ-Realisierung von L sind daher disjunkt. Offenbar ist eine Realisierung der Ordnung 0 von L eine normale Realisierung von L im üblichen Sinne.
Sei $\sigma = (\sigma_1, \ldots, \sigma_n)$ und $a \varepsilon E_\sigma$; ein Element $(a_1, \ldots, a_n)$ von $E_{\sigma_1} \times \ldots \times E_{\sigma_n}$ mit der Eigenschaft, daß $(a_1, \ldots, a_n, a) \varepsilon \bar{\varepsilon}_\sigma$ ($\bar{\varepsilon}_\sigma$ ist der Wert von $\hat{\varepsilon}_\sigma$ in der gegebenen Realisierung), heißt "Element" von a in dieser Realisierung. Aus den Extensionalitätsaxiomen folgt, daß zwei Elemente $a, b \varepsilon E_\sigma$, die dieselben "Elemente" haben, identisch sind.
Sei M_τ eine Realisierung der Ordnung τ von L (d.h. ein Modell von T_τ) mit den Bereichen $E_\sigma (\sigma \leq \tau)$. Offenbar ist für $\tau' \leq \tau$ die Einschränkung von M_τ auf die Sprache $L^{\tau'}$ und auf die Bereiche $E_\sigma (\sigma \leq \tau')$ ein Modell von $T_{\tau'}$, d.h. eine Realisierung $M_{\tau'}$ der Ordnung τ' von L. $M_{\tau'}$ heißt die von M *induzierte* Realisierung der Ordnung τ', und umgekehrt sagt man: M_τ ist eine Realisierung *über* $M_{\tau'}$. Insbesondere sieht man, für $\tau' = 0$, daß jede τ-Realisierung M_τ eine gewöhnliche Realisierung M von L induziert, und daß M_τ eine Realisierung über diesem M ist.

SATZ 16: *Sei* M *eine Realisierung der Ordnung 0 von* L. *Dann gibt es über* M *bis auf Isomorphie genau eine Realisierung* M_τ *der Ordnung* τ *von* L *mit folgender Eigenschaft:*
Jede Realisierung M_τ *der Ordnung* τ *von* L *über* M *kann in* M_τ *eingebettet werden, so daß diese Einbettung die Elemente von* M *festläßt und mit den Relationen* $\bar{\varepsilon}_\sigma$ $(\sigma \leq \tau)$ *verträglich ist.*
M_τ heißt die *maximale Realisierung der Ordnung* τ (oder: *maximale* τ-*Realisierung*) über M.
BEWEIS: Existenz von M_τ: Sei E_0 der Bereich von M. Wir definieren E_σ, den Bereich des Typs σ von M_τ, durch Rekursion nach dem Rang von σ:

Für $\sigma=(\sigma_1,\ldots,\sigma_n)$ ist E_σ eine Menge, die zu allen bereits definierten E_α disjunkt ist und die die Kardinalzahl 2^m hat, wo m die Kardinalzahl von $E_{\sigma_1}\times\ldots\times E_{\sigma_n}$ ist. Es gibt daher eine bijektive Abbildung $\phi_\sigma:E_\sigma \to P(E_{\sigma_1}\times\ldots\times E_{\sigma_n})$. Wir definieren $\overline{\varepsilon_\sigma}$, den Wert von $\hat{\varepsilon}_\sigma$ in M_τ, durch

$$\overline{\varepsilon_\sigma}=\{(a_1,\ldots,a_n,a):a_1\varepsilon E_{\sigma_1},\ldots,a_n\varepsilon E_{\sigma_n} \text{ und } (a_1,\ldots,a_n)\varepsilon\phi_\sigma(a)\}.$$

Die "Elemente" von $a\varepsilon E_\sigma$ in M_τ sind also die Elemente von $\phi_\sigma(a)$. Da ϕ_σ injektiv ist, ist das Extensionalitätsaxiom der Ordnung σ erfüllt. Wenn wir nun noch den Funktionszeichen von L und den von $\hat{\varepsilon}_\sigma$ verschiedenen Relationszeichen die gleichen Werte wie in M geben, haben wir damit eine Realisierung M_τ der Ordnung τ von L über M definiert.
Sei nun N_τ eine τ-Realisierung von L über M mit den Bereichen $F_\sigma(\sigma\leq\tau)$. Es ist also $E_0=F_0$. Durch Rekursion nach dem Rang von σ definieren wir eine injektive Abbildung $i_\sigma:F_\sigma \to E_\sigma$ wie folgt: i_0 ist die Identität. Sei $\sigma=(\sigma_1,\ldots,\sigma_n)$, und für jedes $a\varepsilon F_\sigma$ sei

$$\hat{a}=\{(a_1,\ldots,a_n)\varepsilon F_{\sigma_1}\times\ldots\times F_{\sigma_n}:(a_1,\ldots,a_n) \text{ ist "Element" von } a \text{ in } N_\tau\}.$$

Nach dem Extensionalitätsaxiom der Ordnung σ ist die Abbildung $a \to \hat{a}$ von F_σ nach $\mathcal{P}(F_{\sigma_1}\times\ldots\times F_{\sigma_n})$ injektiv. Die schon definierten Injektionen $i_{\sigma_1}:F_{\sigma_1}\to E_{\sigma_1},\ldots,i_{\sigma_n}:F_{\sigma_n} \to E_{\sigma_n}$ induzieren eine injektive Abbildung $j:\mathcal{P}(F_{\sigma_1}\times\ldots\times F_{\sigma_n}) \to \mathcal{P}(E_{\sigma_1}\times\ldots\times E_{\sigma_n})$. Wir setzen $i_\sigma(a)=\phi_\sigma^{-1}\circ j(\hat{a})$. i_σ ist als Zusammensetzung injektiver Abbildungen wieder injektiv. Aus der Definition folgt, daß $(a_1,\ldots,a_n)$ genau dann ein "Element" von a in N_τ ist, wenn $(i_{\sigma_1}(a_1),\ldots,i_{\sigma_n}(a_n))$ ein "Element" von $i_\sigma(a)$ in M_τ ist. Daher bilden die Abbildungen $i_\sigma(\sigma\leq\tau)$ eine Einbettung von N_τ in M_τ, die M elementweise festläßt.

Eindeutigkeit von M_τ: Sei N_τ eine Realisierung mit den gleichen Eigenschaften wie M_τ. Insbesondere kann dann M_τ vermöge einer Abbildung i, die jedes Element von M festläßt und die Relationen $\overline{\varepsilon_\sigma}(\sigma\leq\tau)$ erhält, in N_τ eingebettet werden. Angenommen, i ist kein Isomorphismus. Da i eine injektive Abbildung ist, gibt es also einen Typ σ mit minimalem Rang und ein Element $a\varepsilon F_\sigma$, das nicht im Bild von i vorkommt. Es ist notwendig $\sigma\neq0$, etwa $\sigma=(\sigma_1,\ldots,\sigma_n)$. Wir betrachten die "Elemente" von a in N_τ: es sind dies n-tupel $(a_1,\ldots,a_n)$ mit $a_1\varepsilon F_{\sigma_1},\ldots,a_n\varepsilon F_{\sigma_n}$. Wegen $\sigma_j<\sigma$ $(1\leq j\leq n)$ ist $i^{-1}(\{a_k\})\neq\emptyset$; nach Konstruktion von M_τ gibt es ein $b\varepsilon E_\sigma$, so daß $b=\phi_\sigma^{-1}\{(i^{-1}a_1,\ldots,i^{-1}a_n):(a_1,\ldots,a_n)$ ist ein "Element" von a in $N_\tau\}$. a und $i(b)$ haben also dieselben "Elemente" in N_τ, sind jedoch verschieden. Das widerspricht aber dem Extensionalitätsaxiom, das N_τ ja erfüllen soll. Folglich sind M_τ und N_τ isomorph, d.h. M_τ ist eindeutig bestimmt, w.z.b.w.

Bemerkung: Eine andere Realisierung über M als die maximale Realisierung kann im allgemeinen auf verschiedene Weisen in M_τ eingebettet werden; man nehme z.B. $E=\{a,b\}$, $F_{(0)}=\{\{a\}\}$, $F_{((0))}=\{\{\{a\}\}\}$. Dann ist die folgende Abbildung $F_{((0))}\to E_{((0))}$ ebenfalls eine Einbettung: $a\to a$, $b\to b$, $\{a\}\to\{a\}$, $\{\{a\}\}\to\{\{a\},\{b\}\}$, denn $\{\{a\},\{b\}\}$ hat außer $\{a\}$ keine "Elemente" *in* $F_{(0)}$.
Die in Satz 16 definierte Einbettung i von N_τ in M_τ ist die einzige Abbildung $j\colon \bigcup\{F_\sigma:\sigma\leq\tau\}\to\bigcup\{E_\sigma:\sigma\leq\tau\}$, die den beiden folgenden Bedingungen genügt.
(i) j läßt die Elemente von M fest und erhält die Relationen $\widetilde{\epsilon_\sigma}$ $(\sigma\leq\tau)$.
(ii) das Bild $j(\bigcup\{E_\sigma:\sigma\leq\tau\})$ ist transitiv in $\{E_\sigma:\sigma\leq\tau\}$. Dabei heißt eine Teilmenge S von $\{E_\sigma:\sigma\leq\tau\}$ transitiv, wenn

$$a\varepsilon S\wedge\sigma=(\sigma_1,\ldots,\sigma_n)\wedge(a_1,\ldots,a_n)\varepsilon\phi_\sigma(a)\to(a_1\varepsilon S\wedge\ldots\wedge a_n\varepsilon S).$$

Die Eindeutigkeit von i beweist man wie in Satz 16 die Eindeutigkeit von M_τ. Wir nennen diese Einbettung i von N_τ in M_τ die *kanonische Einbettung*.

Die Sprache L enthalte das Gleichheitszeichen als einziges Relationszeichen. Eine Realisierung von L besteht daher lediglich aus einer nichtleeren Menge, etwa E. Die maximale τ-Realisierung über E bezeichnen wir mit $M_\tau(E)$. $M_\tau(E)$ heißt die *Hierarchie der einfachen Typen* $\leq\tau$ *über der Menge* E. Aus dem vorangehenden Satz folgt, daß jede τ-Realisierung $R_\tau(E)$ über E auf kanonische Weise in $M_\tau(E)$ eingebettet werden kann.
Seien E,F nicht-leere Mengen, so daß $E\subseteq F$. Offenbar wird jede τ-Realisierung über E und insbesondere auch die maximale Realisierung $M_\tau(E)$ zu einer τ-Realisierung über F, wenn man den Bereich des Typs 0 auf F erweitert und die Bereiche der anderen Typen $\sigma\leq\tau$ $(\sigma\neq 0)$ ungeändert läßt. Es gibt daher eine kanonische Einbettung von $M_\tau(E)$ in $M_\tau(F)$, die eine Erweiterung der Induktionsabbildung von E zu F ist. Seien $R_\tau(E)$ und $R_\tau(F)$ τ-Realisierungen über E bzw. F. Es gibt dann drei kanonische Einbettungen α,β,γ, so daß

$$R_\tau(E)\overset{\alpha}{\to}M_\tau(E)\overset{\beta}{\to}M_\tau(F)$$
$$R_\tau(F)\overset{\gamma}{\to}M_\tau(F).$$

$R_\tau(F)$ heißt *τ-Erweiterung* von $R_\tau(E)$ genau dann, wenn $\gamma R_\tau(F)$ eine Erweiterung (im Sinne der Realisierungen der Sprache L^τ) von $\beta\alpha R_\tau(E)$ ist.

Seien nun E,F Mengen mit nicht-leerem Durchschnitt und $R_\tau(E)$, $R_\tau(F)$ Realisierungen der Ordnung τ über E bzw. F. Da $M_\tau(E\cap F)$ die maximale τ-Realisierung über $E\cap F$ ist, gibt es kanonische Einbettungen $\alpha_1,\beta_1,\alpha_2,\beta_2$, so daß

$$R_\tau(E) \overset{\alpha_1}{\rightarrow} M_\tau(E) \overset{\beta_1}{\leftarrow} M_\tau(E\cap F)$$
$$R_\tau(F) \overset{\alpha_2}{\rightarrow} M_\tau(F) \overset{\beta_2}{\leftarrow} M_\tau(E\cap F).$$

Der *τ-Durchschnitt* $R_\tau(E\cap F)$ von $R_\tau(E)$ und $R_\tau(F)$ ist die Realisierung der Ordnung τ über $E\cap F$, die wie folgt definiert wird: $R_\tau(E\cap F)$ ist eine Unterrealisierung von $M_\tau(E\cap F)$ und ein $\xi\varepsilon M_\tau(E\cap F)$ ist genau dann $\varepsilon R_\tau(E\cap F)$, wenn $\beta_1\xi\varepsilon\alpha_1 R_\tau(E)$ und $\beta_2\xi\varepsilon\alpha_2 R_\tau(F)$.
Diese Definitionen können leicht auf den allgemeinen Fall einer einsortigen Sprache L ausgedehnt werden. Sei M eine Realisierung von L mit Bereich E.
Jede Realisierung der Ordnung τ über M besteht dann gerade aus M und einer τ-Realisierung $R_\tau(E)$ über E. Seien nun M und N Realisierungen von L mit den Bereichen E bzw. F, und seien $(M,R_\tau(E))$ und $(N,R_\tau(F))$ Realisierungen der Ordnung τ über M bzw. N. $(N,R_\tau(F))$ heißt *τ-Erweiterung* von $(M,R_\tau(E))$, wenn N eine Erweiterung von M und $R_\tau(F)$ eine τ-Erweiterung von $R_\tau(E)$ ist.
Wenn M und N auf $E\cap F$ übereinstimmen (d.h. wenn die Werte der Relations- und Funktionszeichen von L in M und N auf $E\cap F$ übereinstimmen), dann ist $M\cap N$ eine Realisierung von L mit Bereich $E\cap F$ (wir setzen voraus, daß $E\cap F\neq\emptyset$). Der *τ-Durchschnitt* von $(M,R_\tau(E))$ und $(N,R_\tau(F))$ ist die Realisierung der Ordnung τ von L über $M\cap N$, die durch das Paar $(M\cap N,R_\tau(E\cap F))$ gegeben wird, wo $R_\tau(E\cap F)$ der τ-Durchschnitt von $R_\tau(E)$ und $R_\tau(F)$ ist.

Aufgaben

1. Sprachen mit k Objektsorten und Funktionszeichen.

i) Sei L eine Sprache mit k Objektsorten und Funktionszeichen. Man definiere die Mengen $T_1,\ldots,T_k$ der Terme aus L.
Wir betrachten eine beliebige normale Realisierung von L mit den Bereichen $U_1,\ldots,U_k$. Zeige, daß jedes $\delta\varepsilon U_1^{V_L^{(1)}}\times\ldots\times U_k^{V_L^{(k)}}$ auf genau eine Weise zu einer Abbildung $\hat{\delta}$ von T_i nach U_i (für jedes i, $1\leq i\leq k$) mit folgender Eigenschaft erweitert werden kann:

a) $\hat{\delta}(x^{(i)})=\delta(x^{(i)})$

für jede Variable $x^{(i)}$, und

b) $\hat{\delta}(f(t_1,\ldots,t_n))=\overline{f}(\hat{\delta}(t_1),\ldots,\hat{\delta}(t_n))$

für jedes Funktionszeichen f der Sorte $(i,i_1,\ldots,i_n)$ und für jede Folge von Termen $t_1,\ldots,t_n$ der Sorten $i_1,\ldots$ bzw. i_n. ($\overline{f}$ ist der Wert von f in der betrachteten Realisierung.)

ii) In L ersetzen wir jedes Funktionszeichen f der Sorte $(i,i_1,\ldots,i_n)$ durch ein neues Relationszeichen $S_f \notin L$ der Sorte $(i,i_1,\ldots,i_n)$; dabei sollen die S_f paarweise verschieden sein. Diese neue Sprache ohne Funktionszeichen bezeichnen wir mit L_0.
Jeder Formel F aus L_0 entspricht eine Formel F^* aus L, die aus F dadurch hervorgeht, daß man jede in F vorkommende atomare Formel der Gestalt $S_f(x^{(i)},x_1^{(i_1)},\ldots,x_n^{(i_n)})$ durch die atomare Formel $x^{(i)}=f(x_1^{(i_1)},\ldots,x_n^{(i_n)})$ ersetzt.
Zeige: Zu jeder Formel Φ aus L gibt es eine äquivalente Formel aus L der Gestalt F^*, die (abgesehen von der Gleichheit) dieselben Relations- und Funktionszeichen und Sorten wie Φ enthält.

iii) Sei A_0 die folgende Formelmenge aus L_0:

$$\bigwedge x_1^{(i_1)}\ldots\bigwedge x_n^{(i_n)}\bigvee x^{(i)}[S_f(x^{(i)},x_1^{(i_1)},\ldots,x_n^{(i_n)})]$$

und

$$\bigwedge x_1^{(i_1)}\ldots\bigwedge x_n^{(i_n)}\bigwedge x^{(i)}\bigwedge y^{(i)}[S_f(x^{(i)},x_1^{(i_1)},\ldots,x_n^{(i_n)})\wedge$$
$$\wedge\, S_f(y^{(i)},x_1^{(i_1)},\ldots,x_n^{(i_n)}) \rightarrow x^{(i)}=y^{(i)}]$$

für jedes Funktionszeichen f(der Sorte $(i,i_1,\ldots,i_n)$) aus L.
Man gebe eine umkehrbar eindeutige Beziehung zwischen den normalen Modellen von A_0 und den Realisierungen von L an, die folgender Bedingung genügt:
Ist M eine Realisierung von L, M_0 das entsprechende Modell von A_0 und F eine geschlossene Formel aus L_0, so wird F genau dann von M_0 erfüllt, wenn F^* von M erfüllt wird.
Man beweise hiermit den Endlichkeitssatz und das Interpolationslemma für die Sprache L.

Lösung: i) Sei Z die Menge der Funktionenschemata, die mit den Elementen

aus $V_L^{(1)} \cup \ldots \cup V_L^{(k)}$ als 0-stelligen und den Elementen aus $F_L^{(i,i_1,\ldots,i_n)}$ als n-stelligen Zeichen (für jede Folge ganzer Zahlen $(i,i_1,\ldots,i_n)$ zwischen 1 und k) aufgebaut sind.
Ein $\xi\varepsilon Z$ ist von der Sorte i, falls $\xi\varepsilon V_L^{(i)}$ oder falls ξ mit einem Funktionszeichen $f\varepsilon F_L^{(i,i_1,\ldots,i_n)}$ beginnt, d.h. mit einem Funktionszeichen, dessen Werte die Sorte i haben. Sei Z_i die Menge aller Schemata der Sorte i. Die Z_i sind dann paarweise disjunkt, und es gilt $Z=Z_1\cup\ldots\cup Z_k$.
Durch Rekursion nach der Länge der Elemente aus Z definieren wir eine Abbildung $J:Z \to \{0,1\}$ wie folgt.

a) $J(x)=1$ für jede Variable x aus L;

b) ist $\xi\varepsilon Z$ und ξ keine Variable, so kann ξ eindeutig in der Form $f(\xi_1,\ldots,\xi_n)$ mit $f\varepsilon F_L^{(i,i_1,\ldots,i_n)}$ und $\xi_1,\ldots,\xi_n\varepsilon Z$ geschrieben werden. Wir setzen

$$J(\xi)=\begin{cases}1, & \text{falls } J(\xi_1)=\ldots=J(\xi_n)=1 \text{ und die } \xi_1,\ldots,\xi_n \\ & \text{die Sorten } i_1,i_2\ldots \text{ bzw. } i_n \text{ haben;} \\ 0 & \text{sonst.}\end{cases}$$

Wir definieren nun die Menge T der Terme von L: $T=\{\xi\varepsilon Z : J(\xi)=1\}$.
$T_i=T\cap Z_i$ ist die Menge der Terme (mit Werten) der Sorte i aus L.

LEMMA: *t ist genau dann ein Term der Sorte i, wenn t eine Variable der Sorte i ist oder wenn $t=f(t_1,\ldots,t_n)$ mit $f\varepsilon F_L^{(i,i_1,\ldots,i_n)}$ und Termen $t_1,\ldots,t_n$ der Sorten $i_1,\ldots$ bzw. i_n. In diesem letzten Fall sind $f,t_1,\ldots,t_n$ eindeutig bestimmt.*

BEWEIS: Aus $t\varepsilon T_i$ folgt $t\varepsilon Z$. t ist also entweder eine Variable, oder es ist $t=f(t_1,\ldots,t_n)$ mit eindeutig bestimmten $f\varepsilon F_L^{(i,i_1,\ldots,i_n)}$ und $t_1,\ldots,t_n\varepsilon Z$. Wegen $J(t)=1$ ist $J(t_1)=\ldots=J(t_n)=1$; $t_1,\ldots,t_n$ sind also Terme der Sorten $i_1,\ldots$ bzw. i_n.
Sind umgekehrt $t_1,\ldots,t_n$ Terme der Sorten $i_1,\ldots,i_n$, dann ist wegen $J(f(t_1,\ldots,t_n))=1$ auch $f(t_1,\ldots,t_n)$ ein Term, und zwar der Sorte i.

Sei jetzt M eine Realisierung von L mit den Bereichen $U_1,\ldots,U_k$. Den Wert eines Funktionszeichens $f\varepsilon F_L^{(i,i_1,\ldots,i_n)}$ in M bezeichnen wir mit $\overline{f}$. $\overline{f}$ ist eine Abbildung von $U_{i_1}\times\ldots\times U_{i_n}$ nach U_i. Sei δ eine Abbildung, so daß $\delta(V_L^{(i)})\subseteq U_i$ für jedes i, $1\leq i\leq k$. Wir definieren die Erweiterung $\hat{\delta}$ von δ auf die Menge der Terme rekursiv nach der Länge der Terme wie folgt:

Ist $t=f(t_1,\ldots,t_n)$ ein Term der Sorte i mit $f\varepsilon F_L^{(i,i_1,\ldots,i_n)}$, $t_1\varepsilon T_{i_1},\ldots,t_n\varepsilon T_{i_n}$, so setzen wir $\hat{\delta}(t)=\overline{f}(\hat{\delta}(t_1),\ldots,\hat{\delta}(t_n))$.

Man sieht unmittelbar, daß diese Erweiterung von δ für jedes i $(1\leq i\leq k)$ eine Abbildung von T_i nach U_i mit den verlangten Eigenschaften ist.

ii) Sei Φ eine atomare Formel aus L der Gestalt $x^{(i)}=t^{(i)}$, wo $x^{(i)}$ eine Variable der Sorte i und $t^{(i)}$ ein Term der Sorte i ist. Wir zeigen durch Induktion nach der Länge von $t^{(i)}$, daß Φ zu einer Formel der Gestalt F^* äquivalent ist.
Dies ist klar, wenn $t^{(i)}$ die Länge 1 hat, denn $t^{(i)}$ ist dann entweder eine Variable oder eine Individuenkonstante der Sorte i. Hat $t^{(i)}$ eine Länge $h>1$, so ist $t^{(i)}=f(t_1^{(i_1)},\ldots,t_n^{(i_n)})$ mit $f\varepsilon F_L^{(i,i_1,\ldots,i_n)}$ und Termen $t_1,\ldots,t_n$ der Sorten $i_1,\ldots,i_n$. $x^{(i)}=t^{(i)}$ ist dann zu

$$\bigvee x_1^{(i_1)}\ldots\bigvee x_n^{(i_n)}[x_1^{(i_1)}=t_1^{(i_1)}\wedge\ldots\wedge x_n^{(i_n)}=t_n^{(i_n)}\wedge x^{(i)}=f(x_1^{(i_1)},\ldots,x_n^{(i_n)})]$$

äquivalent, vorausgesetzt, die Variablen $x_1^{(i_1)},\ldots,x_n^{(i_n)}$ kommen in den Termen $t_1^{(i_1)},\ldots,t_n^{(i_n)}$ nicht vor.(Eine entsprechende Voraussetzung wollen wir stillschweigend bei dieser ganzen Aufgabe machen.)
Nach Voraussetzung sind $x_1^{(i_1)}=t_1^{(i_1)},\ldots,x_n^{(i_n)}=t_n^{(i_n)}$ zu $F_1^*,\ldots,F_n^*$ äquivalent. $x^{(i)}=t^{(i)}$ ist daher äquivalent zu

$$\bigvee x_1^{(i_1)}\ldots\bigvee x_n^{(i_n)}[F_1^*\wedge\ldots\wedge F_n^*\wedge x^{(i)}=f(x_1^{(i_1)},\ldots,x_n^{(i_n)})],$$

d.h. $x^{(i)}=t^{(i)}$ ist zu F^* äquivalent, wo F die Formel

$$\bigvee x_1^{(i_1)}\ldots\bigvee x_n^{(i_n)}[F_1\wedge\ldots\wedge F_n\wedge S_f(x^{(i)},x_1^{(i_1)},\ldots,x_n^{(i_n)})]$$

aus L_0 ist.

Ferner kommen in $x^{(i)}=t^{(i)}$ und in $x_1^{(i_1)}=t_1^{(i_1)},\ldots,x_n^{(i_n)}=t_n^{(i_n)}$, $x^{(i)}=f(x_1^{(i_1)},\ldots,x_n^{(i_n)})$ die gleichen Funktionszeichen und Sorten vor; d.h. nach Induktionsvoraussetzung, daß in $x^{(i)}=t^{(i)}$ und in $F_1^*,\ldots,F_n^*$, $x^{(i)}=f(x_1^{(i_1)},\ldots,x_n^{(i_n)})$ die gleichen Funktionszeichen und Sorten vorkommen. Also enthalten $x^{(i)}=t^{(i)}$ und F^* die gleichen Funktionszeichen und Sorten.

Nun sei Φ eine beliebige atomare Formel aus L, etwa $\Phi=R(t_1^{(i_1)},\ldots,t_n^{(i_n)})$, wobei R ein n-stelliges Relationszeichen ist ($R\varepsilon R_L^{(n)}$ oder $R\varepsilon S_L^{(i_1,\ldots,i_n)}$) und $t_1^{(i_1)},\ldots,t_n^{(i_n)}$ Terme der Sorten $i_1,\ldots,i_n$ sind.

Φ ist dann zu

$$\bigvee x_1^{(i_1)} \dots \bigvee x_n^{(i_n)} [x_1^{(i_1)} = t_1^{(i_1)} \wedge \dots \wedge x_n^{(i_n)} = t_n^{(i_n)} \wedge R(x_1^{(i_1)}, \dots, x_n^{(i_n)})]$$

äquivalent. Da $x_1^{(i_1)} = t_1^{(i_1)}, \dots, x_n^{(i_n)} = t_n^{(i_n)}$ zu $F_1^*, \dots$ bzw. F_n^* äquivalent sind, ist Φ zu F^* äquivalent, wo

$$F = \bigvee x_1^{(i_1)} \dots \bigvee x_n^{(i_n)} [F_1 \wedge \dots \wedge F_n \wedge R(x_1^{(i_1)}, \dots, x_n^{(i_n)})].$$

Die Relationszeichen (eventuell mit Ausnahme der Gleichheit), die Funktionszeichen, die freien Variablen und die Sorten von F^* sind offenbar die gleichen wie die von Φ.
Man zeigt nun leicht, durch Induktion nach der Länge von Φ, daß jede Formel Φ aus L zu einer Formel F^* äquivalent ist, die dieselben Relations-und Funktionszeichen und Sorten wie Φ enthält. Ist nämlich $\Phi = \Phi_1 \vee \Phi_2$, so ist nach Induktionsvoraussetzung Φ_1 zu F_1^* und Φ_2 zu F_2^* äquivalent. Φ ist also zu $F_1^* \vee F_2^*$ äquivalent, und dies wiederum ist zu $(F_1 \vee F_2)^*$ äquivalent. Entsprechend für $\Phi = \neg \Phi_1$ und $\Phi = \bigvee x \Phi_1$.

iii) Ist M_0 ein normales Modell von A_0 mit den Bereichen $U_1, \dots, U_k$ und ist f ein Funktionszeichen aus L der Sorte $(i, i_1, \dots, i_n)$, dann ist der Wert von S_f in M_0 der Graph einer Abbildung von $U_{i_1} \times \dots \times U_{i_n}$ nach U_i. Folglich induziert M_0 eine Realisierung M von L, die dieselben Bereiche wie M_0 hat. Offenbar erhält man jede Realisierung von L auf diese Weise, und eine Formel F von L_0 wird genau dann von M_0 erfüllt, wenn F^* von M erfüllt wird.
Sei B eine Menge geschlossener Formeln aus L, so daß jede endliche Teilmenge von B ein Modell hat. Nach ii) können wir annehmen, daß jede Formel aus B die Gestalt F^* hat, wo F eine Formel aus L_0 ist. Sei

$$B_0 = \{F : F^* \varepsilon B\}.$$

Ist $\{F_1, \dots, F_n\}$ eine endliche Teilmenge von B_0, dann hat nach Voraussetzung $\{F_1^*, \dots, F_n^*\}$ ein Modell. Daher besitzt $A_0 \cup \{F_1, \dots, F_n\}$ ein Modell. Aus dem Endlichkeitssatz für die Sprache L_0 folgt, daß $A \cup B_0$ ein Modell M_0 hat. Die diesem M_0 entsprechende Realisierung M von L erfüllt dann B. Damit ist der Endlichkeitssatz für die Sprache L bewiesen.

Seien schließlich F und G Formeln aus L, so daß $F \wedge G$ kein Modell besitzt. Wie wir wissen, gibt es Formeln A, B aus L_0, so daß A^* zu F und B^* zu G

äquivalent ist. Ferner enthalten A^* bzw. B^* die gleichen Relationszeichen (die Gleichheit ausgenommen), die gleichen Funktionszeichen und die gleichen Sorten wie F bzw. G.
Sei A_1 (bzw. A_2) die Menge derjenigen Formeln aus A_0, die zu den in A^* (bzw. B^*) vorkommenden Funktionszeichen gehören. A_1 und A^* enthalten dieselben Sorten, ebenso A_2 und B^*.
Da $A^* \wedge B^*$ kein Modell hat, besitzt auch $\{A,B\} \cup A_1 \cup A_2$ kein Modell. Wendet man das Interpolationslemma für die Sprache L_0 auf die Formeln $A_1 \wedge A$ und $A_2 \wedge B$ an, so erhält man eine Formel H, deren Relations-und Funktionszeichen und Sorten sowohl in A als auch in B vorkommen, so daß

$$A_1, A \vdash H \qquad \text{und} \qquad A_2, B \vdash \neg H \ .$$

Daraus folgt $A^* \vdash H^*$ und $B^* \vdash \neg H^*$, also $F \vdash H^*$ und $F \vdash \neg H^*$.
Damit ist das Interpolationslemma für die Sprache L bewiesen.

2. Beziehungen zwischen den Methoden von Kapitel 2 und Kapitel 5.

Sei L eine einsortige Sprache ohne Funktionszeichen. Wir konstruieren L_Δ und Ω wie in diesem Kapitel beschrieben. Sei F eine Formel aus L; zu F bilden wir die Allformel $\hat{F}$ wie in Kapitel 2. Es ist also $L(\hat{F}) = L(F) \cup \{\phi_1, \ldots, \phi_m\}$, wobei die ϕ_i Funktionszeichen sind, die nicht in $L(F)$ vorkommen.
Man definiere Funktion $f_1, \ldots, f_m$ auf Δ der gleichen Stellenzahl wie $\phi_1, \ldots, \phi_m$ mit folgender Eigenschaft: erweitert man ein beliebiges Termmodell M von Ω zu einer Realisierung M' von $L(\hat{F})$, indem man ϕ_i den Wert f_i $(1 \leq i \leq m)$ gibt, so sind die Werte von F und $\hat{F}$ in M' gleich.

Lösung: Wir nehmen an, daß F eine (nicht notwendig geschlossene) pränexe Formel aus L ist. Die Menge $\{f_1, \ldots, f_m\}$ definieren wir rekursiv nach der Anzahl der Quantoren in F.
Für quantorenfreies F ist $F = \hat{F}$, und es ist nichts zu beweisen.

Für $F = \bigwedge x G(x, x_1, \ldots, x_n)$ wird $\hat{F} = \bigwedge x \hat{G}$. $\hat{F}$ enthält also dieselben Funktionszeichen $\phi_1, \ldots, \phi_m$ wie $\hat{G}$; wir bekommen die schon für $\hat{G}$ definierten Werte $f_1, \ldots, f_m$. Da nach Voraussetzung $\overline{G} = \overline{\hat{G}}$, so ist auch $\overline{F} = \overline{\hat{F}}$. (Querstrich bedeutet Wert der Formel in M'.)
Seien $F = \bigvee x G(x, x_1, \ldots, x_n)$ und $\phi_1, \ldots, \phi_m$ die Funktionszeichen, die in $\hat{G}$ vorkommen. Es ist dann

$$\hat{F} = \hat{G}(\phi x_1 \ldots x_n, x_1, \ldots, x_n)$$

mit einem neuen n-stelligen Funktionszeichen ϕ. Wir geben $\phi_1,\ldots,\phi_m$ die schon für $\hat{G}$ definierten Werte $f_1,\ldots,f_m$ und definieren f durch

$$f(a_1,\ldots,a_n)=\hat{\varepsilon}(G(x,a_1,\ldots,a_n))$$

für $a_1,\ldots,a_n \varepsilon \Delta$.
Wegen $G=\overline{G}$ hat man

$$\begin{aligned}(a_1,\ldots,a_n)\varepsilon\overline{\hat{F}} &\Leftrightarrow (f(a_1,\ldots,a_n),a_1,\ldots,a_n)\varepsilon\overline{\hat{G}}\\ &\Leftrightarrow (f(a_1,\ldots,a_n),a_1,\ldots,a_n)\varepsilon\overline{G}\ .\end{aligned}$$

Es folgt

$$(a_1,\ldots,a_n)\varepsilon\overline{\hat{F}} \Leftrightarrow M \text{ erfüllt } G(a,a_1,\ldots,a_n),$$

wo $a=\hat{\varepsilon}(G(x,a_1,\ldots,a_n))$ gesetzt wurde. Da M ein Modell von Ω ist, gilt

$$(a_1,\ldots,a_n)\varepsilon\overline{\hat{F}} \Leftrightarrow M \text{ erfüllt } \bigvee x G(x,a_1,\ldots,a_n),$$

also $\overline{\hat{F}}=\overline{F}$.

3. Ergänzungen zum Interpolationslemma (für mehrsortige Sprachen; siehe auch Aufgabe 5 von Kapitel 7).

Wir definieren: ein n-stelliges Relationszeichen $R(n=0,1,2,\ldots)$ kommt in einer Formel F positiv (negativ) vor, falls entweder

(i) F atomar ist und die Gestalt $Rt_1\ldots t_n$ hat; oder

(ii) $F=F_1\vee F_2$ oder $F=\bigvee xF_0$ und R entweder in F_1 oder F_2 bzw. F_0 positiv (negativ) vorkommt; oder

(iii) $F=\neg F_1$ und R in F_1 negativ (positiv) vorkommt.

Zeige: Ist $F \rightarrow G$ ein Theorem des Prädikatenkalküls, dann gibt es eine Interpolationsformel H mit folgender Eigenschaft:
a) Enthält $F \rightarrow G$ die Gleichheit nicht, so kommt ein Relationszeichen $R\varepsilon L(H)$ sowohl in F als auch in G positiv (negativ) vor, wenn R in H positiv (negativ) vorkommt;

b) Allgemein: R kommt sowohl in F als auch in G negativ vor, wenn R in H negativ vorkommt.

Lösung: Wir führen das Problem auf den Aussagenkalkül zurück. Sei $A \rightarrow B$ ein Theorem des Aussagenkalküls, und A enthalte R (mit $n=0$ Argumenten) nur positiv, B enthalte R nur negativ. Wir wollen zeigen, daß es eine

Interpolationsformel gibt, die R überhaupt nicht enthält.

Wir beachten zuerst, daß es nach Satz 3 von Kapitel 1 Formeln A_1, A_2, B_1, B_2 gibt, welche R nicht enthalten, so daß

$$A \leftrightarrow [(R \wedge A_1) \vee A_2] \qquad \text{und} \qquad B \leftrightarrow [(\neg R \wedge B_1) \vee B_2].$$

$C=B_2$ ist eine Interpolationsformel. Offenbar ist $B_2 \rightarrow B$ ein Theorem. Ebenso sind $A_2 \rightarrow B$ und $(R \wedge A_1) \rightarrow B$ Theoreme; ersetzt man hier nun R durch T, so sieht man, daß auch $A_2 \rightarrow B_2$ und $A_1 \rightarrow B_2$ Theoreme sind. Erst recht ist dann auch $(R \wedge A_1) \rightarrow B_2$ ein Theorem, also auch $A \rightarrow B_2$. B_2 enthält R überhaupt nicht.
Entsprechend ist A_2 eine Interpolationsformel, wenn $B \rightarrow A$ ein Theorem ist.
a) Wir betrachten den Beweis von Satz 8. Ein Relationszeichen $R \varepsilon L(F)$ kommt in F genau dann positiv (negativ) vor, wenn R in $\langle F \rangle$ positiv (negativ) vorkommt; entsprechend für G und $\langle G \rangle$. Man kann es also erreichen, daß ein R in C genau dann positiv (negativ) vorkommt, wenn R in $\langle F \rangle$ positiv (negativ) und gleichzeitig in $\langle G \rangle$ negativ (positiv) vorkommt. Die Konstruktion von H aus C ändert daran dann nichts mehr.

b) folgt sofort aus a), da Relationszeichen in den Gleichheitsaxiomen nur positiv vorkommen.

4. Wir betrachten spezielle (endliche) Typen, die sogenannten *ganzen Typen* n, die für alle ganzen Zahlen $n \geq 0$ definiert sind durch

$$0 = \text{Typ der Individuen}; \quad n+1=(n).$$

Teil b) dieser Aufgabe zeigt, wie eine beliebige τ-Realisierung (τ ein endlicher Typ) durch eine geeignete n-Realisierung "repräsentiert" werden kann.

a) (Geordnete Paare). Seien A,B,C Mengen. Eine *Darstellung der Menge der geordneten Paare* $\{\langle a,b \rangle : a \varepsilon A, b \varepsilon B\}$ *in* C ist ein σ-tupel (A,B,C,P,P_1,P_2), wo $P: A \times B \rightarrow C$ eine injektive Abbildung ist, und P_1, P_2 die Inversen von P sind, d.h.

$$P_1[P(a,b)]=a \ , \quad P_2[P(a,b)]=b$$

für alle $a \varepsilon A, b \varepsilon B$.

Sei M_P die Klasse aller n-Realisierungen von L, die das Paarmengenaxiom erfüllen:

$$\bigwedge x \bigwedge y \bigvee z \bigwedge u\, [u \varepsilon z \leftrightarrow (u = x \vee u = y)]$$

(x,y,u vom Typ r, z vom Typ $r+1$, $0 \leq r < n$). Die Sprache $\mathfrak{L}$ enthalte = als einziges Relationszeichen ($\mathfrak{L}^\tau$ wurde z.B. auf Seite 102 zur Formulierung von T_τ verwendet).

Seien i,j,k ganze Zahlen ≥ 0 mit $i,j \leq n-2$ und $k=2+\max(i,j)$. Man gebe Formeln aus $\mathfrak{L}^n$ an, die

(i) universell für alle n-Realisierungen aus M_P eine Darstellung von $E_i \times E_j$ in E_k definieren, und

(ii) "invariant unter Erweiterungen" sind, d.h. sind $M, M' \varepsilon M_P$, M' eine Erweiterung von M, so sind ihre Werte in M' Erweiterungen der Werte in M.

b) In L^τ ersetzen wir jedes Zeichen $\hat{\varepsilon}_\sigma$ durch ein neues Zeichen $\hat{\varepsilon}^*_\sigma$ und erhalten dadurch eine Sprache L^τ_*. M^* sei eine beliebige τ-Realisierung von L^τ_* mit Individuenbereich E^*_0, und $M^n(E^*_0)$ sei die maximale n-Realisierung über E^*_0 mit den Bereichen $E_i (1 \leq i \leq n)$.

Man gebe eine Funktion N von der Menge der endlichen Typen in die Menge der ganzen Typen und Formeln aus $\mathfrak{L}^\tau_* \cup \mathfrak{L}^n$ $(n = N\tau)$ an,

(i) deren Werte in $M^* \cup M^n(E^*_0)$ Abbildungen von E^*_σ nach $E_{N\sigma}$ sind (für alle $\sigma \leq \tau$); und die

(ii) "invariant sind", d.h. ist M das Bild von M^* und M' eine n-Erweiterung von M, so haben die Formeln in $M^* \cup M$ und $M^* \cup M'$ dieselben Werte.

Mehr Information über *Definierbarkeit* oder *Invarianzeigenschaften* wie in a) (ii) findet man in Kapitel 7.

c) (Varianten der Sprache). Ist n ein ganzer Typ und $\sigma \varepsilon [n]$, dann ist auch σ ganz, und $\hat{\varepsilon}_\sigma$ (Seite 101) ist ein zweistelliges Relationszeichen.

(i) In L^n lassen wir die Zeichen $\hat{\varepsilon}_i$ $(1 \leq i \leq n)$ weg und fügen ein neues zweistelliges Zeichen $\hat{\varepsilon}$ hinzu, lassen jedoch - anders als bei den $\hat{\varepsilon}_i$ - beliebige Typen $\leq n$ als Argumente zu. Die so entstandene Sprache bezeichnen wir mit $L^n_{\hat{\varepsilon}}$.

G^n ("G" für "ganz", $n>0$ eine ganze Zahl) sei die folgende Formelmenge aus $L^n_{\hat{\varepsilon}}$ (wo x vom Typ i, y,z vom Typ j, und i,j ganze Zahlen $\leq n$ sind):

für jedes Paar (i,j):

$$\bigwedge x \bigwedge y \neg(x \hat{\varepsilon} y), \text{ wobei } i<j \text{ (einfache Typen)}$$

$$\bigwedge x \bigwedge y \neg(x \hat{\varepsilon} y), \text{ wobei } j \neq i+1$$

$$\bigwedge y \bigwedge z [\bigwedge x (x \hat{\varepsilon} y \leftrightarrow x \hat{\varepsilon} z) \rightarrow y=z], \text{ wobei } j=i+1$$

(Extensionalitätsaxiom).

Zeige: ein Modell von G^n induziert eine n-Realisierung von L mit denselben Bereichen vom Typ m $(m \leq n)$, und umgekehrt.

(ii) Sei $G^n_\phi = G^n \cup \{\bigwedge y \bigvee x (x \hat{\varepsilon} y): x$ vom Typ i, y vom Typ $i+1$, $1 \leq i < n\}$. Zeige: ein Modell von G^n_ϕ besitzt höchstens eine leere Menge (d.h. ein Objekt vom Typ $\neq 0$ ohne "Elemente"), und diese leere Menge ist vom Typ 1.

(iii) (Übergang zur Mengenlehre). Sei L'_ε die Sprache mit den beiden Typen 0 (für "Individuen") und 1 (für "Mengen"), die aus $L^1_{\hat{\varepsilon}}$ durch Ersetzen von $\hat{\varepsilon}$ durch ε hervorgeht. (Daß wir ε für die Elementbeziehung und gleichzeitig als Relationszeichen in einer *axiomatischen* Mengenlehre verwenden, entspricht dem doppelten Gebrauch von = in Kapitel 3.) Man gebe Axiome G'_n in der Sprache $\mathcal{L}'_\varepsilon$ an, so daß jedes Modell von G^n_ϕ ein Modell M' von G'_n mit demselben Individuenbereich liefert, in dem man

$$E'_0 = E_0, \quad E'_1 = \bigcup_{1 \leq i \leq n} E_i, \quad \bar{\varepsilon}' = \bar{\hat{\varepsilon}}$$

setzt, und umgekehrt.

(Siehe Teil b) der nächsten Aufgabe für ein entsprechendes Ergebnis, wo wir von $L^n_{\hat{\varepsilon}}$ zu L'_ε und dann zu L_ε, der geläufigen Sprache der Mengenlehre mit nur einem Variablentyp übergehen.)

Lösung: a) Wir müssen $k=2+\max(i,j)$ nehmen, weil es im allgemeinen keine injektive Abbildung von $E_i \times E_i$ nach E_{i+1} gibt; denn ist z.B. $\text{card}(E_i)=3$, so ist $\text{card}(E_i \times E_i)=9$, aber $\text{card}(E_{i+1}) \leq 8$.

(i) Zur Vereinfachung bezeichnen wir mit $\{x\}$ dasjenige y, welches $\bigwedge u (u \varepsilon y \leftrightarrow u = x)$ erfüllt. y ist eindeutig bestimmt wegen des Extensionalitätsaxioms und existiert nach dem Paarmengenaxiom; das (Funktions-)Zeichen { } kann daher nach Aufgabe 1 ausschließlich unter Verwendung von $\hat{\varepsilon}$ und =, d.h. der Sprache $\mathcal{L}^n_{\hat{\varepsilon}}$ eliminiert werden.

Wir schreiben x^0 für x, x^{m+1} für $\{x^m\}$ und definieren P durch

$$P(a,b)=\{a^{m-i+1},\{a^{m-i},\ b^{m-j}\}\}\ ,$$

$a\varepsilon E_i, b\varepsilon E_j, m=max(i,j)$; offenbar ist $P(a,b)$ vom Typ $m+2$. (Die übliche Darstellung des geordneten Paares mußte hier modifiziert werden, damit der Typ von $P(a,b)$ ganz wird.)
Um P_1,P_2 zu definieren, beachten wir, daß $c\varepsilon E_k$ genau dann im Bild von P vorkommt, wenn c die Formel $\bigvee x \bigvee y(c=\{x^{m-i+1},\{x^{m-i},y^{m-j}\}\})$ erfüllt (x,y vom Typ i bzw. j). Nach dem Extensionalitätsaxiom sind x und y eindeutig bestimmt, und dies sind die Werte von P_1c bzw. P_2c.

(ii) Wir betrachten den Wert von P für $a\varepsilon E_i$ ($E_i \subseteq E_i'$) und $b\varepsilon E_j$ ($E_j \subseteq E_j'$). Da $M,M'\varepsilon M_p$, gibt es ein $c\varepsilon E_k$ und ein $c'\varepsilon E_k'$ mit $c=\overline{P(a,b)}$ in M, $c'=\overline{P(a,b)}$ in M'. Da M' eine Erweiterung von M ist, ist $c\varepsilon E_k'$, und c erfüllt die Definition von $P(a,b)$ auch in M'. Aus der Extensionalität folgt $c=c'$. Für P_1 und P_2 schließt man entsprechend.

b) Gemäß unserem Vorgehen in a) (i) betrachten wir die Funktionen N_p, die durch

$$N_2(i_1,i_2)=2+\max\{i_1,i_2\}$$
$$N_{p+1}(i_1,\ldots,i_p,i_{p+1})=N_2(i_1,N_p(i_2,\ldots,i_{p+1}))$$

gegeben sind, wo $(i_1,\ldots,i_p)$ geordnete p-tupel ganzer Zahlen ≥ 0 sind. Die gesuchte Funktion N wird dann definiert durch

$$N(0)=0$$
$$N(\sigma)=1+N(\sigma_1),\ \text{falls}\ \sigma=(\sigma_1)$$
$$N(\sigma)=1+N_n(N(\sigma_1),\ldots,N(\sigma_n)),\ \text{falls}\ \sigma=(\sigma_1,\ldots,\sigma_n).$$

Die Formeln, etwa M_σ, die die Abbildungen $\overline{M}_\sigma: E_\sigma^* \to E_{N\sigma}$ definieren, erhält man durch Rekursion nach dem Rang und der Länge von σ. (Wir geben nur die *Werte* $\overline{M}_\sigma$ an, die M_σ sind dann die entsprechenden Definitionen.)
Für $\sigma=0$ ist $\overline{M}_\sigma$ die identische Abbildung, für $\sigma=(\sigma_1,\ldots,\sigma_n)$ und $\overline{x}\varepsilon E_\sigma$ setzen wir

$$\overline{M}_\sigma(\overline{x})=\{(M_{\sigma_1}(\overline{x}_1),\ldots,\overline{M}_{\sigma_n}(\overline{x}_n)):(\overline{x}_1,\ldots,\overline{x}_n)\hat{\varepsilon}_\sigma\overline{x}\}.$$

Man sieht leicht, daß die Typen der Werte von $\overline{M}_\sigma$ gerade durch die Funktion N gegeben werden. Wie in a) folgt die Injektivität von $\overline{M}_\sigma$ aus dem Extensionalitätsaxiom. Bedingungen dafür, daß $\overline{M}_\sigma$ eine Abbildung ist, untersuchen wir hier nicht.

(i) folgt unmittelbar aus der Definition, (ii) ist ebenfalls richtig, weil das Bild eines Elementes a aus M^* schon durch die transitive Hülle von a bestimmt ist (und nicht von anderen Elementen aus M^* abhängt).

c) (i) Da alle $\hat{\varepsilon}_\sigma$ zweistellig sind, liegt es auf der Hand, wie man T_n von Seite 98 in $Ł^n_{\hat{\varepsilon}}$ aufschreiben muß. Offenbar bestimmt ein Modell von G^n eine n-Realisierung von L mit denselben Bereichen E_i $(0 \leq i \leq n)$, wenn $\bar{\hat{\varepsilon}}_{i+1}$ die Einschränkung von $\bar{\hat{\varepsilon}}$ auf $E_i \times E_{i+1}$ $(1 \leq i+1 \leq n)$ ist; für die Umkehrung setze man $\bar{\hat{\varepsilon}} = \bigcup_{1 \leq i \leq n} \bar{\hat{\varepsilon}}_i$.

(ii) klar. Beachte, daß G^n Modelle mit verschiedenen "leeren Mengen" vom Typ $\neq 0$ haben kann; aber diese leeren Mengen haben dann verschiedene Typen, denn wegen der Extensionalität kann es höchstens eine leere Menge für jeden Typ $\neq 0$ geben. (Auf Seite 100 hatten wir für den Typ 0 keine Extensionalität gefordert; natürlich deshalb, weil es verschiedene Individuen geben kann.)

(iii) Seien v, w Variable vom Typ 0, x, y_i, z vom Typ 1. Wir setzen $T_1 = \bigwedge y \neg (y \varepsilon x)$ und

$$T_{i+1} = \bigvee y_i (T_i' \wedge y_i \varepsilon x) \wedge \bigwedge y_i (y_i \varepsilon x \rightarrow T_i'),$$

wo T_i' durch Ersetzen von x durch y_i aus T_i hervorgeht.

Für G_n' nehmen wir die folgende Formelmenge:

$$\bigwedge w \bigwedge x \neg (w = x); \ \bigwedge w \bigwedge x \neg (x \varepsilon w); \ \bigwedge w \bigwedge v \neg (v \varepsilon w);$$
$$\bigvee x T_i, \ 1 \leq i \leq n; \ \bigwedge x (T_1 \vee \ldots \vee T_n); \ \bigwedge x (T_i \rightarrow \neg T_j), \ 1 \leq i < j \leq n;$$
$$\bigwedge x \bigwedge y_1 ([T_1 \wedge T_1' \wedge \bigwedge v (v \varepsilon x \leftrightarrow v \varepsilon y_1)] \rightarrow x = y_1);$$
$$\bigwedge x \bigwedge y_1 ([T_i \wedge T_i' \wedge \bigwedge z (z \varepsilon x \leftrightarrow z \varepsilon y_i)] \rightarrow x = y_i) \text{ für } 1 < i \leq n;$$

M' erfüllt G_n': der Wert von T_i in M' $(1 \leq i \leq n)$ ist der Bereich E_i des gegebenen Modells M; für $i=1$ ist dies klar, weil M ein Modell von G^n ist und somit E_1 aus genau jenen Objekten besteht, die keine "Elemente" vom Typ $\neq 0$ haben. Da M auch G^n_ϕ erfüllt, gibt es keine "leeren Mengen" vom Typ >1; $\bar{T}_{i+1}$ besteht also genau aus jenen Objekten, deren "Elemente" in E_i liegen. Die Axiome von G_n' gelten offenbar in M'.

Umgekehrt sei M' ein Modell von G_n'; wir definieren M durch

$$E_0=E'_0,\ E_i=\overline{T}_i \text{ in } M',\ \overline{\varepsilon}=\overline{\varepsilon}$$

(und um pedantisch zu sein: die Realisierungen der nicht zu $Ł$ gehörenden Relationszeichen sollen gleich bleiben).

Da $\bigvee x T_i$ und $\bigwedge x[T_{i+1} \rightarrow \bigvee y_i(T_i \wedge y_i \varepsilon x)]$ in M' wahr sind, gibt es keine "leere Menge" vom Typ >1; ferner ist E_0 disjunkt zu allen E_i $(i \neq 0)$, und für $1 \leq i < j \leq n$ sind E_i und E_j disjunkt; schließlich liegen alle "Elemente" eines $x \varepsilon E_{i+1}$ in E_i, und die Extensionalitätsaxiome sind erfüllt. M erfüllt also G^n_ϕ.

Bemerkung: Daß wir eine "leere Menge" vom Typ ≠0 in die Betrachtung einbeziehen, hat nicht nur sprachliche Gründe (denn wir wollen in jeder Realisierung von L'_ε Objekte vom Typ 0 als *Individuen*, Objekte vom Typ 1 als *Mengen* interpretieren, und wir wollen eine leere Menge zulassen). Im allgemeinen wird nämlich der Bereich einer Realisierung von L keine leere Menge enthalten; daher würde der Übergang oben den Individuenbereich nicht ungeändert lassen, wenn die leere Menge den Typ 0 hätte. Unterscheiden kann man in $Ł_\varepsilon$ oder $Ł'_\varepsilon$ eine leere Menge von einem Individuum natürlich nur durch den Typ: keine von beiden enthält "Elemente". Man *entdeckt* aber, daß Individuen für eine Rückführung der Mathematik auf die Mengenlehre überflüssig sind (Rückführung in dem speziellen Sinn, wie in den Adäquatheitsbedingungen von Anhang II, Teil A präzisiert). Die entsprechenden (einfacheren) Axiome werden in der nächsten Aufgabe angegeben.

Daß wir uns auf Modelle von G^n_ϕ (anstatt von G^n) beschränken, hat folgenden Grund. In $Ł^n_{\hat{\varepsilon}}$ können leere Mengen verschiedener Typen ≠0 nur durch diese Typen selbst unterschieden werden (ganz wie bei der leeren Menge vom Typ 1 und den Individuen oben). Da in $Ł'_\varepsilon$ Typen >0 nicht mehr explizit erwähnt werden, ist es unmöglich, in $Ł'_\varepsilon$ Axiome J'_n anzugeben, die sich zu G^n verhalten wie G'_n zu G^n_ϕ.

5. Bezeichnungen wie in der vorangegangenen Aufgabe.

(i) Eine *(allgemeine) kumulative Typenstruktur der Ordnung* $\leq n$ besteht nach Definition aus einem nichtleeren "Individuen"-Bereich E_0 und Bereichen E_{i+1} $(0 \leq i < n)$, wobei E_{i+1} die Vereinigung von E_i mit (gewissen) Teilmengen von E_i ist, wozu auch die "leere Menge" gehören kann. Es ist also $E_i \subseteq E_{i+1}$, und $E_{i+1} - E_0$ besteht aus "echten Mengen". Zwei Elemente von E_{i+1} sind genau dann gleich, wenn alle ihre "Elemente", die notwendig in E_i liegen, gleich sind. Der Typ eines Objektes $x\varepsilon \bigcup_i E_i$ ($0\leq i\leq n$) ist das kleinste i mit $x\varepsilon E_i$. Kommt eine leere Menge vor, so ist ihr Typ =1.

(ii) Eine *reine kumulative Typenstruktur der Ordnung* $\leq n$ wird wie in (i) definiert, nur daß jetzt $E_0=\emptyset$. E_1 besteht also gerade aus der leeren Menge.

Die Bedingungen (i) können wir durch folgende Formelmenge C^n in der Sprache $Ł^n_{\hat{\varepsilon}}$ ausdrücken (w,x,y,z sind dabei Variable vom Typ $0,i,j$ bzw. k). Für jedes Paar (i,j) mit $0\leq i\leq n$, $0\leq j\leq n$:

$$\bigwedge x \bigvee y(x=y),\ i<j;\ \bigwedge x \bigwedge y \neg(y\hat{\varepsilon}x),\ i=0;$$

$$\bigwedge x \bigwedge y([\bigwedge w(x\neq w \wedge y\neq w) \wedge \bigwedge z(z\hat{\varepsilon}x \leftrightarrow z\hat{\varepsilon}y)] \rightarrow x=y),\ k+1=\max(i,j);$$

$$\bigwedge x \bigwedge y \bigvee z(x\hat{\varepsilon}y \rightarrow z=x),\ j=k+1;$$

$$\bigwedge y\{[\bigvee x(x\hat{\varepsilon}y) \wedge \bigwedge x \bigvee z(x\hat{\varepsilon}y \rightarrow x=z)] \rightarrow \bigvee x(x=y)\},\ j=i+1 \text{ und } i=k+1;$$

$$\bigwedge y\{[\bigwedge w(y\neq w) \wedge \bigwedge z \neg(z\hat{\varepsilon}y)] \rightarrow \bigvee x(x=y)\},\ j=k+1 \text{ und } i=1;$$

Offenbar bestimmt jedes Modell von G^n_ϕ ein Modell M' von C^n mit demselben Individuenbereich, wenn wir

$$E'_i = \bigcup_{j\leq i} E_j \quad \text{und} \quad \bar{\hat{\varepsilon}}' = \bar{\hat{\varepsilon}}$$

setzen (für eine teilweise Umkehrung siehe a) unten).

Die Bedingungen (ii) müssen in einer Sprache ohne Variable vom Typ 0 formuliert werden, da nach Definition der Bereich eines jeden Typs nicht leer ist. Siehe c) unten.

a) (Reduktion der kumulativen Typen auf endliche Typen; vgl. Aufgabe 4 b).) Sei M ein Modell von C^n; für jeden endlichen Typ sei M^σ die maximale σ-Realisierung über dem Individuenbereich von M.
Man gebe für jede ganze Zahl $n\geq 0$ eine Funktion τ von der Menge der ganzen Zahlen $m\leq n$ in die Menge der endlichen Typen und Formeln aus $Ł^n_{\hat{\varepsilon}} \cup L^{\tau n}$ an, deren Werte in $M \cup M^{\tau n}$ Abbildungen von M nach $M^{\tau n}$ sind, die den Individuenbereich fest lassen und die den Bereich E_m von M nach $\bigcup_{i\leq m} E^{\tau n}_{\tau i}$ abbilden ($E^{\tau n}_\sigma$, $\sigma\leq\tau n$, sind die Bereiche von $M^{\tau n}$).
Mit Aufgabe 4 b) können wir also die endlichen Typen auf die ganzen, und die ganzen auf die kumulativen Typen zurückführen. Umgekehrt haben wir hier eine Reduktion der kumulativen Typen auf die endlichen Typen.

b) (Übergang zur Mengenlehre; allgemeiner Fall). Wir benutzen die Sprache $\mathfrak{L}'_{\varepsilon}$ von Aufgabe 4 c)(iii); w ist vom Typ 0, x,y_i,z sind vom Typ 1. Sei R_i ("R" für Rang, $0<i\leq n$) die Formel

$$\bigwedge y_1 \ldots \bigwedge y_i \neg (y_i \varepsilon x \wedge \bigwedge_{1\leq j<i} y_j \varepsilon y_{j+1})$$

und C'_n die folgende Formelmenge:

$$\bigwedge w \bigvee x(w=x);\ \bigwedge w \bigwedge x \neg(x \varepsilon w);\ \bigwedge x R_n;$$
$$\bigwedge x \bigwedge y([\bigwedge w(x\neq w \wedge y\neq w) \wedge \bigwedge z(z\varepsilon x \leftrightarrow z \varepsilon y)] \rightarrow x=y).$$

Zeige: (i) Jedes Modell M von C^n bestimmt ein Modell M' von C'_n, wenn wir $E'_0=E_0$, $E'_1=E_n$ und $\bar{\varepsilon}=\bar{\hat{\varepsilon}}$ setzen.
(ii) Jedes Modell M' von C'_n bestimmt ein Modell M von C^n, wenn wir $E_0=E'_0, E_i=\bar{R}_i$ in M' $(0<i\leq n)$ und $\bar{\varepsilon}=\bar{\hat{\varepsilon}}$ setzen.

c) (Übergang zur Mengenlehre; reiner Fall). Wir lassen in $\mathfrak{L}'_{\hat{\varepsilon}}$ die Variablen vom Typ 0 weg und erhalten dadurch die übliche Sprache $\mathfrak{L}_{\varepsilon}$ der Mengenlehre.
(i) In der Sprache $\mathfrak{L}^n_{\hat{\varepsilon}}$ lassen wir die Variablen vom Typ 0 weg. In dieser neuen Sprache (sie unterscheidet sich von $\mathfrak{L}^{n-1}_{\hat{\varepsilon}}$ nur in der Bezeichnung) gebe man eine Formelmenge C^n_0 an, deren Modelle gerade die reinen kumulativen Typenstrukturen der Ordnung $\leq n$ sind.
(ii) Zeige, daß jedes Modell von C^n_0 ein Modell von C_n bestimmt und umgekehrt, wobei C_n aus den Formeln

$$\bigwedge x \bigwedge y[\bigwedge z(z \varepsilon x \leftrightarrow z \varepsilon y) \rightarrow x=y]$$
$$\bigwedge x \bigwedge x_1 \ldots \bigwedge x_n \neg (x_n \varepsilon x \ \bigwedge_{1\leq i<n} x_i \varepsilon x_{i+1})$$

besteht.

Lösung: a) Die gesuchte Funktion τ und die Abbildungen werden simultan durch Rekursion nach n definiert. Es wird klar werden, daß die Formeln aus $\mathfrak{L}^n_{\hat{\varepsilon}} \cup \mathfrak{L}^{\tau n}$ sind und daß die Definition universell in allen Modellen M von C^n und den entsprechenden M^σ $(\sigma\leq\tau n)$ gültig sind.
Für $n=0$ ist $\tau n=0$ und die Abbildung ist die Identität. Für alle $j\leq i$ seien die gesuchten Abbildungen schon definiert. Das Bild eines Elementes $x\varepsilon E_i$ (dem Bereich des Typs i von M) bezeichnen wir mit x', dem Typ von x' mit $\tau'(x)$. Wir nehmen an, daß $\{\tau'(x) : x \varepsilon E_i\}$ endlich ist.

τi ist dann die kleinste obere Schranke von $\tau' x$ für $x \varepsilon E_i$. Wir versehen die Menge der Typen $\leq \tau i$ mit einer festen Ordnung. Für $y \varepsilon E_{i+1} - E_i$ sei

$$\tau'(y) = (\sigma_1, \dots, \sigma_m),$$

wo $\{\sigma_1, \dots, \sigma_m\} = \{\tau'(x) : x \bar{\hat{\varepsilon}} y\}$ und die σ_j in der gegebenen Ordnung stehen; da M ein Modell von C^n ist, ist $x \varepsilon E_i$. Für $y \varepsilon E_{i+1} - E_i$ setzen wir dann

$$y' = \{(x'_1, \dots, x'_m) : x_p \bar{\varepsilon} y \wedge \tau'(x_p) = \sigma_p \text{ für } 1 \leq p \leq m\}.$$

Es ist klar, daß das Bild von τ' auf E_{i+1} endlich ist und daß y' ein Bereich des Typs $\tau'(y)$ von $M^{\tau(i+1)}$ liegt, wo $\tau(i+1)$ die kleinste obere Schranke von $\tau'(x)$ für $x \varepsilon E_{i+1}$ ist.
Das Bild von $\bar{\hat{\varepsilon}}$, d.h. die Menge $\{(x', y') : (x, y) \varepsilon \bar{\hat{\varepsilon}},\ x \varepsilon E_i,\ y \varepsilon E_i\}$ wird definiert durch die Disjunktion über alle Typen $\sigma \leq \tau i$ $(\sigma = (\sigma_1, \dots, \sigma_p))$ der Formeln

$$\bigvee x (x = y') \wedge \bigvee x_1 \dots \bigvee x_p [(x' = x_1 \vee \dots \vee x' = x_p) \wedge (x_1, \dots, x_p) \hat{\varepsilon}_\sigma y'],$$

wo x vom Typ σ und x_j vom Typ σ_j $(1 \leq j \leq p)$ sind.
Für $n=1$ ist also $\tau 1 = (0)$, d.h. $\tau 1 = 1$, und die Abbildung ist ebenfalls die Identität.

b) Ist ein Modell M von C^n gegeben, so erfüllt M' offenbar die ersten beiden Axiome von C'_n. Ist jedes x_i und $x_{i+1} \varepsilon E_n$ und gilt $x_i \hat{\varepsilon} x_{i+1}$, so ist der Typ von x_i echt kleiner x als der Typ von x_{i+1}; es gibt also keine absteigende $\bar{\hat{\varepsilon}}$-Kette einer Länge $>n$, $\bigwedge x R_n$ ist daher in M' wahr. Schließlich folgt die Extensionalität in M' aus der Extensionalität in M: für "echte" Mengen x, y aus M gilt $x=y$, wenn sie dieselben Elemente vom Typ k enthalten, wo $k+1 = \max\{\text{Typ von } x, \text{ Typ von } y\}$; erst recht sind sie dann gleich, wenn sie dieselben "Elemente" vom Typ n haben (was im Extensionalitätsaxiom von C'_n vorausgesetzt wird). Damit ist (i) bewiesen.

Den Beweis von (ii) überlassen wir dem Leser.

c) Um C^n_0 zu finden, gehen wir auf die Axiomenmenge C^n zurück, nehmen aber i, j, k alle ≥ 1 und lassen w weg:

$$\bigwedge x \bigvee y (x=y) \text{ für } i<j;\ \bigwedge x \bigwedge y [\bigwedge z (z \hat{\varepsilon} x \leftrightarrow z \hat{\varepsilon} y) \to x=y] \text{ für } k+1 = \max(i,j);$$

$$\bigwedge x \bigwedge y \neg (y \hat{\varepsilon} x) \text{ für } i=1;\ \bigwedge x \bigwedge y (x=y) \text{ für } i=j=1;$$

$$\bigwedge x \bigwedge y \bigvee z(x\hat{\varepsilon}y \rightarrow z=x) \text{ für } j=k+1;$$

$$\bigwedge y\,[\bigwedge x \bigvee z(x\hat{\varepsilon}y \rightarrow x=z) \rightarrow \bigvee x(x=y)] \text{ für } j=i+1 \text{ und } i=k+1;$$

Damit ist (i) gelöst, denn die Axiome implizieren die Existenz einer "leeren Menge" vom Typ 1, die einzige neue Behauptung im reinen Fall.

(ii) Sei ein Modell M^0 von C_0^n gegeben; wir nehmen $E=E_n^0$, wo $E_i^0=(1\leq i\leq n)$ die Bereiche von M^0 sind, und setzen $\bar{\varepsilon}=\bar{\varepsilon}^0$. Extensionalität ist klar, und die Nicht-Existenz absteigender $\bar{\varepsilon}$-Ketten der Länge $>n$ wird durch das Axiom $\bigwedge x \bigwedge y \bigvee z(x\hat{\varepsilon}y \rightarrow z=x)$ für alle i und $j=k+1$ gesichert.

Umgekehrt setzen wir $E_i^0=\bar{R}_i$, dem Wert von R_i in dem gegebenen Modell M von C_n, und $\bar{\varepsilon}=\bar{\varepsilon}^0$. Liegt y in $\bar{R}_{i+1}$ und ist $x\bar{\varepsilon}y$ in M wahr, so muß x offenbar in $\bar{R}_i$ liegen; gäbe es eine bei x beginnende absteigende $\bar{\varepsilon}$-Kette der Länge $>i$, etwa $x_1\bar{\varepsilon}x_2, x_2\bar{\varepsilon}x_3, \ldots, x_j\bar{\varepsilon}x$ $(j>i)$, so könnte sie durch Zufügen von $x\bar{\varepsilon}y$ zu einer von y ausgehenden absteigenden $\bar{\varepsilon}$-Kette der Länge $>i+1$ vergrößert werden. Es ist nun evident, daß alle Axiome C_0^n in $\langle E_1^0, \ldots, E_n^0, \bar{\varepsilon}^0\rangle$ erfüllt sind, einschließlich der Existenz einer leeren Menge und der Extensionalität, wie sie in C_0^n formuliert ist.

Kumulative Typen sind formal den anderen Typen überlegen, insbesondere dann, wenn man ohne Individuen auskommen kann. Denn C_n ist einfacher als das (entsprechende) T_τ von Seite 102 für endliche Typen, und sogar einfacher als G_n' für ganze Typen (Aufgabe 4 c) (iii)) und C_n' für allgemeine kumulative Typenstrukturen.

6. Neben den Bezeichnungen der vorangegangenen Aufgabe verwenden wir hier noch die Operationen $\mathcal{P}$ und $\mathcal{P}^f$: ist A eine Menge, so ist $\mathcal{P}(A)=\{B: B\subseteq A\}$ und $\mathcal{P}^f(A)=\{B: B\subseteq A \text{ und } B \text{ endlich}\}$.

(i) Für jede Menge E und für jede ganze Zahl $n\geq 0$ definieren wir durch Rekursion nach n die Realisierungen $\mathcal{C}_n(E)=(C_n(E), \varepsilon_n(E))$ und $\mathcal{C}_n^f(E)=(C_n^f(E), \varepsilon_n^f(E))$ von $\mathbf{L}_\varepsilon$ durch

$$C_0(E)=\{(0,a) : a\varepsilon E\},\ C_1(E)=C_0(E)\cup\{(1,a) : a\varepsilon\mathcal{P}(C_0(E))\}$$

$$C_{n+1}(E)=C_n(E)\cup\{(n+1,a) : a\varepsilon[C_n(E)]\} \text{ für } n\geq 1,$$

$$\varepsilon_n(E)=\{((i,a),(j,b)) : 0\leq i<j\leq n,\ (i,a)\varepsilon b\};$$

ε bedeutet dabei die gewöhnliche Elementbeziehung.

$C_n^f(E)$ und $\varepsilon_n^f(E)$ erhält man, wenn man in der obigen Definition $\mathfrak{P}$ durch $\mathfrak{P}^f$ ersetzt.

$\mathcal{L}_n(E)$ heißt die *volle* (indizierte) *kumulative Hierarchie der Ordnung n über* E *und* $\mathcal{L}_n^f(E)$ *die Hierarchie der hereditär endlichen Mengen der Ordnung n über* E. Diese Terminologie ist gerechtfertigt, da diese Strukturen, oder genauer: die Realisierungen $(C_0(E), C_n(E), \varepsilon_n(E))$ und $(C_0^f(E), C_n^f(E), \varepsilon_n^f(E))$ von $ł'_\varepsilon$ die Axiome C'_n von Aufgabe 5 erfüllen.

Offenbar sind für endliches E die Realisierungen $\mathcal{L}_n(E)$ und $\mathcal{L}_n^f(E)$ identisch.

Für $E=\emptyset$ lassen wir "(E)" weg; $\mathcal{L}_n(=\mathcal{L}_n^f)$ ist die reine kumulative Typenstruktur der Ordnung n (sie erfüllt C_n).

(ii) Für eine Familie von *Mengen* E definieren wir die nicht-indizierten kumulativen Strukturen $\tilde{\mathcal{L}}_n(E)=(\tilde{C}_n(E),\tilde{\varepsilon}_n(E))$ und $\tilde{\mathcal{L}}_n^f(E)=(\tilde{C}_n^f(E),\tilde{\varepsilon}_n^f(E))$ durch

$$\tilde{C}_0(E)=\tilde{C}_0^f(E)=E;\quad \tilde{C}_{n+1}(E)=\tilde{C}_n(E)\cup\mathfrak{P}[\tilde{C}_n(E)];$$

$\tilde{\varepsilon}_n(E)$ ist die Einschränkung der Elementbeziehung auf $\tilde{C}_n(E)\times\tilde{C}_n(E)$; $\tilde{C}_{n+1}^f(E)$ und $\tilde{\varepsilon}_n^f(E)$ werden entsprechend definiert.

Da E aus Mengen besteht, ist die Elementbeziehung auf $\tilde{C}_n(E)\times\tilde{C}_n(E)$ sinnvoll.

Im allgemeinen ist $(E,\tilde{C}_n(E),\tilde{\varepsilon}_n(E))$ kein Modell von C'_n, z.B. wenn $E=C_n$ für $n>1$.

a) Zeige: (i) Ist $E\cap\mathfrak{P}[\tilde{C}_{n-1}(E)]=\emptyset$, dann sind $\mathcal{L}_n(E)$ und $\tilde{\mathcal{L}}_n(E)$ isomorph, aber (ii) im allgemeinen nicht.

(iii) Ist card(E)=card(F), dann sind $\mathcal{L}_n(E)$ und $\mathcal{L}_n(F)$ sowie $\mathcal{L}_n^f(E)$ und $\mathcal{L}_n^f(F)$ isomorph, aber (iv) im allgemeinen weder $\tilde{\mathcal{L}}_n(E)$ und $\tilde{\mathcal{L}}_n(F)$ noch $\tilde{\mathcal{L}}_n^f(E)$ und $\tilde{\mathcal{L}}_n^f(F)$.

(ii) und (iv) zeigen, in welchem Sinne die Indizierung notwendig ist.

b) Für jedes $n>0$ und alle E (einschließlich $E=\emptyset$) erfüllen sowohl $\mathcal{L}_n(E)$ als auch $\mathcal{L}_n^f(E)$ die folgenden Formeln aus $ł_\varepsilon$:

(i) $\bigvee y\bigwedge z\neg(z\,\varepsilon\,y)$ (Existenz einer leeren Menge)

(ii) $\bigwedge x\bigvee y\bigwedge z[z\,\varepsilon\,y\leftrightarrow\bigvee w(z\,\varepsilon\,w\wedge w\,\varepsilon\,x)]$ (Existenz der Vereinigung y von x).

c) Die Sprache L_1 sei eine beliebige Erweiterung von $ł_\varepsilon$ durch neue Funktions- und Relationszeichen. Für alle n und E erfüllt jede Realisierung von L_1 mit dem Bereich $C_n(E)$ und $\bar{\varepsilon}=\varepsilon_n(E)$ oder mit dem Bereich $C_n^f(E)$ und $\bar{\varepsilon}=\varepsilon_n^f(E)$ die folgenden Formelschemata (wo A eine beliebige Formel aus L_1 ist, deren freie Variable in $\{x_1,\ldots,x_n,z\}$ enthalten sind und die die Variable y nicht enthält):

(i) $\bigwedge x \bigwedge x_1 \ldots \bigwedge x_n \bigvee y \bigwedge z\,[z \varepsilon y \leftrightarrow (z \varepsilon x \wedge A)]$ (Komprehension)

(ii) $\bigwedge x_1 \ldots \bigwedge x_n (\bigvee z A \rightarrow \bigvee u\,[A'' \wedge \bigwedge y (y \varepsilon u \rightarrow \neg A')])$ (Fundierung)

A' und A'' erhält man, wenn man in A die Variable z durch y bzw. u ersetzt.
(Eine kompaktere Formulierung dieser Bedingungen mit Mitteln der zweiten Stufe findet man in Aufgabe 1 von Kapitel 6.)

d) Sei $C_\omega(E)=\bigcup_{n>0} C_n(E)$, und entsprechend definieren wir $C_\omega^f(E), \varepsilon_\omega(E), \varepsilon_\omega^f(E)$. Wir setzen

$$\mathcal{L}_\omega(E)=(C_\omega(E),\varepsilon_\omega(E)),\ \mathcal{L}_\omega^f(E)=(C_\omega^f(E),\varepsilon_\omega^f(E)).$$

Entsprechend wird $\tilde{\mathcal{L}}_\omega(E)$ und $\tilde{\mathcal{L}}_\omega^f(E)$ definiert.

Zeige: für beliebiges E erfüllen $\mathcal{L}_\omega(E)$ und $\mathcal{L}_\omega^f(E)$ die folgenden Formeln:

(i) die Formeln b) (i)-(ii), die Schemata c) (i)-(ii) (interpretiert wie oben)

(ii) $\bigwedge x \bigvee y \bigwedge z (z \varepsilon y \leftrightarrow z \subset x)$ (Potenzmenge), wo $z \subset x$ zur Abkürzung für $\bigwedge x' (x' \varepsilon z \rightarrow x' \varepsilon x)$ steht.

(iii) $\bigwedge x_1 \bigwedge x_2 \bigvee y \bigwedge z\,[z \varepsilon y \leftrightarrow (z \varepsilon x_1 \vee z \varepsilon x_2)]$.

e) Zeige, daß
(i) $\mathcal{L}_\omega$ bis auf Isomorphie das kleinste Modell ist, das Extensionalität, b) (i) und d) (iii) erfüllt;
(ii) weder $\mathcal{L}_n(E)$ noch $\mathcal{L}_n^f(E)$ die Formeln d) (ii) oder d) (iii) erfüllen.

Lösung: a) (i) und (iii) sind klar; (i) impliziert, daß $\mathcal{L}_n$ und $\tilde{\mathcal{L}}_n$ isomorph sind, da $E \cap \mathfrak{P}[\tilde{C}_{n-1}(E)]=\emptyset$, falls $E=\emptyset$.
Um (ii) und (iv) zu beweisen, betrachten wir $E=\{\emptyset\}$ und $F=\{\{\emptyset\}\}$. Wegen $\mathrm{card}E=\mathrm{card}F=1$ sind sowohl $\mathcal{L}_n(E)$ und $\mathcal{L}_n^f(E)$ als auch $\tilde{\mathcal{L}}_n(F)$ und $\tilde{\mathcal{L}}_n^f(F)$ identisch.

In unserem Beispiel ist

$$C_0(E)=\{(0,\emptyset)\},\ C_0(F)=\{(0,\{\emptyset\})\};\ \mathcal{C}_0(E)=\{\emptyset\},\ \mathcal{C}_0(F)=\{\{\emptyset\}\}.$$
$$C_1(E)=\{(0,\emptyset),(1,\emptyset),(1,\{(0,\emptyset)\})\};\ \mathcal{C}_1(E)=\{\emptyset,\{\emptyset\}\}$$
$$C_1(F)=\{(0,\{\emptyset\}),(1,\emptyset),(1,(0,\{\emptyset\})\},\ \mathcal{C}_1(F)=\{\emptyset,\{\emptyset\}\{\{\emptyset\}\}\},$$

also ist $\mathrm{card}C_1(E)=\mathrm{card}C_1(F)=\mathrm{card}\mathcal{C}_1(F)=3$, aber $\mathrm{card}\mathcal{C}_1(E)=2$.

b) (i) ist klar.
(ii) Jedes x hat einen Typ $i\leq n$ für ein gewisses i; alle Elemente von x (wenn es welche gibt) haben einen Typ $\leq i-1$, und deren Elemente wiederum haben einen Typ $<i-1$. Beweis für $\mathcal{L}_n(E)$: da alle Teilmengen von $C_{i-2}(E)$ zu $C_{i-1}(E)$ gehören, ist auch die Vereinigung von x ein Element von $C_{i-1}(E)$, gehört also zu $C_i(E)$. Beweis für $\mathcal{L}_n^f(E)$: da x hereditär endlich ist, hat es nur endlich viele Elemente, und jedes dieser Elemente besitzt ebenfalls nur endlich viele Elemente; da eine endliche Vereinigung von endlichen Mengen endlich ist und da alle endlichen Teilmengen von $C_{i-2}^f(E)$ zu $C_{i-1}^f(E)$ gehören, erhalten wir das gewünschte Ergebnis.

c) (i) Wieder müssen wir die Fälle $C_n(E)$ und $C_n^f(E)$ getrennt behandeln. Gegeben seien $x_1,\ldots,x_n$, x sei vom Typ i: die Objekte $z\varepsilon x$ sind vom Typ $i-1$; für y nehmen wir

$$\{z:z \text{ vom Typ } i-1 \text{ und } z \text{ erfüllt } A\}\cap x.$$

Da alle Teilmengen von $C_{i-1}(E)$ zu $C_i(E)$ gehören, ist (i) erfüllt. Falls $x\varepsilon C_i^f(E)$, so ist x notwendig endlich. Daher ist auch

$$\{z:z \text{ vom Typ } i-1 \text{ und } z \text{ erfüllt } A\}\cap x$$

endlich, gehört somit zu $C_i^f(E)$.

(ii) Wenn $\bigvee zA$ in der gegebenen Realisierung wahr ist, so nehme man ein z mit minimalem Typ, das A erfüllt.
Wir beachten, daß das Schema (ii) zu

$$\bigwedge x_1\ldots\bigwedge x_n(\bigwedge u[\bigwedge y(y\varepsilon u \to\neg A')\to\neg A''] \to \bigwedge z\neg A)$$

äquivalent ist, und weiter, daß jede Formel dieses Schemas logisch aus dem entsprechenden Schema ohne die Parameter $x_1,\ldots,x_n$ folgt. (Man nehme in dem Schema

$$\bigwedge v[[\bigwedge w(w \varepsilon v \to C(w)) \to C(v)] \to \bigwedge z C(z)]$$

für C die Formel

$$\bigwedge x_1 \ldots \bigwedge x_n(\bigwedge u[\bigwedge y(y \varepsilon u \to \neg A') \to \neg A''] \to \neg A)).$$

d) liegt auf der Hand.

e) Es ist bequemer, $\tilde{\mathcal{L}}_\omega$ zu betrachten, das ja zu $\mathcal{L}_\omega$ isomorph ist.
(i) Zuerst einmal ist klar, daß $\tilde{\mathcal{L}}_\omega$ die drei Axiome erfüllt. Daß es das kleinste solche Modell ist, beweisen wir durch Induktion nach n:

ist $\tilde{C}_n$ in jedem Modell des Extensionalitätsaxioms der Formeln b) (i) und d)(iii) enthalten, so auch $\tilde{C}_{n+1}$.
Dazu betrachten wir die Potenzmengenoperation, mit deren Hilfe $\tilde{C}_{n+1}$ aus $\tilde{C}_n$ gebildet wird: jede Teilmenge von $\tilde{C}_n$ (die ja endlich ist), hat die Form $\{y_1\} \cup \ldots \cup \{y_p\}$ mit $y_i \varepsilon \tilde{C}_n$ $(1 \leq i \leq p)$. Für $p=1$ wende man d)(iii) mit $x_1 = \emptyset$ und $x_2 = y_1$ an; angenommen, wir wissen schon, daß $\{y_1\} \cup \ldots \cup \{y_{p-1}\} = x_1$ und y_p in allen betrachteten Modellen liegen; dann gehört aber nach d) (iii) auch $\{y_1\} \cup \ldots \cup \{y_p\}$ zu diesen Modellen.
Die Existenz der leeren Menge wurde im Fall $p=1$ benutzt, Extensionalität ist notwendig, damit die Operation { } wohldefiniert ist.

(ii) ist klar, da für x bzw. x_2 vom Typ n das gesuchte y vom Typ $n+1$ ist und daher weder in $C_n(E)$ noch in $C_n^f(E)$ liegt.

Bemerkung: In Anhang II A werden die Hierarchien $\mathcal{L}_n(E)$ und $\mathcal{L}_n$ bis zu transfinitem n fortgesetzt. Die Beschreibung der transfiniten Iteration erfordert eine Theorie der Ordinalzahlen. Die Formulierung auf Seite 122 benutzt die Hierarchien $\tilde{\mathcal{L}}$, um auf systematische Weise "Täfelchen" für die Hierarchie $\mathcal{L}$ zu bekommen. Beispielsweise findet man die Ordinalzahlen $<\omega+\omega$ in $\tilde{C}_\omega(C_\omega)$ (natürlich nicht in $\tilde{C}^f_\omega(C_\omega)$, da $\tilde{C}^f_1(C_\omega) = C_\omega$).

7. Bezeichnungen wie in den beiden vorangegangenen Aufgaben; insbesondere ist w eine Variable für Individuen, x,y,z sind Variable für Mengen von Individuen (die R, aus Aufgabe 5 b) erfüllen), und u ist eine Variable für Mengen von solchen Mengen.

Gegeben sei eine Formel F aus $Ł_\varepsilon$ mit den Variablen x,y,z und eine Klasse von Realisierungen; F definiert die Relation R *uniform* für die gegebene Klasse von Realisierungen, wenn in jede Realisierung dieser

Klasse $R=\overline{F}$, $\overline{F}$ der Wert von F in dieser Realisierung. Wir werden insbesondere die Realisierungen $\mathcal{L}_n(E)$, $\mathcal{L}_n^f(E)$, $\mathcal{L}_\omega(E)$, $\mathcal{L}_\omega^f(E)$ für alle $n\geq 2$ und alle *unendlichen* E betrachten.
Wir verwenden die Funktionszeichen $\emptyset,\cap,\cup,-$ in ihrer üblichen Bedeutung, da in allen betrachteten Realisierungen $\emptyset, x\cap y, x\cup y, x-y$ das eindeutig bestimmte z existiert, welches

$$\bigwedge w\neg(w\varepsilon z),\bigwedge w[w\varepsilon z\leftrightarrow(w\varepsilon x\wedge w\varepsilon y)],\ \bigwedge w[w\varepsilon z\leftrightarrow(w\varepsilon x\vee w\varepsilon y)],$$

bzw. $$\bigwedge w[w\varepsilon z\leftrightarrow(w\varepsilon x\wedge\neg w\varepsilon y)]$$

erfüllt; die neuen Zeichen können nach Aufgabe 1 eliminiert werden.

Wir wollen nun die Relationen der *Arithmetik endlicher Kardinalzahlen* uniform definieren in einem Sinne, der unten in Teil c) präzisiert wird.

a) (i) Man definiere uniform die Eigenschaft: $\overline{x}$ ist eine endliche Teilmenge von E.
(ii) Man gebe eine Formel F an, die die Eigenschaft (i) in allen $\mathcal{L}_n^f(E)$ uniform definiert, aber nicht in allen $\mathcal{L}_n(E)$.
(iii) Zeige, daß das übliche Unendlichkeitsaxiom

$$\bigvee x[\emptyset\varepsilon x\wedge\bigwedge y(y\varepsilon x\ \rightarrow\ y\cup\{y\}\varepsilon x)]$$

in keinem $\mathcal{L}_n(E)$ und auch in $\mathcal{L}_\omega(E)$ nicht erfüllt ist.

(iv) Gib eine geschlossene Formel an, die zu "E ist unendlich" uniform äquivalent ist.

b) Definiere uniform die Relationen:
$\overline{x},\overline{y},\overline{z}$ sind endliche Mengen, und es ist

(i) card $\overline{x}$=card $\overline{y}$
(ii) card $\overline{x}\neq$card $\overline{y}$=card $\overline{z}$
(iii) card $\overline{x}$ × card $\overline{y}$=card $\overline{z}$.

c) Zu jeder Formel F der Arithmetik erster Stufe (Kapitel 3, Aufgabe 2) gebe man eine Formel F_ε aus $ł_\varepsilon$ mit denselben freien Variablen wie F an, so daß für jedes $n\geq 2$ und $n=\omega$ und für jedes unendliche E folgendes gilt: die ganzen Zahlen $k_1,\dots,k_n$ erfüllen F im Standardmodell genau dann, wenn Mengen x_i $(1\leq i\leq n)$ mit card $x_i=k_i$ die Formel F_ε in $\mathcal{L}_n(E)$ erfüllen, genau dann also, wenn F_ε in $\mathcal{L}_n^f(E)$ wahr ist.

Lösung: a) (i) Sei $B(u,x)$ (die Folge u von Teilmengen aus x "bildet" x) die Konjunktion der folgenden Formeln aus $\mathfrak{L}'_\varepsilon$:
$x\varepsilon u$; $\bigwedge y(y\varepsilon u \rightarrow y\subset x)$ (u ist eine Menge von Teilmengen von x);
$\bigwedge y[y\varepsilon u \wedge y\neq\emptyset \rightarrow \bigvee! z\bigvee w(y=z\cup\{w\}\wedge\neg v\varepsilon z\wedge z\varepsilon u)]$.

Dann definiert $R_1\wedge\bigwedge u[B(u,x) \rightarrow \emptyset\varepsilon u]$, etwa F in x, uniform die gesuchte Eigenschaft.
Um dies einzusehen, betrachten wir zunächst die hereditär endlichen Mengen über E. Hier ist jedes $\bar{x}$ endlich. Angenommen, $(\bar{u},\bar{x})$ erfüllt B; es gibt dann eine eindeutig bestimmte Folge $\bar{x}_0,\bar{x}_1,\ldots,\bar{x}_n$, wo $\bar{x}_0=\bar{x}$, etwa $\bar{x}_0=\bar{x}_1\cup\{\bar{w}_1\},\ldots,$ und $\bar{x}_{i+1}$ ist echt enthalten in $\bar{x}_i$. Nach card $\bar{x}$ Schritten endet die Folge also mit $\emptyset$.

Nächster Fall: E unendlich und $\bar{x}$ unendlich. Wir beachten zunächst, daß es ein $\bar{u}$ gibt, das B erfüllt und schließen dann wie vorhin.
Ist (E unendlich und) $\bar{x}$ unendlich, so müssen wir ein $\bar{u}$ finden, so daß $(\bar{u},\bar{x})$ die Formel B erfüllt, aber $\emptyset\notin\bar{u}$. Da $\bar{x}$ unendlich ist, enthält $\bar{x}$ eine Teilmenge $\{\bar{w}_1,\ldots,\bar{w}_n,\ldots\}$. Wir nehmen für $\bar{u}$ die Folge $\{\bar{x},\bar{x}-\{\bar{w}_1\},x-\{\bar{w}_1,\bar{w}_2\},\ldots\}$.

(ii) Offenbar definiert R_1 selbst die Eigenschaft (i) in $\mathfrak{L}_n^f(E)$, aber nicht in $\mathfrak{L}_n(E)$ für unendliches E.

(iii) Wir setzen $\emptyset_0=\emptyset,\emptyset_{n+1}=\emptyset_n\cup\{\emptyset_n\}$. Für alle E ist $\emptyset_n\varepsilon C_n(E)$, aber $\emptyset_n\notin C_{n-1}(E)$. Daher ist $\bar{x}\notin C_{n-1}(E)$ für alle n, also auch $\bar{x}\notin C_\omega(E)$.

(iv) $\bigwedge x\,[Fin\ x \rightarrow \bigvee w\neg(w\varepsilon x)]$.

b) (i) Es genügt, disjunkte Mengen $\bar{x},\bar{y}$ zu betrachten, da card $\bar{x}$=card $\bar{y}$ genau dann, wenn card $(\overline{x-y})$= card $(\overline{y-x})$, und $\overline{x-y}$ und $\overline{y-x}$ sind disjunkt. Sei $B_1(u,x,y)$ die Konjunktion der folgenden Formeln:

$$x\cup y\varepsilon u,\ \bigwedge z[z\varepsilon u \rightarrow \bigvee x'\bigvee y'(x'\subset x\wedge y'\subset y\wedge x'\cup y'=z)]$$
$$\bigwedge z[(z\neq\emptyset\wedge z\varepsilon u) \rightarrow \bigvee! x'y'ww_1(x=x'\cup\{w\}\wedge\neg w\varepsilon x'\wedge y=y'\cup\{w_1\}\wedge\neg w_1\varepsilon y'\wedge x'\vee y'\varepsilon u)].$$

Dann definiert $E(x,y)=F$ in $x\wedge F$ in $y\wedge\bigwedge u[B_1(u,x,y) \rightarrow \emptyset\varepsilon u]$ die Relation: $\bar{x}$ und $\bar{y}$ haben die gleiche endliche Kardinalzahl. Man beweist das wie in a); die genaue Ausführung überlassen wir dem Leser. Man beachte, daß diese Definition sogar für endliches E gilt.
(ii) Zur Vereinfachung nehmen wir an, daß E unendlich ist; dann gibt es zu jedem Tripel $(\bar{x},\bar{y},\bar{z})$ (von endlichen Mengen aus E) paarweis disjunkte $\bar{x}_1,\bar{y}_1,\bar{z}_1$ mit card $\bar{x}_1$=card $\bar{x}$, card $\bar{y}_1$=card $\bar{y}$ und card $\bar{z}_1$=card $\bar{z}$. Da wir mit disjunkten Mengen arbeiten, können wir Folgen von geordneten Paaren durch Vereinigungen ersetzen, und dadurch bleibt der Typ n klein (vgl. Aufgabe 4 a)).

Sei $S(x,y,z)$ ("S" für Summe) die folgende Formel:

$$(y=\emptyset \wedge E(x,z)) \vee (x=\emptyset \wedge E(y,z)) \vee (x \neq \emptyset \wedge y \neq \emptyset \wedge \bigwedge u[B_3(u,x,y,z) \to \emptyset \varepsilon u]),$$

wobei B_3 die Konjunktion der folgenden Formeln ist:

$$x \cup y \cup z \varepsilon u; \ \bigwedge v[v \varepsilon u \to \bigvee x' \bigvee y' \bigvee z'(x' \subset x \wedge y' \subset y \wedge z' \subset z \wedge v = x' \cup y' \cup z')]$$

$$\bigwedge v([v \neq \emptyset \wedge v \varepsilon u] \to \bigvee ! v' z' w w_1 [\neg w \varepsilon v \wedge \neg w_1 \varepsilon v \wedge w_1 \varepsilon z \wedge (w \varepsilon x \vee w \varepsilon y) \wedge v = v' \cup \{w\} \cup \{w_1\} \wedge v \varepsilon u]),$$

in Worten: die Folge u kodiert einen Prozeß, bei dem man jeweils ein Element von z und ein Element von x oder von y wegnimmt.

(iii) Vielleicht ist es am einfachsten, zuerst die Relation card $\bar{x}=(\text{card } y)^2$ zu definieren, und dann card $\bar{x}$ × card $\bar{y}$=card $\bar{z}$ $\leftrightarrow$ (card $\bar{x}$ + card $\bar{y})^2$=(card $\bar{x}$ - card $\bar{y})^2$ + 4 card $\bar{z}$ anzuwenden.

Die Methode, card $\bar{x}=(\text{card } \bar{y})^2$ zu definieren, besteht wie vorhin darin, daß $\bar{u}$ eine Folge $\{\bar{z}_0, \bar{z}_1, \ldots, \bar{z}_{\text{card } \bar{x}}\}$ von Mengen (von Individuen) sein muß, so daß $z_i = x_i \cup y_i$ mit $x_i \subseteq x$, $y_i \subseteq y$, card $\bar{x}_i = i$, card $\bar{y}_i = i^2$. Die Definition von card $\bar{x}$ × card $\bar{y}$=card $\bar{z}$ bezeichnen wir mit $P(x,y,z)$.

c) Wir beachten zuerst, daß wir (uniform für alle $n \geq 2$ und für unendliche E) Summen und Produkte zur Verfügung haben (nicht nur die Relationen aus b)): card $\bar{z}$=card $\bar{x}$ + card $\bar{y}$ oder card $\bar{z}$=card $\bar{x}$ × card $\bar{y}$, ebenso ihre Eindeutigkeit bis auf numerische Äquivalenz. Nach Aufgabe 1 können wir die Funktionszeichen in F durch entsprechende Relationszeichen eliminieren; wir erhalten dadurch eine Formel F'. In F' ersetzen wir die atomaren Formeln $x=0$, $x=1$, $x+y=z$, $x \times y=z$ durch $x=\emptyset$, $\bigvee w(x=\{w\})$, $S(x,y,z)$ bzw. $P(x,y,z)$, und schränken alle Quantoren auf Fin ein, d.h. für jede Teilformel $\bigvee xG$ von F' ist $(\bigvee xG)_\varepsilon = \bigvee x(Fin(x) \wedge G_\varepsilon)$ und $(\bigwedge xG)_\varepsilon = \bigwedge x(Fin(x) \to G_\varepsilon)$, wo G_ε die Übersetzung von G bedeutet.

Bemerkungen: Eine mengentheoretische Behandlung der Arithmetik, die von der Erzeugung der natürlichen Zahlen mit Hilfe einer Nachfolgeroperation ausgeht (nicht nur Kardinalzahlarithmetik), bringen wir in Anhang II, A, S. 207 ff. Die Ergebnisse dieser Aufgabe sind optimal in dem Sinne, daß c) nicht zu $n=1$ verbessert werden kann; dies folgt aus Aufgabe 7 b) von Kapitel 4. Natürlich *können* die Ergebnisse verschärft werden, so daß neben $\mathcal{L}_n(E)$ und $\mathcal{L}_n^f(E)$ auch noch andere kumulative Typenstrukturen der Ordnung n einbezogen werden; etwa jene, die notwendig sind für den Nachweis, daß die Formeln Fin, E,S und P von b) die intendierten Relationen definieren. Wir untersuchen diese Bedingungen hier nicht; sie wären nötig, um Fallunterscheidungen wie in a) (i) zu vermeiden.

8. Bezeichnungen wie in Aufgabe 6. Sei L_1 eine Erweiterung von $Ł'_\varepsilon$; das Ersetzungsschema für L_1 ist nach Definition die Formelmenge

$$(*) \quad \bigwedge x \bigwedge x_1 \ldots \bigwedge x_m \bigvee y([\bigwedge z(z\varepsilon x \rightarrow \bigvee! vB)] \rightarrow \bigwedge v\,[v\varepsilon y \leftrightarrow \bigvee z(z\varepsilon x \wedge B)]),$$

wo x,y,z,v Variable vom Typ 1 (aus $Ł'_\varepsilon$) sind und B irgendeine Formel aus L_1 ist, die y nicht enthält und deren freie Variable sämtlich in $\{x_1,\ldots,x_m,u,v\}$ liegen.

a) Zeige: jede Realisierung von L_1 mit den Bereichen $C_0^f(E)$ (vom Typ 0) und $C_\omega^f(E)$ (vom Typ 1) und $\bar{\varepsilon}=\varepsilon_\omega^f(E)$ (E eine beliebige Menge) ist ein Modell der Menge der Formeln (*).

b) Man gebe eine Formel B_0 aus $Ł_\varepsilon$ an, so daß für jedes *unendliche* E und jede ganze Zahl $n>1$ der Spezialfall von (*) mit $B=B_0$ in $\mathcal{L}_n(E)$ und $\mathcal{L}_\omega(E)$ falsch sind.

c) Beweise die folgenden logischen Beziehungen:
(i) Das Komprehensionsschema c(i) von Aufgabe 6 folgt aus (*) zusammen mit der Existenz einer leeren Menge (b(i) von Aufgabe 6);
(ii) Die Existenz einer leeren Menge folgt auch aus dem Komprehensionsschema und aus dem Fundierungsschema, aber
(iii) nicht aus der folgenden Formelmenge: (*), Extensionalität, b(i), d(ii)-d(iii) von Aufgabe 6.

Lösung: a) Jedes $\bar{x}\varepsilon C_\omega^f(E)$ ist endlich, etwa $\bar{x}=\{\bar{z}_1,\ldots,\bar{z}_p\}$. Wenn $\bigwedge z(z\varepsilon x \rightarrow \bigvee! vB)$ in der gegebenen Realisierung für alle Werte $\bar{x}_i$ von x_i $(1\leq i\leq m)$ wahr ist, dann ist $\bar{B}$ eine Menge von p Paaren, etwa $\bar{B}=\{(\bar{z}_1,\bar{v}_1),\ldots,(\bar{z}_p,\bar{v}_p)\}$, wo jedes v_i einen endlichen Typ m_i $(1\leq i\leq p)$ hat. Wir setzen $m=1+\max_{1\leq i\leq p} m_i$; dann ist $\bar{y}=\{\bar{v}_1,\ldots,\bar{v}_p\}\varepsilon C_m^f(E)$, und $\bar{y}$ erfüllt $\bigwedge v\,[v\varepsilon y \leftrightarrow \bigvee z(z\varepsilon x \wedge B)]$ in der gegebenen Realisierung.

b) Die genaue Angabe von B_0 ist nicht ganz einfach, da wir auf Uniformität bestehen und da B_0 aus $Ł_\varepsilon$ (und nicht nur aus $Ł'_\varepsilon$ etwa) sein soll. B_0 enthält außer u und v keine freien Variablen und soll uniform die folgende Relation definieren (wo $\emptyset_0=\{\emptyset\}$ und $\emptyset_{m+1}=\{\emptyset_m\}$ für alle ganzen Zahlen $m\geq 0$):
$\bar{z}$ ist eine endliche Menge vom Rang 1, d.h. ihre Elemente sind Individuen oder die leere Menge, und $\bar{v}=\emptyset_m$, wobei $m=\text{card}\,\bar{u}$.
Für ein solches B_0 wird (*) falsch: wir setzen $\bar{x}=\bar{x}^{(n)}$, die Menge aller

Mengen vom Rang 1 der Kardinalzahl n-1 (n>1). Offenbar ist $\bar{x}^{(n)}\varepsilon C_2(E)$ für alle n, und zu jedem $\bar{u}\varepsilon\bar{x}^{(n)}$ gibt es genau ein $\bar{v}$, welches B_0 erfüllt, nämlich $\emptyset_n$ (dasselbe für alle $\bar{z}$ in $\bar{x}^{(n)}$). Aber $\emptyset_{n+1}$, die Menge dieser $\bar{v}$, liegt nicht in $C_n(E)$. (Mit demselben Beispiel zeigt man, daß (*) mit $B=B_0$ auch in $\mathcal{L}_n^f(E)$ falsch ist.)

Für $\mathcal{L}_\omega(E)$, E unendlich, setzen wir $\bar{x}=\bar{x}^\omega$, die Menge aller nicht-leeren endlichen Mengen vom Rang 1. $\bar{y}=\{\emptyset_1,\emptyset_2,\ldots\}$ ist die gesuchte Menge $\notin C_\omega(E)$. Offenbar erfüllt $\bar{x}^{(\omega)}$ die Formel $\bigwedge z(z\varepsilon x \rightarrow \bigvee! vB)$ in $\mathcal{L}_\omega(E)$, da (für $\bar{z}\varepsilon\bar{x}^{(\omega)}$) $\bar{v}=\emptyset_{\text{card }\bar{u}}$ die Formel B_0 erfüllt. Dieser Schritt ist im Fall $\mathcal{L}_\omega^f(E)$ nicht möglich, da $\bar{x}^{(\omega)}$ für unendliches E unendlich ist, also $\notin C_\omega^f(E)$.

Um die Formel B_0 aufzuschreiben, beachten wir zunächst folgendes: da wir sowohl Individuen als auch leere Mengen als Elemente von $\bar{u}$ zulassen, definiert die Formel $\bigwedge x\bigwedge y(x\varepsilon z \rightarrow \neg y\varepsilon x)$ uniform die Eigenschaft "z ist eine Menge vom Rang 1". Die Eigenschaft "z ist endlich" wird definiert wie in Aufgabe 7 a). Die Relation

$$\bar{v}=\emptyset_{\text{card }\bar{z}}$$

kann wie in Aufgabe 7 b) (i) definiert werden, wenn wir beachten, daß der Rang von $\emptyset_m$ für alle m vom Rang aller Elemente aus $\bar{u}$ verschieden ist. B_0 drückt dann aus, daß entweder

(i) card $\bar{z}=1\wedge\bar{v}=\emptyset_1$,
oder
(ii) card $\bar{z}$>1, es gibt eine Folge $\{\{\bar{u}_1,\emptyset_1\},\{\bar{z}_2,\emptyset_2\},\ldots,\{\bar{z}_r,\emptyset_r\}\}$ für $r+1=\text{card }\bar{z}_r$, und $\bar{v}=\{\emptyset_r\}$. (Da wir bei r statt bei $r+1$ aufhören, erreichen wir, daß die Folge $\varepsilon C_n(E)$, ja sogar $\varepsilon C_n^f(E)$, wenn card $\bar{u}<n$.)

c) (i) Gegeben sei eine Formel A wie in c) (i) von Aufgabe 6. In (*) setzen wir $m=n+1$ und nehmen für B die Formel

$$(A\wedge v=z)\vee(\neg A\wedge v=x_m\wedge A'),$$

wo A' durch Ersetzen von z durch x_m aus A hervorgeht.
Wenn $\bigwedge x_m(x_m\varepsilon x \rightarrow \neg A')$, dann wird $\bigwedge z[z\varepsilon y\leftrightarrow(z\varepsilon x\wedge A)]$ von einer leeren Menge y erfüllt ("eine" und nicht "die" leere Menge, weil wir keine Extensionalität voraussetzen wollen). Außerdem gilt

$$(x_m\varepsilon x\wedge A') \rightarrow \bigwedge z(z\varepsilon x \rightarrow \bigvee! vB),$$

woraus mit (*)

$$(x_m \varepsilon x \wedge A') \rightarrow \bigvee y \bigwedge z [z \varepsilon y \leftrightarrow (z \varepsilon x \wedge A)]$$

folgt. Da x_m im Hinterglied nicht vorkommt, folgt

$$\bigvee x_m (x_m \varepsilon x \wedge A') \rightarrow \bigvee y \bigwedge z [z \varepsilon y \leftrightarrow (z \varepsilon x \wedge A)].$$

Wir haben also $\bigvee y \bigwedge z [z \varepsilon y \leftrightarrow (z \varepsilon x \wedge A)]$ sowohl aus $\bigvee x_m (x_m \varepsilon x \wedge A')$ als auch aus der Negation $\bigwedge x_m (x_m \varepsilon x \rightarrow \neg A')$ abgeleitet.

(ii) Im Komprehensionsschema nehmen wir für A die Negation einer logisch wahren Formel, z.B. $\neg z = z$.
Für A setzen wir ein Fundierungsschema $z = z$.

(iii) Wir betrachten die folgende Realisierung von $\mathfrak{L}_\varepsilon$: der Bereich besteht aus genau einem Element a und $\bar{\varepsilon} = \{(a,a)\}$. Offenbar ist dort das Extensionalitätsaxiom erfüllt, denn es gibt nur ein einziges Element, die Vereinigung (der "Elemente") von a ist a, die "Potenzmenge" von a ist a und $\{a,a\} = a$. Daher gelten b) (ii), d) (ii) und d) (iii). Schließlich gilt (*), denn wenn $\bigwedge z (z \varepsilon a \rightarrow \bigvee ! v B)$ erfüllt wird, muß $\bar{v}$ wieder a sein. Es gibt jedoch in dieser Realisierung keine leere Menge.

Bemerkung: Die Modelle der Axiome der "Mengenlehre" aus Aufgabe 6, die wir mit Hilfe von $\mathcal{L}^f_\omega(E)$ und $\mathcal{L}_\omega(E)$ gebildet haben, sind recht elementar. Aufgabe 7 zeigt, daß die Arithmetik und die Theorie der endlichen Typen über den ganzen Zahlen in $\mathcal{L}_\omega(E)$ für unendliches E mittels geeigneter Unendlichkeitsaxiome entwickelt werden können, die in $\mathcal{L}_\omega(E)$ erfüllt sind. (Für das "übliche" Unendlichkeitsaxiom kann man das Modell $\mathcal{L}^{\ast}_{\omega}(\mathcal{C}_\omega)$ nehmen.) Das Ersetzungsaxiom hat einen ganz anderen Charakter. In $\mathcal{L}^f_\omega(E)$ gilt es wegen einer *starken Abgeschlossenheitseigenschaft* von ω, die wir in a) oben ausnützen; eine beliebige endliche Menge von (endlichen) ganzen Zahlen hat ein Maximum. Wenn E unendlich ist, muß die Potenzmengenoperation (mit der wir $\mathcal{L}_\omega(E)$ gebildet hatten) sehr weit ins Transfinite iteriert werden, bis man wieder eine hinreichend starke Abgeschlossenheitseigenschaft bekommt, so daß das Ersetzungsaxiom gilt; vgl. das Argument in b). Das Studium dieses Iterationsprozesses führt zu sogenannten *Unendlichkeitsaxiomen*; siehe S. 216 f. und S. 230 f.

Man beachte, daß das Ersetzungsaxiom auch in den folgenden Mengenbereichen gilt, die als "dünne" Hierarchie definiert sind. Sei σ eine sogenannte reguläre Kardinalzahl, d.h. eine Anfangszahl, so daß $\sum_i^\tau \sigma_i < \sigma$, wenn nur $\tau < \sigma$ und jedes $\sigma_i < \sigma$ (z.B. sind die erste unendliche und die erste überabzählbare Ordinalzahl regulär).

Für eine Menge x sei

$$\mathcal{P}^{\sigma}(x)=\{y:y\subseteq x \text{ und } \operatorname{card} y<\sigma\} .$$

Wenn also $\sigma=\kappa_0$ oder $\sigma=\kappa_1$, dann ist $\mathcal{P}^{\sigma}(x)$ die Menge aller endlichen bzw. abzählbaren Teilmengen von x. Sei E ein Bereich von Individuen. Wir definieren

$$C_0^{\sigma}(E)=E \quad \text{und} \quad C_{\alpha}^{\sigma}=\bigcup_{\beta<\alpha} C_{\beta}^{\sigma}\cup\mathcal{P}(C_{\beta}^{\sigma}) \text{ für Ordinalzahlen } \alpha\neq 0.$$

(Offenbar ist $C_{\alpha}^{\sigma}=C_{\sigma}^{\sigma}$ für $\alpha\geq\sigma$.) Nach Definition von Regularität gilt das Ersetzungsaxiom in C_{σ}^{σ}. Man beachte, daß $\beth_{\omega}$ nicht regulär ist ($\beth_0=\aleph_0$, $\beth_{n+1}=2^{\beth_n}$, $\beth_{\omega}=\sum\beth_n$); wenn $\sigma=\beth_{\omega}$, erfüllt C_{σ}^{σ} zwar das Potenzmengen- und Ersetzungsaxiom, *nicht* aber das Vereinigungsaxiom

$$\forall x\,\exists y\,\forall z\,[z\in y\leftrightarrow \exists w(z\in w\wedge w\in x)] .$$

Die oben erwähnte "starke" Abgeschlossenheitseigenschaft von $\omega(=\aleph_0)$ bedeutet, daß ω nicht nur regulär, sondern auch unter der Potenzmengenoperation abgeschlossen (d.h. stark unerreichbar) ist.

6 Maximale Modelle, Modelle unendlicher Formeln

Im ersten Teil dieses Kapitels beschäftigen wir uns mit einer wichtigen Klasse von Realisierungen der Sprachen mit endlich vielen Typen, die wir im vorigen Kapitel beschrieben haben. Es sind dies die maximalen (oder vollen) Modelle, die so aussehen: der Bereich C_0 ist beliebig und die Bereiche der übrigen Typen bestehen aus *allen* Mengen (des entsprechenden Typs) der Typenstruktur über der Basis C_0. Diese maximalen Modelle heißen auch Standardmodelle (bzgl. der Standardinterpretation der Mengenquantoren). Im ersten Satz wird Gültigkeit in maximalen Realisierungen von Sprachen *endlicher* Stufe auf Gültigkeit in maximalen Realisierungen von gewissen (geeignet gewählten) Sprachen zweiter Stufe zurückgeführt. Wie in der Zusammenfassung von Kapitel 3 bereits erwähnt, kann Gültigkeit zweiter Stufe im allgemeinen nicht auf Gültigkeit erster Stufe zurückgeführt werden. Dies folgt aus der Aufgabe 5 von Kapitel 3 und den Aufgaben 1 und 4 dieses Kapitels. Wir interessieren uns daher für eine gewisse Klasse von Formeln zweiter Stufe, die zu unendlichen Mengen von Formeln erster Stufe äquivalent sind: dies ist die Verallgemeinerung des Einbettungssatzes, von der ebenfalls schon in der Zusammenfassung von Kapitel 3 gesprochen wurde.

Die soeben erwähnten unendlichen Axiomensysteme (und diejenigen aus früheren Kapiteln) kann man als unendlich lange Konjunktionen von endlichen Formeln auffassen. Der zweite Teil dieses Kapitels behandelt Sprachen, die andere *unendlich lange* Ausdrücke enthalten, wie z.B. die Formeln $\bigwedge x \bigvee A_i(x)(i\varepsilon I)$, wo $\bigvee A_i$ die unendliche Disjunktion der endlichen Formeln $A_i(i\varepsilon I)$ bedeutet. In Aufgabe 4 bringen wir einige vertraute Strukturen, die durch solche Formeln definiert werden können. Hauptergebnis ist eine einfache Charakterisierung der Klasse aller endlichen Formeln, die in allen Modellen eines abzählbaren Systems von Axiomen $A^m(m=1,2,\ldots)$ der Form $\bigwedge x \bigvee_n B_n^m(n=1,2,\ldots)$ gültig sind. Dieser Satz läßt sich nicht direkt auf den überabzählbaren Fall verallgemeinern

(siehe Aufgabe 3 d)). Neuere Arbeiten über die (in voller Blüte stehende) Theorie unendlicher Formeln findet man in der Monographie von H.J. Keisler "Model Theory for Infinitary Logic", North-Holland Publ. Company, Amsterdam 1971, und dem Artikel von J. Barwise "Applications of Strict Π^1_1 Predicates to Infinitary Logic", Journal of Symbolic Logic, 34, (1969), 409-423.
Um tiefere Ergebnisse über Sprachen mit unendlich langen Formeln und ihre Realisierungen zu erhalten, benötigt man Begriffe aus der Theorie der rekursiven Funktionen von (unendlichen) Ordinalzahlen; schon die Verallgemeinerung des Endlichkeitssatzes auf Formeln vom Typ $\bigwedge x \bigvee_n (x=c_n)$ erfordert Begriffe aus der Hyperarithmetik (Rekursion auf rekursiven Ordinalzahlen). Diese Theorie liefert auch eine Erklärung, warum Negation und Konjunktion unter allen aussagenlogischen Verknüpfungen mit unendlich vielen Variablen eine besondere Rolle spielen.

Wir betrachten die Sprachen L^τ der Typentheorie, die in Kapitel 5 eingeführt werden. Nach Satz 12 dieses Kapitels wird jeder Realisierung M von L eine *maximale* τ-*Realisierung über* M zugeordnet, die bis auf Isomorphie eindeutig bestimmt ist. In einer maximalen Realisierung ist die Relation $\overline{\varepsilon_\sigma}$, $\sigma=(\sigma_1,\ldots,\sigma_n)$, auf $E_{\sigma_1}\times\ldots\times E_{\sigma_n}\times E_\sigma$ isomorph zur Elementbeziehung auf $E_{\sigma_1}\times\ldots\times E_{\sigma_n}\times \mathfrak{P}(E_{\sigma_1}\times\ldots\times E_{\sigma_n})$. Das bedeutet: zu *jeder* Teilmenge X von $E_{\sigma_1}\times\ldots\times E_{\sigma_n}$ gibt es ein eindeutig bestimmtes Element $a\varepsilon E_\sigma$, dessen "Elemente" in dieser Realisierung die Elemente von X sind.

Eine Formel der Ordnung τ, deren Abschluß von jeder maximalen τ-Realisierung von L erfüllt wird, heißt *Theorem der Ordnung* τ *von* L.

Wir können ohne Einschränkung der Allgemeinheit annehmen, daß L keine Individuenkonstanten enthält. Denn angenommen, $F(a_1,\ldots,a_n)$ ist eine Formel mit den Individuenkonstanten $a_1,\ldots,a_n$; $F(a_1,\ldots,a_n)$ ist ein Theorem der Ordnung τ genau dann, wenn $F(x_1,\ldots,x_n)$ ein Theorem der Ordnung τ ist, wo $x_1,\ldots,x_n$ Variable vom selben Typ wie $a_1,\ldots$ bzw. a_n sind, die nicht in $F(a_1,\ldots,a_n)$ vorkommen.

In L_τ fassen wir nun alle Variable als Variable von gleichem Typ auf und bezeichnen diese neue Sprache mit L_0. (Die Relationszeichen von L_τ behalten wir bei.) Wir erweitern L_0 durch einstellige Relationszeichen T_σ für alle $\sigma\leq\tau$; diese Sprache heiße L^*. Jeder Formel F von L_0 ordnen wir eine Formel F^* von L^* zu, die wir durch Rekursion nach der Länge von F wie folgt definieren:

i) für atomares $F(x_1^{\sigma_1},\ldots,x_n^{\sigma_n})$ ist

$$F^*=F(x_1,\ldots,x_n)\wedge T_{\sigma_1}(x_1)\wedge\ldots\wedge T_{\sigma_n}(x_n);$$

ii) für $F(x_1^{\sigma_1},\ldots,x_n^{\sigma_n})=\neg G(x_1^{\sigma_1},\ldots,x_n^{\sigma_n})$ ist

$$F^*=\neg G^*(x_1,\ldots,x_n)\wedge T_{\sigma_1}(x_1)\wedge\ldots\wedge T_{\sigma_n}(x_n);$$

iii) für $F(x_1^{\sigma_1},\ldots,x_n^{\sigma_n})=G(x_1^{\sigma_1},\ldots,x_n^{\sigma_n})\vee H(x_1^{\sigma_1},\ldots,x_n^{\sigma_n})$ ist

$$F^*=(G^*\vee H^*)\wedge T_{\sigma_1}(x_1)\wedge\ldots\wedge T_{\sigma_n}(x_n);$$

iv) für $F=\bigvee x^\sigma G(x^\sigma,x_1^{\sigma_1},\ldots,x_n^{\sigma_n})$ ist

$$F^*=\bigvee x[T_\sigma(x)\wedge G^*(x,x_1,\ldots,x_n)].$$

Die Formeln der Ordnung (0) von L^* bilden wir mit neuen Variablen $X,Y,Z,\ldots$ des Typs (0) und mit einem neuen zweistelligen Relationszeichen e.

Sei U die Konjunktion der folgenden Formeln der Ordnung (0) von L^*:

(1) $\bigwedge x\neg[T_\sigma(x)\wedge T_{\sigma'}(x)]$ für jedes Paar σ,σ' verschiedener Typen kleiner oder gleich τ;

(2) $\bigwedge x_1\ldots\bigwedge x_n\bigwedge x[\hat{\varepsilon}_\sigma(x_1,\ldots,x_n,x)\rightarrow T_{\sigma_1}(x_1)\wedge\ldots\wedge T_{\sigma_n}(x_n)\wedge T_\sigma(x)]$
für jedes $\sigma=(\sigma_1,\ldots,\sigma_n)\leq\tau$;

(3) $\bigwedge x\bigwedge y[\bigwedge x_1\ldots\bigwedge x_n[\hat{\varepsilon}_\sigma(x_1,\ldots,x_n,x)\leftrightarrow\hat{\varepsilon}_\sigma(x_1,\ldots,x_n,y)]\rightarrow x=y]$
für jedes $\sigma=(\sigma_1,\ldots,\sigma_n)\leq\tau$;

(4) $\bigwedge x_1\ldots\bigwedge x_n\bigvee y[T_{\sigma_1}(x_1)\wedge\ldots\wedge T_{\sigma_n}(x_n)\rightarrow$
$\rightarrow[T_\sigma(y)\wedge\hat{\varepsilon}_\sigma(x_1,\ldots,x_n,y)\wedge\bigwedge u_1\ldots\bigwedge u_n(\hat{\varepsilon}_\sigma(u_1,\ldots,u_n,y)\rightarrow x_1=u_1\wedge\ldots\wedge x_n=u_n)]$
für jedes $\sigma=(\sigma_1,\ldots,\sigma_n)\leq\tau$;

(5) $\bigwedge X\{\bigwedge x(xeX\rightarrow T_\sigma(x))\rightarrow\bigvee y[T_\sigma(y)\wedge\bigwedge x_1\ldots\bigwedge x_n[\hat{\varepsilon}_\sigma(x_1,\ldots,x_n,y)\leftrightarrow\bigvee z(zeX\wedge$
$\hat{\varepsilon}_\sigma(x_1,\ldots,x_n,z))]]\}$

für jedes $\sigma\leq\tau$.

Nur die Formeln (5) sind von der Ordnung (0), alle anderen sind von der Ordnung 0.

SATZ 1: *Sei F eine geschlossene Formel aus L der Ordnung τ. F ist genau dann ein Theorem der Ordnung τ, wenn* $U \to F^*$ *ein Theorem der Ordnung (0) von* L^* *ist.*

BEWEIS: Sei M^* ein Modell von (1,2,3) mit dem Bereich E^*. M^* induziert eine Realisierung M_τ der Ordnung τ von L in folgendem Sinne: der Bereich des Typs σ von M_τ ist $\overline{T}_\sigma$, der Wert von T_σ in M^*, und den Relationszeichen von L^τ geben wir dieselben Werte wie in M^*. Wegen (1) sind die Bereiche von M_τ disjunkt, und wegen (2) und (3) erfüllt M_τ die Extensionalitätsaxiome.

Jede Realisierung M_τ der Ordnung τ von L erhält man auf diese Weise aus einem Modell M^* von (1,2,3): sind $E_\sigma (\sigma \leq \tau)$ die Bereiche von M_τ, so sei E^*, der Bereich von M^*, gleich $\bigcup_{\sigma \leq \tau} E_\sigma$, und die Werte von T_σ in M^* definieren wir durch $\overline{T}_\sigma = E_\sigma$. Die anderen Zeichen von L^* sind Zeichen von L^τ; sie bekommen in M^* die gleichen Werte wie in M_τ. Da M_τ die Axiome T_τ von Seite 102 erfüllt, sieht man sofort, daß M^* die Formeln (1,2,3) erfüllt.

Sei F eine Formel von L^τ. Man zeigt leicht durch Induktion nach der Länge von F, daß die Werte F und F^* in den beiden einander entsprechenden Realisierungen von L^τ und L^* gleich sind.

Nun sei M^* ein maximales Modell von U mit dem Individuenbereich (Bereich des Typs 0) E^*. Wir zeigen, daß die ihr entsprechende Realisierung M_τ der Ordnung τ von L ebenfalls eine maximale Realisierung ist. Hierzu genügt es zu beweisen, daß die Relation $\overline{\hat{\varepsilon}}_\sigma$ auf $\overline{T}_{\sigma_1} \times \ldots \times \overline{T}_{\sigma_n} \times \overline{T}_\sigma$ (wo $\sigma = (\sigma_1, \ldots, \sigma_n)$ und $\overline{\hat{\varepsilon}}_\sigma, \overline{T}_{\sigma_1}, \ldots, \overline{T}_{\sigma_n}, \overline{T}_\sigma$ die Werte von $\hat{\varepsilon}_\sigma, T_{\sigma_1}, \ldots, T_{\sigma_n}, T_\sigma$ in M^* sind) zu der Elementbeziehung auf $\overline{T}_{\sigma_1} \times \ldots \times \overline{T}_{\sigma_n} \times P(\overline{T}_{\sigma_1} \times \ldots \times \overline{T}_{\sigma_n})$ isomorph ist; wir müssen also zeigen, daß es zu jeder Teilmenge K von $\overline{T}_{\sigma_1} \times \ldots \times \overline{T}_{\sigma_n}$ ein $a \varepsilon \overline{T}_\sigma$ gibt, dessen "Elemente" in M_τ die Elemente von K sind.

Sei $(a_1, \ldots, a_n)$ ein beliebiges Element von K; nach (4) gibt es ein Element $\phi(a_1, \ldots, a_n)$ von $\overline{T}_\sigma$, dessen einziges "Element" in M_τ das Tupel $(a_1, \ldots, a_n)$ ist. Da M^* eine maximale Realisierung ist, existiert ein Element X aus dem Bereich des Typs (0) von M^*, dessen "Elemente" in M^* die Elemente $\phi(a_1, \ldots, a_n)$ mit $(a_1, \ldots, a_n) \varepsilon K$ sind. Nach (5) gibt es daher ein $y \varepsilon \overline{T}_\sigma$, dessen "Elemente" in M_τ die Elemente $(a_1, \ldots, a_n)$ von K sind.

Jede maximale Realisierung M_τ von L kann man auf diese Weise erhalten. Definieren wir nämlich den Bestandteil der Ordnung 0 von M^* wie oben, so erfüllt M^* – wie wir schon gesehen haben – die Formeln (1,2,3). M^* erfüllt aber auch (4): wenn $\sigma = (\sigma_1, \ldots, \sigma_n) \leq \tau$ und $a_1 \varepsilon E_{\sigma_1}, \ldots, a_n \varepsilon E_{\sigma_n}$,

so gibt es ein gewisses $a\varepsilon E_\sigma$, dessen einziges "Element" in M_τ das n-tupel $(a_1,\ldots,a_n)$ ist, denn M_τ ist eine maximale Realisierung. Für M^* nehmen wir nun die maximale Realisierung der Ordnung (0) über dieser so erhaltenen Realisierung, und es ist offensichtlich, daß M^* die Formeln (5) erfüllt.
Sei nun F eine geschlossene Formel von L^τ. Ist F kein Theorem der Ordnung τ, dann gibt es eine maximale Realisierung M_τ der Ordnung τ von L, die F nicht erfüllt. In dem der Realisierung M_τ zugeordneten maximalen Modell M^* von U wird dann F auch nicht erfüllt. Daher ist $U \rightarrow F^*$ kein Theorem der Ordnung (0) von L^*.
Ist $U \rightarrow F^*$ kein Theorem der Ordnung (0) von L^*, dann gibt es ein maximales Modell von U, das F^* nicht erfüllt. Die M^* entsprechende Realisierung M_τ der Ordnung τ von L ist eine maximale Realisierung und erfüllt F nicht. F ist daher kein Theorem der Ordnung τ.
Damit ist Satz 1 bewiesen.

Zur Beachtung. In der Terminologie von Kapitel 5 sind die Formeln des gewöhnlichen Prädikatenkalküls (Kapitel 2) Formeln der Ordnung 0 (nach Seite 101), und die Formeln der Sprache L^* von oben sind Formeln der Ordnung 1 nach Aufgabe 4 von Kapitel 5. In diesem Kapitel werden wir die geläufigeren Bezeichnungen "erste Stufe" und "zweite Stufe" verwenden (und allgemein: F ist eine Formel n-ter Stufe, wenn die Typen aller in F vorkommenden Variablen einen *Rang* $<n$ haben im Sinne von Seite 100, d.h., wenn der Typ der Realisierung $\overline{F}$ von F den Rang $\leq n$ hat.)

REDUKTION EINER KLASSE VON FORMELN ZWEITER STUFE

Sei A eine Formel aus L^τ, deren freie Variable $x_1,\ldots,x_n$ entweder vom Typ 0 der Individuen oder vom Typ $\sigma=(\sigma_1,\ldots,\sigma_p),\sigma_j=0$, der p-stelligen Relationen zwischen Individuen sind (diesen Typ bezeichnen wir mit (p)). Sei $m\leq n$; wir erweitern L durch neue Zeichen $s_i\notin L$ $(i\leq m)$, wobei s_i denselben Typ wie x_i haben soll. Wir erhalten dadurch eine Sprache L_m erster Stufe. Für s_i schreiben wir der Deutlichkeit halber im folgenden c_i', falls x_i vom Typ 0 ist, bzw. R_i' (ein p_i-stelliges Relationszeichen), falls x_i vom Typ (p_i) ist.
Jede Realisierung M_m von L_m induziert eine Realisierung M von L, nämlich die Einschränkung von M_m auf L. Denn $M_m=M\cup\{\overline{s}_i : i\leq m\}$, wo $\overline{s}_i\varepsilon E_0$, Bereich von M, falls $s_i=c_i'$, und $\overline{s}_i\varepsilon E_{(p_i)}$, Bereich des Typs (p_i) von M_τ, falls $s_i=R_i'$. $\overline{s}_i\varepsilon E_{(p_i)}$ deshalb, weil *jede* Teilmenge von E^{p_i} zum Bereich $E_{(p_i)}$ des Typs (p_i) der maximalen Realisierung gehört.

Wir definieren: A kann auf eine Menge A von Formeln der Sprache L_m *reduziert* werden, wenn für jede Realisierung $M\cup\{\overline{s}_i : i\leq m\}$ folgendes gilt: A wird in M_τ genau dann von den Werten $\overline{s}_i$, $i\leq m$ erfüllt, wenn M_m jede Formel von A erfüllt.

LEMMA 2: *Jede Formel* $\bigwedge x_{i+1}\ldots\bigwedge x_n A_n$ *aus* L *mit quantorenfreiem* A_n *kann auf eine (einzige) pränexe Allformel* A_i° *von* L_i *reduziert werden, und jede Formel aus* L_n *kann auf eine (einzige) Formel aus* L *reduziert werden* (A_n° heißt die *kanonische Übersetzung von* A_n.)

BEWEIS: Da A_n quantorenfrei ist, ist A_n eine aussagenlogische Kombination von atomaren Formeln von L und von Formeln $(t_1,\ldots,t_{p_i})\hat{\varepsilon}_{(p_i)}x_i$ $(1\leq i\leq n, x_i$ vom Typ $(p_i))$. Die Formel A_n° erhält man so: zuerst ersetzt man in A_n die Variable x_i durch $c_i^!$, falls x_i vom Typ 0 ist, und dann ersetzt man $(t_1,\ldots,t_{p_i})\hat{\varepsilon}_{(p_i)}x_i$ durch $R_i^!(t_1,\ldots,t_{p_i})$. Offenbar kann jede atomare Formel B von A_n auf B° reduziert werden, und die aussagenlogischen Verknüpfungen erhalten die Reduzierbarkeit. Umgekehrt kann jede quantorenfreie Formel aus L_n auf eine Formel aus L reduziert werden, die wie folgt gebildet wird: zuerst ersetzt man $c_i^!$ an allen Stellen durch x_i, und dann $R_i^!(t_1,\ldots,t_{p_i})$ durch $(t_1,\ldots,t_{p_i})\hat{\varepsilon}_{(p_i)}x_i$. Die Quantoren von L_n erhalten die Reduzierbarkeit, da die (Individuen-) Variable in M und in M_m im selben Bereich variieren.
Wir nehmen nun an, daß $\bigwedge x_{i+2}\ldots\bigwedge x_n A_n$ auf A_{i+1}° reduziert werden kann; $M\cup\{\overline{s}_j : j\leq i\}$ erfüllt also $\bigwedge x_{i+1}\ldots\bigwedge x_n A_n$ genau dann, wenn die Realisierung $M\cup\{\overline{s}_j : j\leq i\}\cup\{\overline{s}_{i+1}\}$ die Formel A_{i+1}° für *jeden* Wert $\overline{s}_{i+1}$ von s_{i+1} in M (vom gleichen Typ wie x_{i+1}) erfüllt.

Wir unterscheiden zwei Fälle:

1) x_{i+1} ist vom Typ 0, also $s_{i+1}=c_{i+1}^!$. In diesem Fall ist $\bigwedge x_{i+1}\ldots\bigwedge x_n A_n$ zu $\bigwedge x_{i+1}^! A_{i+1}^!$ äquivalent, wo $A_{i+1}^!$ aus A_{i+1}° durch Ersetzen von c_{i+1} durch $x_{i+1}^!$ hervorgeht. Offenbar ist $\bigwedge x_{i+1}^! A_{i+1}^!$ eine pränexe Allformel von L_i.

2) x_{i+1} ist vom Typ (p_i), also $s_{i+1}=R_{i+1}^!$. Sei etwa $A_{i+1}^{\circ}=\bigwedge u_1\ldots\bigwedge u_l X_1$ mit quantorenfreiem X_1. Sei T die Menge der in X_1 vorkommenden Terme, und seien $\overline{u}_1,\ldots,\overline{u}_l$ Elemente von E_0. Wenn es ein $\overline{R}_{i+1}^!$ gibt, so daß die Realisierung $M'=M\cup\{\overline{s}_i : j\leq i\}\cup\{\overline{R}_{i+1}^!,\overline{u}_1,\ldots,\overline{u}_l\}$ die Formel $\neg X_1$ erfüllt, so wird $\neg X_1$ offenbar auch von der Einschränkung von M' auf die endliche Menge $\{\overline{t} : t\varepsilon T\}$ erfüllt. Sei X_2 die Konjunktion aller Formeln $t_1=t_1^!\wedge\ldots\wedge t_q=t_q^!\wedge S(t_1,\ldots,t_q)\rightarrow S(t_1^!,\ldots,t_q^!)$ für jedes q-stellige Relationszeichen S von L_{i+1} und jedes $2q$-tupel von Termen aus T. Seien weiter $D_1,\ldots,D_r$ alle Diagramme über T in der Sprache L_i. Bezeichnen

wir mit X_3 die Disjunktion aller Formeln D_s ($1 \leq s \leq r$), für die $X_2 \wedge \neg X_1 \wedge D_s$ kein Modell hat, so ist $\bigwedge u_1 \ldots \bigwedge u_l X_3$ die gesuchte Formel.
Wenn diese Disjunktion leer ist, wenn also $X_2 \wedge \neg X_1 \wedge D_s$ für jedes D_s ($1 \leq s \leq r$) ein Modell hat, ist A^o_{i+1} ein Theorem, d.h. A^o_{i+1} ist zu einer leeren Disjunktion äquivalent; offenbar ist dann auch $\bigwedge R_{i+1} \bigwedge u_1 \ldots \bigwedge u_l X_1$ falsch.

Wenn diese Disjunktion nicht leer ist, geht man so vor: angenommen, die Realisierung $M' = M \cup \{\bar{s}_j : j \leq i\}$ erfüllt $\bigwedge u_1 \ldots \bigwedge u_l X_3$. Dann erfüllt M' für jedes l-tupel $(\bar{u}_1, \ldots, \bar{u}_l)$ eines der Diagramme D_s, und daher gibt es kein $\bar{R}'_{i+1}$, so daß $M \cup \{\bar{s}_j : j \leq i\} \cup \{\bar{R}'_{i+1}\}$ die Formel $\bigvee u_1 \ldots \bigvee u_l \neg X_1$ erfüllt.

Im anderen Fall gibt es Elemente $\bar{u}_1, \ldots, \bar{u}_l$, so daß $\neg X_3$ von M $\{\bar{s}_j : j \leq i\}$ erfüllt wird; daher gibt es ein Diagramm D_s, so daß $X_2 \wedge \neg X_1 \wedge D_s$ ein Modell hat. Mit anderen Worten: es gibt ein $\bar{R}'_{i+1}$, so daß $\{\bar{s}_j : j \leq i\} \cup \{\bar{R}'_{i+1}, \bar{u}_1, \ldots, \bar{u}_l\}$ die Formel $\neg X_1$ erfüllt.

SATZ 3: *Sei* $A = Q_1 x_1 \ldots Q_n x_n A_n$ *eine geschlossene pränexe Formel von* L^τ, A_n *quantorenfrei. Ferner sei im Falle* $Q_i = \bigvee$ *die Variable* x_i *vom Typ* (p_i), *im Falle* $Q_i = \bigwedge$ *sei* x_i *entweder vom Typ 0 oder vom Typ* (p_i). *Dann kann* A *auf eine Menge* A *von geschlossenen pränexen Allformeln der Sprache* L *reduziert werden. D.h.* M *ist genau dann ein Modell von* A, *wenn* M *ein Modell von* A *ist.*

BEWEIS durch Induktion nach der Anzahl n der Quantoren in A:
Sei $A_i = Q_{i+1} x_{i+1} \ldots Q_n x_n A_n$. Wir wollen zeigen, daß A_i auf eine Menge A_i von pränexen Allformeln aus L_i reduziert werden kann.
Nach Lemma 2 kann A_n auf eine solche Menge A_n der Sprache L_n reduziert werden. (A_n besteht in diesem Fall nur aus einer einzigen Formel.) Angenommen, A_{i+1} kann auf die Formelmenge A_{i+1} von L_{i+1} reduziert werden.
Für $Q_{i+1} = \bigvee$ ist x_{i+1} vom Typ (p_i), und daher erfüllt $\{\bar{s}_j : j \leq i\}$ die Formel A_i in M_τ genau dann, wenn es ein $\bar{s}^*_{i+1} \varepsilon E_{(p_i)}$ gibt, so daß $\{\bar{s}_j : j \leq i\} \cup \{\bar{s}^*_{i+1}\}$ die Formel A_{i+1} erfüllt. Nach Induktionsvoraussetzung ist dies äquivalent zu der Existenz eines s^*_{i+1}, so daß $M \cup \{\bar{s}_j : j \leq i\} \cup \{\bar{s}^*_{i+1}\}$ alle Formeln von A_{i+1} erfüllt. Nach dem Einbettungssatz (aus Kapitel 3) kann die Realisierung $M \cup \{\bar{s}_j : j \leq i\}$ genau dann in ein Modell von A_{i+1} eingebettet werden, wenn sie die Menge A_i aller Allformeln von L_i erfüllt, die aus A_{i+1} folgen. Damit ergibt sich, daß A_i auf diese Menge A_i reduziert werden kann.
Ist $Q_{i+1} = \bigwedge$, dann erfüllt nach Induktionsvoraussetzung $\{\bar{s}_j : j \leq i\}$ die Formel A_i in M_τ genau dann, wenn für jedes $\bar{s}^*_{i+1}$ in M_τ (vom selben Typ wie x_{i+1}) die Realisierung $M \cup \{\bar{s}_j : j \leq i\} \cup \{\bar{s}^*_{i+1}\}$ die Formel A_{i+1} erfüllt. Es genügt nun, Lemma 2 anzuwenden, um das gewünschte Ergebnis zu erhalten. Eine Verallgemeinerung dieses Satzes findet man in Aufgabe 2.

UNENDLICHE FORMELN, DIE ENDLICHSTELLIGE RELATIONEN DEFINIEREN

Sei $\{A_i : \tau\varepsilon I\}$ eine Familie von Formeln der Sprache L, deren freie Variable sämtlich unter $x_1,\ldots,x_p$ vorkommen sollen. Sei M eine Realisierung von L und $\overline{A}_i$ der Wert von A_i in M. Wir definieren: M erfüllt die unendliche Formel $\bigvee x_1\ldots\bigvee x_p \bigwedge\!\!\bigwedge_i A_i$ genau dann, wenn $\bigcap_{i\varepsilon I} \overline{A}_i \neq \emptyset$. Wenn $\bigcap_{i\varepsilon I} \overline{A}_i = \emptyset$, dann sagen wir, daß M die unendliche Formel $\bigwedge x_1\ldots\bigwedge x_p \bigvee\!\!\bigvee_i \neg A_i$ erfüllt, die man die Negation der vorangehenden unendlichen Formel nennt. Im folgenden diskutieren wir nicht die allgemeine Iteration solcher aussagenlogischen Operationen (unendliche Konjunktion $\bigwedge\!\!\bigwedge$, unendliche Disjunktion $\bigvee\!\!\bigvee$ und Negation). Die beiden Formeltypen, die wir hier beschrieben haben, reichen aus, um verschiedene Klassen von Strukturen zu definieren, die durch Mengen endlicher Formeln erster Stufe nicht definiert werden können (siehe Aufgabe 5).

Wir betrachten Sprachen mit mehreren Variablensorten. Sei L eine Sprache mit Gleichheit, M ein Modell von E_L und M' die aus M durch Quotientenbildung gewonnene normale Realisierung. Wir haben schon gesehen, daß M und M' dieselben endlichen geschlossenen Formeln von L erfüllen. Wir werden jetzt zeigen, daß sie auch dieselben unendlichen Formeln von L erfüllen: sei $\bigvee x_1\ldots\bigvee x_p \bigwedge\!\!\bigwedge_i A_i(x_1,\ldots,x_p)$ eine unendliche Formel, $\overline{A}_i$ und $\overline{\overline{A}}_i$ der Wert von $A_i(x_1,\ldots,x_p)$ in M bzw. M'. Da $\overline{A}_i$ bzgl. der Äquivalenzrelation $\overline{E}$ abgeschlossen ist, folgt $\overline{\overline{A}}_i = \overline{A}_i/\overline{E}$, also $\bigcap_{i\varepsilon I} \overline{\overline{A}}_i = \bigcap_{i\varepsilon I} \overline{A}_i/\overline{E}$. Daher sind $\bigcap_{i\varepsilon I} \overline{A}_i$ und $\bigcap_{i\varepsilon I} \overline{\overline{A}}_i$ entweder beide leer oder beide nicht leer.

LEMMA 4: *Seien* A *und* A_i *für jedes* $i<\lambda$ *Mengen von endlichen geschlossenen Formeln der Sprache* L. *Ferner habe* A *ein Modell, und jedes Modell von* A *erfülle eine der Mengen* A_i. *Dann gibt es eine Menge* B *von endlichen geschlossenen Formeln der Sprache* L *und eine Ordinalzahl* $j<\lambda$ *mit folgenden Eigenschaften:* card(B) < card(λ), card(B) $\leq$ card(L), $A\cup B$ *hat ein Modell, und* A_j *folgt aus* $A\cup B$.

BEWEIS: Wir verwenden das Korollar zum Endlichkeitssatz (Kapitel 5). Offenbar können wir annehmen, daß λ eine Kardinalzahl ist. Wir setzen $A_0^+ = A$. Für $j>0$ sind zwei Fälle zu betrachten:

1) Es gibt ein $k\leq j$, so daß A_k aus $\bigcup_{i<k} A_i^+$ folgt.
   Wir setzen dann $A_j^+ = \bigcup_{i<k} A_i^+$. In diesem Fall ist also $A_j^+ = A_k^+$ für alle $j\geq k$.

2) Gibt es kein solches $k\leq j$, setzen wir

$$A_j^+ = \bigcup_{i<j} A_i^+ \cup \{\neg A_j^+\},$$

wo A_j^* ein Element von A_j ist, welches nicht aus $\bigcup_{i<j} A_i^+$ folgt.

Es muß ein $j_0<\lambda$ geben, bei dem der erste Fall eintritt; denn andernfalls hätte $\bigcup_{j<\lambda} A_j^*$ und damit auch A ein Modell, welches kein A_j erfüllt, da dieses Modell kein A_j^* erfüllt. Wir nehmen $B=\{\neg A_i^* : i<j_0\}$. Die Kardinalzahl von B ist $<\lambda$ und $\leq$ card(L), da die Anzahl der Formeln von L = card L ist (es gibt aber mehr als card(L) Formel*mengen* von L, die nicht äquivalent sind).

SATZ 5: *Sei L eine Sprache mit Gleichheit, J eine Menge von unendlichen Formeln der Sprache L der Gestalt* $\bigvee x_1 \ldots \bigvee x_n \bigwedge\!\!\!\bigwedge_\lambda A_\lambda^j(x_1,\ldots,x_n)$ *mit* $\lambda<\Lambda=$ *card(L). Sei A eine Formelmenge von L, die ein normales Modell besitzt, und jedes normale Modell von A erfülle eine der unendlichen Formeln von J. Dann gibt es eine unendliche Formel von J, etwa* $\bigvee x_1 \ldots \bigvee x_n \bigwedge\!\!\!\bigwedge_\lambda A_\lambda(x_1,\ldots,x_n)$ *und eine Familie* $\{F_i(x_1,\ldots,x_n) : i\varepsilon I\}$ *von endlichen Formeln, so daß folgendes gilt:* card(I) < card(J) × card(L), card(I) $\leq$ card(L), $A\cup\{\bigvee x_1 \ldots \bigvee x_n \bigwedge\!\!\!\bigwedge_i F_i(x_1,\ldots,x_n)\}$ *hat ein normales Modell, und für alle* $\lambda<\Lambda$ *gibt es ein* $i\varepsilon I$, *so daß*

$$A \vdash \bigwedge x_1 \ldots \bigwedge x_n (F_i \rightarrow A_\lambda).$$

BEWEIS: Wir verwenden *Termmodelle*, die wir in Kapitel 5 diskutierten. Da wir es mit einer Sprache mit Gleichheit zu tun haben, nehmen wir an, daß $E_L \subseteq A$. Dann erfüllt jedes Modell von A, normal oder nicht, eine der unendlichen Formeln von J, erfüllt also eine der Mengen $\{A_\lambda^j(a_1,\ldots,a_n) : \lambda<\Lambda\}$ mit $a_1,\ldots,a_n \varepsilon \Delta$, $a_1,\ldots,a_n$ von derselben Sorte wie $x_1,\ldots,x_n$. Die Kardinalzahl dieser Familie von Mengen ist card(J)× card(L). Nach Lemma 4 gibt es eine Familie $\{B_i : i\varepsilon I\}$ von Formeln der Sprache L_Δ, card(I) $\leq$ card(L) und card(I) < card(J) × card(L), und eine Menge $\{A_\lambda^j(a_1,\ldots,a_n) : \lambda<\Lambda\}$, so daß $A\cup\Omega\cup\{B_i : i\varepsilon I\}$ ein Modell hat und A_λ^j aus $A\cup\Omega\cup\{B_i : i\varepsilon I\}$ folgt, für jedes $\lambda<\Lambda$.

Es gibt also für jedes $\lambda<\Lambda$ eine endliche Teilmenge von $\{B_i : i\varepsilon I\}$, deren Konjunktion wir mit B_λ bezeichnen, und eine endliche Teilmenge von A, deren Konjunktion wir mit A_λ bezeichnen, so daß

$$\Omega \vdash (A_\lambda \wedge B_\lambda) \rightarrow A_\lambda^j(a_1,\ldots,a_n).$$

Sind $b_1,\ldots,b_p$ die Elemente von Δ, die in B_λ vorkommen, so haben wir nach Lemma 5.10

$$\theta_{a_1} \wedge \ldots \wedge \theta_{a_1} \wedge \theta_{b_1} \wedge \ldots \wedge \theta_{b_p} \vdash A_\lambda \wedge B_\lambda \rightarrow A_\lambda^j(a_1,\ldots,a_n),$$

also

$$A_\lambda \vdash \theta_{a_1}\wedge\ldots\wedge\theta_{a_n}\wedge\theta_{b_1}\wedge\ldots\wedge\theta_{b_p}\wedge B_\lambda) \to A^j_\lambda(a_1,\ldots,a_n).$$

In $\theta_{a_1}\wedge\ldots\wedge\theta_{a_n}\wedge\theta_{b_1}\wedge\ldots\wedge\theta_{b_p}\wedge B_\lambda$ ersetzen wir die von $a_1,\ldots,a_n$ verschiedenen Elemente aus Δ durch neue Variable und binden diese durch Existenzquantoren. Die entstehende Formel bezeichnen wir mit $F_\lambda(a_1,\ldots,a_n)$, da A_λ kein Element aus Δ enthält, gilt auch $A_\lambda \vdash F_\lambda(a_1,\ldots,a_n) \to A^j_\lambda(a_1,\ldots,a_n)$. Diese Formeln F_λ bilden eine Menge, deren Kardinalzahl $\leq$ der Kardinalzahl der Menge aller endlichen Teilmengen von I ist, da F_λ nun von B_λ und nicht von A_λ abhängt. Natürlich ist die Kardinalzahl der Formelmenge $\leq$ card(L) (auch bei card(I) < card(J)). Die Familie der $F_\lambda(a_1,\ldots,a_n)$ hat also die gewünschten Eigenschaften.

KOROLLAR: *Nimmt man in den Voraussetzungen des vorangehenden Satzes noch zusätzlich an, daß* L *und* J *abzählbar sind (also* $\Lambda=\omega$*), dann gibt es eine endliche Formel* $B(x_1,\ldots,x_n)$*, so daß* $A\cup\{\bigvee x_1\ldots\bigvee x_n B(x_1,\ldots,x_n)\}$ *ein normales Modell hat und für jede ganze Zahl* p

$$A\vdash \bigwedge x_1\ldots\bigwedge x_n[B(x_1,\ldots,x_n) \to A_p(x_1,\ldots,x_n)]$$

gilt.

ABZÄHLBARE SPRACHEN: ABZÄHLBARE MENGEN VON UNENDLICHEN FORMELN

Wir betrachten in diesem Abschnitt nur Sprachen mit abzählbar vielen Variablen, Relationszeichen und Individuenkonstanten.

SATZ 6: *Sei* A *eine Menge von endlichen geschlossenen Formeln der Sprache* L *und* J *eine abzählbare Menge von unendlichen Formeln der Gestalt* $\bigwedge x_1\ldots\bigwedge x_p \bigvee\!\!\!\bigvee_n A^j_n(x_1,\ldots,x_p)$ *(*$j=1,2,\ldots;\ p=p(j)$*). Die Menge aller endlichen Formeln von* L*, die aus* $A\cup J$ *folgen, ist die kleinste Menge* A^J *(von endlichen Formeln der Sprache* L*) mit den beiden folgenden Eigenschaften:*

i) wenn $A^J\vdash G$*, so* $G\in A^J$ *für jede geschlossene Formel* G *von* L*;*

ii) wenn $A^J\vdash \bigwedge x_1\ldots\bigwedge x_p[A^j_n(x_1,\ldots,x_p) \to G(x_1,\ldots,x_p)]$ *für alle* n*, so* $\bigwedge x_1\ldots\bigwedge x_p G(x_1,\ldots,x_p)\in A^J$*, für jede Formel* $G(x_1,\ldots,x_p)$ *von* L *und jede ganze Zahl* j*.*

(Der Satz wird falsch, wenn J nicht abzählbar ist, siehe Aufgabe 3.)

BEWEIS: Die Menge der Formeln, die von allen Modellen von $A\cup J$ erfüllt werden, enthält offenbar A^J.

Sei nun umgekehrt F eine Formel, die von allen Modellen von $A \cup J$ erfüllt wird. Hat $A^J \cup \{\neg F\}$ kein normales Modell, so ist $A^J \vdash F$, also $F \varepsilon A^J$. Angenommen, $A^J \cup \{\neg F\}$ hat ein normales Modell. Dann erfüllt jedes solche normale Modell nach Voraussetzung die Negation einer der Formeln von J etwa $\bigvee x_1 \ldots \bigvee x_n \bigwedge\!\!\bigwedge_n \neg A_n^{j_0}(x_1,\ldots,x_p)$. Nach dem Korollar zu Satz 5 gibt es eine Formel $G(x_1,\ldots,x_p)$, so daß $A^J \cup \{\neg F, \bigvee x_1 \ldots \bigvee x_p G(x_1,\ldots,x_p)\}$ ein normales Modell hat und so daß für jede ganze Zahl n

$$A^J \cup \{\neg F\} \vdash \bigwedge x_1 \ldots \bigwedge x_p [G(x_1,\ldots,x_p) \rightarrow \neg A_n^{j_0}(x_1,\ldots,x_p)].$$

Es folgt

$$A^J \cup \{\neg F\} \vdash \bigwedge x_1 \ldots \bigwedge x_p [A_n^{j_0}(x_1,\ldots,x_p) \rightarrow \neg G(x_1,\ldots,x_p)].$$

In diesem Fall ist also

$$A^J \vdash \bigwedge x_1 \ldots \bigwedge x_p [A_n^{j_0}(x_1,\ldots,x_p) \rightarrow (F \vee \neg G(x_1,\ldots,x_p))].$$

Nach Bedingung *ii)* ist $\bigwedge x_1 \ldots \bigwedge x_p [F \vee \neg G(x_1,\ldots,x_p)] \varepsilon A^J$. Da F geschlossen ist, folgt $F \vee \bigwedge x_1 \ldots \bigwedge x_p \neg G(x_1,\ldots,x_p)$ aus A^J, ist also aus A^J. Daher hat $A^J \cup \{\neg F, \bigvee x_1 \ldots \bigvee x_p G(x_1,\ldots,x_p)\}$ kein Modell. Folglich hat auch $A^J \cup \{\neg F\}$ kein Modell, woraus $A^J \vdash F$ folgt.

KOROLLAR: *$A \cup J$ hat genau dann ein Modell, wenn A^J ein Modell hat.*
BEWEIS: Ein Modell von $A \cup J$ ist auch ein Modell von A^J. Hat $A \cup J$ kein Modell, dann folgt $\perp$ aus $A \cup J$. Daher ist $\perp \varepsilon A^J$, A^J hat also kein Modell.

Aufgaben

1. (a) Man gebe Formeln zweiter Stufe an, deren maximale Modelle

   (i) die wohlgeordneten Mengen;
   (ii) die wohlgeordneten Mengen vom Typ ω;
   (iii) die vollständigen geordneten Mengen;
   (iv) die dichten, vollständigen geordneten Mengen ohne erstes oder letztes Element mit einer abzählbaren dichten Teilmenge;
   (v) die (vollen) kumulativen Hierarchien C_ω bzw. $C_{\omega+\omega}$ über der leeren Menge (im Sinne von Kapitel 5, Aufgabe 6) sind.

(b) Zeige, daß die Klassen (ii), (iv) und (v) oben bis auf Isomorphie genau ein Element enthalten.

Lösung: Sei L eine Sprache erster Stufe mit Gleichheit und dem zweistelligen Relationszeichen <. Seien X,Y,Z Variable vom Typ (0), U eine Variable vom Typ (0,0). Der Rang jeder dieser Variablen ist 1. Sei O die Konjunktion der Axiome für eine totale Ordnung; O ist eine Formel aus L.

(a) (i) Die Formel $B=O\wedge\bigwedge X\bigwedge x(X(x)\rightarrow\bigvee y[X(y)\wedge\bigwedge z(z<y\rightarrow\neg X(z))])$ aus $L^{(0)}$ verlangt, daß jede nicht-leere Teilmenge X ($\bigvee xX(x)$) ein kleinstes Element enthält, d.h. < ist eine Wohlordnung. (Vgl. dazu Aufgabe 7 von Kapitel 3.)

(ii) $B\wedge\bigwedge x[\bigwedge z\neg(z<x)\vee\bigvee y\bigwedge z(z<x\leftrightarrow(z=y\vee z<y))]$ ist die gesuchte Formel.

(iii) $C(X)=\bigwedge x\bigwedge y((X(x)\wedge y<x)\rightarrow X(y))\wedge\bigvee x(X(x))\wedge\bigvee x\neg(X(x)\wedge\bigwedge x\bigvee y(X(x)\rightarrow(x<y\wedge X(y)))$ bedeutet, daß X ein nach rechts offener Schnitt ist. Die gesuchte Formel ist dann

$$Com=O\wedge\bigwedge X\bigvee x\bigwedge y\;[C(X)\rightarrow(X(y)\leftrightarrow y<x)].$$

(iv) Die Formel

$$D(Y)=\bigwedge x\bigwedge y(x<y\rightarrow\bigvee z((x<z\wedge z<y\wedge Y(z)))$$

bedeutet, daß Y eine dichte Teilmenge des Bereiches ist. Mit $W(Z)$ bezeichnen wir die Formel aus $L^{(0)}$, die ausdrückt, daß die Einschränkung von < auf Z eine Wohlordnung vom Typ ω ist. Sei $I(U,Y,Z)$ die Formel, die besagt, daß U der Graph eines Isomorphismus zwischen Y und Z ist, d.h. die Formel

$$\bigwedge x\bigvee y\bigwedge z[Y(x)\rightarrow(Z(y)\wedge[U(x,z)\leftrightarrow y=z])]\wedge$$
$$\wedge\bigwedge y\bigvee x\bigwedge z\;[Z(y)\rightarrow(Y(x)\wedge[U(z,y)\leftrightarrow x=z])]$$
$$\wedge\bigwedge x\bigwedge y[U(x,y)\rightarrow(Y(x)\wedge Z(y))].$$

Die gesuchte Formel ist

$$\bigwedge x\bigvee y(y<x)\wedge\bigwedge x\bigvee y(x<y)\wedge O\wedge Com\wedge\bigvee Y\bigvee Z\bigvee U[D(Y)\wedge W(Z)\wedge I(U,Y,Z)].$$

(v) Sei L die Sprache der Mengenlehre mit ε als einzigem Relationszeichen, X eine Variable vom Typ (0). C_ω wird eindeutig bestimmt durch die Axiome (1)-(5).

Wir betrachten zwei Axiome 2. Stufe:

(1) Komprehension: $\bigwedge x\bigwedge X\bigvee y\bigwedge z(z\varepsilon y\leftrightarrow[z\varepsilon x\wedge X(z)])$

(2) Fundierung: $\bigwedge X[\bigvee xX(x)\rightarrow\bigvee y\{X(y)\wedge\bigwedge z(z\varepsilon y\rightarrow\neg X(z))\}]$;

sodann zwei Axiome 1. Stufe:
(3) Extensionalität: $\bigwedge x \bigwedge y[\bigwedge z(z\varepsilon x \leftrightarrow z\varepsilon y) \rightarrow x=y]$.

(4) Potenzmengenaxiom: $\bigwedge x \bigvee y \bigwedge z(z\subset x \leftrightarrow x\varepsilon y)$
Um das fünfte Axiom zu formulieren, führen wir die Konstante ∅ und das einstellige Funktionszeichen $\mathcal{P}$ ein mit den Axiomen:

$$\bigwedge x \neg x\varepsilon\emptyset \quad \text{und} \quad \bigwedge x \bigwedge z(z\subset x \leftrightarrow z\varepsilon\mathcal{P}(x)).$$

Diese Zusätze können nach Aufgabe 1 aus Kapitel 5 eliminiert werden. Was ∅ betrifft, so folgt aus (1) und (3) die Existenz und Eindeutigkeit der leeren Menge; für $\mathcal{P}$ benutzt man (4) und (3).

Sei ER(x,a) (x ist vom endlichen Rang über a) die Formel

$$\bigvee z(x\varepsilon z \wedge \bigwedge y\varepsilon z[y=a \vee \bigvee u(y=\mathcal{P}u \wedge u\varepsilon z)]) \; .$$

(5) $\bigwedge x \mathrm{ER}(x,\emptyset)$.

Diese fünf Axiome definieren C_ω.

Um $C_{\omega+\omega}$ zu definieren, nehmen wir zunächst wieder die Axiome (1)-(4) und

(5⁺) $\bigwedge x[x\varepsilon c_\omega \leftrightarrow \mathrm{ER}(x,\emptyset)] \wedge \bigwedge x[\mathrm{ER}(x,\emptyset) \vee \mathrm{ER}(x,c_\omega)]$

mit einer neuen Konstanten c_ω, die ebenfalls nach Aufgabe 1 von Kapitel Kapitel 5 eliminiert werden kann.

Prüfen wir die Behauptung für C_ω nach. Zunächst betrachten wir Modelle von (1), (3) und (4). Jedes solche Modell enthält C_ω bis auf Isomorphie; denn wegen (1) gilt $\bar{\mathcal{P}}x=\mathcal{P}\bar{x}$, und wegen (4) enthält das Modell $\mathcal{P}^n\emptyset$; wegen $C_0=\emptyset$ gilt $\mathcal{P}C_n \supseteq C_n$. Umgekehrt gelte nun ER($\bar{x}$,∅) im Modell. Also gibt es ein $\bar{z}$ mit $\bar{x}\varepsilon\bar{z}$; $\bar{x}_1\varepsilon\bar{z}$ und $\bar{x}=\mathcal{P}\bar{x}_1$, also $\bar{x}_1\varepsilon\bar{x}$; $\bar{x}_1=\mathcal{P}\bar{x}_2$, $\bar{x}_2\varepsilon\bar{z}$ usw. Wenn $\bar{x}\notin C_\omega$, dann ist natürlich $\bar{x}\neq\emptyset$ und auch $\bar{x}_1\notin C_\omega$, $\bar{x}_2\notin C_\omega$ usw. Die Menge $\bar{X}$ der Objekte $\{\bar{x},\bar{x}_1,\bar{x}_2,\dots\}$ verletzt also (2). Im Fall $C_{\omega+\omega}$ schließt man entsprechend; wegen $C_0=\emptyset$ gilt $\mathcal{P}C_{\omega+n}\supseteq C_{\omega+n}$.

(b) Offenbar sind alle Wohlordnungen vom Typ ω zur natürlichen Ordnung der positiven ganzen Zahlen isomorph. Nach Aufgabe 3 von Kapitel 4 sind alle abzählbaren dichten Ordnungen ohne erstes und letztes Element zur natürlichen Ordnung der rationalen Zahlen isomorph. Daher ist jedes Element der Klasse (iv) zur natürlichen Ordnung des Kontinuums isomorph. (v) ist klar.

2. Wir erweitern die Sprache L durch m neue Zeichen zu einer Sprache L'_m, und zwar durch Individuenkonstante c_i $(i\varepsilon I)$, p_i-stellige Relationszeichen R_i $(i\varepsilon R)$ und (p_i-1)-stellige Funktionszeichen f_i $(i\varepsilon F=\{n_1,\ldots,n_k:n_i<n_{i+1}$ für $i<k\})$. Die Sprache L_m erhalten wir, wenn wir in L'_m alle Funktionszeichen f_i durch p_i-stellige Relationszeichen $R_i, i\varepsilon F$, ersetzen. Sei

$$F_j = \bigwedge u_1 \ldots \bigwedge u_{q_j-1} \bigvee u_{q_j} R_{n_j}(u_1,\ldots,u_{q_j}) \wedge$$

$$\wedge \bigwedge u_1 \ldots \bigwedge u_{q_j-1} \bigwedge v \bigwedge w [R_{n_j}(u_1,\ldots,u_{q_j-1},v) \wedge R(u_1,\ldots,u_{q_j-1},w) \rightarrow v=w],$$

wo $j\leq k$ und $q_j=p_{n_j}$.

(a) Zu jeder quantorenfreien Formel A' aus L'_m gebe man eine pränexe Allformel A^0 aus L_m mit folgenden Eigenschaften an:

Ist M eine Realisierung von L mit Bereich E_0, und ist $\overline{c}'_i\varepsilon E_0$ $(i\varepsilon I)$, $\overline{R}'_i\subseteq E_0^{p_i}$, $(i\varepsilon R)$, $\overline{f}_i:E_0^{p_i-1}\rightarrow E_0$ $(i\varepsilon F)$ und $\overline{R}'_i\subseteq E_0^{p_i}$ für $i\varepsilon F$ der Graph von $\overline{f}_i$, so ist

$$M\cup\{\overline{c}'_i:i\varepsilon I\}\cup\{\overline{R}'_i:i\varepsilon R\}\cup\{\overline{f}_i:i\varepsilon F\}$$

genau dann ein Modell von A', wenn

$$M\cup\{\overline{c}'_i:i\varepsilon I\}\cup\{\overline{R}'_i:i\varepsilon R\cup F\}$$

ein Modell von A^0 ist.

(b) Seien A' eine quantorenfreie Formel aus L'_n, A^0 die zu A' gemäß (a) gehörende Formel aus L_n, und A_n die Übersetzung von $F_1\wedge\ldots\wedge F_k\rightarrow A^0$ in L^τ (nach Lemma 2). Zeige: $Q_1x_1\ldots Q_nx_n\,A_n$ kann auf eine Menge von Allformeln reduziert werden, wenn $Q_i=\bigwedge$ für jedes $i\varepsilon F$.

(c) L enthalte nur das einstellige Relationszeichen P. Zeige: es gibt keine Formelmenge A aus L, so daß die Realisierung $(E,\overline{P})$ genau dann zu einem Modell $\langle E,\overline{P},\overline{f}\rangle$ von

$$\bigwedge x[f(f(x))=x\wedge(P(x)\leftrightarrow\neg P(f(x)))]$$

erweitert werden kann, wenn $\langle E,\overline{P}\rangle$ ein Modell von A ist.

(d) Zeige mit Hilfe von (c), daß es eine geschlossene Formel $\bigvee x_1 \bigwedge x_2 \bigvee x_3 \bigwedge x_4\ A$ aus $L^{(0,0)}$ gibt (A quantorenfrei, x_1 vom Typ (0,0), x_2, x_3, x_4 vom Typ 0), die auf keine Formelmenge aus L reduziert werden kann.

Lösung (a): Sei T die kleinste Menge von Termen aus L'_m mit folgenden Eigenschaften:

T enthält jeden Term, der in A' vorkommt;
wenn $f(t_1,\ldots,t_{p_i-1}) \varepsilon T$, dann $t_1,\ldots,t_{p_i-1} \varepsilon T$.

Weiter definieren wir den Grad eines Termes t durch

$$\text{grad}(c)=0, \text{ falls } c \text{ eine Konstante},$$
$$\text{grad}(t)=1+\max_{j<p_i}\{\text{grad}(t_i)\}, \text{ falls } t=f(t_1,\ldots,t_{p_i-1}).$$

Für jedes $t \varepsilon T$ sei y_t eine Variable $\notin L(A')$, und für $t \neq t'$ sei $y_t \neq y_{t'}$. Die y_t werden nach dem Grad von t angeordnet.

Für alle $t=f_i(t_1,\ldots,t_{p_i-1}) \varepsilon T$ sei

$$R_t = R_i(t_1^*,\ldots,t_{p_i-1}^*, y_t),$$

wobei $t_j^* = y_{t_j}$, falls $\text{grad}(t_j)>0$ und $t_j^* = t_j$, falls $\text{grad}(t_j)=0$. Sei B die Konjunktion aller Formeln R_t für $t \varepsilon T$, $\text{grad}(t)>0$. $\bigwedge y_{t_1} \ldots \bigwedge y_{t_s}\ (B \to A^1)$ ist dann die gesuchte Formel, wobei $t_1,\ldots,t_s$ die Terme aus T mit grad>0 sind, und A^1 aus A' dadurch hervorgeht, daß man die t_i durch y_t ersetzt.

(b) Sei $A_i = Q_{i+1}x_{i+1}\ldots Q_n x_n [(F_j \wedge \ldots \wedge F_k) \to A]$, wo $n_j \geq i+1$ und $n_{j-1} < i$. Wir zeigen, daß A_i auf eine Menge A_i von pränexen Allformeln aus L_i reduziert werden kann in folgendem Sinne:

$$M \cup \{\bar{c}'_h : h \leq i, h \varepsilon I\} \cup \{\bar{R}'_h : h \varepsilon R, h \leq i\} \cup \{\bar{f}'_h : h \varepsilon F, h \leq i\}$$

ist genau dann ein Modell von A_i, wenn

$$M \cup \{\bar{c}'_h : h \varepsilon I, h \leq i\} \cup \{\bar{R}'_h : h \varepsilon R \cup F, h \leq i\}$$

ein Modell von A_i ist, wobei $\bar{R}'_h$ für $h \varepsilon F$ der Graph von $\bar{f}_h$ ist.

Für $i=h$ folgt dies aus Lemma 2 und (a).
Wir nehmen nun an, daß A_{i+1} auf eine Menge A_{i+1} von pränexen Allformeln

aus L_{i+1} reduziert werden kann. Wenn $i+1 \neq n_j$, also $i+1 \notin F$, wenden wir den Einbettungssatz (für Sprachen mit Funktionszeichen) an.
Wenn $i+1=n_j$, dann ist $Q_{i+1}=\Lambda$. Sei $X \varepsilon A_{i+1}$, etwa $X=\Lambda u_1 \ldots \Lambda u_l X_1$, X_1 quantorenfrei. Ausgehend von den Termen aus $L(X)$ konstruieren wir die Menge T wie in (a).

Wir definieren zu jedem $t \varepsilon T$ einen Term t^* durch Rekursion nach grad(t):

$$t^*=t, \text{ falls grad}(t)=0;$$

$$t^*=f_{n_h}(t_1^*,\ldots,t_q^*), \text{ falls } t=f_{n_h}(t_1,\ldots,t_q) \text{ und } h \neq j \ (q=p_{n_h}-1);$$

$$t^*=y_t, \text{ falls } t=f_{n_h}(t_1,\ldots,t_q) \text{ und } h=j \ (q=p_{n_h}-1).$$

(Dabei ist y_t eine Variable $\notin L(X)$, und $y_t \neq y_{t'}$ für $t \neq t'$.)

Seien $u_1,\ldots,u_l$ Elemente aus dem Bereich von M. Wenn $M \cup \{\overline{f}_{i+1},\overline{u}_1,\ldots,\overline{u}_l\}$ ein Modell von $\neg X_1$ ist, dann auch $M \cup \{\overline{f}^*_{i+1},\overline{u}_1,\ldots,\overline{u}_l\}$, wenn $\overline{f}^*_{i+1}$ und $\overline{f}_{i+1}$ auf $\{t : t \varepsilon T\}$ die gleichen Werte annehmen. Wir ersetzen in X_1 die Terme t durch t^* und erhalten dadurch eine Formel X_1^*; sei X_2 die Konjunktion aller Formeln

$$t_1^*=s_1^* \wedge \ldots \wedge t_q^*=s_q^* \rightarrow y_t=y_s,$$

wo $q=p_{i+1}-1, s, t \varepsilon T, t=f_{i+1}(t_1,\ldots,t_q), s=f_{i+1}(s_1,\ldots,s_l)$. Es gibt daher genau dann ein $\overline{f}_{i+1}$, so daß $M \cup \{\overline{f}_{i+1}\}$ ein Modell von X_1 ist, wenn M_i ein Modell von

$$\Lambda y_{t_1} \ldots \Lambda y_{t_r}(X_2 \rightarrow X_1^*)$$

ist, wo $y_{t_1},\ldots,y_{t_r}$ alle neu eingeführten Variable sind.

(c) $\langle E,\overline{P}\rangle$, $\overline{P} \subseteq E$, kann genau dann zu einem Modell von

$$\Lambda x[f(f(x))=x \wedge (P(x) \leftrightarrow \neg P(f(x)))]$$

erweitert werden, wenn card($\overline{P}$)=card($E-\overline{P}$). Nach den Ergebnissen über Quantorenelimination in Aufgabe 7 von Kapitel 4 ist eine geschlossene Formel X aus L entweder in allen Realisierungen mit unendlichen $\overline{P}$ und $E-\overline{P}$ wahr oder falsch in allen solchen Realisierungen. Wir nehmen E_0 überabzählbar, $\overline{P}_0$ abzählbar, E_1 abzählbar unendlich und sowohl $\overline{P}_1$ als auch $E_1-\overline{P}_1$ abzählbar: für jedes A sind dann entweder $\langle E_0,\overline{P}_0\rangle$ und $\langle E_1,\overline{P}_1\rangle$

gleichzeitig Modelle von A, oder keine dieser beiden Realisierungen ist ein Modell von A; $\langle E_1, \bar{P}_1 \rangle$ erfüllt aber die obige Formel, $\langle E_0, \bar{P}_0 \rangle$ nicht.

(d) $\langle E, \bar{P} \rangle$ kann zu einem Modell von

$$\bigwedge x \left[f(f(x)) = x \wedge (P(x) \leftrightarrow P(f(x))) \right]$$

genau dann erweitert werden, wenn es zu einem Modell von

$$\bigwedge x \bigvee y \bigwedge z \left[(B(x,z) \leftrightarrow z = y) \wedge B(y,x) \wedge (P(x) \leftrightarrow \neg P(y)) \right].$$

erweitert werden kann.

Wenn wir nun Lemma 2 anwenden, erhalten wir die gewünschte Formel.

3. (a) Sei A eine Menge von endlichen Formeln aus L und J eine Menge von unendlichen Formeln der Gestalt $\bigwedge x_1 \ldots \bigwedge x_p \bigvee\!\!\!\bigvee_{n \in J} A_n(x_1, \ldots, x_p)$. Sei A^J die in Satz 6 definierte Formelmenge. Zeige: $F \in A^J$ genau dann, wenn es abzählbare Teilmengen $A_1 \subseteq A$ und $J_1 \subseteq J$ gibt, so daß $F \in A_1^{J_1}$ (A soll natürlich nicht abzählbar sein).

(b) Sei L die folgende einsortige Sprache: $C_L = \mathbb{N}$; $R_L^{(1)} = \{R_\xi : \xi \in \mathcal{P}(\mathbb{N})\} \cup \{R\}$, wobei das Zeichen R weder in $\mathbb{N}$ noch in $R_L^{(1)}$ vorkommen soll.
Sei A die Menge der folgenden Formeln aus L:

$$\{R_\xi(n) : n \in \xi, \xi \in \mathcal{P}(\mathbb{N})\}$$

$$\{\neg R_\xi(n) : n \notin \xi, \xi \in \mathcal{P}(\mathbb{N})\}$$

$$\{\bigvee x (R(x) \leftrightarrow \neg R_\xi(x)) : \xi \in \mathcal{P}(\mathbb{N})\},$$

und sei $J = \{\bigwedge x \bigvee\!\!\!\bigvee_n (x = n)\}$.

Zeige, daß $A \cup J$ kein Modell hat, daß aber jede abzählbare Teilmenge von $A \cup J$ ein Modell hat. Beweise damit, daß A^J ein Modell hat.

(c) Sei L gegeben durch

$$C_L = \mathbb{N}, \quad R_L^{(1)} = \{R\}.$$

Sei $A = \emptyset$ und J die überabzählbare Menge

$$\{\bigwedge x \bigvee\!\!\!\bigvee_n (x = n)\} \cup \{\bigvee\!\!\!\bigvee_n (\neg)^{\xi_n} R(n) : \xi \in \mathcal{P}(\mathbb{N})\},$$

wo $(\neg)^{\xi_n} = \neg$ falls $n \in \xi$ und $(\neg)^{\xi_n} = \neg\,\neg$ falls $n \notin \xi$.

Zeige, daß $A\cup J$ kein Modell hat, daß aber jede abzählbare Teilmenge von $A\cup J$ ein Modell hat.

(d) Sei L eine k-sortige abzählbare Sprache mit Gleichheit, so daß $\mathbb{N}\subseteq C_L^{(1)}$, d.h. die natürlichen Zahlen sind Konstante der Sorte 1 von L. Eine normale Realisierung von L mit den Bereichen $U_1,\ldots,U_k$ heißt *ω-Realisierung* genau dann, wenn $U_1=\mathbb{N}$ und $\overline{n}=n$ für alle $n\in\mathbb{N}$ ($\overline{n}$ ist der Wert von n in der Realisierung). Sei A eine Menge geschlossener Formeln aus L, die die Formeln $n\neq n'$ für alle Paare (n,n') verschiedener natürlicher Zahlen enthält.

(i) Zeige: Die Menge aller Formeln, die von allen ω-Modellen von A erfüllt werden, ist die kleinste Formelmenge A^ω aus L mit

(1) $A\subseteq A^\omega$

(2) wenn $A^\omega\vdash F$, dann $F\in A^\omega$ für jede geschlossene Formel F aus L;

(3) wenn $A^\omega\vdash G(n)$ für alle $n\in\mathbb{N}$, dann $\bigwedge x G(x)\in A^\omega$, für jede Formel $G(x)$ aus L.

(ii) Zeige, daß (i) falsch wird, wenn man die Einschränkung auf abzählbare Sprachen fallen läßt.

Lösung: a) Es genügt zu zeigen, daß die Abgeschlossenheitsbedingungen, die wir an die Menge A^J stellten, auch von der kleinsten Menge A^C (von endlichen Formeln aus L) mit folgenden Eigenschaften erfüllt werden:

(1) $A\subseteq A^C$

(2) wenn $A^C\vdash G$, dann $G\in A^C$ für jede geschlossene Formel aus L

(3) wenn $A_0\cup J_0\vdash\bigwedge x_1\ldots\bigwedge x_p(A_n^j(x_1,\ldots,x_p)\rightarrow G(x_1,\ldots,x_p))$

für alle n und eine gewisse abzählbare Teilmenge $A_0\cup J_0$ von $A\cup J$, dann $\bigwedge x_1\ldots\bigwedge x_p G(x_1,\ldots,x_p)\in A^C$; für jedes j und jede Formel $G(x_1,\ldots,x_p)$ $(p=p(j))$.

Denn wenn es zu jedem n eine solche abzählbare Teilmenge $A_n\cup J_n$ gibt, so können wir für $A_0\cup J_0$ die abzählbare Menge $\bigcup_n (A_n\cup J_n)$ nehmen.

b) und c) sind klar, wenn wir beachten, daß in einem Modell von $\bigwedge x \bigvee_n (x=n)$ der Wert von R nur eine der Mengen $\{n: n\in\xi\}$ für gewisses $\xi\in P(\mathbb{N})$ sein kann.

d) (i) Eine normale Realisierung von L ist genau dann eine ω-Realisierung, wenn sie die unendliche Formel $\bigwedge x \bigvee_n (x=n)$ erfüllt. Wir können daher Satz 6 anwenden.

(ii) folgt aus b), denn für $J=\{\bigwedge x \bigvee_n (x=n)\}$ hat die dort definierte Formelmenge A keine ω-Modelle, obwohl A^{ω} konsistent ist.

4. a) Mit unendlichen Formeln definiere man die Klasse aller

(i) archimedisch geordneten Körper;
(ii) Gruppen, die durch p Elemente $a_1,\ldots,a_p$ erzeugt werden;
(iii) hereditär endlichen Mengen vom Typ $\leq\tau$.

b) Zeige, daß jede dieser Klassen auch durch eine einzige Formel zweiter Stufe definiert werden kann, nicht aber durch eine Menge von Formeln erster Stufe.

Lösung: a) (i) Sei L die Sprache der geordneten Körper. Zu den Axiomen für einen geordneten Körper nehmen wir die Formel $\bigwedge x \bigvee_n (x<\sigma_n)$ hinzu, wo $\sigma_1=1$ und $\sigma_{n+1}=\sigma_n+1$.

(ii) Sei L die Sprache der Gruppen. Zu den Gruppenaxiomen fügen wir die Formel $\bigwedge x \bigvee_n (x=s_n)$ hinzu, wo s_n alle Terme der Gestalt

$$a_1^{p_{11}}\ldots a_p^{p_{1p}}\ldots a_1^{p_{n1}}\ldots a_p^{p_{np}}$$

$p_{ij}=1$ oder -1 oder 0 $(1\leq i,j\leq n, 1\leq j\leq p)$, durchläuft.

(iii) Wir betrachten die Sprache $Ł^{\tau}$ (vgl. Kapitel 5, Aufgabe 4). Zu den Axiomen der Typentheorie nehmen wir noch für alle $\sigma\leq\tau$ die Formel $\bigwedge x^{\sigma} \bigvee E_n x$, wo $\sigma=(\sigma_1,\ldots,\sigma_n)$ und $E_n x$ die Formel

$$\bigwedge x_1^{\sigma_1}\ldots\bigwedge x_{n+1}^{\sigma_1}\ldots\bigwedge x_1^{\sigma_p}\ldots\bigwedge x_{n+1}^{\sigma_p}([(x_1^{\sigma_1},\ldots,x_1^{\sigma_p})\hat{\varepsilon}_{\sigma}x\wedge\ldots\wedge(x_{n+1}^{\sigma_1},\ldots,x_{n+1}^{\sigma_p})\hat{\varepsilon}_{\sigma}x]\rightarrow$$

$$\rightarrow [\ldots\vee(x_i^{\sigma_1}=x_j^{\sigma_1}\wedge\ldots\wedge x_i^{\sigma_p}=x_j^{\sigma_p})\vee\ldots]) \quad (1\leq i<j\leq n+1).$$

b) Daß diese Klassen nicht als Klassen von Modellen einer Formelmenge erster Stufe beschrieben werden können, ist klar: (i) siehe Aufgabe 7 von Kapitel 3; (ii): erweitern L durch eine neue Konstante a und nehmen die Axiome $s_1\neq a, s_2\neq a,\ldots$ hinzu; (iii) erweitern $Ł^{\tau}$ durch eine Konstante $a^{(0)}$ des Typs (0) und Konstante $c_1,c_2,\ldots$ vom Typ 0; zu den Axiomen fügen wir $c_n\hat{\varepsilon}_{(0)}a^{(0)}$ $(n=1,2,\ldots)$ und $c_n\neq c_m$ (für alle Paare (n,m) verschiedener ganzer Zahlen ≥ 1) hinzu.

Jede der unendlichen Formeln ist einer Formel zweiter Stufe äquivalent.

Wir unterscheiden jeweils zwei Fälle: die Variable (zweiter Stufe) X durchläuft

α) die Menge aller Teilmengen des Bereiches der betrachteten Realisierung;

β) die Familie aller endlichen Teilmengen dieses Bereiches.

Bezeichnungen wie auf Seite 134/135.

(i) Wir setzen

$$A=\bigwedge X\{[zeX\wedge\bigwedge y(y+1eX\rightarrow yeX)]\rightarrow 1eX\}$$

und

$$B=\bigvee X[1eX\wedge\bigwedge y(y\neq z\wedge yeX\rightarrow y+1eX)]\ .$$

In beiden Fällen hat man

$$\mathbb{W}_n(z=\sigma_n)\rightarrow A,$$

im Fall α) außerdem noch

$$A\rightarrow\mathbb{W}_n(z=\sigma_n),$$

im Fall β)

$$B\rightarrow\mathbb{W}_n(z=\sigma_n),$$

also stets

$$\mathbb{W}_n(z=\sigma_n)\leftrightarrow(A\wedge B)\ .$$

Im Fall α) gilt $\bigwedge zB$. Da $\mathbb{W}_n(x<\sigma_n)$ zu $\bigvee z[x<z\wedge\mathbb{W}_n(x=\sigma_n)]$ äquivalent ist, hat man in beiden Fällen

$$\mathbb{W}_n(x<\sigma_n)\leftrightarrow\bigvee z(x<z\wedge A\wedge B)\ .$$

(ii) Wir betrachten nur Fall α); der Fall β) ergibt sich daraus durch entsprechende Modifikationen wie in (i)

$$\mathbb{W}_n(x=s_n)\leftrightarrow\bigwedge X[(xeX\wedge\bigwedge y[ya_1eX\wedge\bigwedge ya_1^{-1}eX\vee\ldots\vee ya_peX\ ya_p^{-1}eX)\rightarrow yeX])\rightarrow 1eX].$$

(iii) Wir schreiben $y=z\cup(z_1,\ldots,z_p)$ (y,z vom Typ $\sigma=(\sigma_1,\ldots,\sigma_p)$, z_i vom Typ σ_i, $1\leq i\leq p$) für

$$\bigwedge x_1^{\sigma_1}\ldots\bigwedge x_p^{\sigma_p}((x_1,\ldots,x_p)\hat{\varepsilon}_\sigma y\leftrightarrow[(x_1,\ldots,x_p)\hat{\varepsilon}_\sigma z\vee(x_1=z_1\wedge\ldots\wedge x_p=z_p)].$$

Ist x vom Typ σ, so hat man im Fall α):

$$\mathbb{W}_nE_nx\leftrightarrow\bigwedge X([xeX\wedge\bigwedge y\bigwedge z\bigwedge z\ \ldots\ \bigwedge z_p([yeX\wedge y=z\cup(z_1,\ldots,z_p)]\rightarrow$$
$$\rightarrow(zeX\wedge z_1eX\wedge\ldots\wedge z_peX))]\rightarrow\emptyset eX).$$

7 Definierbarkeit

Dieses Kapitel behandelt Beziehungen zwischen den syntaktischen Strukturen von Formeln einer Sprache und ihren Realisierungen, d.h. den durch diese Formeln in den Realisierungen der Sprache definierten Mengen.

Wir haben schon gesehen (z.B. Kapitel 2, Aufgabe 5 über pränexe Allformeln), daß die syntaktische Struktur einer Formel A gewisse einfache Beziehungen zwischen ihren Realisierungen $\overline{A}_M$ in verschiedenen Modellen M zur Folge haben kann; zumindest dann, wenn diese Modelle in einem offenkundigen Sinn "vergleichbar" sind. Umgekehrt kann man sich fragen: wenn in allen Modellen M einer Formelmenge A die Realisierungen $\overline{A}_M$ in dieser Beziehung zueinander stehen, ist dann A (in allen Modellen von A äquivalent) zu einer Formel jener syntaktischen Struktur? Die beiden wichtigsten Fälle betreffen 1. Formeln, die stabil unter Erweiterungen sind, und 2. Formeln, die invariant bzgl. sog. τ-Realisierungen der Theorien endlicher Typen sind, die in Kapitel 5 eingeführt wurden. Satz 2 und Aufgabe 2 enthalten Ergebnisse, die man in der Literatur meist mit dem Endlichkeitssatz beweist. Unsere Beweise verwenden stattdessen das Interpolationslemma und können daher auf die unendlichen Sprachen verallgemeinert werden, die in der Zusammenfassung des vorigen Kapitels erwähnt wurden. Nähere Einzelheiten findet man in der dort angegebenen Literatur.

Um Modelle zu vergleichen, die nicht trivial vergleichbar sind, untersuchen wir diejenigen Objekte, die in allen Modellen einer Formelmenge A "vorkommen", z.B. die rationalen Zahlen in allen Körpern der Charakteristik 0: sie bilden den "gemeinsamen Teil" aller dieser Körper. Um dies präzise formulieren zu können, definieren wir, wann eine Struktur in (allen Modellen von) A *starr enthalten ist.* Das wichtigste Ergebnis darüber besagt, daß jedes Element einer solchen Struktur durch eine besonders einfache Formel definiert werden kann. Mit diesem Satz bestimmen wir in Aufgabe 6(a) die maximale Struktur, die in allen algebraisch abgeschlossenen Körpern der Charakteristik 0 starr enthalten ist.

Die Sätze 7 und 8 behandeln zwei Begriffe von expliziter Definierbarkeit und charakterisieren diejenigen Untermengen des gemeinsamen Teils, die in jedem Modell von A definierbar sind. Für Modelle der Typentheorie werden diese Charakterisierungen besonders einfach (Aufgabe 9). Während wir bislang immer von den Modellen einer gewissen Axiomenmenge ausgegangen sind und ihren "gemeinsamen Teil" studiert haben, behandeln wir im letzten Abschnitt dieses Kapitels eine Realisierung M und betrachten die Relationen, die über M *implizit invariant definierbar* sind. Wieder werden zwei Definierbarkeitsbegriffe eingeführt, die den oben (im Zusammenhang mit expliziter Definierbarkeit) erwähnten Begriffen entsprechen. Die wichtigsten Eigenschaften dieser Begriffe werden in Satz 9 bewiesen. Besteht M aus der Menge der natürlichen Zahlen mit der Null als einzigem ausgezeichnetem Element und der Nachfolgerfunktion, so zeigt Aufgabe 10, daß die definierten Relationen gerade die endlichen bzw. rekursiven Relationen zwischen natürlichen Zahlen sind, je nachdem, welcher der beiden Definierbarkeitsbegriffe zugrunde liegt.

Mit diesen beiden Definierbarkeitsbegriffen können die wichtigsten klassischen Ergebnisse über rekursiv aufzählbare Axiomenmengen auf beliebige Axiomenmengen der Prädikatenlogik verallgemeinert werden. Diese Begriffe gestatten aber auch eine Verallgemeinerung der rekursionstheoretischen Grundbegriffe (endlich, rekursiv, partiell- oder semirekursiv) auf beliebige Strukturen, die gewissen Abgeschlossenheitsbedingungen unterliegen. Diese Verallgemeinerung führt zu einer natürlichen Wahl von unendlichen Sprachen; für eine allgemeine Diskussion siehe den Artikel von Kreisel in den Springer Lecture Notes Vol. 72. Die in der Zusammenfassung des vorigen Kapitels erwähnte Arbeit von Barwise behandelt spezielle Strukturen, wo eine (verallgemeinerte) partiell rekursive Menge das Bild einer (verallgemeinerten) rekursiven Funktion ist, und die dazugehörigen Sprachen.

Die Methode, die in den Beweisen der Definierbarkeitssätze gebraucht wird, ist in der Literatur als "omitting-type-Konstruktion" bekannt (siehe M. Morley, Partitions and Models § 2, Springer Lecture Notes in Mathematics, Vol. 70). Die hier gebotenen Beispiele dieser Methode sind technisch sehr einfach; die Sätze werden für überabzählbare Sprachen formuliert, um die Rollen der zwei einschlägigen Kardinalitäten (der Sprache selbst und der betrachteten Formelmengen) zu trennen.

Wir betrachten Sprachen L mit Gleichheit und p Variablensorten. $\overline{A}_M$ ist der Wert von A in der Realisierung M von L. Ist M' ebenfalls eine Realisierung von L und M' eine Erweiterung von M, so bezeichnen wir die Einschränkung von $\overline{A}_{M'}$ auf M mit $M\cap\overline{A}_{M'}$, d.h. wir schreiben $M\cap\overline{A}_{M'}$ für $\overline{A}_{M'}\cap(E_1^{V_L(1)}\times\ldots\times E_p^{V_L(p)})$, wo E_i der Bereich der Sorte i von M ist.

Sei L' eine Sprache mit Gleichheit vom selben (Ähnlichkeits-) Typ wie L, d.h. L' habe ebenfalls p Variablensorten, und es gibt eine bijektive Abbildung von V_L, R_L, S_L, F_L auf $V_{L'}, R_{L'}, S_{L'}, F_{L'}$, die sowohl die Variablensorten als auch die Sorten und die Anzahl der Argumentstellen ungeändert läßt. Wir nehmen an, daß L und L' disjunkt sind. Sei Ext(L,L') die Menge der folgenden Formeln aus $L\cup L'$:

i) $$\bigwedge x_j \bigvee x'_j (x_j = x'_j) \qquad (1\leq j\leq p),$$

wo x_j eine Variable der Sorte j ist;

ii) $$\bigwedge x_1\ldots\bigwedge x_n\bigwedge x'_1\ldots\bigwedge x'_n[(x_1=x'_1\wedge\ldots\wedge x_n=x'_n)\rightarrow(R(x_1,\ldots,x_n)\rightarrow R'(x'_1,\ldots,x'_n))]$$

für jedes Relationszeichen R aus L und jede für R zulässige Folge $x_1,\ldots,x_n$;

iii) $$\bigwedge x_1\ldots\bigwedge x_n\bigwedge x'_1\ldots\bigwedge x'_n[(x_1=x'_1\wedge\ldots\wedge x_n=x'_n)\rightarrow f(x_1,\ldots,x_n)=f'(x_1,\ldots,x'_n)]$$

für jedes Funktionszeichen f aus L und jede für f zulässige Folge $x_1,\ldots,x_n$.

LEMMA 1: *Die Realisierung* M' *von* L' *ist genau dann eine Erweiterung der Realisierung* M *von* L*, wenn die Summe* M⊕M' *eine Realisierung von* $L\cup L'$ *ist, die* Ext(L,L') *erfüllt.*

Die Formel A aus L heißt (U,A)-*invariant*, wenn für jedes Modell M von U und für je zwei Modelle M', M'' von A, die Erweiterungen von M sind, $M\cap\overline{A}_{M'}=M\cap\overline{A}_{M''}$ gilt. (Beachte, daß im allgemeinen $\overline{A}_M\neq M\cap\overline{A}_{M'}$, da wir nicht voraussetzen, daß M ein Modell von A ist; siehe Aufgabe 1(e). Eine Anwendung des Begriffes "(U,A)-Invarianz" findet man in Aufgabe 1.)

Sei A eine Formel von L; das Bild von A unter der obigen Abbildung von L auf L' bezeichnen wir in diesem Kapitel durchweg mit A'.

Seien $x_1,\ldots,x_n$ die freien Variablen von A; dann haben wir

SATZ 2. INVARIANZTHEOREM: *Ist A $(\mathcal{U},\mathsf{A})$-invariant, dann gibt es eine Formel B, so daß*

$$A'\cup\mathcal{U}\cup\mathrm{Ext}(L,L')\vdash \bigwedge x_1\ldots\bigwedge x_n\bigwedge x_1'\ldots\bigwedge x_n'[(x_1=x_1'\wedge\ldots\wedge x_n=x_n')\rightarrow(A'\leftrightarrow B)].$$

BEWEIS: Wir erweitern L durch Konstante $a_1,\ldots,a_n$ (a_i von derselben Sorte wie x_i), und führen eine zu L und L' disjunkte Sprache L'' vom selben Typ wie L ein. Da A $(\mathcal{U},\mathsf{A})$-invariant ist, hat die Menge

$$A'\cup A''\cup\mathcal{U}\cup\mathrm{Ext}(L,L')\cup\mathrm{Ext}(L,L'')\cup\{A',\neg A'',a_1=a_1'\wedge\ldots\wedge a_n=a_n'\wedge a_1=a_1''\wedge\ldots\wedge a_n=a_n''\}$$

kein Modell. Trennen wir die Sprachen L' und L'', so sehen wir, daß die Menge

$$[A'\cup\mathcal{U}\cup\mathrm{Ext}(L,L')\cup\{A'\wedge a_1=a_1'\wedge\ldots\wedge a_n=a_n'\}]\cup$$

$$\cup[A''\cup\mathcal{U}\cup\mathrm{Ext}(L,L'')\cup\{\neg A''\wedge a_1=a_1''\wedge\ldots\wedge a_n=a_n''\}]$$

kein Modell hat. Nach dem Interpolationslemma gibt es daher eine Formel Y von $L\cup\{a_1,\ldots,a_n\}$, so daß

$$A'\cup\mathcal{U}\cup\mathrm{Ext}(L,L')\cup\{a_1=a_1'\wedge\ldots\wedge a_n=a_n'\}\vdash A'\rightarrow Y$$

und

$$A''\cup\mathcal{U}\cup\mathrm{Ext}(L,L'')\cup\{a_1=a_1''\wedge\ldots\wedge a_n=a_n''\}\vdash A''\rightarrow\neg Y\ .$$

Ersetzen wir in Y die Konstanten a_i durch x_i $(1\le i\le n)$ und identifizieren die Sprachen L' und L'', so erhalten wir eine Formel B mit

$$A'\cup\mathcal{U}\cup\mathrm{Ext}(L,L')\vdash \bigwedge x_1\ldots\bigwedge x_n\bigwedge x_1'\ldots\bigwedge x_n'[(x_1=x_1'\wedge\ldots\wedge x_n=x_n')\rightarrow(A'\leftrightarrow B)],$$

w.z.b.w.

Wir erinnern daran, daß man eine Formel A der Sprache L eine *Existenz-* bzw. *Allformel* nennt, wenn sie sich in pränexer Normalform befindet und alle vorkommenden Quantoren Existenz-bzw. Allquantoren sind.

Die Formel A heißt A-*stabil unter Erweiterungen*, wenn für je zwei Modelle M,M' von A, derart daß M' eine Erweiterung von M ist, $\overline{A}_M\subseteq\overline{A}_{M'}\cap M$ gilt. Insbesondere ist eine geschlossene Formel A, die in M wahr ist, auch in M' wahr.

A heißt $\mathcal{A}$-*stabil unter Einschränkungen*, wenn $\neg A$ $\mathcal{A}$-stabil unter Erweiterungen ist.

Sei $\mathcal{A}$ eine Formelmenge; offenbar sind alle Existenzformeln $\mathcal{A}$-stabil unter Erweiterungen und alle Allformeln $\mathcal{A}$-stabil unter Einschränkungen.

SATZ 3: *Sei $\mathcal{A}$ eine Menge geschlossener Formeln der Sprache L; A und B seien Formeln aus L, so daß $\overline{A}_{M'} \cap M \subseteq \overline{B}_M$, wo M, M' Modelle von $\mathcal{A}$ sind, und M' eine Erweiterung von M ist. Dann gibt es eine Allformel U von L, so daß*

$$\mathcal{A} \vdash A \to U \quad \textit{und} \quad \mathcal{A} \vdash U \to B.$$

BEWEIS (siehe auch Aufgabe 2): Sei V_c' eine Menge von neuen Individuenkonstanten, die die gleiche Kardinalzahl wie L hat, und sei $L' = L \cup V_c'$. In A und B ersetzen wir die freien Variablen durch Elemente aus V_c', wodurch Formeln A_1, B_1 aus L' entstehen. Sei V_1 die (eventuell leere) Menge derjenigen Konstanten, die wir benutzten, um A_1 und B_1 zu bilden. Sei $\mathcal{U}$ die Menge der Allformeln in $L \cup V_1$, die aus $\mathcal{A} \cup \{A_1\}$ folgen.

Es genügt zu zeigen, daß $\mathcal{A} \cup \mathcal{U} \cup \{\neg B_1\}$ kein Modell hat. Denn wenn dies gilt, so gibt es nach dem Endlichkeitssatz eine endliche Teilmenge $\mathcal{U}_F$ von $\mathcal{U}$ mit $\mathcal{A} \cup \mathcal{U}_F \vdash B_1$, also $\mathcal{A} \vdash U_F \to B_1$, wo U_F die Konjunktion der Formeln von $\mathcal{U}_F$ bedeutet. U_F ist aber zu einer Allformel äquivalent. Aus der Definition von $\mathcal{U}$ folgt andererseits $\mathcal{A} \vdash A_1 \to U_F$.

Für das weitere erinnern wir an Aufgabe 5 aus Kapitel 2, wonach eine Menge von Formeln der Sprache L ein Modell mit der gleichen Kardinalzahl wie L hat, vorausgesetzt natürlich, diese Menge hat überhaupt ein Modell; wir brauchen also nur solche Modelle zu betrachten.

Angenommen, $\mathcal{A} \cup \mathcal{U} \cup \{\neg B_1\}$ hat ein Modell M. Sei $\mathcal{D}'$ das Diagramm von M, geschrieben mit den Zeichen von V_c'. Jedes Modell M' von $\mathcal{A} \cup \mathcal{D}'$ ist dann bis auf Isomorphie eine Erweiterung von M. Da B_1 in M nicht gilt, kann M' wegen der Voraussetzung des Satzes die Formel A_1 nicht erfüllen. Für eine gewisse endliche Teilmenge $\mathcal{D}_F'$ von $\mathcal{D}'$, deren Konjunktion etwa D_F' ist, gilt daher $\mathcal{A} \cup \mathcal{D}_F' \vdash \neg A_1$, also $\mathcal{A} \vdash D_F' \to \neg A_1$ oder äquivalent, $\mathcal{A} \vdash A_1 \to \neg D_F'$.

In D_F' ersetzen wir die Konstanten von $V_c' - V_1$ durch Variable $y_1, \ldots, y_n$ aus L und bezeichnen die so entstandene Formel mit D_F''. Die Allformel $\bigwedge y_1 \ldots \bigwedge y_n \neg D_F''$ der Sprache $L \cup V_1$ folgt dann aus $\mathcal{A} \cup \{A_1\}$, ist daher aus $\mathcal{U}$. Dies zeigt, daß $\mathcal{A} \cup \mathcal{U} \cup \mathcal{D}'$ kein Modell hat, denn $\bigwedge y_1 \ldots \bigwedge y_n \neg D_F'' \to \neg D_F''$ ist ein Theorem. Folglich hat $\mathcal{A} \cup \mathcal{U} \cup \mathcal{D}' \cup \{\neg B_1\}$ kein Modell. Da aber M beliebig war, ist damit gezeigt, daß $A \cup U \cup \{\neg B_1\}$ kein Modell hat.

KOROLLAR: *Ist die Formel* C *A-stabil unter Erweiterungen, dann gibt es eine Existenzformel* E*, so daß* $A \vdash C \leftrightarrow E$.

BEWEIS: Ist C A-stabil, so erfüllt $\neg C$ die Voraussetzungen des Satzes 3 mit $A = B = \neg C$.

Im nächsten Satz und in den Aufgaben 3 und 4 werden die Begriffe "Invarianz" und "Stabilität" in einer für τ-Modelle (Kapitel 5) geeigneten Weise modifiziert.
Bezeichnungen wie in Kapitel 5. Seien $\sigma, \sigma' \varepsilon [\tau]$; wir schreiben kurz $\sigma \varepsilon \sigma'$, falls $\sigma' = (\sigma_1, \ldots, \sigma_n)$ und $\sigma = \sigma_i$ für ein gewisses i, $1 \leq i \leq n$. $y_i^{\sigma_i} \hat{\varepsilon} x^{\sigma}$ steht zur Abkürzung für die Formel $(j \neq i)$

$$\ldots \bigvee y_j^{\sigma_j} \ldots [(y_1^{\sigma_1}, \ldots, y_i^{\sigma_i}, \ldots, y_n^{\sigma_n}) \hat{\varepsilon}_{\sigma'} x^{\sigma}] .$$

Sei L_1^{τ} eine Sprache vom gleichen Typ wie L^{τ}.

LEMMA 4: M_1 *ist genau dann eine* τ*-Erweiterung von* M*, wenn* $M \oplus M_1$ *eine* τ*-Realisierung der Sprache* $L \cup L_1$ *ist, die die Formelmenge* $\tau\text{-Ext}(L, L_1)$ *erfüllt, wobei die Menge* $\tau\text{-Ext}(L, L_1)$ *aus der Menge* $\text{Ext}(L^{\tau}, L_1^{\tau})$ *und den Formeln*

$$\bigwedge x^{\sigma} \bigwedge x_1^{\sigma} \bigwedge y_1^{\sigma'} \bigvee y^{\sigma'} [(x^{\sigma} = x_1^{\sigma} \wedge y_1^{\sigma'} \hat{\varepsilon}_1 x_1^{\sigma}) \rightarrow y^{\sigma'} = y_1^{\sigma'}]$$

für alle $\sigma, \sigma' \varepsilon [\tau]$ *besteht.*

Wir verwenden die folgende Schreibweise. Seien $\sigma, \sigma' \varepsilon [\tau]$; wir schreiben $y^{\sigma} \hat{\varepsilon} [x^{\sigma'}]$ (gelesen "y gehört zur transitiven Hülle von x") für die Disjunktion der Formeln

$$y^{\sigma} \hat{\varepsilon} x^{\sigma'} \quad \text{und} \quad \bigvee x_{i_1} \ldots \bigvee x_{i_{n_i}} (y^{\sigma} \hat{\varepsilon} x_{i_1} \hat{\varepsilon} \ldots \hat{\varepsilon} x_{i_{n_i}} \hat{\varepsilon} x^{\sigma'}),$$

wo $(i_1, \ldots, i_{n_i})$ alle endlichen Folgen durchläuft, die die Bedingung: $\sigma \varepsilon \tau_{i_1} \varepsilon \ldots \varepsilon \tau_{i_{n_i}} \varepsilon \sigma'$, x_{i_j} vom Typ τ_{i_j}, erfüllen.

Eine Formel A mit den freien Variablen $x_1, \ldots, x_n$ heißt A-τ-*invariant*, wenn für je zwei τ-Modelle M, M' von A, deren Einschränkungen auf $E_0 \cap E_0'$ übereinstimmen, und für jedes n-tupel $(\bar{x}_1, \ldots, \bar{x}_n)$, das zum τ-Durchschnitt von M und M' gehört, folgendes gilt: entweder ist $(\bar{x}_1, \ldots, \bar{x}_n) \varepsilon \bar{A}$ in beiden Modellen oder in keinem.

Eine pränexe Formel $Q_1y_1 \ldots Q_ky_kB_1$, B_1 quantorenfrei, heißt *beschränkt*, falls B_1 die Gestalt

$$(y_{i_1}\hat{\varepsilon}[t_{i_1}] \wedge \ldots \wedge y_{i_p}\hat{\varepsilon}[t_{i_p}]) \rightarrow (y_{j_1}\hat{\varepsilon}[s_{j_1}] \wedge \ldots \wedge y_{j_p}\hat{\varepsilon}[s_{j_p}] \wedge C)$$

hat, wo $i_1, \ldots, i_p$ die Indizes der Allquantoren und $j_1, \ldots, j_p$ die der Existenzquantoren sind, und wo die t_i und s_j entweder Individuenkonstante oder Variable sind.

Offenbar sind alle beschränkten Formeln τ-invariant.

SATZ 5: *A ist genau dann* A-τ-*invariant, wenn es eine beschränkte Formel B gibt, so daß* $\mathsf{A} \vdash (A \leftrightarrow B)$.

BEWEIS: Wir betrachten drei Sprachen: $L_0^{\tau'}$, das aus L^τ dadurch entsteht, daß der Einschränkung von L^τ auf die Typen $\sigma\varepsilon[\tau']$, $\tau' = (\tau_1, \ldots, \tau_n)$, n Konstante $a_1^{\tau_1}, \ldots, a_n^{\tau_n}$ hinzugefügt werden. L_1^τ bzw. L_2^τ entstehen aus L^τ, indem man in L^τ das Zeichen $\hat{\varepsilon}$ durch ein neues Zeichen $\hat{\varepsilon}_1$ bzw. $\hat{\varepsilon}_2$ und die Variablen $x, y, \ldots$ eines jeden Typs durch $x_1, y_1, \ldots$ bzw. $x_2, y_2, \ldots$ ersetzt.

Da A A-τ-invariant ist, hat man

$$\mathsf{A}_1 \cup \mathsf{A}_2 \cup \tau'\text{-Ext}(L_0, L_1) \cup \tau'\text{-Ext}(L_0, L_2) \cup$$
$$\cup\, \mathrm{TC}(a_1^{\tau_1}, \ldots, a_n^{\tau_n}) \vdash A_1(a_1^{\tau_1}, \ldots, a_n^{\tau_n}) \leftrightarrow A_2(a_1^{\tau_1}, \ldots, a_n^{\tau_n}).$$

Hierin drückt die Formelmenge $\mathrm{TC}(a_1^{\tau_1}, \ldots, a_n^{\tau_n})$ in der Sprache $L_0^{\tau'}$ aus, daß jedes Objekt zur transitiven Hülle der Vereinigung $a_1^{\tau_1} \cup \ldots \cup a_n^{\tau_n}$ gehört, d.h. für jedes $\sigma\varepsilon[\tau_1] \cup \ldots \cup [\tau_n]$ enthält $\mathrm{TC}(a_1^{\tau_1}, \ldots, a_n^{\tau_n})$ die Formel $\bigwedge y^\sigma(y^\sigma\hat{\varepsilon}[a_1^{\tau_1}] \vee \ldots \vee y^\sigma\hat{\varepsilon}[a_n^{\tau_n}])$.

Trennen wir die verschiedenen Typen von Variablen und wenden wir das Interpolationslemma an, so erhalten wir eine Formel B' der Sprache $L_0^{\tau'}$, so daß

$$\mathsf{A}_1 \cup \tau'\text{-Ext}(L_0, L_1) \cup \mathrm{TC} \vdash A_1 \rightarrow B'$$

und

$$\mathsf{A}_2 \cup \tau'\text{-Ext}(L_0, L_2) \cup \mathrm{TC} \vdash B' \rightarrow A_2.$$

Die Formelmenge $\tau'\text{-Ext}(L_0, L_1) \cup \mathrm{TC}$ wird erfüllt, wenn man $\hat{\varepsilon}$ durch $\hat{\varepsilon}_1$ und jede Variable x aus $L_0^{\tau'}$ durch $x_1\hat{\varepsilon}_1[a_1^{\tau_1}] \vee \ldots \vee x_1\hat{\varepsilon}_1[a_n^{\tau_n}]$ ersetzt. Also

hat B' die gewünschte Gestalt B.
Die Umkehrung ist klar.

Die nun folgenden Sätze betreffen Klassen von Modellen, die nicht "vergleichbar" sind.

Wir definieren: eine Realisierung M der Sprache L ist *starr enthalten* in M', wenn es eine *eindeutig bestimmte* Abbildung ϕ' der Bereiche $E_1,\ldots,E_p$ von M nach $E_1'\cup\ldots\cup E_p'$ gibt, so daß:

(1) $\phi'(E_i)\subseteq E_i$ für jedes i, $1\leq i\leq p$

(2) $\phi'(\overline{c})=\overline{c}'$ für jede Individuenkonstante c aus L,

(3) das Bild von $\overline{R}$ unter ϕ' wird von $\overline{R}'$ induziert, für jedes Relationszeichen R aus L. (Dabei sind $\overline{c}'$, $\overline{R}'$ die Werte von c bzw. R in M'.) Enthält L Funktionszeichen, etwa das n-stellige Zeichen f, dann müssen nach Definition M und M' unter $\overline{f}$ bzw. $\overline{f}'$ abgeschlossen sein, und es ist

$$\phi'(\overline{f}a_1\ldots a_n) = \overline{f}'(\phi'a_1,\ldots,\phi'a_n)$$

für jedes n-tupel $(a_1,\ldots,a_n)$ von Elementen aus dem Bereich von M. (Die Bedingung für die Konstanten ist also ein Spezialfall hiervon, wenn man sie als 0-stellige Funktionszeichen auffaßt.)

M ist *starr enthalten* in der *Klasse* aller Modelle einer Formelmenge A von L, wenn M in jedem Modell von A starr enthalten ist. *Wir setzen nicht voraus, daß* M *ein Modell von* A *ist.*

Natürlich kann M, wenn es in allen oder auch nur in einem Modell von A starr enthalten ist, keinen Automorphismus besitzen. Und wenn M keinen Automorphismus besitzt, dann ist "M ist *starr enthalten* in A" äquivalent zu:

Jedes Modell von A besitzt genau eine Unterstruktur, die isomorph zu M ist.
(Wenn M Automorphismen hat, braucht diese Äquivalenz nicht zu gelten; vgl. Aufgabe 6 (a)(iii).)

Eine Formel A mit einer einzigen freien Variablen x heißt *Definition des Elementes a in* M ($a\in E_i$), wenn a das einzige Element ist, das A erfüllt, d.h. wenn

$$\overline{A}=E_1^{V_L(1)}\times\ldots\times E_{i-1}^{V_L(i-1)}\times\langle x,a\rangle\times E_{i+1}^{V_L(i+1)}\times\ldots\times E_p^{V_L(p)},$$

wofür wir kurz auch $\overline{A}=\{a\}$ schreiben.

Sei $M=E_1\cup\ldots\cup E_p$.

SATZ 6: *Wenn* M *in der Klasse aller Modelle von* A *starr enthalten ist, dann gibt es zu jedem Element* a *des Bereiches* M *von* M *eine Existenzformel* A_a *aus* L, *so daß folgendes gilt:*

(i) A_a *definiert in* M *das Element* a, *und in jedem Modell* M' *von* A *definiert* A_a *das Element* $\phi'(a)$;

(ii) *für jedes* n*-stellige Relationszeichen* R *von* L *und für jedes* n*-tupel* $(a_1,\ldots,a_n)$ *von Individuen aus* M *ist* $(a_1,\ldots,a_n)\in\overline{R}$ *genau dann, wenn*

$$A\vdash \bigwedge x_1\ldots\bigwedge x_n[(A_{a_1}(x_1)\wedge\ldots\wedge A_{a_n}(x_n))\rightarrow R(x_1,\ldots,x_n)],$$

und $(a_1,\ldots,a_n)\notin\overline{R}$ genau dann, wenn

$$A\vdash \bigwedge x_1\ldots\bigwedge x_n[(A_{a_1}(x_1)\wedge\ldots\wedge A_{a_n}(x_n))\rightarrow\neg R(x_1,\ldots,x_n)];$$

(iii) *für jedes* n*-stellige Funktionszeichen* f *aus* L *und für jedes* $(n+1)$*-tupel* $(a_1,\ldots,a_{n+1})$ *von Individuen aus* M *ist* $\overline{f}(a_1,\ldots,a_n)=a_{n+1}$ *genau dann, wenn*

$$A\vdash \bigwedge x_1\ldots\bigwedge x_n\bigvee y([A_{a_1}(x_1)\wedge\ldots\wedge A_{a_n}(x_n)]\rightarrow[f(x_1,\ldots,x_n)=y\wedge A_{a_{n+1}}(y)]).$$

BEWEIS: Wir erweitern die Sprache L durch neue Konstante c'_a,c''_a $(a\in M)$, die alle verschieden sein sollen. Seien $\mathcal{D}',\mathcal{D}''$ die mit diesen Konstanten aufgeschriebenen Diagramme von M. Da M in der Klasse aller Modelle von A starr enthalten ist, kann man $\mathcal{D}'$ in jedem Modell M' von A auf genau eine Weise erfüllen, indem man nämlich $\overline{c}'_a=\phi'(a)$ für jedes $a\in M$ setzt. Entsprechend läßt sich $\mathcal{D}''$ in jedem Modell M'' von A auf genau eine Weise erfüllen, indem man $\overline{c}''_a=\phi''(a)$ für jedes $a\in M$ setzt. Daher ist $A\cup\mathcal{D}'\cup\mathcal{D}''\vdash c'_a=c''_a$. Nach dem Endlichkeitssatz gibt es endliche Teilmengen $\mathcal{D}'_1,\mathcal{D}''_2$ von $\mathcal{D}'$ bzw. $\mathcal{D}''$, so daß $A\cup\mathcal{D}'_1\cup\mathcal{D}'_2\vdash c'_a=c''_a$. In der Konjunktion der Formeln aus $\mathcal{D}'_1$ und $\mathcal{D}''_2$ ersetzen wir die von c'_a verschiedenen Konstanten aus $\mathcal{D}'_1$ durch Variable x_i $(1\leq i\leq h)$ und die Konstanten aus $\mathcal{D}''_2$ durch Variable y_j $(1\leq j\leq k)$; c'_a schließlich ersetzen wir durch die Variable x; die so entstandene Formel nennen wir B_a. Sei $A_a=\bigvee x_1\ldots\bigvee x_h\bigvee y_1\ldots\bigvee y_k B_a$.

$\bigvee x A_a(x)$ folgt dann aus A, denn in jedem Modell M' von A wird $\mathcal{D}_1' \cup \mathcal{D}_2''$ erfüllt, wenn man $\overline{c}_b' = \overline{c}_b'' = \phi'(b)$ für jedes b setzt. Die Eindeutigkeit des Elementes, das $A_a(x)$ erfüllt, ergibt sich aus $A \cup \mathcal{D}_1' \cup \mathcal{D}_2' \vdash c_a' = c_a''$. Damit ist (i) bewiesen.

Die Vollständigkeitsergebnisse (ii) und (iii) folgen aus der Tatsache, daß $\phi'(\overline{R})$ und $\phi'(\overline{f})$ nach Voraussetzung die Werte von R bzw. f in M' sind.

KOROLLAR: *Voraussetzungen wie in Satz 6. Erweitern wir L durch die Konstanten c_a für $a \varepsilon M$, so kann jedes Modell M' von A auf genau eine Weise zu einem Modell von $A \cup A_1$ erweitert werden, wo $A_1 = \{\bigwedge x(A_a(x) \leftrightarrow x = c_a) : a \varepsilon M\}$ ist. In diesem Modell ist $\overline{c}_a = \phi'(a)$. Insbesondere gilt $A \cup A_1 \vdash \neg(c_a = c_b)$ für je zwei verschiedene Elemente a,b aus M.*

Sei L eine Sprache mit k Objektsorten, die eine unendliche Menge C von Konstanten c enthält. (Die Konstanten c sollen alle von der gleichen Sorte i ($1 \leq i \leq k$) sein.) Eine normale Realisierung von L heißt eine C-*Realisierung*, wenn $\overline{c} = c$ für jedes $c \varepsilon C$.

Eine Teilmenge X von C heißt *definierbar* in einer C-Realisierung M von L wenn es eine Formel $A(x,x_1,\ldots,x_n)$, x von der Sorte i, und Elemente $a_1,\ldots,a_n$ von M derselben Sorten wie $x_1,\ldots,x_n$ gibt, so daß

$$X = \{a \varepsilon M : a \text{ von der Sorte } i \text{ und } (a,a_1,\ldots,a_n) \varepsilon \overline{A}\},$$

wo $\overline{A}$ der Wert von $A(x,x_1,\ldots,x_n)$ in M ist.

Ist X endlich, etwa $X = \{c_1,\ldots,c_n\}$, so ist X offenbar in allen C-Realisierungen durch die Formel

$$x = c_1 \vee \ldots \vee x = c_n$$

definierbar. Die Umkehrung gilt in folgendem Sinne:

SATZ 7: *Sei A eine Menge von geschlossenen Formeln der Sprache L, die ein C-Modell besitzt. Ist X in allen C-Modellen von A definierbar, so ist X endlich.*

BEWEIS: Wir bemerken zuerst, daß eine C-Realisierung bis auf Isomorphie eine solche Realisierung ist, in der verschiedene Elemente aus C auch verschiedene Werte haben. Deshalb setzen wir voraus, daß A die Formeln $c \neq c'$ für alle Paare (c,c') verschiedener Elemente aus C enthält.

Wir konstruieren die Sprache L_Δ und die Formelmenge Ω wie in Kapitel 5. Die Menge derjenigen Formeln aus L_Δ, die eine einzige freie Variable der Sorte i enthalten, hat die gleiche Kardinalzahl wie L_Δ. Daher läßt sich diese Menge in der Form $\{A_j(x) : j<\mathrm{card}(L_\Delta)\}$ abzählen, und zwar so, daß der Term $\hat{\varepsilon}(A_j(x))$ nicht in den Formeln $A_h(x)$ vorkommt, wenn $h<j$. (Die Abbildung $\hat{\varepsilon}$ wurde auf Seite 86 definiert.)

Wir setzen $A_0^+ = A\cup\Omega$, und

1. $$A_j^+ = \bigcup_{h<j} A_h^+ \cup \{\bigvee x A_j(x)\} \cup \{\hat{\varepsilon}(A_j(x)) \neq c : c\in \mathbf{C}\} \quad \text{für } j>0,$$

falls diese Menge ein normales Modell hat; und

2. $$A_j^+ = \bigcup_{h<j} A_h^+ \qquad \text{sonst.}$$

Im Fall 2 gibt es also nach dem Endlichkeitssatz eine endliche Menge $\{c_{n_1},\dots,c_{n(j)}\}$ von Elementen aus $\mathbf{C}$, so daß

$$\bigcup_{h<j} A_h^+ \vdash \bigvee x\, A_j(x) \to [\hat{\varepsilon}(A_j(x))=c_{n_1} \vee\dots\vee \hat{\varepsilon}(A_j(x))=c_{n(j)}]$$

Da Ω die Formel $\bigvee x A_j(x) \to A_j(\hat{\varepsilon}(A_j(x)))$ enthält, gilt auch

$$\bigcup_{h<j} A_h^+ \vdash A_j(\hat{\varepsilon}(A_j(x))) \to [\hat{\varepsilon}(A_j(x))=c_{n_1} \vee\dots\vee \hat{\varepsilon}(A_j(x))=c_{n(j)}].$$

Alle Terme $\hat{\varepsilon}(A_k(x))$ mit $j<k$ können durch Existenzquantoren eliminiert werden; also gilt

$$\bigcup_{h<j} A_h^+ \vdash \bigwedge x[A_j(x) \to (x=c_{n_1} \vee\dots\vee x=c_{n(j)})].$$

Hat nun A ein Modell, dann besitzt nach Korollar 5.6. $\bigcup\{A_j^+ : j<\mathrm{card}(L_\Delta)\}$ ein Termmodell. In jedem solchen Modell gilt: erfüllt j die erste Bedingung, dann ist $\overline{A}_j=\emptyset$ oder $\overline{A}_j \not\subseteq \mathbf{C}$, also $\overline{A}_j \neq X$; erfüllt j die zweite Bedingung, so ist $\overline{A}_j$ endlich, w.z.b.w.

Eine Teilmenge X von $\mathbf{C}$ heißt *definierbar über* $\mathbf{C}$ in einer $\mathbf{C}$-Realisierung M von L, wenn es eine Formel $A(x,x_1,\dots,x_n)$, x von der Sorte i, und Elemente $a_1,\dots,a_n$ von M derselben Sorten wie $x_1,\dots,x_n$ gibt, so daß

$$X=\{c\in \mathbf{C} : (c,a_1,\dots,a_n)\in\overline{A}\}.$$

Offenbar ist X definierbar *über* $\mathbf{C}$ in allen $\mathbf{C}$-Realisierungen einer Menge A, wenn es eine Formel $A(x)$ mit einer einzigen freien Variablen gibt, so daß für alle $c\in\mathbf{C}$:

$$c\in X \text{ genau dann, wenn } A\vdash A(c)$$

und

$$c \notin X \text{ genau dann, wenn } \mathrm{A} \vdash \neg A(c).$$

In Aufgabe 7 werden wir sehen, daß sich dies nicht direkt umkehren läßt; eine gewisse Umkehrung enthält

SATZ 8: *Sei* A *eine Menge von geschlossenen Formeln der Sprache* L, *und* $c_1^*, c_2^*, \ldots$ *seien Konstante* $\notin$L. *Ist* $X \subseteq$ C *definierbar über* C *in allen* C-*Modellen von* A, *dann gibt es eine Formel* $A(x, x_1, \ldots, x_n)$ *von* L *und eine Familie* $\{F_j(x_1, \ldots, x_n) : j < \lambda\}$ *von Formeln der Sprache* L *mit folgenden Eigenschaften:* card(λ)<card L, card$\lambda \leq$card(C), *die Menge*

$$\mathrm{A} \cup \{F_j(c_1^*, \ldots, c_n^*) : j < \lambda\}$$

hat ein Modell, und für alle $c \in$ C *gilt:*
$c \in X$ *genau dann, wenn für ein geeignetes* $j < \lambda$

$$\mathrm{A} \vdash \bigwedge x_1 \ldots \bigwedge x_n [F_j(x_1, \ldots, x_n) \to A(c, x_1, \ldots, x_n)], \text{ und}$$

$c \notin X$ *genau dann, wenn für gewisses* $j < \lambda$

$$\neg \mathrm{A} \vdash \bigwedge x_1 \ldots \bigwedge x_n [F_j(x_1, \ldots, x_n) \to A(c, x_1, \ldots, x_n)].$$

(Dieser Satz folgt auch aus dem allgemeinen Satz 5 des vorigen Kapitels; vgl. etwa Aufgabe 8.)

BEWEIS: Wir zeigen: ist die Behauptung des Satzes falsch, dann gibt es eine Klasse von Termmodellen, in denen x nicht definierbar ist. Sei $\langle A_j(x) \rangle$ eine (möglicherweise transfinite) Abzählung aller Formeln von L_Δ mit einer einzigen freien Variablen (der Sorte i). Wir dürfen annehmen, daß die Abzählung von L_Δ folgende Bedingungen erfüllt: a) $j <$card(L_Δ) und b) (nach Lemma 1 des Kapitels 5) jede Formel steht hinter allen ihren Teilformeln.

Sei $\mathrm{A}_0^+ = \mathrm{A}$. Für $j > 0$ betrachten wir zwei Fälle:

1) Für alle $k \leq j$ folgt die Formelmenge

$$\{A_k(c) : c \in \mathrm{C},\ c \in X\} \cup \{\neg A_k(c) : c \in \mathrm{C},\ c \notin X\}$$

nicht aus $\bigcup_{h<k} \mathrm{A}_h^+ \cup \Omega$;

a) entweder gibt es dann ein $c \in X$, so daß $A_j(c)$ nicht aus $\bigcup_{h<j} \mathrm{A}_h^+ \cup \Omega$ folgt;

es sei etwa $c=c_j$ und wir setzen

$$A_j^+ = \bigcup_{h<j} A_h^+ \cup \{\neg A_j(c_j)\}.$$

b) oder es gibt kein solches c; dann existiert aber $c \notin X$, so daß $\neg A_j(c)$ nicht aus $\bigcup_{h<j} A_h^+ \cup \Omega$ folgt; es sei etwa $c=c_j$, und wir setzen

$$A_j^+ = \bigcup_{h<j} A_h^+ \cup \{A_j(c_j)\}.$$

2) Tritt der Fall 1 nicht ein, so setzen wir

$$A_j^+ = \bigcup_{h<j} A_h^+ .$$

Nach dem Korollar zum Endlichkeitssatz hat $\bigcup_j A_j^+$ ein Termmodell M. Im Falle 1 ist $X \neq \overline{A}_j \cap C$; tritt dieser Fall also für jedes j ein, so ist X in M nicht definierbar *über* C, da jedes Element von M einen Namen in L_Δ hat. Deshalb gibt es ein $\lambda < \mathrm{card}(L_\Delta)$, so daß die Menge

$$\{A_\lambda(c) : c \in C,\ c \in X\} \cup \{\neg A_\lambda(c) : c \in C,\ c \notin X\}$$

aus $\Omega \cup A \cup \{A_j^!(c_j) : j < \lambda\}$ folgt, $A_j^! = \neg A_j$ (Fall 1 a)) oder $A_j^! = A_j$ (Fall 1 b)).

Zu jedem $c \in C$ gibt es daher eine endliche Menge I_c von Ordinalzahlen $<\lambda$, so daß $\{A_\lambda(c) : c \in X\} \cup \{\neg A_\lambda(c) : c \notin X\}$ aus $\Omega \cup A \cup \{A_j^!(c_j) : j \in I_c\}$ folgt. Seien $b_1, \ldots, b_n$ die Elemente aus Δ, die in A_λ vorkommen, und $a_1, \ldots, a_m$ diejenigen, die in $\{A_j^!(c_j) : j \in I_c\}$ vorkommen. Nach Lemma 5.10 ist dann

$$\{A_j^!(c_j) : j \in I_c\} \cup A \cup \{\theta_{a_1} \wedge \ldots \wedge \theta_{a_m} \wedge \theta_{b_1} \wedge \ldots \wedge \theta_{b_n}\} \vdash \{A_\lambda(c) : c \in X\} \cup \{\neg A_\lambda(c) : c \notin X\}.$$

Sei A^c die Konjunktion der $A_j^!(c_j)$ für $j \in I_c$; in

$$\theta_{a_1} \wedge \ldots \wedge \theta_{a_m} \wedge \theta_{b_1} \wedge \ldots \wedge \theta_{b_n} \wedge A^c$$

eliminieren wir wie in Satz 5 aus Kapitel 6 die von $b_1, \ldots, b_n$ verschiedenen Elemente aus Δ durch Existenzquantoren und bezeichnen die so entstehende Formel mit $F_c(b_1, \ldots, b_n)$. Für jedes c ist dann entweder $A \vdash (F_c \to A_\lambda(c))$ oder $A \vdash (F_c \to \neg A_\lambda(c))$. Offenbar ist die Kardinalzahl der Formelmenge $\{F_c : c \in C\} \leq \mathrm{card}(C)$ und kleiner oder gleich der Kardinalzahl der Familie aller endlichen Teilmengen von $\{A_j^!(c_j) : j < \lambda\} \cup \{\theta_a : a \in \Delta,$ a kommt in $A_j^!(c_j)$, $j < \lambda$, vor$\}$.

KOROLLAR: *In Satz 8 setzen wir noch voraus, daß* A *abzählbar ist. Dann gibt es eine geschlossene Formel B und eine Formel $A(x)$ mit einer einzigen freien Variablen x, so daß*

$$\mathsf{A} \vdash B \to A(c), \text{ falls } c \in X$$

und

$$\mathsf{A} \vdash B \to \neg A(c), \text{ falls } c \notin X.$$

BEWEIS: Nach Satz 8 gibt es eine *endliche* Familie

$$\{F_j(x_1,\ldots,x_n) : j \leq N\}$$

von Formeln und eine Formel $A_1(x,x_1,\ldots,x_n)$, so daß

$$\mathsf{A} \cup \{\bigvee x_1 \ldots \bigvee x_n (F_1 \wedge \ldots \wedge F_N)\}$$

ein Modell hat, und

$$\mathsf{A} \vdash \bigwedge x_1 \ldots \bigwedge x_n [(F_1 \wedge \ldots \wedge F_N) \to A_1(c,x_1,\ldots,x_n)], \text{ falls } c \in X;$$

und

$$\mathsf{A} \vdash \bigwedge x_1 \ldots \bigwedge x_n [(F_1 \wedge \ldots \wedge F_N) \to \neg A_1(c,x_1,\ldots,x_n)], \text{ falls } c \notin X.$$

Wir nehmen $B = \bigvee x_1 \ldots \bigvee x_n (F_1 \wedge \ldots \wedge F_N)$ und $A(x) = \bigvee x_1 \ldots \bigvee x_n (F_1 \wedge \ldots \wedge F_N \wedge A_1)$. Wenn $c \in X$, dann $\mathsf{A} \vdash B \to A(c)$; wenn $c \notin X$, dann $\mathsf{A} \vdash \neg A(c)$, also erst recht $\mathsf{A} \vdash B \to \neg A(c)$.

Während wir in den Sätzen 6-8 von einer Axiomenmenge A ausgingen, den "gemeinsamen Teil" ihrer Modelle (Satz 6) und die Invarianz expliziter Definitionen für alle Modelle von A betrachteten, geben wir uns jetzt eine Realisierung M einer Sprache L vor und interessieren uns für die Relationen, die *implizit* invariant definierbar über M sind.

Wir erweitern die Sprache L durch eine Konstante für jedes Element des Bereiches M von M und durch (Hilfs-) Relations- und Funktionszeichen. Seien A,B Formeln dieser neuen Sprache, A geschlossen, B mit n freien Variablen.

(A,B) ist

eine implizit invariante Definition (i.i.D., im Plural i.i.D.D.) der Relation $R \subseteq M^n$ (in der Klasse aller Modelle von $\{A\} \cup D(\mathsf{M})$), wenn $R = \overline{B}$ in jedem Modell von $\{A\} \cup D(\mathsf{M})$;

eine i.i.D. *über M*, wenn $R=\overline{B}\cap M^n$ in jedem Modell von $\{A\}\cup D(M)$;

eine *echte* i.i.D. *über M*, wenn darüber hinaus $\{A\}\cup D(M)$ ein Modell mit dem Bereich M selbst hat;

(A,B) ist eine i.i.D. *über M* der Funktion $f:M^{n-1}\rightarrow M$, wenn für jedes $(n-1)$-tupel $(a_1,\ldots,a_{n-1})$ von Konstanten und $a=f(a_1,\ldots,a_{n-1})$ die Formel

$$\bigwedge x[B(a_1,\ldots,a_{n-1},x)\leftrightarrow x=a]$$

in jedem Modell von $\{A\}\cup D(M)$ wahr ist.

SATZ 9: *Sei* $\mathbf{M}$ *eine Realisierung mit Bereich M und* $R\subseteq M^n$. *Dann gilt:*

(i) hat R eine i.i.D., dann ist R endlich;

(ii) hat R eine i.i.D. über M, dann hat R auch eine echte i.i.D. über M;

(iii) jede Boolesche Kombination von Relationen, die i.i.D.D. über M haben, hat ebenfalls eine i.i.D. über M;

(iv) wenn sowohl R als auch sein Komplement (über M) durch pränexe Existenzformeln definiert werden, die aus Relations- und Funktionszeichen aufgebaut sind, deren Werte i.i.D.D. über M haben, dann hat R selbst eine i.i.D. über M.

BEWEIS: (i) der Beweis verläuft ähnlich wie der Beweis von Satz 7.
(ii) Wir müssen zwei Fälle betrachten.
Ist M endlich, so kann R durch explizite Aufzählung seiner Elemente definiert werden (wobei man die Konstanten für die Elemente von M benützt).

Ist M unendlich, so gibt es eine injektive Abbildung von M auf eine Teilmenge M' von M, so daß card(M)=card(M')=card$(M-M')$. Sei g ein neues einstelliges Funktionszeichen (dessen Wert eine solche Abbildung sein wird). Wir nehmen an, (A,B) sei eine i.i.D. *über M*, aber $\{A\}\cup D(M)$ habe kein Modell mit Bereich M. Für jedes Relationszeichen R und jedes Funktionszeichen f von $L(A)\cup L(B)$ führen wir neue Zeichen R_g bzw. f_g ein. Seien A_g und B_g die Formeln, die aus A und B dadurch entstehen, daß man jede Variable oder Konstante t durch g_t, R durch R_g und f durch f_g ersetzt. Sei A_1 die Konjunktion der folgenden Formeln:

$$\bigwedge x\bigwedge y(gx=gy\rightarrow x=y)$$

$$\bigwedge x_1\ldots\bigwedge x_n[R(x_1,\ldots,x_n)\leftrightarrow R_g(gx_1,\ldots,gx_n)]$$

$$\bigwedge x_1\ldots\bigwedge x_n[gf(x_1,\ldots,x_n)=f_g(gx_1,\ldots,gx_n)].$$

$\{A_1 \wedge A_g\} \cup D(M)$ hat dann ein Modell mit dem Bereich M, denn $\{A\} \cup D(M)$ hat ein unendliches Modell, also auch ein Modell mit derselben Kardinalzahl wie M. Außerdem ist $(A_1 \wedge A_g, B_g)$ eine i.i.D. *über* M der durch (A,B) definierten Relation.

(iii) klar: wir verwenden in jeder der Definitionen disjunkte Mengen von Hilfsrelations- und Hilfsfunktionszeichen.

(iv) Wegen (ii) dürfen wir annehmen, daß unsere i.i.D.D. echt sind. Die in den Definitionen von R und seinem Komplement auftretenden Zeichen sollen den Index 1 bzw. 2 haben. R und sein Komplement werden dann (über M) definiert durch die Formeln

$$\bigvee y_1 \ldots \bigvee z_1 A_1 \quad \text{bzw.} \quad \bigvee y_2 \ldots \bigvee z_2 A_2 \ ,$$

wo die Werte von A_1 und A_2 Boolesche Kombinationen von Relationen sind, die i.i.D.D. *über* M haben. Die Werte von A_1 und A_2 haben also nach (iii) selber i.i.D.D. *über* M. Seien A_1' bzw. A_2' die in diesen i.i.D.D. auftretenden Axiome. Dann ist

$$(A_1' \wedge A_2' \wedge (\bigvee y_1 \ldots \bigvee z_1 A_1 \leftrightarrow \neg \bigvee y_2 \ldots \bigvee z_2 A_2), \bigvee y_1 \ldots \bigvee z_1 A_1)$$

eine i.i.D. von R.

$\{A_1' \wedge A_2' \wedge (\bigvee y_1 \ldots \bigvee z_1 A_1 \leftrightarrow \neg \bigvee y_2 \ldots \bigvee z_2 A_2)\} \cup D(M)$ hat ein Modell, weil unsere i.i.D.D. echt sind und weil $\bigvee y_1 \ldots \bigvee z_1 A_1 \leftrightarrow \neg \bigvee y_2 \ldots \bigvee z_2 A_2$ wahr ist, wenn die freien Variablen Werte in M annehmen. Außerdem gilt für jeden Wert in M der freien Variablen von $\bigvee y_1 \ldots \bigvee z_1 A_1$: entweder ist, für gewisse $\overline{y}_1, \ldots, \overline{z}_1 \varepsilon M$, $\overline{A}_1 = T$ oder, für gewisse $\overline{y}_2, \ldots, \overline{z}_2 \varepsilon M$, $\overline{A}_2 = T$. Also ist die Definition eine i.i.D.

Aufgaben

1. Bezeichnungen wie im Invarianztheorem. Insbesondere sei $U = \{A : A$ eine pränexe Allformel mit $\mathrm{A} \vdash A\}$. Zeige:

a) Ist die Formel A (U, A)-invariant, dann gilt

(i) die Formeln B und $\neg B$ (des Invarianztheorems) sind U-stabil; und

(ii) es gibt eine quantorenfreie Formel C, so daß $U \vdash B \leftrightarrow C$. (siehe d))

b) Ist jede Existenzformel (U, A)-invariant, dann gibt es zu jeder Formel A eine quantorenfreie Formel B mit $\mathrm{A} \vdash A \leftrightarrow B$.

c) Mit Hilfe von b) beweise man die folgenden "algebraischen" Kriterien für Quantorenelimination:
(i) (algebraisch abgeschlossene Körper): wenn es einen algebraisch abgeschlossenen Körper gibt, der den kommutativen Körper C umfaßt und in dem die Existenzformel F wahr ist, dann ist F im algebraischen Abschluß von C wahr.
(ii) entsprechend für reell abgeschlossene Körper, wobei dann C ein geordneter Körper ist.

d) Zeige an einem Beispiel, daß a) (ii) falsch wird, wenn U nicht nur Allformeln enthält, insbesondere, wenn nicht vorausgesetzt wird, daß $U=\{A : A$ ist eine pränexe Allformel mit $\mathrm{A}\vdash A\}$.

e) Zeige: es gibt Axiomenmengen A, U und eine Formel A, die (U,A)-, aber nicht (U,U)-invariant ist.

Lösung: a) Nach dem Einbettungssatz kann jedes Modell von U in ein Modell von A eingebettet werden. Seien also M, M_1 Modelle von U, M_1 eine Erweiterung von M. Sei M' eine Erweiterung von M_1, die ein Modell von A ist. Wenn B in M gilt, dann gilt A in M', da M' eine Erweiterung von ist, welche A erfüllt. Daher ist B in M_1 wahr, denn M' ist auch eine Erweiterung von M_1. Entsprechend schließt man für $\neg B$. Damit ist Teil (i) bewiesen. Beachte, daß eine Formel genau dann (U,A)-invariant ist, wenn sie $(\emptyset,\mathrm{A})$-invariant ist, denn ein Modell von $\emptyset$, d.h. eine Realisierung der Sprache von A, hat genau dann eine Erweiterung, die A erfüllt, wenn sie ein Modell von U ist (Satz 12 von Kapitel 3).

(ii) Nach Satz 3 gibt es Existenzformeln C_1 und C_2 mit $U\vdash B\leftrightarrow C_1$ und $U\vdash B\leftrightarrow C_2$, da sowohl B als auch $\neg B$ U-stabil sind. Nach dem Endlichkeitssatz gibt es daher eine endliche Teilmenge U_1 von U mit $U_1\vdash (C_1\leftrightarrow C_2)$. Jetzt wende man Aufgabe 10 von Kapitel 2 an.

b) Wegen $\mathrm{A}\vdash U$ folgt $\mathrm{A}\vdash B\leftrightarrow C$ nach a) (ii). Damit sind wir fertig, denn nach Kapitel 4 genügt es, Quantoren in Existenzformeln zu eliminieren.

c) (i) Seien A die Menge der Axiome für algebraisch abgeschlossene Körper (Kapitel 4, Abschnitt IV) und U die Menge der Axiome für kommutative Körper. Offenbar ist $\mathrm{A}\vdash U$, und wir wissen, daß jeder kommutative Körper in einen algebraisch abgeschlossenen Körper eingebettet werden kann, nämlich in seinen algebraischen Abschluß. Daher sind die Voraussetzungen von b) erfüllt.

(ii) Hier nehmen wir für A die Axiome für reell abgeschlossene Körper (Kapitel 4, Abschnitt V) und für U die Axiome für geordnete Körper. (Nimmt man anstelle von U die Axiome U' für reelle Körper, die ja angeordnet werden können, so kann man zwar b) anwenden, erhält aber kein nützliches Kriterium, da es Existenzformeln gibt, die nicht (U',A)-invariant sind.)

d) Seien L die Sprache von Kapitel 4, Aufgabe 2, und U die Menge der Axiome (a,b,c,e) aus Kapitel 4, Abschnitt III. Dann ist zwar $U \vdash 2|x \leftrightarrow \neg(2|x+1)$, aber die Existenzformel $2|x$ ist zu keiner quantorenfreien Formel aus L äquivalent.

e) Seien U und A wie in c) (ii), und A sei eine Formel, die in allen reell abgeschlossenen Körpern, nicht aber in allen geordneten Körpern wahr ist, z.B. $A = \bigvee x(x^2=2)$. (Dies zeigt, daß man in Satz 2 nicht $B=A$ nehmen kann.)

2. Bezeichnungen wie in Satz 3.
Beweise Satz 3 mit dem Interpolationslemma (Kapitel 5).

Lösung: Sei $\mathrm{Ext}_1(L,L')$ die Konjunktion der folgenden Allformeln:

$$\bigwedge x_1 \ldots \bigwedge x_n \bigwedge x_1' \ldots \bigwedge x_n' [(x_1=x_1' \wedge \ldots \wedge x_n=x_n') \rightarrow (R(x_1,\ldots,x_n) \leftrightarrow R'(x_1',\ldots,x_n')]$$

für jedes n-stellige Relationszeichen R aus L und jede für R zulässige Folge $x_1,\ldots,x_n$; und

$$\bigwedge x_1 \ldots \bigwedge x_n \bigwedge x_1' \ldots \bigwedge x_n' [(x_1=x_1' \wedge \ldots x_n=x_n') \rightarrow (f(x_1,\ldots,x_n)=f'(x_1',\ldots,x_n'))]$$

für jedes n-stellige Funktionszeichen f aus L und jede für f zulässige Folge $x_1,\ldots,x_n$.
Wir wollen annehmen, daß A und B gemeinsam weniger als m freie Variable enthalten. Sei $L_1 = L \cup \{a_1,\ldots,a_r\}$ und $L_1' = L' \cup \{a_1',\ldots,a_r'\}$ mit Individuenkonstanten a_i, a_i' $(1 \leq r < m)$. Wir ersetzen in A bzw. B die freien Variablen durch die Konstanten a_i und erhalten dadurch Formeln A_1, B_1 aus L_1. Wir setzen $\mathrm{Ext}_1(L_1,L_1') = \mathrm{Ext}_1(L,L') \wedge a_1=a_1' \wedge \ldots \wedge a_r=a_r'$.

Sei C die Formel

$$\bigwedge y_1 \bigvee y_1'(y_1=y_1') \wedge \ldots \wedge \bigwedge y_p \bigvee y_p'(y_p=y_p'),$$

y_j eine Variable der Sorte j $(1 \leq j \leq p)$.

Nach Voraussetzung von Satz 3 ist

$$\mathrm{A}\cup\mathrm{A}'\cup\{C\wedge \mathrm{Ext}_1(L_1,L_1')\wedge A_1'\}\vdash B_1 \;.$$

Nach dem Endlichkeitssatz gibt es daher Formeln A_F, A_F', die endliche Konjunktionen von Formeln aus A bzw. A' sind, so daß

$$A_1'\wedge A_F'\wedge C\wedge \mathrm{Ext}_1(L_1,L_1')\vdash A_F \to B_1 \;.$$

Es folgt

$$\hat{A}_F'\wedge\hat{A}_1'\wedge\bigwedge y_1(\phi_1(y_1)=y_1)\wedge\ldots\wedge\bigwedge y_p(\phi_p(y_p)=y_p)\wedge \mathrm{Ext}_1(L_1,L_1')\vdash (\neg\check{A}_F\vee\check{B}_1) \;.$$

(Terminologie von Kapitel 2).

Nun beachte man: die Argument- und Wertsorten der Funktionszeichen von $\hat{A}_F',\hat{A}_1'$, die nicht in $L_1\cup L_1'$ vorkommen, gehören zu L', die der Funktionszeichen von $\neg\check{A}_F\vee\check{B}_1$ zu L. Die Argumentsorten der Zeichen ϕ_j $(1\leq j\leq p)$ gehören zu L, die Wertsorten zu L'. Daher ist jeder Term von $\hat{L}_1'\cup\check{L}_1'$, dessen *Wert*sorte zu L gehört, auch ein Term von $\check{L}_1$.
Es gibt eine quantorenfreie Formel V von $\check{L}_1$ (siehe Aufgabe 10 von Kapitel 2), so daß

(i) $\hat{A}_F'\wedge\hat{A}_1'\wedge\bigwedge y_1(\phi(y_1)=y_1)\wedge\ldots\wedge\bigwedge y_p(\phi(y_p)=y_p)\wedge \mathrm{Ext}_1(L_1,L_1')\vdash V$

und

(ii) $$V\vdash \neg\check{A}_F\vee\check{B}_1 \;.$$

Da V keine Zeichen von $\hat{L}-L$ enthält, folgt aus (i)

$$\mathrm{A}'\cup\{A_1'\wedge C\wedge \mathrm{Ext}_1(L,L_1')\}\vdash V \;.$$

Identifizieren wir die Sprachen L und L', so erhalten wir gleichfalls $\mathrm{A}\vdash A_1\to V$. Entsprechend ergibt sich $\mathrm{A}\vdash V\to B_1$. Zum Schluß eliminieren wir in V noch die Zeichen von $\check{L}_1-L_1$ durch Allquantoren aus L. Damit ist die Behauptung bewiesen.

3. Bezeichnungen wie in der Typentheorie (Kapitel 5).
Eine Formel $A=Q_1x_1\ldots Q_mx_mA_1$ (A_1 quantorenfrei) heißt *$\sum$-Formel*, wenn A_1 die Gestalt $(x_{i_1}\hat{\varepsilon}t_1\wedge\ldots\wedge x_{i_k}\hat{\varepsilon}t_k)\to B$ hat; dabei sind $i_1<\ldots<i_k$ die Indizes der Allquantoren Qx von A, und t_j $(1\leq j\leq k)$ ist entweder x_n für gewisses $n<i_j$ oder eine Konstante von A_1 oder eine der freien Variablen

von A. Eine Σ-Formel ist also eine Existenzformel, wenn man von jenen Variablen x_j $(j<m)$ absieht, die in der oben angegebenen Weise beschränkt sind.

a) Zeige, daß jede Σ-Formel stabil unter τ-Erweiterungen ist.

b) Zeige: es gibt eine τ-Realisierung M und eine Erweiterung N von M, so daß zwar N eine τ-Realisierung, aber keine τ-Erweiterung von M ist. Man kann also eine Σ-Formel A finden, die nicht unter allen Erweiterungen von M stabil ist.

c) Sei A eine Formelmenge mit folgenden Eigenschaften: sind M,M' τ-Modelle von A und ist der τ-Durchschnitt von M und M' nicht leer, dann soll dieser τ-Durchschnitt ebenfalls ein Modell von A sein.

Zeige: sind sowohl A als auch $\neg A$ A-stabil unter τ-Erweiterungen, dann ist A A-τ-invariant. Hiermit beweise man die A-τ-Invarianz von Σ-Formeln C_1,C_2, die der Bedingung $\mathrm{A}\vdash C_1\leftrightarrow\neg C_2$ genügen.

Lösung: a) ist klar. (Die Umkehrung von a) ist ebenfalls richtig. Der Beweis, der Lemma 4 und die Methode von Aufgabe 2 benutzt, ist aber kompliziert.)

b) Sei $\tau=(0)$ und L die Sprache mit einem einzigen Relationszeichen P. Sei M die durch $E_0=\{a\}$, $E_{(0)}=\{\{a\}\}$ und $a\varepsilon\overline{P}$ gegebene Realisierung von L, wobei E_0 und $E_{(0)}$ die Bereiche von M sind.
Wir definieren eine Erweiterung N von M durch

$$U_0=\{a,b\},\ a\neq b,\ U_{(0)}=E_{(0)}$$
$$a\varepsilon\overline{P},\ b\not\varepsilon\overline{P},\ a\overline{\varepsilon}\{a\},\ b\overline{\varepsilon}\{a\},$$

wo $\overline{\varepsilon}$ der Wert von $\hat{\varepsilon}_{(0)}$ in M ist.

Wir setzen $A=\bigvee x^{(0)}\bigwedge z(z\hat{\varepsilon}x^{(0)}\rightarrow P(z))$. A ist eine Σ-Formel, die von M, nicht aber von N erfüllt wird.

c) Sei M_0 der τ-Durchschnitt von M und M', $\overline{x}_i$ $(i\leq n)$ liege im Bereich des Typs τ_i von M_0. Da M eine τ-Erweiterung von M_0 ist, erfüllt $(\overline{x}_1,\ldots,\overline{x}_n)$ die Formel A entweder in M_0 und in M gleichzeitig oder aber in keiner dieser beiden Realisierungen. Entsprechendes gilt für M_0 und M'. A ist also A-τ-invariant.
Da nach Teil a) alle Σ-Formeln stabil unter τ-Erweiterungen sind, sind C_1 und C_2 A-stabil. Wegen $\mathrm{A}\vdash(\neg C_1)\leftrightarrow C_2$ sind sowohl C_1 als auch $\neg C_1$ A-stabil unter Erweiterungen, also A-τ-invariant.

4. Wir modifizieren die in Satz 5 und Aufgabe 3 behandelten Begriffe wie folgt: M' ist eine (τ^{0})-*Erweiterung* von M, wenn M und M' τ-Realisierungen sind, M' eine τ-Erweiterung von M und darüberhinaus $E_0=E_0'$ ist. Eine Formel A heißt A-(τ^{0})-invariant, wenn für je zwei τ-Modelle M,M' von A mit $E_0=E_0'$, deren Einschränkungen auf E_0 gleich sind, folgendes gilt: für jedes n-tupel $(\bar{x}_1,\dots,\bar{x}_n)$ mit $\bar{x}_i \varepsilon E_{\tau_i} \cap E'_{\tau_i}$ $(1\le i\le n)$ ist $(\bar{x}_1,\dots,\bar{x}_n)\varepsilon \bar{A}_M$ genau dann, wenn $(\bar{x}_1,\dots,\bar{x}_n)\varepsilon \bar{A}_{M'}$. Die Definitionen einer $\sum$-(τ^{0})-Formel und einer (τ^{0})-beschränkten Formel erhält man, wenn man in den Definitionen einer $\sum$-Formel und einer beschränkten Formel alle Bedingungen an die Variablen des Typs 0 wegläßt.

a) Zeige: A ist genau dann A-(τ^{0})-invariant, wenn es eine (auf die freien Variablen von A) (τ^{0})-beschränkte Formel B gibt, so daß $\mathsf{A}\vdash A\leftrightarrow B$.

b) Sei A eine Menge von geschlossenen Formeln der Sprache L^{τ}, derart, daß die maximale Erweiterung (siehe Kapitel 5) eines jeden τ-Modelles M von A wieder ein τ-Modell von A ist. Zeige: sind A und $\neg A$ A-stabil unter (τ^{0})-Erweiterungen, dann sind sie auch A-(τ^{0})-invariant.

c) Zeige an einem Beispiel, daß b) falsch wird, wenn man "(τ^{0})-" durch "τ" ersetzt.

Lösung: a) Seien $x_1^{\tau_1},\dots,x_n^{\tau_n}$ die freien Variablen vom Typ $\neq 0$ aus A. Wie in Satz 5 führen wir den Typ τ', die Sprachen $L_0^{\tau},L_1^{\tau},L_2^{\tau}$ und die Konstanten $a_1^{\tau_1},\dots,a_n^{\tau_n}$ ein. Sei $\mathrm{TC}_0(a_1^{\tau_1},\dots,a_n^{\tau_n})$, oder kurz TC_0, die Konjunktion der Formeln

$$\bigwedge y^{\sigma}(y^{\sigma}\hat{\varepsilon}[a^{\tau_1}]\vee\dots\vee y^{\sigma}\hat{\varepsilon}[a^{\tau_n}]),\ \sigma\neq 0.$$

Da A A-(τ^{0})-invariant ist, erhält man

$$\mathsf{A}_1\cup\mathsf{A}_2\cup\tau'\text{-Ext}(L_0,L_1)\cup\tau'\text{-Ext}(L_0,L_2)\cup\{\bigwedge x_1^{0}\bigvee x^{0}(x^{0}=x_1^{0}),$$
$$\bigwedge x_2^{0}\bigvee x^{0}(x^{0}=x_2^{0})\}\cup\mathrm{TC}_0\ \vdash A_1(a_1^{\tau_1},\dots,a_n^{\tau_n})\leftrightarrow A_2(a_1^{\tau_1},\dots,a_n^{\tau_n}).$$

Mit dem Interpolationslemma finden wir eine Formel B' aus L_0^{τ}, so daß

$$\mathsf{A}_1\cup\tau'\text{-Ext}(L_0,L_1)\cup\{\bigwedge x_1^{0}\bigvee x^{0}(x_1^{0}=x^{0})\}\cup\mathrm{TC}_0\vdash A_1\leftrightarrow B'\ .$$

Ersetzen wir $\hat{\varepsilon}$ durch $\hat{\varepsilon}_1$ und jede Variable x vom Typ $\neq 0$ aus L_0^{τ} durch $x_1\hat{\varepsilon}_1[a_1^{\tau_1}]\vee\dots\vee x_1\hat{\varepsilon}_1[a_n^{\tau_n}]$, so nimmt B' die gewünschte Gestalt an. Die Umkehrung ist klar.

b) Seien M, M' τ-Modelle von A mit $E_0=E_0'$, so daß die Einschränkungen von M und M' auf E_0 gleich sind. Daher sind die maximalen Erweiterungen von M und M' ebenfalls gleich. Sei M_0 diese gemeinsame maximale Erweiterung. Gehört $\overline{x}_i$ $(1\leq i\leq n)$ zum τ-Durchschnitt von M und M', so liegt $\overline{x}_i$ auch im Bereich des Typs τ_i von M_0. Da M_0 eine (τ^0)-Erweiterung von M ist und da A und $\neg A$ A-(τ^0)-stabil sind, ist $(\overline{x}_1,\ldots,\overline{x}_n)\varepsilon\overline{A}_M$ genau dann, wenn $(\overline{x}_1,\ldots,\overline{x}_n)\varepsilon\overline{A}_{M_0}$. Ein entsprechendes Ergebnis gilt für M', M_0. Daher ist A A-(τ^0)-invariant.

c) Wir wählen eine Formelmenge A_1 in einer Sprache erster Stufe und Existenzformeln A_1, A_2 mit x als einziger Variabler, so daß zwar $A_1 \vdash A_1 \leftrightarrow \neg A_2$, daß es aber keine quantorenfreie Formel A' mit $A_1 \vdash A_1 \leftrightarrow A'$ gibt. (Dies ist möglich, wie etwa Aufgabe 1(d) zeigt.)

Wir betrachten die Sprache $L^{(0)}$ und setzen

$$A=A_1\cup\{\bigwedge x^{(0)}\bigwedge y^{(0)}[\bigwedge z^0(z\hat{\varepsilon}x\leftrightarrow z\varepsilon y)\rightarrow x=y]\}\ .$$

Offenbar erfüllt A die Voraussetzungen von b). Wir setzen $A=\bigwedge x(x\hat{\varepsilon}X\rightarrow A_1)$, X eine Variable des Typs (0). Wegen $A\vdash\neg A\leftrightarrow\bigvee x(x\hat{\varepsilon}X\wedge A_2)$ sind A und $\neg A$ A-stabil unter τ-Erweiterungen. A ist aber nicht A-τ-invariant, denn es gibt keine auf $[X]$ beschränkte Formel B mit $A\vdash A\leftrightarrow B$. Denn andernfalls könnte man $\overline{X}=\{u\}$ setzen und alle Teilformeln von B der Gestalt $y\hat{\varepsilon}X$ durch $y=u$ ersetzen; auf diese Weise würde man eine zu A_1 äquivalente quantorenfreie Formel erhalten.

5. (Bezeichnungen wie in Aufgabe 3 von Kapitel 5). Eine Realisierung M' der Sprache L ist ein homomorphes Bild der Realisierung M (von L), wenn es eine Abbildung ϕ der Bereiche von M auf die entsprechenden Bereiche von M' gibt, die mit den Realisierungen der Funktionszeichen aus L verträglich ist, so daß außerdem

$$(a_1,\ldots,a_n)\varepsilon\overline{R}\rightarrow(\phi a_1,\ldots,\phi a_n)\varepsilon\overline{R}'$$

für alle $R\varepsilon L$ und alle a_i im Bereich von M.

Zeige, daß die Formeln einer Menge A genau dann zu positiven (geschlossenen) Formeln äquivalent sind, wenn mit jedem Modell M von A auch jedes homomorphe Bild M' von M ein Modell von A ist.

Lösung: Offenbar ist jede positive Formel, die in M wahr ist, auch in allen homomorphen Bildern von M wahr.

Um die Umkehrung zu beweisen, führen wir eine neue Sprache L' vom selben Typ wie L ein ($L\cap L'=\emptyset$). Sei B die folgende Formelmenge:

$$c' = \phi c$$

für jede Konstante $c\in L$;

$$\bigwedge x_1 \ldots \bigwedge x_n (\phi f x_1 \ldots x_n = f' \phi x_1 \ldots \phi x_n)$$

für jedes Funktionszeichen $f\in L$ und jede für f zulässige Folge $x_1,\ldots,x_n$;

$$\bigwedge x_1 \ldots \bigwedge x_n (R x_1 \ldots x_n \rightarrow R' \phi x_1 \ldots \phi x_n)$$

für jedes Relationszeichen $R\in L$ und jede für R zulässige Folge $x_1,\ldots,x_n$;

$$\bigwedge x' \bigvee x (x' = \phi x)$$

für jede Variablensorte.

Hierbei ist ϕ ein einstelliges Funktionszeichen $\notin L\cup L'$, das für Argumente der Sorte j Werte der Sorte j annimmt.
Wir nehmen nun an, daß für jedes $A\in \mathrm{A}$ und jedes Modell M von A die Formel A auch in allen homomorphen Bildern M' von M wahr ist. Dann gilt

$$\mathrm{A}\cup\mathrm{B} \vdash A' \ .$$

ϕ kommt nicht in A' vor, und jedes Relationszeichen von L' kommt positiv in B und daher auch in $\mathrm{A}\cup\mathrm{B}$ vor. Nach Aufgabe 3 von Kapitel 5 gibt es daher eine Formel C'_A, in der alle Relationszeichen positiv vorkommen, so daß

$$\mathrm{A}\cup\mathrm{B} \vdash C'_A \quad \text{und} \quad C'_A \vdash A' \ .$$

Identifizieren wir L und L', und nehmen wir die Identität für ϕ, so folgt, daß A zu $\{C_A : A\in\mathrm{A}\}$ äquivalent ist.

6. a) Sei L die Sprache der Ringtheorie, d.h. die Sprache aus Abschnitt VI des Kapitels 4.
Zeige: (i) eine Realisierung R von L ist genau dann in allen kommutativen Körpern der Charakteristik 0 starr enthalten, wenn R ein Unterring des Körpers der reellen rationalen Zahlen ist;

(ii) der Körper der *reellen* rationalen Zahlen ist der einzige Körper, der in allen algebraisch abgeschlossenen Körpern der Charakteristik 0 starr enthalten ist;

(iii) der Körper der komplexen algebraischen Zahlen ist in allen algebraisch abgeschlossenen Körpern der Charakteristik 0 enthalten; denn jeder solche Körper hat genau einen Unterkörper, der zum Körper der komplexen algebraischen Zahlen isomorph ist.

b) Sei L die Sprache (der Mengenlehre), deren einziges Relationszeichen $\hat{\varepsilon}$ ist. Mit A bezeichnen wir die Konjunktion der folgenden Formeln:

$$\bigvee x \bigwedge y \neg(y \hat{\varepsilon} x)$$
$$\bigwedge x \bigwedge y \bigvee z \bigwedge u [u \hat{\varepsilon} z \leftrightarrow (u \hat{\varepsilon} x \vee u = y)]$$
$$\bigwedge x \bigwedge y [\bigwedge z (z \hat{\varepsilon} x \leftrightarrow z \hat{\varepsilon} y) \rightarrow x = y] \ .$$

Sei $L_1 = L \cup \{c\} \cup \{R\}$, c eine neue Individuenkonstante, R ein dreistelliges Relationszeichen. Wir setzen

$$B = \bigwedge y \neg(y \hat{\varepsilon} c) \wedge \bigwedge x \bigwedge y \bigwedge z [R(x,y,z) \leftrightarrow \bigwedge u (u \hat{\varepsilon} z \leftrightarrow (u \hat{\varepsilon} x \vee u = y))] \ .$$

Zeige: (i) keine Realisierung von L ist in allen Modellen von A starr enthalten;
(ii) jedes Modell von A kann auf genau eine Weise zu einem Modell von B erweitert werden;
(iii) die Realisierung von L_1 mit dem Individuenbereich C_ω (= Menge der hereditär endlichen Mengen), $\overline{\hat{\varepsilon}} = \varepsilon \cap (C_\omega \times C_\omega)$, $\bar{c} = \emptyset$, und $\bar{R} = \{(x,y,z) : \bar{z} = \bar{x} \cup \{\bar{y}\}\}$ ist in allen Modellen von $A \wedge B$ starr enthalten.

Lösung: a) (i) Der Körper der rationalen Zahlen ist offenbar der einzige *Körper*, der in allen kommutativen Körpern der Charakteristik 0 enthalten ist. Er ist sogar dann noch *starr* enthalten, wenn wir die Konstanten 0 und 1 der Sprache L weglassen. Wir können nämlich (Bezeichnungen wie in Satz 6) für $A_0(x,x_1)$ die Formel $x_1 + x = x_1$ und für $A_1(x,x_1)$ die Formel $(x \cdot x_1 = x_1 \wedge x \neq x_1)$ nehmen.

Da die Sprache L kein Funktionszeichen für das "Inverse", d.h. kein einstelliges Funktionszeichen f mit dem Axiom

$$(*) \qquad \bigwedge x (x = 0 \vee x \cdot fx = 1)$$

enthält, werden einige Realisierungen von L, die in allen kommutativen Körpern der Charakteristik 0 starr enthalten sind, keine Körper sein. Da diese Realisierungen nach Definition Abschnitt VI in Kapitel 4 jedoch unter Addition und Multiplikation abgeschlossen sein müssen, ist aber jede solche Realisierung ein Ring.

Beachte, daß *keine* Realisierung in allen Körpern der Charakteristik 0 starr enthalten wäre, wenn man das Körperaxiom $\bigwedge x \bigvee y(x=0 \vee x\cdot y=1)$ durch (*) ersetzen würde, denn der Wert von $f0$ wäre unbestimmt.

(ii) Wir wenden Satz 6 an. Jedes Element einer Realisierung von L, die in allen algebraisch abgeschlossenen Körpern starr enthalten ist, muß durch eine Disjunktion von Existenzformeln

$$\bigvee x_1 \ldots \bigvee x_n (p_1=0 \wedge \ldots \wedge p_m=0 \wedge q\neq 0)$$

definierbar sein, wo p_i $(1\leq i\leq m)$ und q Polynome in $x_1,\ldots,x_n$ und x sind. Wegen $q\neq 0 \leftrightarrow \bigvee z(zq-1=0)$ können wir $q\neq 0$ weglassen. Nach Lemma 3 von Kapitel 4 ist eine solche Disjunktion in allen algebraisch abgeschlossenen Körpern zu einer aussagenlogischen Kombination von Gleichungen in x allein äquivalent; und diese letzte Formel definiert (eindeutig) ein Element x nur dann, wenn x eine reelle rationale Zahl ist.

(iii) Die Abbildung $z \to z^*$, z^* konjugiert-komplex zu z, zeigt, daß der Körper der komplexen algebraischen Zahlen noch nicht einmal in sich selbst starr enthalten ist.

b) (i) Eine Realisierung von L, die in allen Modellen von A enthalten ist, ist $\langle C_\omega, \varepsilon\cap(C_\omega\times C_\omega)\rangle$. Diese Realisierung ist aber nicht einmal in sich selbst starr enthalten, denn sie ist isomorph zu allen Unterrealisierungen C^a_ω, die wie folgt definiert sind: für $a\varepsilon C_\omega$ ist C^a_ω die kleinste Klasse, die a enthält und unter der Operation $(x,y) \to x\cup\{y\}$ abgeschlossen ist.

(ii) Aus A folgt die Existenz einer leeren Menge, welche nach dem dritten Axiom, dem Extensionalitätsaxiom, eindeutig bestimmt ist; folglich ist der Wert von c festgelegt. Entsprechend wird der Wert von R in jedem Modell von A durch das Extensionalitätsaxiom festgelegt.

(iii) klar, denn jedes Element von C_ω kann, von der leeren Menge ausgehend, durch die Operation $(x,y) \to x\cup\{y\}$ erzeugt werden.

7. Wir betrachten eine einsortige Sprache L (erster Stufe) und die ihr gemäß Kapitel 5 zugeordnete Sprache L^τ. Wir wollen annehmen, daß L eine Menge C von Individuenkonstanten enthält. Weiter sei A eine Formelmenge aus L, die ein C-Modell besitzt, so daß $A\vdash \neg c=c'$ für alle $c,c'\varepsilon C$ mit $c\neq c'$.
Für $\sigma\varepsilon[\tau]$ definieren wir: eine Menge X^σ der Typenhierarchie über C *gehört* zu einer Realisierung N^τ von A, wenn X^σ als Bild eines Elementes

vom Typ σ aus N^{τ} bei der kanonischen Abbildung von N^{τ} nach N_0^{τ} vorkommt. N_0 ist hierbei ein C-Modell, welches isomorph zur Einschränkung von N^{τ} auf den Typ 0 ist, N_0^{τ} ist die maximale Realisierung über N_0.
Zeige: gehört X^{σ} zu allen C-Realisierungen von A, so ist X^{σ} hereditär endlich.

Lösung: Die Menge X^0 der Elemente vom Typ 0, die in der transitiven Hülle von X^{σ} liegen, wird in allen Modellen durch die Disjunktion der Formeln

$$\bigvee x_1^{\tau_1} \ldots \bigvee x_r^{\tau_r} (x \hat{\varepsilon} x_1^{\tau_1} \hat{\varepsilon} \ldots \hat{\varepsilon} x_r^{\tau_r} \varepsilon a^{\sigma})$$

definiert, wobei $0\varepsilon\tau_1\varepsilon\ldots\varepsilon\tau_r$, r endlich (Bezeichnung wie auf Seite 158). Die Konstante a^{σ} bezeichnet die Menge X^{σ}, die nach Voraussetzung zu allen Modellen von A gehört. Nach Satz 7 ist X^0 daher endlich, X^{σ} also hereditär endlich.

8. (Bezeichnungen wie in Aufgabe 3 d) von Kapitel 6). Seien L eine abzählbare, k-sortige Sprache mit Gleichheit, so daß $\mathbb{N} \subseteq C_L^{(1)}$, und A eine Menge geschlossener Formeln aus L, so daß $n \neq n' \varepsilon A$ für je zwei verschiedene natürliche Zahlen n, n'. Mit Hilfe der Korollare zu Satz 5 und Satz 6 aus Kapitel 6 zeige man: ist $X \subseteq \mathbb{N}$ in allen ω-Modellen von A definierbar, so gibt es Formeln F und $G(x)$ (x von der Sorte 1), so daß für jedes $p \varepsilon \mathbb{N}$:

$$p \varepsilon X \leftrightarrow A^{\omega} \cup \{F\} \vdash G(p)$$

und

$$p \notin X \leftrightarrow A^{\omega} \cup \{F\} \vdash \neg G(p) \ .$$

Lösung: Wir bemerken zunächst, daß in jeder ω-Realisierung von L eine Teilmenge $X \subseteq \mathbb{N}$ genau dann definierbar ist, wenn sie definierbar *über* $\mathbb{N}$ ist (denn $\mathbb{N} = U_1$, der Bereich der Sorte 1 einer solchen Realisierung). Für jede Formel $A^j(x, x_1, \ldots, x_n)$ und jede ganze Zahl p definieren wir

$$A_p^j(x_1, \ldots, x_n) = \begin{cases} A^j(p, x_1, \ldots, x_n), & \text{falls } p \varepsilon X \\ \neg A^j(p, x_1, \ldots, x_n), & \text{falls } p \notin X \ . \end{cases}$$

Da X in allen ω-Modellen von A definierbar ist, erfüllt jedes solche ω-Modell eine der unendlichen Formeln

$$\bigvee x_1 \ldots \bigvee x_n \bigwedge\!\!\!\bigwedge_p A_p^j(x_1, \ldots, x_n)$$

für eine gewisse Formel $A^j(x,x_1,\ldots,x_n)$ aus L.
Jedes Modell von A erfüllt also entweder eine dieser Formeln oder die Formel $\bigvee x \bigwedge_p (x \neq p)$, x von der Sorte 1. Hat A ein ω-Modell, so gibt es Formeln $C(x)$, $B(x_1,\ldots,x_n)$ und $A(x,x_1,\ldots,x_n)$, so daß entweder (i) $A^{\omega} \cup \{\bigvee x C(x)\}$ ein Modell hat und (für alle p) $A^{\omega} \vdash \bigwedge x[C(x) \rightarrow x \neq p]$ gilt; oder (ii) $A^{\omega} \cup \{\bigvee x_1 \ldots \bigvee x_n B(x_1,\ldots,x_n)\}$ ein Modell hat und $A^{\omega} \vdash \bigwedge x_1 \ldots \bigwedge x_n$ $[B(x_1,\ldots,x_n) \rightarrow A_p(x_1,\ldots,x_n)]$ gilt. Der Fall (i) widerspricht aber der Definition von A^{ω}. Wir erhalten daher das gewünschte Ergebnis, indem wir $F = \bigvee x_1 \ldots \bigvee x_n \; B(x_1,\ldots,x_n)$ und $G(x) = \bigvee x_1 \ldots \bigvee x_n [B(x_1,\ldots,x_n) \wedge A(x,x_1 \ldots x_n)]$ setzen. (Diese Aufgabe kann auch mit der Methode von Satz 8 des vorliegenden Kapitels gelöst werden.)

9. Seien L_0 die Sprache der geordneten Körper und A_0 die Menge der Axiome für reell abgeschlossene Körper (siehe Kapitel 4, Abschnitt V). Wir betrachten eine Menge C von Konstanten aus L_0, die die rationalen Zahlen repräsentieren sollen, und Sprachen L, die aus L_0 durch Hinzunahme neuer Individuenkonstanten hervorgehen. Widerlege die folgenden Behauptungen durch Gegenbeispiele.
a) Ist A abzählbar und ist $X \subseteq C$ definierbar - *über* C in allen C-Modellen von A, dann gibt es eine Formel $A(x)$ aus L, so daß für alle $c \in C$:

$$A \vdash A(c), \text{ falls } c \in X,$$

und

$$A \vdash \neg A(c), \text{ falls } c \notin X \; .$$

b) Ist X definierbar-*über* C in allen C-Modellen von A, dann gibt es eine geschlossene Formel B und eine Formel $A(x)$, so daß $A \cup \{B\}$ ein Modell hat und für alle $c \in C$:

$$A \vdash B \rightarrow A(c), \text{ falls } c \in X,$$

und

$$A \vdash B \rightarrow \neg A(c), \text{ falls } c \notin X \; .$$

(Offenbar setzen wir nicht voraus, daß A abzählbar ist.)

Lösung: Sei X ein Schnitt in den rationalen Zahlen, der in der Sprache L_0 nicht definierbar ist. Solche Schnitte existieren sicher, da es überabzählbar viele Schnitte gibt, jedoch nur abzählbar viele in L_0 definierbare Schnitte, denn L_0 ist abzählbar. Wir suchen nun eine Axiomenmenge $A \supseteq A_0$, so daß X in allen Modellen von A definierbar-*über* C ist.

a) Wir erweitern L_0 durch Individuenkonstante u und v und setzen $A_1=\{(c<u<c')\vee(c<v<c'):c\varepsilon X, c'\varepsilon C-X\}$. Sei $A=A_0\cup A_1$. In allen Modellen von A ist X entweder durch die Formel $x<u$ oder durch $x<v$ definierbar. Angenommen, $A(x)$ ist eine Formel aus L, so daß $A\vdash A(c)$, falls $c\varepsilon X$ und $A\vdash\neg A(c)$ sonst.
Da $A(x)$ eine Formel aus L ist, gibt es eine Formel $B(x,y,z)$ aus L_0 mit $A(x)=B(x,u,v)$. Wir betrachten die Modelle M von A, deren Bereich die Menge R der reellen Zahlen mit der gewöhnlichen Ordnung ist (so daß also entweder $\bar{u}=X$ oder $\bar{v}=X$).
Wenn $\bar{u}=X$, dann ist $\bigvee y\bigwedge z\; B(c,y,z)$ in M wahr $(c\varepsilon X)$, wenn $\bar{v}=X$, dann ist $\neg\bigvee y\bigwedge z\; B(c,y,z)$ in M wahr $(c\not\varepsilon X)$. Da $\bigvee y\bigwedge z\; B(x,y,z)$ eine Formel aus L_0 und A_0 vollständig ist, hat man (für alle $c\varepsilon C$) $A_0\vdash\bigvee y\bigwedge z\; B(c,y,z)$, falls $c\varepsilon X$, und $A_0\vdash\neg\bigvee y\bigwedge z\; B(c,y,z)$ sonst. Dies widerspricht der Tatsache, daß X in L_0 nicht definierbar ist.

b) Wir erweitern L_0 durch Individuenkonstante u_α $(\alpha<\aleph_1)$ und betrachten eine Abzählung $c_1,\ldots,c_n,\ldots$ der Elemente von X. Sei

$$A_1=\{u_\alpha<c:c\varepsilon C-X,\alpha<\aleph_1\}\cup\{u_\alpha\neq u_\beta:\alpha<\beta<\aleph_1\}\cup\{u_{\alpha_0}<u_{\alpha_1}<\ldots<u_{\alpha_j})\rightarrow$$
$$\rightarrow(c_j<u_{\alpha_j}):\alpha_i<\aleph_1, i\leq j$$

für jede ganze Zahl j.
$A_0\cup A_1$ hat ein Modell, da jede endliche Teilmenge ein Modell hat. Weiter ist X in allen Modellen von $A_0\cup A_1$ definierbar, da in einer überabzählbaren total geordneten Menge wenigstens ein Element unendlich viele Vorgänger hat. Ist u_α ein solches Element, dann definiert $x<u_\alpha$ den Schnitt X *über* C in allen Modellen M.

Zum Beweis von b) seien $B_1, B_2(x)$ Formeln aus L. Es gibt dann Formeln $C_1(x_0,\ldots,x_p)$ und $C_2(x,x_0,\ldots,x_p)$ aus L_0 mit $B_1=C_1(u_{\alpha_0},\ldots,u_{\alpha_p})$ und $B_2=C_2(x,u_{\alpha_0},\ldots,u_{\alpha_p})$. Wir nehmen an, daß $A\cup A_1\vdash B_1\rightarrow B_2^0(c)$, falls $c\varepsilon C\cap X$, und $A\cup A_1\vdash B_1\rightarrow\neg B_2(c)$, falls $c\varepsilon C-X$. Weil C abzählbar ist, gibt es eine abzählbare Teilmenge $A_1'\subseteq A_1$ mit

$$A\cup A_1'\vdash B_1\rightarrow B_2(c) \text{ für } c\varepsilon X$$

und

$$A\cup A_1'\vdash B_1\rightarrow\neg B_2(c) \text{ für } c\not\varepsilon X\,.$$

Sei u_{α_n} $(n=p+1,p+2,\ldots)$ eine Abzählung der Konstanten, die in A_1', nicht aber in $B_1\rightarrow B_2(c)$ vorkommen. Weiter wollen wir annehmen, daß in M die Beziehung $\bar{u}_{\alpha_0}<\ldots<\bar{u}_{\alpha_p}$ gilt.

Wir setzen $B^*(y,x_0,\ldots,x_p)=$

$$=C_1(x_0,\ldots,x_p)\wedge c_0<x_0\wedge c_1<x_1\wedge\ldots\wedge c_p<x_p\wedge x_0<x_1<\ldots<x_p<y \;.$$

Da die Formeln B_1 und $u_{\alpha_0}<\ldots<u_{\alpha_p}$ in M wahr sind, ist die Formel $\bigvee x_0\ldots\bigvee x_p\; B^*(c,x_0,\ldots,x_p)$ aus L_0 in M wahr für alle $c\varepsilon C\text{-}X$. X ist aber in L_0 nicht definierbar, es gibt also ein $c_k\varepsilon X$, so daß $\bigvee x_0\ldots\bigvee x_p\; B^*(x_k,x_0,\ldots x_p)$ in M wahr ist.

Wir beweisen nun

(i) für jede ganze Zahl i ist

$$\bigwedge x_0\ldots\bigwedge x_p[B^*(c_k,x_0,\ldots,x_p)\rightarrow C_2(c_i,x_0,\ldots,x_p)]$$

wahr in M.

Da nach Voraussetzung $A_0\vee A_1^!\vdash C_1(u_{\alpha_0},\ldots,u_{\alpha_p})\rightarrow C_2(c_i,u_{\alpha_0},\ldots,u_{\alpha_p})$, braucht man hierzu nur folgendes zu beachten: ist $B^*(c_k,x_0,\ldots,x_p)$ in M wahr, so wird $A_0\vee A_1^!$ von M' erfüllt, wo M' aus M wie folgt gebildet wird:

$$\overline{u}_{\alpha_i}=\overline{x}_i \qquad 1\leq i\leq p,$$

und für $\overline{u}_{\alpha_{p+1}}$, $\overline{u}_{\alpha_{p+2}}$,.. nehmen wir eine aufsteigende Folge von Elementen des Bereichs von M, so daß $c_n<\overline{u}_{\alpha_m}<X$ für alle $n<m$. Folglich ist $C_2(c_i,u_{\alpha_0},\ldots,u_{\alpha_p})$ wahr in M'; $C_2(c_i,x_0,\ldots,x_p)$ ist daher wahr in M.

Entsprechend erhalten wir

(ii) für jedes $c\varepsilon C\text{-}X$ ist die Formel

$$\bigwedge x_0\ldots\bigwedge x_p[B^*(c_k,x_0,\ldots,x_p)\rightarrow C_2(c,x_0,\ldots,x_p)]$$

wahr in M.

(i) und (ii) zeigen, daß $\bigwedge x_0\ldots\bigwedge x_p[B^*(c_k,x_0,\ldots,x_p)\rightarrow C_2(x,x_0,\ldots,x_p)]$ den Schnitt X *über* C *in* M definiert. Da A_0 vollständig ist, definiert diese Formel den Schnitt X in allen Modellen von A_0, was der Wahl von X widerspricht.

10. Sei M die Realisierung $(\mathbb{N},\overline{0},\overline{s})$, wo $\mathbb{N}$ die Menge der natürlichen Zahlen, $\overline{0}$ die Null und $\overline{s}$ die Nachfolgerfunktion sind. Zeige: die Ordnungsrelation und die dreistelligen Relationen der Addition und Multiplikationen haben i.i.D. *über* $\mathbb{N}$; und wenn die Relation R eine i.i.D.

über $\mathbb{N}$ hat, dann auch die Relation $\bigvee x(x<n\wedge R)$.

Lösung: Wir benutzen die üblichen Definitionen der Relationen R_A und R_M für Addition und Multiplikation durch Rekursion:

$$\bigwedge x R_A(x,0,x);\ \bigwedge x\bigwedge y\bigwedge z[R_A(x,y,z)\leftrightarrow R_A(x,sx,sy)]$$

$$\bigwedge x R_M(x,0,0);\ \bigwedge x\bigwedge y\bigwedge z\bigwedge u([R_M(x,y,z)\wedge R_A(z,x,u)]) \rightarrow R_M(x,sy,u))$$

und nehmen als Axiome

$$\bigwedge x\bigwedge y\bigvee z\bigwedge u[R_A(x,y,z)\leftrightarrow z=u]\wedge\bigwedge x\bigwedge y\bigvee z\bigwedge u[R_M(x,y,z)\leftrightarrow z=u] \quad .$$

Für die Ordnungsrelation R_O wenden wir Satz 9(iv) an, d.h.

$$R_O(x,y)\leftrightarrow\bigvee z R_A(x,sz,y)$$

$$R_O(x,y)\leftrightarrow\bigwedge z\neg R_A(y,z,x) \quad ,$$

und das Axiom

$$\bigwedge x\bigwedge y[R_O(x,y)\vee R_O(y,x)\vee x=y] \quad .$$

Um eine i.i.D. *über* $\mathbb{N}$ der Relation $\bigvee x(x<n\wedge R)$ zu erhalten, benutzen wir das Axiom $\bigwedge x\bigvee y(x=0\vee sy=x)$ und zeigen, daß für jedes n, $\bigwedge x[R_O(x,s^{n+1}0)\leftrightarrow \leftrightarrow(x=0\vee\ldots\vee x=s^n0)]$ aus den Axiomen folgt. Für alle n hat man daher: wenn B eine i.i.D. von R ist, so ist

$$\bigvee x[R_O(x,s^n0)\wedge B]$$

äquivalent zu einer Booleschen Kombination von Spezialfällen der Formel B.

Bemerkung: Ein Leser, der sich etwas in der Rekursionstheorie auskennt, wird sofort bemerken, daß genau die rekursiven Relationen i.i.D.D. *über* $\mathbb{N}$ besitzen; denn das Diagramm $D(M)$ ist offenbar eine rekursive Satzmenge, und daher ist die Menge aller Sätze, die aus $D(M)$ folgen, rekursiv aufzählbar. Bei geeigneten Bedingungen an M wird der Leser auch folgende Verschärfung von Satz 9 (ii) beweisen können: eine Relation, die eine echte i.i.D. besitzt, kann derart definiert werden, daß auch die Werte der *Hilfsrelations*-und *Hilfsfunktionszeichen* i.i.D.D. besitzen.

Anhang I Die Axiomatische Methode

Der allgemeine Charakter dieser Methode wird meist so beschrieben: anstatt sich für die mathematischen Eigenschaften *spezifischer* Objekte und Begriffe (wie Raum, Massepunkt, Wahrscheinlichkeit) zu interessieren, betrachtet man Sätze der folgenden Form: wenn bei einem gegebenen *beliebigen* Bereich von Objekten (auf deren Natur nicht näher eingegangen wird) gegebene Relationen zwischen diesen Objekten gewissen logischen Bedingungen (den Axiomen) genügen, dann erfüllen sie auch die und die weiteren logischen Bedingungen (die Theoreme der betreffenden axiomatischen Theorie). In verschiedenen Teilgebieten der üblichen mathematischen Praxis wurden einige wenige spezielle Axiomensysteme aufgestellt und untersucht und damit jene Teile der Mathematik systematisch und kompakt aufgebaut. Aber man interessiert sich nicht für *beliebige* Axiomensysteme oder gar für allgemeine *Klassen* von Axiomensystemen. Die Erfahrung aus der "gewöhnlichen" Mathematik genügt also nicht, um abzusehen, ob es brauchbare Ergebnisse über allgemeine Klassen von Axiomensystemen gibt, die zu einer nützlichen Anwendung der axiomatischen Methode beitragen können.

Im folgenden wollen wir einige Ergebnisse der Untersuchung allgemeiner Klassen von Axiomensystemen anwenden. Die Axiome dieser Systeme sind vorwiegend in der Stufe der *Prädikatenlogik erster Stufe* formuliert. Dieser Begriff wurde in den Kapiteln 1 und 2 präzise definiert; hier wollen wir ihn vereinfachend wie folgt charakterisieren: die Formeln drücken Eigenschaften von Relationen über einem Bereich E aus, und in der Definition dieser Eigenschaften laufen die Quantoren nur über Elemente aus E und nicht etwa über Teilmengen von E. So ist z.B. "die Relation R ist eine Ordnungsrelation" eine Eigenschaft erster Stufe, jedoch nicht "R ist eine Wohlordnung". Auch "die Struktur M ist eine Gruppe" (d.h. die Relation $a \cdot b = c$ erfüllt die Gruppenaxiome) kann durch eine Formel erster Stufe ausgedrückt werden, ebenso "M ist eine kommutative Gruppe". "Die Gruppe M kann geordnet werden" ist keine Eigenschaft erster Stufe mehr, denn dies bedeutet ja: "es gibt eine Ordnung auf E, die mit der Gruppenstruktur verträglich ist", oder ausgeschrieben: "es gibt eine Teilmenge von E^2, die ...". Trotzdem ist diese letzte Eigenschaft zu einer *unendlichen* Menge von Formeln erster Stufe äquivalent. Dagegen sind die Bedingungen für eine endlich erzeugte Gruppe oder für eine abzählbare Gruppe zu keiner, auch nicht zu unendlichen Formelmengen erster Stufe, äquivalent.

Da wir also Quantoren höherer Stufe nicht berücksichtigen, werden unsere nachfolgenden Ergebnisse über axiomatische Systeme nicht die gesamte Mathematik betreffen. Mit unendlichen Axiomensystemen kann man dies zumindest teilweise wettmachen, da,wie im letzten Absatz, manche Probleme, die in einer Sprache höherer Stufe *formuliert* sind, auf Probleme über unendliche Axiomensysteme erster Ordnung *reduziert* werden können. Beispiele hierfür finden sich in den Kapiteln 1 - 3, meist in den Aufgaben. Hier nun die wichtigsten Ergebnisse, die alle miteinander zusammenhängen:

1. Der Endlichkeitssatz : wenn eine Formel A erster Stufe in allen Modellen einer Formelmenge erster Stufe A gilt, dann folgt A schon aus einer endlichen Teilmenge von A.

2. Die Methode der Konstanten (Kapitel 3, Aufgabe 2) : es handelt sich dabei um eine Verallgemeinerung der aus der Algebra bekannten Einführung transzendenter Elemente (d.h.: wenn es eine Struktur gibt, die für jedes n ein Element ξ_n mit $p_i(\xi_n) \neq 0$ $(i \leq n)$ enthält, dann gibt es auch eine Struktur mit einem Element ξ, so daß $p_n(\xi) \neq 0$ für alle n).

3. Der Einbettungssatz : er formuliert notwendige und hinreichende Bedingungen, wann eine Struktur in ein Modell der Axiomenmengen A eingebettet werden kann. (Die oben erwähnten Sätze über Gruppen folgen unmittelbar aus 1 und 3.)

Mit diesen Sätzen können wir nun einige bekannte Ergebnisse verallgemeinern, wie man von Aussagen über endliche Unterstrukturen zu Aussagen über die volle Struktur gelangen kann. Sie liefern auch Bedingungen erster Stufe (nur Gleichungen!) für die Einbettbarkeit einer Struktur in eine andere. Ihre Bedeutung liegt aber nicht sosehr in der Verallgemeinerung, sondern wohl eher darin, wie sie die allgemeine Natur eines Problems klären, wie sie das Allgemeine vom Besonderen unterscheiden. So scheint es auf den ersten Blick bemerkenswert, daß es notwendige und hinreichende algebraische (= erster Stufe) Bedingungen dafür gibt, daß ein Körper eine mit den Körperoperationen verträgliche Ordnung besitzt (nämlich $x_1^2+\ldots x_n^2+1\neq 0$ für $n=1,2,\ldots$).

Dieses *allgemeine* Ergebnis folgt unmittelbar aus 3 oben; lediglich für Detailfragen muß man diese Bedingungen genauer anschauen, etwa wenn man zeigen will, daß sie durch keine endliche Formelmenge ersetzt werden können. Wir wollen beiläufig noch erwähnen, daß zwischen den üblichen algebraischen Eigenschaften gewisser Klassen von Strukturen und der *syntaktischen* Form der Axiome, die diese Klassen definieren, interessante Beziehungen bestehen. So bestehen etwa die Gruppenaxiome nur aus Gleichungen, die Körperaxiome enthalten Boolesche Kombinationen von Gleichungen wie etwa $x=0 \vee x \cdot x^{-1}=e$; und die Axiome für reell-abgeschlossene Körper sehen so aus : erst ein Block von Allquantoren, dann ein Block von Existenzquantoren, dann eine Boolesche Kombination von Gleichungen. Aufgrund jener Beziehungen können wir dann solche Fragen beantworten wie: warum kann die Anordnungsfähigkeit eines Körpers durch Ungleichungen, aber nicht durch Gleichungen ausgedrückt werden? Antwort : wenn Gleichungen von einer Struktur M erfüllt werden, dann auch von allen homomorphen Bildern beliebiger Unterstrukturen von M. In unserem Fall nehmen wir für M den Körper Q der rationalen Zahlen (mit Addition und Multiplikation) und als Unterstruktur den Ring der ganzen Zahlen. Q kann geordnet werden, der Körper der ganzen Zahlen modulo 2, ein homomorphes Bild der ganzen Zahlen, jedoch nicht. Ein sehr einfaches Beispiel zu dieser Theorie enthält Aufgabe 8 aus Kapitel 3, wo brauchbare Bedingungen für die Existenz eines freien Modelles einer axiomatischen Theorie angegeben werden. Für neuere Entwicklungen siehe ABRAHAM ROBINSON, Introduction to Model Theory and to the Metamathematics of Algebra, North-Holland Publ.Co., Amsterdam, 1963.
(In Kapitel 7 des vorliegenden Buches werden die Methoden dieser Theorie erläutert.)

In Kapitel 4 haben wir den Begriff der Formel erster Stufe in einer anderen Richtung angewendet, nämlich um die volle Reichweite gewisser spezieller Konstruktionen deutlich zu machen. Zum Beispiel liefert das Resultantenkriterium aus der Algebra notwendige und hinreichende Bedingungen (in Form von Gleichungen an die Koeffizienten), wann zwei Polynome eine gemeinsame Nullstelle haben. Dieselbe Konstruktion gibt aber noch mehr, nämlich entsprechende Bedingungen für eine beliebige Formel aus der Theorie algebraisch abgeschlossener Körper. Ein ähnliches, aber interessanteres Beispiel kennen wir aus der Theorie der reell-abgeschlossenen Körper. Vor langer Zeit zeigte Sturm, daß ein Polynom in dem abgeschlossenen Intervall $[a,b]$ genau dann Nullstellen hat, wenn gewisse Polynomungleichungen (in denen rationale Kombinationen von a und b und die Koeffizienten des gegebenen Polynoms auftreten) erfüllt sind. Nach Artin und Schreier hängt dieses Ergebnis nur von den Axiomen für reell-abgeschlossene Körper ab. Wenn man nun schon den Begriff einer Formel erster Stufe hat, so liegt der Versuch nahe, dieses Ergebnis auf *alle* Formeln erster Stufe der Körpertheorie auszudehnen. Dieses Problem wurde beiläufig von Herbrand erwähnt, und dann später von Tarski vollständig gelöst. Tarski zeigte, daß *jede* Formel erster Stufe aus dieser Theorie zu einer booleschen Kombination von Gleichungen und Ungleichungen äquivalent ist. Insbesondere ist also eine geschlossene Formel entweder in allen reell-abgeschlossenen Körpern wahr oder in allen solchen Körpern falsch. D.h. daß alle reell-abgeschlossenen Körper bzgl. solcher Formeln äquivalent sind, obwohl sie offenkundig nicht alle isomorph sind. Damit läßt sich sofort der Satz von Artin über die Darstellung positiver Formen als Quadratsumme von rationalen Funktionen beweisen : dies ist eine Aufgabe in Kapitel 4.

Ähnlich wie der Sturmsche Satz wurden in den letzten Jahren das Henselsche Lemma in der Theorie der p-adischen Körper und der Satz von Weil über die Anzahl der Wurzeln eines Polynoms in einem Körper verwendet, von Ax-Kochen (Amer. Journal of Math. 87 (1965) pp.605-648) und Erschov (Dokl. Akad. Nauk SSSR, 165 (1965) pp.21-23), bzw. Ax (Annals of Math. Ser.2, 88 (1968) pp.239-271), aber mit mehr Aufwand an Modelltheorie als in Kapitel 4 (obwohl später, wie schon auf S. 51 zitiert, Cohen den Fall der p-adischen Körper im Stil dieses Kapitels behandeln konnte).

Selbstverständlich hängt das mathematische Interesse an den im letzten Absatz genannten Arbeiten ganz davon ab, was man in der betrachteten Sprache über die erwähnten algebraischen Strukturen ausdrücken kann. Ein Mathematiker ist also berechtigt, diesen logischen Verallgemeinerungen bekannter Sätze zu mißtrauen, solange er die Sprache nicht kennt. So hat z.B. Lefschetz ein heuristisches Prinzip formuliert, wonach die üblichen Eigenschaften des Körpers der komplexen Zahlen auf alle algebraisch abgeschlossenen Körpern der Charakteristik 0 übertragbar seien. Weil (Found. of Algebraic Geometry, AMS Coll. Publ. 29, 1946) hat dieses Prinzip angewandt und auf die Bedeutung einer exakten *adäquaten* Formulierung hingewiesen. Das heißt: eine Klasse von Sprachen soll angegeben werden, so daß (i) natürlich das Prinzip für die in diesen Sprachen ausdrückbaren Eigenschaften gilt, aber darüberhinaus noch (ii) die in der Praxis, insbesondere in dem Weilschen Buche benutzten Sätze in jenen Sprachen tatsächlich formuliert werden können. Die oben zitierte Körpersprache der ersten Stufe erfüllt nur (i), aber nicht (ii). Eine wirklich überzeugende Lösung des von Weil gestellten empirischen Problems ist erst neulich von Barwise und Eklof (Journal of Algebra 13 (1969) pp.554-570) gegeben worden, wobei *unendlich lange* Formeln in wesentlicher Weise verwendet werden. (Kapitel 6 enthält einiges aus der Theorie solcher Formeln.) Natürlich folgt daraus, daß der Körper der komplexen Zahlen in dieser Sprache (bis auf Isomorphie) *nicht charakterisiert* werden kann, da es ja sogar abzählbare, nicht isomorphe algebraisch abgeschlossene Körper gibt. Das Lefschetzsche Prinzip ist also sozusagen ein positives Gegenstück zu jener "Nichtcharakterisierbarkeit". (Auf weitere mathematisch nützliche Korollare zu Nichtmathematisierbarkeitssätzen, diesmal das Kontinuum betreffend, kommen wir unten, im Zusammenhang mit Robinsons Nichtstandardanalysis, zurück.)

Übrigens ergaben sich nützliche Anwendungen der bekannten, logisch frappanten "Unentscheidbarkeitssätze" (vor allem für die formale Mengenlehre), sobald man sie ohne doktrinäre philosophische Vorurteile betrachtete und sich die Frage stellte, wie muß eine Aussage A aussehen, damit A gilt, selbst wenn A nur mit (Hilfe der üblichen mengentheoretischen Prinzipien *und*) der Cantorschen Kontinuumhypothese bewiesen wurde? (Von dieser weiß man nicht, ob sie gilt oder nicht.) Eine "voraussetzungslose" positive Antwort lautet: wenn A so beschaffen ist, daß A auch ohne zusätzliche Annahme bewiesen werden kann. Es stellt sich heraus, daß dies für eine große Klasse von Aussagen zutrifft, die z.B. die arithmetischen umfaßt (siehe z.B. das Buch von Krivine, welches in der Einleitung zu Kapitel 0 zitiert wurde); jedoch - und das ist natürlich ausschlaggebend - ist der Beweis von A mit Hilfe der zusätzlichen Annahme leichter zu finden und manchmal auch erheblich kürzer. So wurde z.B. im *ersten Beweis* für die Vollständigkeit der axiomatischen Theorie der p-adischen Körper von Ax und Kochen (siehe deren Arbeit auf Seite 186) die Cantorsche Kontinuumhypothese verwendet und dann wieder eliminiert. Jedenfalls bis jetzt wurden die Klassen solcher Formeln A immer syntaktisch beschrieben, und so braucht man zur Anwendung dieses Prinzips zumindest elementare logische Kenntnisse (nämlich die, die bei der Beschreibung der Klassen benutzt wurden). Für die eben diskutierten mathematischen Anwendungen ist selten die *Tatsache* der formalen Unentscheidbarkeit, z.B. der Kontinuumhypothese wesentlich; man braucht eher eine möglichst *praktische* Klasse von Formeln A: und verschiedene Beweismethoden für Unentscheidbarkeit unterscheiden sich dadurch, daß sie verschiedene Klassen oder zumindest verschiedene Beschreibungen solcher Klassen liefern.

Im Gegensatz zu den oben genannten "negativen" Nichtcharakterisierbarkeitssätzen wurden die ersten - und übrigens bekanntesten - Axiomensysteme dazu benutzt, gewisse unendliche Strukturen eindeutig zu charakterisieren, wie etwa die Peanoschen Axiome für die Arithmetik oder Dedekinds Axiome für das Kontinuum. Sie unterscheiden sich von Axiomen erster Stufe dadurch, daß bei den hier intendierten Interpretationen nicht alle allgemeinen Modelle, sondern nur einige von ihnen in Frage kommen. Mit anderen Worten : nicht nur die Bedeutung der logischen Zeichen wird fixiert, sondern auch die einiger anderer Zeichen. Insbesondere kommen in einigen klassischen Axiomensystemen "Mengenvariable" vor, und in den betrachteten Modellen sollen diese Variablen über die Menge *aller* Teilmengen des Bereiches E (Bezeichnung wie oben) laufen. Sprachen mit solchen Mengenvariablen nennt man Sprachen *höherer Stufen* und die speziellen Modelle, die wir gerade eben beschrieben haben, heißen *maximale* Modelle; eine Sprache n-ter Stufe enthält dabei Variable über $\mathcal{P}^i(E)$ für jedes $i<n$, wo $\mathcal{P}^0(E)=E$, $\mathcal{P}^{i+1}(E)=\mathcal{P}[\mathcal{P}^i(E)]$, $\mathcal{P}$ die Potenzmengenoperation. Die Axiome von Peano und Dedekind sind Systeme zweiter Stufe. Einige isolierte Ergebnisse, etwa die Reduktion des Gültigkeitsbegriffes der n-ten Stufe (n endlich, $n>2$) auf den der zweiten Stufe findet man in Kapitel 6, aber die meisten allgemeinen Ergebnisse über Axiome erster Stufe können nicht auf Systeme höherer Stufe verallgemeinert werden. Wir definieren eine Zwischenklasse, die sogenannten ω-Modelle, indem wir verlangen, daß der Wert eines einstelligen Relationszeichens die Menge der natürlichen Zahlen und der Wert eines zweistelligen Relationszeichens die Nachfolgerrelation sind. Solchen Strukturen begegnet man übrigens in der Mathematik sehr häufig, man denke etwa an Vektorräume über dem Körper der rationalen Zahlen; dagegen sind Vektorräume über einem beliebigen Körper die Modelle einer Formelmenge erster Stufe. In Kapitel 6 werden einige Ergebnisse über allgemeine Modelle auch für ω-Modelle bewiesen; dabei müssen wir aber oft voraussetzen, daß die Axiomenmenge höchstens abzählbar unendlich ist. Sehr viel mehr über ω-Modelle (und allgemeiner : über Modelle, die durch unendlich lange Formeln definiert werden) erfährt man aus den Arbeiten, die in der Zusammenfassung von Kapitel 7 genannt werden.

Die im letzten Absatz betrachteten ω-Modelle lassen sich natürlich nicht durch Formeln erster Stufe charakterisieren und schon gar nicht die maximalen Modelle. Als "positives" Gegenstück hat man die (schon in Aufgabe 3 aus Kapitel 3 genannten) Nichtstandardmodelle der Arithmetik und nicht-maximale Modelle der Theorien höherer Stufen. In den letzten Jahren wurde mit diesen Modellen die Nichtstandard-Analysis aufgebaut. Sie unterscheidet sich von der Analysis über nicht-archimedischen Körpern K

dadurch, daß sie noch die "ganzen Zahlen *aus* K" berücksichtigt (die die betrachteten Axiome der Arithmetik erfüllen). Aus der Existenz der nicht-maximalen Modelle folgt die Existenz nicht-archimedischer Körper, die solche (nicht-archimedischen) "ganzen Zahlen" wie auch nicht-archimedische "reelle Zahlen" enthalten (in einer Taylorreihe $\sum a_n x^n$ z.B. läuft dann n über alle ganzen Zahlen aus K und nicht nur über die Standardzahlen). Diese mit Recht sogenannte Infinitesimalanalysis wird systematisch dargestellt bei Abraham Robinson, Non-standard Analysis (North-Holland Publ.Co., Amsterdam 1966).

Bisher haben wir nur Anwendungen im strengsten Sinne des Wortes besprochen, indem wir nämlich mit den Methoden aus dem Haupttext Fragen beantworteten, die explizit in der üblichen mathematischen Sprache formuliert wurden. Aber letzten Endes erweisen sich neue Begriffe wohl dort am fruchtbarsten, wo sie es uns gestatten, Fragen explizit zu formulieren, die wir zwar im Kopf haben, aber in der üblichen mathematischen Sprache nicht ausdrücken können (ganz abgesehen von Anwendungen). In unserem Fall bildet die Theorie der uniform definierbaren Mengen wohl das überzeugendste Beispiel. Diese Theorie wird in Kapitel 7 dargestellt; man kann sie durch folgende einfache Fragen erläutern. Wir betrachten die kommutativen Körper der Charakteristik 0; sie enthalten alle bis auf Isomorphie den Körper der rationalen Zahlen. Wir können also fragen:

1. Welche Formeln erster Stufe $A(x)$ definieren in all diesen Körpern dieselbe Menge von rationalen Zahlen? Mit anderen Worten : welche $A(x)$ werden in diesen Körpern von denselben rationalen Zahlen erfüllt?

2. Welche Formeln erster Stufe, die *überhaupt nur* von rationalen Zahlen erfüllt werden, definieren in allen diesen Körpern dieselbe Menge von rationalen Zahlen?

3. Welche Teilmengen des Körpers Q der rationalen Zahlen können in dieser Weise definiert werden?

4. Welche Teilmengen von Q können in kommutativen Körpern der Charakteristik 0 mit Formeln erster Stufe, die vom Körper abhängen können, definiert werden?

Vollständige Antworten auf diese Fragen ergeben sich als Korollare zu recht allgemeinen Sätzen über beliebige Axiomensysteme. Die Fragen 3 und 4 sind äquivalent : damit bekommen wir eine neue und fruchtbare Uniformitätsbedingung an die Hand. Die Antwort auf Frage 2 lautet:

mit Formeln erster Stufe können nur endliche Mengen definiert werden. Mit anderen Worten: wir können die rationalen Zahlen nicht in allen Körpern mit ein und derselben Formel erster Stufe unterscheiden. Tatsächlich gibt es einen kommutativen Körper der Charakteristik 0, in dem die rationalen Zahlen durch Bedingungen erster Stufe nicht unterscheidbar sind (ein Algebraiker würde sagen: sie sind nicht algebraisch definierbar). Man muß nur einen Augenblick nachdenken, um einzusehen, daß diese Fragen nur dann interessant sind, wenn beliebige Formeln *A* erster Stufe zugelassen und nicht nur Boolesche Kombinationen von Gleichungen und Ungleichungen. Dies ist ein weiterer Grund, weshalb die obigen Fragen in der "gewöhnlichen" Mathematik noch nicht behandelt wurden.

Die Betrachtungen über definierbare Mengen können auf ω-Modelle (siehe oben) verallgemeinert werden. Damit eröffnet sich die Möglichkeit, die Modelltheorie auf zwei andere Gebiete der Logik anzuwenden, die in diesem Buch nicht behandelt wurden: die Theorie der rekursiven und die Theorie der hyperarithmetischen Mengen. Diese Anwendung beruht auf folgendem Umstand: Gegenstand der Rekursionstheorie sind *endliche Mengen* (von natürlichen Zahlen) und *rekursive Mengen*. Betrachten wir nun Mengen, die in den üblichen Axiomensystemen der Arithmetik uniform definierbar sind: nehmen wir den Definierbarkeitsbegriff 2 von oben, so bekommen wir gerade die endlichen Mengen, mit dem Begriff 1 die rekursiven Mengen.

Die Rekursionstheorie kann daher in zwei Richtungen verallgemeinert werden: einmal, indem wir die üblichen Axiome der Arithmetik durch andere Axiomensysteme ersetzen, zum anderen, indem wir die Klasse der allgemeinen Modelle durch andere Klassen ersetzen, etwa durch die der ω-Modelle von oben.

Anhang II Grundlagen der Mathematik

EINLEITUNG

Wir betrachten hier jenen Teil der Grundlagenforschung, der die "intuitive" oder "inhaltliche" Mathematik, d.h. das, was ein gewöhnlicher Mathematiker unter Mathematik versteht, systematisch beschreibt und analysiert.

Im deskriptiven Teil wird die informale Mathematik in einer formalen Sprache (z.B. der der Mengenlehre) neu formuliert. Eine solche Sprache hat, verglichen mit der Sprache der informalen Mathematik, ein sehr eingeschränktes Vokabular und eine vollkommen exakte Grammatik; dadurch wird natürlich die Präzision erhöht und der Blick von Unwesentlichem befreit. Im Gegensatz zu einer weitverbreiteten Ansicht, die weiter unten diskutiert wird, ist die Neuformulierung (die wie jede Beschreibung eines intuitiv erfaßten Gegenstandes wesentlich von unserer Auffassung seiner Natur abhängt) nur ein Hilfsmittel der Grundlagenforschung: es handelt sich nämlich darum, die Bedeutung von Sätzen der informalen Mathematik richtig wiederzugeben und nicht deren syntaktische Struktur; denn der äußeren Form nach haben die formale und die informale Sprache (glücklicherweise!) wenig gemeinsam. Auch sollte man bemerken, daß die durch die Umformulierung erzielte Präzision zwar die technische Entwicklung fördert, aber kaum geeignet ist, Schwierigkeiten zu beseitigen, die aus Unzulänglichkeiten der ursprünglichen Begriffe entstehen (gerade das Gegenteil ist der Fall: durch Nachdenken über informale Begriffe werden wir zu einer guten Formalisierung geführt). In den wohlbekannten "Krisen" (siehe z.B. Teil A, Abschnitt 1 weiter unten) rührten die Widersprüche von durchaus expliziten Prinzipien (Axiomen, Regeln) her, so daß diese Schwierigkeiten nichts mit ungenügender formaler Präzision zu tun hatten; das Problem lag vielmehr darin, unter verschiedenen, formal präzisen Prinzipien die gültigen herauszufinden.

Die eigentliche Grundlagenforschung beschäftigt sich gerade mit Fragestellungen dieser Art, die bisweilen ganz andersartige Überlegungen als die der üblichen Mathematik erfordern. Wir versuchen z.B., vernünftige Gründe *für* die Prinzipien der mathematischen Praxis zu finden, wohingegen in der Mathematik vor allem Ableitungen *aus* diesen Prinzipien gesucht werden. Manchmal können die Methoden, die man zu einer tieferen Analyse der mathematischen Praxis benützt, auch zu neuen Prinzipien und damit zu einer Erweiterung unseres theoretischen Verständnisses und der mathematischen Praxis führen. Ein besonders wichtiges Beispiel ist die Entdeckung neuer Axiome durch Analyse des Prozesses, der zur Entdeckung der nun weitgehend akzeptierten Prinzipien führte.

Die vorstehenden Betrachtungen zeigen, daß die Methoden der Grundlagenforschung notwendig über die der mathematischen Praxis hinausgehen: denn die Entdeckung neuer Begriffe und Methoden ist oft mit spezifisch philosophischen Betrachtungen und insbesondere mit einer Auffassung von der Natur der Mathematik selbst verbunden. Ist man (1) der Überzeugung, daß sich informale Mathematik mit gewissen (abstrakten) Objekten beschäftigt, wird man zu einer "realistischen" Theorie dieser fundamentalen Objekte geführt: in einem solchen System wird die Bedeutung intuitiver Sätze mit Hilfe der Begriffe dieses Systems analysiert, und intuitive Schlußregeln werden hier aus Gesetzen für diese Objekte abgeleitet. "Realistische" Grundlagenforschung kann also mit der theoretischen Physik verglichen werden, welche die physikalischen Phänomene mittels der Grundbausteine der physikalischen Welt interpretiert (Elementarteilchen in der heutigen Theorie). Wenn man aber (2) überzeugt ist, daß Beweise (oder genauer: die verschiedenen Arten von Beweisen) das Wesentliche der informalen Mathematik ausmachen, wird man zu einem "idealistischen" Grundlagensystem geführt, welches die mathematische Tätigkeit selbst zum Hauptgegenstand hat. Ein Beispiel zu (1) findet man unten in Teil A, der *mengentheoretisch-semantische Grundlagen* behandelt (in diesem Fall sind die Interpretationen der Formeln die "Realisierungen" aus Kapitel 2 und Kapitel 6); Beispiele zu (2) stehen in Teil B, der *kombinatorisch-syntaktische Grundlagen* skizziert (die von einer ziemlich engen Auffassung mathematischer Tätigkeit ausgehen). Unzulänglichkeiten beider Grundlegungen werden in Teil B, Abschnitt 4 besprochen.

Zwei besondere Schwierigkeiten der Grundlagenforschung sind noch zu erwähnen (obwohl sie bei jedem Versuch zu einem allgemeinen theoretischen Verstehen auftreten). Erstens: um zwischen zwei verschiedenen Meinungen zu entscheiden, muß man einen unabhängigen Standpunkt einnehmen. Hat man nämlich die eine Auffassung, so besteht wirklich die Gefahr, die andere Meinung - bewußt oder unbewußt - nicht ernst zu nehmen. Ein Realist wird glauben, daß der Idealist die fundamentalen Objekte außer acht läßt und sich in unwesentlichen Unterscheidungen verliert (die etwa dem Unterschied zwischen einer Beobachtung mit bloßem Auge und mit einem Mikroskop entsprechen - einem Unterschied, dem keine physikalische Bedeutung beigemessen wird). Umgekehrt wird es ein Idealist lächerlich finden, die Regeln für intuitives Schließen aus Eigenschaften abstrakter Objekte herzuleiten, die - für ihn - sogar einen zweifelhaften Status haben und auf jeden Fall für die Mathematik unwesentlich sind. Zweitens: wenn die Standpunkte schon lange bestehen und einer Überprüfung ihrer Konsequenzen innerhalb der elementaren Mathematik standgehalten haben, kann eine beträchtliche Weiterentwicklung der informalen Mathematik für eine Entscheidung zwischen ihnen nötig sein (das entspräche der Entdeckung eines *experimentum crucis* in der Physik). Selbstverständlich kann auch schon zur Formulierung eines theoretischen Standpunktes ein recht hochentwickelter technischer Apparat nötig sein; und die Entwicklung dieses Apparates ist eine der Hauptaufgaben der mathematischen Logik.

Mit den Anwendungsmöglichkeiten der Grundlagenforschung verhält es sich wie mit denen anderer theoretischer Untersuchungen. Anhang I enthält einige Anwendungen der semantischen Analyse. Syntaktische Methoden werden im Zusammenhang mit Computern angewendet; dies ist kaum überraschend, denn als Grundidee hinter dieser Analyse steht die Auffassung, daß mathematisches Schließen mechanisierbar ist. Grundsätzlich besteht also kein Zweifel an der Nützlichkeit der Grundlagenforschung.

In der Praxis ist prinzipiell folgendes zu berücksichtigen: wenn etwa ein zahlentheoretisches Problem von den in der mathematischen Praxis benützten Axiomen formal unabhängig ist, kann die Grundlagenforschung zu seiner Lösung beitragen: einmal, um seine Unentscheidbarkeit zu beweisen, zum anderen, um neue Axiome zu finden (siehe die Beispiele in Teil A, Abschnitt 3). Zum gegenwärtigen Zeitpunkt ist die Lage zumindest in der Zahlentheorie ganz undurchsichtig: auf der einen Seite *kennen* wir keine von den Mathematikern ernsthaft diskutierten Fragen, die von den Axiomen unabhängig sind (siehe Teil B, Abschnitt 1(c)); zum anderen ist es vielleicht wenig wahrscheinlich, daß ein Mathematiker, der grundlagentheoretische Methoden nicht kennt, auf solche Fragen stößt (ebenso wie man selten gruppentheoretische Aspekte der Zahlentheorie entdeckt, wenn man nicht schon weiß, was eine Gruppe ist).

DIE FORMALISTISCH-POSITIVISTISCHE DOKTRIN DER MATHEMATISCHEN PRÄZISION

Zwar unterscheiden sich die verschiedenen Ansätze zu einer Grundlegung der Mathematik darin, welchen Wert sie der Präzision beimessen, doch ist mit einem solchen Ansatz immer auch eine Präzisionsdoktrin verbunden: eine Erklärung oder Definition gilt genau dann als präzis, wenn sie mit den Grundbegriffen des betrachteten Systems formuliert ist; zum Beispiel mengentheoretische Begriffe in Teil A, kombinatorische in Teil B. Eine solche Doktrin entsteht üblicherweise in zwei Schritten. Zuerst macht man eine *Entdeckung*: einige mathematische Begriffe, die nicht in dem betrachteten System vorkommen, lassen sich dennoch mit den Mitteln des Systems adäquat analysieren; in Teil A unten werden in aller Form die grundlegenden Adäquatheitsbedingungen für die mengentheoretische Grundlegung angegeben (und für klassische Teile der Mathematik verifiziert), in Teil B für die kombinatorische Grundlegung. Sodann kommt die einschränkende *Doktrin*, die *nur* Definitionen in der Sprache des Systems als präzise zuläßt. Im allgemeinen wird man eine solche Doktrin nur dann akzeptieren, wenn sie sich einer umfassenderen philosophischen Einstellung unterordnet. Die ursprüngliche Entdeckung kann natürlich nicht *innerhalb* des Systems formuliert werden, welches ja nach Voraussetzung jene intuitiven mathematischen Begriffe eben nicht enthält; diese Begriffe werden durch die ihnen entsprechenden, dem System zugehörigen Definitionen *ersetzt*; vgl. S. 213. Man kann die Äquivalenz, von der in der ursprünglichen Entdeckung die Rede war, nur "sehen", aber nicht in der Sprache des Systems von ihr "reden". Grundlagentheoretische Streitfragen berühren also auch die für die Mathematik strategische Frage, ob man solche Äquivalenzen zur Mathematik rechnen soll oder nicht; "strategisch" deshalb, weil die Antwort in starkem Maße die weitere Entwicklung festlegt.

Die sogleich zu beschreibende formalistische Doktrin lehnt nicht nur die mengentheoretischen Begriffe aus Teil A, sondern auch die kombinatorischen Begriffe aus Teil B ab. Diese Doktrin und die Teile A und B in ihrem intendierten Sinne sind also unverträglich. Unter sonst gleichen Bedingungen wäre es am besten, zuerst die Teile A und B zu studieren und dann anhand dieser Kenntnis die Doktrin zu überprüfen. Da aber diese Doktrin weit verbreitet ist, ist der Leser möglicherweise von ihr beeinflußt, so daß er sich - wie schon gesagt - bei der Lektüre von beiden Teilen unbehaglich fühlen wird. Objektiv mag dies sein Fehler sein; denn diese Doktrin verwirft Begriffe und Erklärungen, die weder falsch noch verschwommen sind. Subjektiv ist es jedoch für ihn am besten, zuerst die Doktrin zu disqualifizieren, wobei folgendes zu beachten ist.

DIE DOKTRIN FORMALER PRÄZISION

Man betrachtet *formale Objekte*, d.h. endliche Folgen von Elementen, und benutzt von ihnen keine Eigenschaften außer formaler Gleichheit (und Ungleichheit); typische Beispiele sind Wörter über einem Alphabet oder Ziffern in einer festen Notation. *Operationen* auf formalen Objekten oder charakteristische Funktionen (von Relationen) zwischen ihnen werden durch rein mechanische Regeln bestimmt. Rechenregeln für Addition und Multiplikation oder Ableitungsregeln in formalen Systemen sind typische Beispiele. Alle betrachteten Behauptungen müssen folgende Form haben:

Eine mechanische, oder was dasselbe bedeutet, formale Regel, die auf ein formales Objekt angewendet wird, liefert das und das Ergebnis. Andere Behauptungen (oder Fragen, die sich nicht durch Behauptungen dieser Form beantworten lassen) werden als prä-oder nicht-mathematisch angesehen, lassen sich also nicht mathematisch präzis beweisen. Viele traditionelle mathematische Fragen werden deshalb zurückgewiesen, insbesondere Fragen nach der *Korrektheit* von Axiomen (für den Mengenbegriff etwa) von Regeln oder Definitionen (der Länge oder Dimension), oder auch nur Fragen nach der Rechtfertigung eines formalen Systems durch einen mathematischen Widerspruchfreiheitsbeweis. Wir kommen nachher auf die "nicht-mathematischen" Methoden zurück, mit welchen die Formalisten solche Fragen zu beantworten suchen. Ein Leser, der sich für die Details der Begriffe näher interessiert, die bei der Erklärung der formalistischen Position benutzt werden, sollte ein Buch über die Theorie der rekursiven Funktionen konsultieren: dies ist die Theorie mechanischer Operationen.

GRUNDLEGENDE UNTERSCHEIDUNGEN

Zunächst einmal muß man zwischen dem *Begriff* einer formalen Operation oder dem *Begriff* der formalen Präzision und dem (einschränkenden) *Kriterium* für Präzision unterscheiden. Häufig benutzt man den Begriff, um die Äquivalenz einer abstrakt, d.h. durch eine nichtformale Bedingung, eingeführten Relation mit einer formal definierten Relation zu *beweisen*. Offenbar kann keine Rede von einem solchen Beweis sein, wenn eine der beiden Definitionen als mathematisch unpräzis verworfen wird. Mit anderen Worten: man kann die Doktrin ablehnen, ohne die Bedeutung des Begriffes zu leugnen.

Ein weiteres Mißverständnis hängt mit der expliziten *Formulierung* von Prinzipien zusammen. Dieser, für die Präzision (im praktischen Sinn des Wortes) sicher nützliche Schritt, ist ganz und gar nicht an die Doktrin gebunden. Der Unterschied ist folgender: im normalen Lauf der Dinge schreiben wir eine Liste von Eigenschaften eines abstrakt definierten Begriffes auf, ohne vorzugeben, daß diese Liste, zusammen mit ihren formalen Konsequenzen, unser Verständnis des Begriffes *ausschöpft*, ja dies wird bisweilen sogar explizit widerlegt. Im Gegensatz dazu behauptet die Doktrin, daß unser (mathematisches) Verständnis eines Begriffes immer durch eine solche Liste voll ausgeschöpft wird. Wir werden diese Behauptung im Lichte der Erfahrung näher betrachten; speziell werden wir intuitive Begriffe finden, die nicht in dieser formalistischen Art zu beschreiben sind.

BEISPIELE INFORMALER PRÄZISION

Das populärste Argument für die formalistische (und jede andere, ähnlich einschränkende) Doktrin ist wohl jenes, das sich auf die angebliche Unzuverlässigkeit unserer intuitiven Überzeugungen bezieht. Bei näherer Betrachtung, zumindest der am häufigsten zitierten Beispiele, zeigt sich aber nicht nur, daß hier ein Mißverständnis vorliegt, sondern wir finden gerade hier *konkrete Beispiele für informale Strenge*, d.h. wir lernen, wie man formale Eigenschaften aus einem informalen Verstehen eines Begriffes herleiten kann. Man bemerkt nämlich, daß die (mathematische) Intuition gar nicht besonders "unkritisch" ist, sondern eher übervorsichtig. Man sollte hier beachten, daß ein Versehen bei der expliziten Formulierung eines Begriffes diesen nicht in Frage stellt; nicht mehr jedenfalls, als ein Rechenfehler die formalen Regeln selbst, d.h. die Idee einer "richtigen Anwendung" formaler Regeln. Wesentlich ist nur, daß man fähig ist, einen Fehler *einzusehen*; etwas ausführlicher: die Erfahrung soll uns gezeigt haben, daß wir uns *überzeugen können*, ob wir gemogelt haben, ob wir durcheinander waren oder ob wir eben das, was wir im Kopf hatten, nicht formal korrekt hingeschrieben haben.

Die allgemeinen Bemerkungen des letzten Paragraphen sollen durch die drei folgenden Beispiele illustriert werden.

(a) Die mengentheoretischen Paradoxien

Bei den meisten Zeitgenossen Cantors, die seinen Begriffen mißtrauten, kann man wohl kaum von der Unzuverlässigkeit intuitiver Überzeugungen reden: wir können nicht die weitverbreitete Ansicht teilen, daß Cantor ein unverstandener Märtyrer war, und gleichzeitig die (ebenso verbreitete) Ansicht, daß die Paradoxien ein erstaunliches Versagen unserer logischen Intuition zeigen. Wenn überhaupt, waren Cantors Zeitgenossen übervorsichtig, insofern sie Einschränkungen auf konkretere oder konstruktivere Begriffe als notwendig betrachteten. Eine kurze Zusammenfassung der strengen informalen Schritte, die zu einer Analyse des Mengenbegriffes führen, findet man auf den Seiten 210 ff.

(b) Gödels Unvollständigkeitssatz (vgl. Seite 218)
Dieser Satz zeigt, daß es kein formales Kriterium gibt, welches zum Wahrheitsbegriff in der Arithmetik äquivalent ist, auch wenn man sich auf elementare Sätze über Addition und Multiplikation beschränkt ("elementar" = erster Stufe). Wie man diesen Satz zu einer Kritik der formalistischen Doktrin benutzen kann, ist ein ausgezeichnetes Beispiel für informale Strenge. Die Entdeckung dieses Satzes paßt sicher zu der intuitiven Überzeugung, daß mathematisches Schließen nicht mechanisierbar ist. Ist es doch gerade diese Überzeugung, die die Entdeckung adäquater formaler Regeln für einige elementare Teilgebiete der Mathematik wie die Prädikatenlogik oder die elementare euklidische Geometrie so bemerkenswert machte. Diese Entdeckungen zeigen natürlich nicht, daß die gesamte Mathematik mechanisierbar ist, sondern nur, daß einige Teile es sind. Die Intuition einiger Mathematiker war hier wieder übervorsichtig; Poincaré zum Beispiel ging sogar so weit, dort eine Lücke zu suchen, wo es gar keine gibt, nämlich in der Formalisierung der elementaren euklidischen Geometrie.

(c) Cantors Entdeckung, daß das Einheitsintervall und das Einheitsquadrat gleichmächtig sind
Dies widerspricht, so hört man oft, unserer intuitiven Überzeugung, daß es sich hier um verschiedene *Dimensionen* handelt, ein Widerspruch, der 30 Jahre später von Brouwer durch seinen Beweis beseitigt wurde, daß es keine topologische Abbildung zwischen Figuren verschiedener Dimensionen gibt. Gab es aber je die intuitive Überzeugung, daß der Dimensionsbegriff mit Hilfe bijektiver Abbildungen allein charakterisiert werden könnte? Ist es nicht vielmehr überraschend, daß die Einschränkung auf topologische Abbildungen schon ausreicht? Wir erinnern hier daran, daß Dedekind in seiner postwendenden Antwort auf Cantors einschlägigen Brief die Unstetigkeit der Cantorschen Abbildung betonte; vgl. Seite 41 in Meschkowski, Probleme des Unendlichen (Werk und Leben Georg Cantors), Braunschweig (1967).

Kurz: es gibt keinen überzeugenden Grund für die Annahme, daß die wichtigsten Beiträge der Grundlagenforschung dramatische Fehler unserer intuitiven Eindrücke korrigiert hätten. Wenn Fehler korrigiert wurden, so betrafen sie eher Grundlagen*theorien*, die - da sie expliziter als intuitive Eindrücke sind - natürlich auch leichter widerlegbar sind.

MÄNGEL DER FORMALISTISCHEN PRÄZISIONSDOKTRIN

Ihr Hauptfehler besteht natürlich darin, daß sie die Möglichkeit einer theoretischen Behandlung traditioneller Fragen leugnet, deren Lösung möglich ist oder sogar schon tatsächlich vorliegt. Aber auch einige positive Ansprüche der Doktrin sind schwach.
Die formalistische Mathematik, so heißt es erstens, sei besonders *zuverlässig*. Praktisch ist dies einfach nicht wahr: abstrakte Begriffe und ihre Eigenschaften, die die formalistische Doktrin verwirft, werden in der Mathematik immer wieder dazu verwendet, langwierige Rechnungen zu vermeiden und damit eine bekannte Fehlerquelle (Verrechnen nämlich). Während die größere Durchsichtigkeit abstrakter Argumente allgemein anerkannt wird, übersieht man oft, daß Durchsichtigkeit die praktische Zuverlässigkeit erhöht. Wir wollen noch einmal sehen, was geschieht, wenn wir zu einer abstrakten Definition eine äquivalente formale Definition gefunden haben. Macht die formale Definition den Begriff zuverlässiger? Zum Beispiel, wenn wir formale Regeln zur Erzeugung aller logisch gültigen Formeln gefunden haben? Die tatsächliche, praktische Überzeugung, daß eine Konklusion richtig ist, kann doch offenbar nicht von der *Existenz* einer Ableitung abhängen, die wir nicht kennen. Wenn man diese Ableitung nicht durchführt (ganz unabhängig davon, ob sie "im Prinzip" möglich ist) und von der Konklusion überzeugt ist, so liegt die Evidenz der Konklusion eben nicht in der Ableitung, sondern anderswo.

Weiter (immer noch im Zusammenhang mit den formalen Regeln für logisches Schließen): wie stützt die formalistische Doktrin die Behauptung, daß jeder intuitiv bewiesene logische Satz auch eine formale Ableitung hat? Der mathematische Beweis zu Satz 5 auf Seite 234, wonach intuitive logische Gültigkeit und formale Ableitbarkeit äquivalent sind, kommt für diese Doktrin nicht in Frage, da sie den Gültigkeitsbegriff nicht akzeptiert; genauer: so wie der Beweis vorliegt, kommt er nicht in Frage. Das Beste, was sie aus diesem Beweis machen kann, ist folgendes: der Beweis seinerseits wird in dem System F formalisiert, in das - nach Voraussetzung der Doktrin - unser intuitives Schließen "übersetzt" werden kann. Wenn nun ein intuitiver Beweis der Gültigkeit einer logischen Formel A vorliegt, so hat man im System F eine Ableitung der Formel $\tau(A)$, die die Aussage

> "es gibt eine formale Herleitung der Formel A
> nach den Regeln der Prädikatenlogik"

übersetzt. Die Frage lautet nun: woher wissen wir, daß es dann auch tatsächlich eine solche formale Herleitung von A gibt? Gemäß der Doktrin soll diese Frage empirisch bejaht werden durch unsere Erfahrung betreffend die Zuverlässigkeit des Systems F.

Mit welchen statistischen Prinzipien aber soll unsere "Erfahrung" mit F analysiert werden? Solange solche Prinzipien nicht explizit formuliert werden, solange besteht der Verdacht, daß die Rechtfertigung der Prinzipien gerade solche abstrakte Überlegungen erfordert, wie sie die Doktrin ablehnt. Da wir jedenfalls solche statistischen Untersuchungen nie durchführen, haben wir noch nicht einmal eine ungefähre Vorstellung davon, wie die vorgeschlagene "empirische" Wahl der üblichen Schlußregeln im einzelnen vollzogen wurde.

Schließlich wollen wir ganz allgemein sehen, wie die Doktrin die *Wahl* von Axiomen und Begriffen zu analysieren gedenkt. Meist wird behauptet, die Wahl sei getroffen worden, um die Beschreibung der Fakten, d.h. hier: der mathematischen Fakten, zu vereinfachen. Dies mag für einige technische Begriffe zutreffen, für die Axiome der *uniformen Räume* etwa, die ja in verschiedenen Teilen der Mathematik auftauchen. Aber auch hier handelt es sich weniger um eine "Vereinfachung" als vielmehr darum, das "Wesentliche" in diesen Sätzen explizit zu formulieren. Wie dem auch sei, bei grundlagentheoretischen Begriffen oder dem früher betrachteten Dimensionsbegriff geht es in erster Linie nicht darum, eine Liste von Fakten zu vereinfachen, sondern die intendierten Begriffe zu analysieren. Die Definition wird gegeben, *bevor* Fakten gesammelt werden, ja oft kann man ohne Definition noch nicht einmal die Fakten einsichtig beschreiben. Natürlich wollen wir nicht behaupten, wir hätten eine befriedigende Erklärung für unsere Fähigkeit, so erstaunlich tragfähige intuitive Begriffe zu bilden. Es wäre aber absurd, von dieser Fähigkeit keinen Gebrauch zu machen, nur weil wir keine theoretische Erklärung dafür haben; und gerade das will die formalistische Doktrin. Dadurch hemmt sie natürlich die weitere Grundlagenforschung; sie führt aber auch zu unnatürlichen und umständlichen Formulierungen bereits vorliegender Ergebnisse, wie wir im Zusammenhang mit der logischen Gültigkeit sahen (Satz 5 auf Seite 234).

Die Doktrin *erscheint* zwar vernünftig (indem sie uns von unnützen Zweifeln oder Fragen befreit), ist aber in Wirklichkeit ein *Impotenzkult*: sie behauptet - im Widerspruch zu unserer Erfahrung, wie schon erwähnt - grundlagentheoretische Probleme seien nicht lösbar, und will uns dazu noch einreden, wir sollten dabei glücklich und zufrieden sein.

DER PRAGMATISCHE WERT DER FORMALISTISCHEN DOKTRIN

Die formalistische Doktrin bietet eine Trennung des mathematischen Schließens von seiner logisch-philosophischen Analyse. Bewußt oder unbewußt wünschen die Mathematiker eine solche Trennung, vor allem weil ihnen logische Analyse fremd ist: sie sind daran gewöhnt, (logische) Schwierigkeiten zu umgehen, abzuschneiden und nicht, ihnen nachzugehen. Außerdem besteht kein unmittelbares praktisches Bedürfnis nach einer logischen Analyse der von ihnen angewendeten Prinzipien, da diese durchaus verläßlich sind. *Was hat man aber von einer Trennung, die auf einer sehr unbefriedigenden philosophischen Einstellung beruht?* Insbesondere, wenn die mathematische Praxis diese Trennung (glücklicherweise!) nicht berücksichtigt. (Wie wir gesehen haben, widerspricht die Doktrin der Praxis nicht nur im Zusammenhang mit logischem Schließen, sondern auch bei der Wahl mengentheoretischer Axiome, wo die Praxis nicht von irgendwelchen statistischen Analysen der Literatur ausgeht, sondern von Axiomen, die durch informale Analyse des Mengenbegriffes von Zermelo und anderen gefunden wurden.)

Natürlich kann man die Praxis auch in vernünftiger Weise von ihrer logischen Analyse trennen; nicht durch grandiose philosophische Kriterien, sondern durch den Hinweis darauf, daß die Mathematiker mit den Begriffen der Praxis durch Nachdenken und Einübung vertraut sind. Innerhalb eines uns so vertrauten Gebietes wird Grundlagentheorie unsere Betrachtungsweise kaum beeinflussen; wie wir ja auch die uns vertraute physikalische Umwelt nicht anders ansehen, wenn wir eine neue physikalische Theorie des Aufbaus der Materie lernen.

PÄDAGOGISCHES ZUR GRUNDLAGENFORSCHUNG

Diese allgemeine Kritik ganz grober Fehler der formalistischen Doktrin wird wohl jene grundsätzlichen Bedenken gegen abstrakte Begriffe beseitigt haben, die den Leser beim Studium der Teile A und B dieses Anhangs stören könnten. Nach diesem Studium wird man eine tiefere und schärfere Kritik an der Doktrin üben.
Positiv gewendet: die (abstrakten) Begriffe, die für die Durchführung der (mengentheoretischen und kombinatorischen) Grundlegungen entwickelt oder präzisiert werden, erlauben es, wichtige Unterscheidungen zu formulieren und - übrigens sehr natürliche - Denkfehler zu analysieren. Man sollte hier nicht vergessen, daß jede Generation, auch von begabten Kindern, immer wieder dieselben Fehler macht, z.B. durch die Null dividiert, und nur durch *wiederholte* Warnungen auf die eigenen Fehler wirklich

aufmerksam wird. Auf etwas höherem Niveau, bei der logischen Analyse der Mathematik, kommen auch immer wieder natürliche Fehler vor: man darf keineswegs erwarten, daß die Schulung durch die mathematische Praxis den Mathematiker sozusagen automatisch von diesen Fehlern befreit. Schon Frege hat sich in seiner "Antwort auf eine Ferienplauderei des Herrn Thomae" mit dieser Tatsache beschäftigt. "Vor nunmehr 22 Jahren habe ich ... ausführlich alles dargelegt, was für unsere [logische] Frage in Betracht kommt... Damals ... und auch später konnte selbst ein Weierstraß einen wunderlichen Gallimathias [Unsinn] zu Tagen fördern, wenn er auf diese Dinge zu sprechen kam". Frege hatte sicher recht, als er fortfuhr: "Nun aber ist es doch endlich an der Zeit, sich die Sache gründlicher zu überlegen, ehe man etwas schreibt". Er war enttäuscht. "Es gibt, wie es scheint, Menschen, von denen logische Gründe abgleiten, wie Wassertropfen von einer Öljacke". Aber diese Enttäuschung wäre nur dann berechtigt, wenn entweder die Logik kein spezielles Studium erforderte oder wenn jene Menschen, d.h. Mathematiker, durch ihre speziellen Vorkenntnisse besonders gut präpariert wären. - Natürlich sind solche Vorkenntnisse nötig, sie bilden das *Rohmaterial* der Grundlagentheorie und zum Teil ihre Methoden. Aber hinreichend sind sie eben nicht.

Teil A Mengentheoretisch-semantische Grundlagen

Absätze in eckigen Klammern setzen einige technische Kenntnisse in mathematischer Logik voraus. Bemerkungen, die Details von philosophischem oder mathematischem Interesse enthalten, sind eingerückt.

ZUSAMMENFASSUNG

Abschnitt 1 analysiert die "Adäquatheitsbedingungen", denen die herkömmliche Reduktion klassischer mathematischer Strukturen auf die Mengenlehre genügt, und die schwächeren Bedingungen, die von der Reduktion des intuitiven Folgerungsbegriffes oder der intuitiven Struktur der Ordinalzahlen auf die Mengenlehre erfüllt werden [diese letzte Reduktion wird formuliert mit Hilfe von *Realisierungen* in einem gegenüber den Kapiteln 2 und 6 erweiterten Sinne.]

In der "naiven" Vorstellung von Mengen sind verschiedene Begriffe vermischt, die unterschieden werden müssen; dies geschieht in Abschnitt 2(a). In Abschnitt 2(b) beschreiben wir einen von ihnen, die sogenannte kumulative Typenstruktur, im folgenden kurz K.T. (vgl. auch Aufgabe 5 von Kapitel 5). In Abschnitt 2(c) werden Zermelos Axiome [erster und auch zweiter Stufe] für diesen Begriff hergeleitet; für eine informale Unterscheidung von Sprachen verschiedener Stufen siehe Anhang 1 (für eine präzise, Kapitel 6).

Abschnitt 2(d) bringt erste Beispiele von Sätzen, die in K.T. wahr sind, aber weder aus Zermelos Axiomen erster noch aus denen zweiter Stufe folgen. Schließlich betrachten wir eine wahre arithmetische Aussage, die nicht aus der Theorie erster Stufe folgt. Dies ist ein Spezialfall eines Unvollständigkeitssatzes von Gödel, der für eine große Klasse formaler Systeme gilt. (Die allgemeine Formulierung dieses Satzes geben wir nicht, da hierzu der Begriff "formales System" erklärt werden müßte. Dafür wären aber Begriffe der Rekursionstheorie erforderlich, eines Teils der mathematischen Logik, der in dem vorliegenden Buch nicht behandelt wird.

Die Details von Abschnitt 2(d) werden durch diesen Satz keineswegs überflüssig; man braucht sie, um nachzuprüfen, ob dieser Satz auf Zermelos Axiome anwendbar ist.) Mit Hilfe des Folgerungsbegriffes zweiter Stufe können wir dann zwischen Gödels Unvollständigkeitssatz und anderen Unabhängigkeitsergebnissen unterscheiden.

In Abschnitt 3 lernen wir weitere Sätze kennen, die in K.T. wahr sind, aber nicht aus den Zermeloschen Axiomen folgen. Wir diskutieren dort die sogenannten Unendlichkeitsaxiome (die die Existenz von Mengen von hohem transfinitem Typ ausdrücken) und ihre Bedeutung für Sätze über Mengen von endlichem Typ (insbesondere natürliche Zahlen) oder über Mengen vom niedrigsten transfinitem Typ wie die reellen Zahlen.

Abschnitt 4 enthält technische Vorbereitungen für Teil B, Abschnitt 4, wo einige philosophische Auffassungen diskutiert werden. Satz 5 aus Abschnitt 4(a), eine Verfeinerung des Gödelschen Vollständigkeitssatzes, liefert eine *mathematische* Rechtfertigung für die Wahl der üblichen Ableitungsregeln der Logik erster Stufe; Abschnitt 4(b) enthält zum Vergleich einige Fakten über den Folgerungsbegriff der Logik zweiter Stufe. In Abschnitt 4(c) widerlegen wir jene wohlbekannte Auffassung, wonach in der mengentheoretisch-semantischen Grundlagenforschung die logische Folgerungsbeziehung der ersten Stufe eine bevorzugte Rolle spielen sollte und der Mengenbegriff durch die üblichen Axiome *definiert* werden soll.

Grundbegriffe sind: *Menge*, die *Elementbeziehung* (zwischen Mengen) und die "logischen" Operationen (auf Mengen): *Vereinigung*, *Komplement*, und *Projektion*. "Semantisch" nennen wir diese Grundlegung, weil hier die mengentheoretische Terminologie als sinnvoll aufgefaßt wird und nicht nur als "façon de parler", welche weiterer kritischer Untersuchungen bedarf: die praktische Bedeutung dieser Unterscheidung wird in Abschnitt 2 und 3 besonders wichtig.

1. WIE ANALYSIERT MAN INTUITIVE MATHEMATIK MIT DIESEN GRUNDBEGRIFFEN?

Mit anderen Worten: was versteht man unter einer Reduktion der (intuitiven) Mathematik auf die Mengenlehre?

Bei dieser Reduktion wird jede mathematische Struktur als *Menge* aufgefaßt, die ihrerseits ein geordnetes n-tupel von Mengen ist, bestehend aus einem Bereich (Universum) und Relationen auf diesem Universum; solche Mengen nennt man *Realisierungen* (vgl. die Kapitel 2 und 6). Zum Beispiel hat die übliche Realisierung der Arithmetik die Menge $\mathbb{N}$ der natürlichen Zahlen als Universum, mit der Nachfolgerrelation auf $\mathbb{N}\times\mathbb{N}$;

in der Analysis besteht die Realisierung aus dem Bereich R der reellen Zahlen mit der Ordnungsrelation auf $R \times R$ und einer abzählbaren, dichten Teilmenge Q von R. (Andere Strukturen können dann in der Analysis definiert werden, etwa die Geometrie: der Bereich E_3 der Punkte im 3-dimensionalen Raum mit der Anordnungsrelation auf E_3^3 und einer Metrik.) Zu jeder mathematischen Struktur $\mathfrak{F}$ gehört eine *Sprache* $L_{\mathfrak{F}}$ ("die Sprache von $\mathfrak{F}$"). Grob gesagt nimmt die Sprache nur Bezug auf die Struktur und nicht auf die spezifische Natur der Objekte in ihrem Universum; sie ist also sinnvoll für Strukturen, deren Bereiche aus Objekten verschiedenster Art besteht. Solche Sprachen nennt man bisweilen "rein logisch". Sind insbesondere zwei Strukturen isomorph, so erfüllen sie entsprechende Sätze aus ihren zugehörigen Sprachen. Als Beispiel einer solchen Sprache betrachten wir alle Formeln, die mit den Zeichen $R_1,\dots,R_k$ für die Relationen in $\mathfrak{F}$, All- und Existenzquantoren, Negation und Konjunktion[1] gebildet werden können; siehe Anhang 1 für eine informale Beschreibung dieser Sprache (der sog. Prädikatenlogik erster Stufe), deren Relationszeichen die gleiche Stellenzahl haben wie die Relationen von $\mathfrak{F}$. [Ist $L_{\mathfrak{F}}$ die Sprache erster Stufe von $\mathfrak{F}$, so ist natürlich auch L^{τ} von Kapitel 6 eine rein logische Sprache; mit dem folgenden Unterschied: um eine Formel aus $L_{\mathfrak{F}}$ zu verstehen, braucht man nur $\mathfrak{F}$ selbst zu kennen und die logischen Operationen "Vereinigung", "Komplement" und "Projektion" zu verstehen; um eine Formel aus L^{τ} verstehen zu können, muß man darüberhinaus auch noch die Typenhierarchie über dem Universum von $\mathfrak{F}$ bis zum Typ τ kennen].

Für eine Formel A aus $L_{\mathfrak{F}}$ mit den freien Variablen $x_1,\dots,x_n$ bezeichnen wir mit $\overline{A}$ die Menge aller n-tupel von Elementen aus dem Universum von $\mathfrak{F}$, die A in $\mathfrak{F}$ erfüllen.

Die *Reduktion* einer Struktur $\mathfrak{F}$ auf die Mengenlehre wird durch eine *adäquate* Axiomatisierung ausgedrückt; diese Reduktion besteht aus einem Axiom (oder einer Menge von Axiomen) $A_{\mathfrak{F}}$, das den folgenden Bedingungen genügt:

$A_{\mathfrak{F}}$ ist rein "logisch" (formuliert in der Sprache der Prädikatenlogik, Kapitel 2 oder Kapitel 6).

$\mathfrak{F}$ erfüllt $A_{\mathfrak{F}}$, also: es gibt eine Struktur, die $A_{\mathfrak{F}}$ erfüllt, kurz: $E^{A_{\mathfrak{F}}}$.

---

1 Bezeichnungen wie im Haupttext

$\rightarrow$: impliziert (oft auch mit $\twoheadrightarrow$ bezeichnet)

$\neg$: nicht; $\wedge$: und (&); $\bigwedge$: für alle ($\forall$);

$\vee$: oder, $\bigvee$: es gibt ($\exists$)

Alle Strukturen, die A_γ erfüllen, sind isomorph (also isomorph zu γ), kurz: $\cup^{A_\gamma}$.

Alle intuitiven Eigenschaften von γ können mit den in A_γ explizit erwähnten Eigenschaften ausgedrückt oder definiert werden (genauer: definiert in der Sprache erster oder höherer Stufe von A_γ), kurz: X^{A_γ}.

Alle Sätze über γ, die intuitiv bewiesen werden können, folgen logisch aus A_γ, kurz: D^{A_γ}.

Zu einer Reduktion auf die Mengenlehre gehört auch eine (mengentheoretische) Reduktion des intuitiven logischen Folgerungsbegriffes: eine Formel A einer Sprache L *folgt mengentheoretisch* aus einer Formelmenge (derselben Sprache), wenn jede Realisierung im Sinne von Seite 203, die (alle Formeln von) A_γ erfüllt, auch A erfüllt.

Diskussion (i): Bei der Formulierung von D^{A_γ} war mit dem logischen Folgerungsbegriff der übliche Folgerungsbegriff in der Mathematik[2] gemeint. Bisweilen betrachten wir auch Realisierungen in einem *erweiterten* Sinne: siehe Seite 207 für eine solche Erweiterung. Dabei ist dann zu beachten: folgt A intuitiv aus A, dann erfüllen sogar alle erweiterten Realisierungen, die A erfüllen, ebenfalls A. Für Formeln erster Stufe fallen diese beiden Folgerungsbegriffe aber zusammen.

(ii) Sei A eine Formel aus L_γ; der Unterschied zwischen "γ erfüllt A" und "A folgt aus A_γ" liegt natürlich darin, daß im zweiten Fall A in *allen* Strukturen gilt, die A_γ erfüllen. Gilt aber auch noch $\cup^{A_\gamma}$, so bedeuten "γ erfüllt A" und "A folgt aus A_γ" dasselbe (wegen der fundamentalen Eigenschaft logischer Sprachen).

(iii) Für die wichtigsten intuitiven Strukturen, die im 19. Jahrhundert untersucht wurden (Arithmetik, Analysis) gibt es [nach Kap. 6, Aufgabe 1] Axiome A_γ, die E^{A_γ} und $\cup^{A_\gamma}$ erfüllen. [Um $\cup^{A_\gamma}$ zu genügen, muß A_γ eine Formel höherer Stufe sein, da γ unendlich ist].

2
In Bourbaki zum Beispiel, werden im ersten Kapitel Schlußregeln angegeben, auf die im folgenden aber niemals verwiesen wird, ganz im Gegensatz zu den Definitionen mathematischer Strukturen wie etwa Gruppen. Kenntnis dieser mathematischen Begriffe ist also zum Verständnis von Ableitungen nötig, die Kenntnis der Regeln nicht. Das ist nicht überraschend, denn die Regeln des ersten Kapitels werden an der inhaltlichen Bedeutung der logischen Operationen abgelesen (Satz 5 unten), und wenn wir in der mathematischen Praxis logische Schlüsse ziehen, dann haben wir jene inhaltliche Bedeutung im Kopf.

(iv) Sowohl E^{A_γ} als auch U^{A_γ} werden in der Sprache L_E erster Stufe der Mengenlehre mit dem einzigen Relationszeichen ε formuliert; die Variablen aus L_E laufen über Mengen, ε bezeichnet die Elementbeziehung. Für die klassischen Strukturen γ folgen E^{A_γ} und U^{A_γ} aus den üblichen Eigenschaften der mengentheoretischen Grundbegriffe.

(v) Im Gegensatz dazu erfordert die Verifizierung von X^{A_γ} und D^{A_γ} für jedes γ eine gesonderte Untersuchung, wie sie in den *Principia Mathematica* durchgeführt werden. Offenbar hängt X^{A_γ} davon ab, welche Eigenschaften von γ als mathematisch relevant angesehen werden. Für die Arithmetik zum Beispiel verlangt X^{A_γ}, daß Addition und Multiplikation sowie andere "arithmetische" Funktionen mit den Operationen aus A_γ, d.h. in diesem Fall: mit der Nachfolgeroperation, ausgedrückt werden können; aber nicht notwendig, daß "empirische" Eigenschaften formuliert werden können, etwa die Anzahl der Elektronen, die ein bestimmtes Atom zwischen den Zeitpunkten n und $n+1$ emittiert.

(vi) Mit U^{A_γ} und X^{A_γ} ist offenbar auch D^{A_γ} erfüllt, da Sätze in einer rein logischen Sprache unter Isomorphismen invariant sind. Aber auch wenn U^{A_γ} nicht gilt, kann eine empirische Untersuchung zeigen, daß D^{A_γ} wenigstens in dem Sinne gilt, daß alle über γ tatsächlich *bewiesenen* Sätze logisch aus A_γ folgen. (Diese Möglichkeit ist gegenwärtig schon bei einigen Axiomen (*erster* Stufe sogar) der Arithmetik realisiert; siehe Teil B.)

(vii) Wir bemerken beiläufig, daß U^{A_γ} zwar als Adäquatheitsbedingung für die reine Mathematik angebracht ist. Für Anwendungen brauchen zwei isomorphe Strukturen jedoch nicht in gleicher Weise nützlich zu sein: z.B. eine zur Arithmetik isomorphe Struktur γ', also ein anderes Bezeichnungssystem für die natürlichen Zahlen, wäre zum Zählen ungeeignet, wenn wir die Nachfolgeroperation in γ' nicht effektiv auswerten könnten.

Bemerkung: Wie zu erwarten, können die Adäquatheitsbedingungen für die fundamentale Struktur der mengentheoretischen Grundlegung, d.h. für die Struktur F ("F" für fundamental), die aus allen *Mengen* mit der *Elementbeziehung* besteht, nicht wie für die klassischen Strukturen in (iv) oben bewiesen werden; dies entspricht dem Prinzip, daß sich grundlagentheoretische Begriffe im allgemeinen ganz wesentlich von Begriffen aus der mathematischen Praxis unterscheiden.

Ist nämlich A_F eine Axiomatisierung von F, so verlangt E^{A_γ}, daß es eine Realisierung von A_F gibt, deren Universum eine *Menge* ist. Wäre dann auch noch U^{A_F} erfüllt, so wäre eine Menge in umkehrbar eindeutiger Beziehung zum Bereich aller Mengen. Entsprechend erfüllt auch die intuitive Struktur der *Ordinalzahlen* mit der Ordnungsrelation die Adäquatheitsbedingungen nicht.

ENDLICHE MENGEN: VERALLGEMEINERTE REALISIERUNGEN. DER INTUITIVE ORDINALZAHLBEGRIFF.

Sei f die Hierarchie der hereditär endlichen Mengen über einem Individuenbereich c_0 [vgl. Kapitel 5, Aufgabe 6]. f wird also aus den Elementen von c_0 und aus der leeren Menge durch Iteration der Operation

$$x,y \to x \cup \{y\}$$

erzeugt ($z=x\cup\{y\}$ ist die Abkürzung für $\bigwedge u[u\varepsilon z \leftrightarrow (u\varepsilon x \vee u=y)]$). Äquivalent: f ist die kleinste Klasse, die $\emptyset$ und endliche Teilmengen von c_0 enthält, sowie unter $x \to x\cup\mathfrak{P}(x)$ ($\mathfrak{P}(x)$ die Potenzmenge von x) und Teilmengenbildung abgeschlossen ist, d.h. wenn $x\varepsilon$f und $y\subset x$, dann auch $y\varepsilon$f.

Der *Begriff* der adäquaten Axiomatisierung (in der Mengenlehre) behält seine Bedeutung, wenn (die oben benützte fundamentale Struktur) F durch f ersetzt und die Elementbeziehung auf f eingeschränkt wird. Aber nur Strukturen mit endlichem Universum können in der beschriebenen Art auf f reduziert werden; insbesondere gestattet die Struktur $\mathbb{N}$ der Arithmetik keine solche Reduktion. Hier ist ein *erweiterter Realisierungsbegriff* zu verwenden; die Elemente der Realisierung sind (endliche) Mengen, das Universum und die Relationen auf dem Universum können aber Teilklassen von f sein. Konkreter: eine mathematische Struktur $\mathfrak{r}$ besitzt eine Axiomatisierung im erweiterten Sinne, wenn es eine *Formel* aus L_E gibt, die in der Realisierung f von L_E eine zu $\mathfrak{r}$ isomorphe Struktur definiert; dies entspricht $E^{A}\mathfrak{r}$. Entsprechend verlangen wir, daß für je zwei solche Definitionen ein Isomorphismus in L_E definierbar sein soll.

Um solche Definitionen für $\mathbb{N}$ und, allgemeiner, für den Begriff der *Ordinalzahl* zu entdecken, ist es angebracht, einige Unterscheidungen zu machen.

$\mathbb{N}$ ist die Struktur der natürlichen Zahlen mit einem ersten Element und der (unmittelbaren) Nachfolgerrelation.

$\mathcal{O}$ ist die Struktur der (endlichen) Ordinalzahlen mit einem ersten Element und der Ordnungsrelation.

Im Falle endlicher Ordinalzahlen ist $\mathcal{O}$ tatsächlich durch $\mathbb{N}$ bestimmt; wie wir aber von Aufgabe 1 aus Kapitel 4 wissen, kann $\mathcal{O}$ nicht mit der Sprache *erster* Stufe von $\mathbb{N}$ definiert werden, während $\mathbb{N}$ in der Sprache erster Stufe von $\mathcal{O}$ definiert werden kann. Mittels Definierbarkeit in den zugeordneten Sprachen können wir also zwischen $\mathbb{N}$ und $\mathcal{O}$ unterscheiden.

Als nächstes suchen wir nach der *einfachsten* mengentheoretischen Darstellung von $\mathcal{O}$. Welche Zweifel es an einem Maß für die Einfachheit auch geben mag, ε selber ist sicherlich die einfachste Definition für die Ordnungsrelation in dieser Sprache. Dazu kommt nun noch eine Invarianzbedingung, die sog. "Absolutheit" unserer Definition: ist M' eine transitive oder ε-Erweiterung von M, so soll unsere Definition invariant *über* M sein. Wenn daher die Menge x eine Ordinalzahl repräsentiert, so muß sie einfach aus ihren Vorgängern bestehen, und ihr Nachfolger muß sein:

$$x\cup\{x\}.$$

Wegen Invarianz muß $\emptyset$ die Null repräsentieren; durch die Einfachheits- und Invarianzforderungen an $<$ werden wir also zu von Neumanns Definition von $\mathcal{O}$ geführt.

Wenn wir anstelle von $\mathcal{O}$ die Struktur $\mathbb{N}$ betrachten, und die einfachste invariante Definition für den *unmittelbaren Nachfolger* suchen, erhalten wir die Zermelosche Darstellung

$$\{x\}$$

des Nachfolgers von x. Für transfinite Ordinalzahlen wäre dies nutzlos, da die Nachfolgerrelation auf einem transfiniten Segment der Ordinalzahlen die Ordnung keineswegs bestimmt.

Im nachfolgenden Text werden nur sehr kleine transfinite Segmente der Ordinalzahlen verwendet.

[Im Sinne der kumulativen Hierarchie (Kap. 5, Aufgabe 5) ist die Ordinalzahl einer (Wohl-) Ordnung, d.h. einer Realisierung (a,a_1), wobei $a_1 c a^2$ eine Ordnung von a ist, im allgemeinen von höherem Typ als (a,a_1). Wenn aber a und daher auch $a_1\varepsilon f$, so ist auch die Ordinalzahl εf, da $a\varepsilon f$ und a endlich ist. Für den allgemeinen Fall ist das sog. Ersetzungsaxiom nötig; vgl. S. 231. Um zu einer verallgemeinerten Axiomatisierung (in F) des intuitiven Ordinalzahlbegriffes mit einer Ordnungsrelation zu kommen, erweitern wir die Sprache L_E durch ein einstelliges Relationszeichen O und ein zweistelliges Relationszeichen P. Jede Ordinalzahl soll eine Menge sein, und die durch O und P definierte Struktur $\langle\overline{O},\overline{P}\rangle$ soll folgenden Bedingungen genügen:

(i) $\overline{P}$ ist eine totale Ordnung von $\overline{O}$;

(ii) jedes Anfangssegment von $\overline{O}$ ist eine wohlgeordnete Menge; vgl. Kap. 6, Aufgabe 1;

(iii) jedes Paar von Mengen $(\overline{y},\overline{z})$, $\overline{z}$ eine Wohlordnung von $\overline{y}$, ist zu einem Anfangssegment von $\overline{O}$ isomorph.

Diese Axiome bestimmen $\overline{0},\overline{P}$ eindeutig, gerade so wie Peanos Axiome die Struktur der Arithmetik bestimmen.]

Mehr Information über Ordinalzahlen findet man etwa in Hausdorff, Set Theory (Chelsea Publ. Co., N.Y. 1957).

Im folgenden stellen wir noch einige Abkürzungen und Bezeichnungen zusammen.

$x=0$ für $\bigwedge u\, \neg u\varepsilon x$;

$x=y\cup\{z\}$ für $\bigwedge w(w\varepsilon x\leftrightarrow(w\varepsilon y\vee w=z))$;

$x=\{y\},\{x,y\},(y,z)$ für $x=0\cup\{y\},\{y\}\cup\{z\}$ bzw. $\{\{y\},\{y,z\}\}$; (geordnetes Paar);

$x=(y,z,w)$ für $x=((y,z),w)$ (geordnetes Tripel);

$\mathrm{Func}(x)$ für $\bigwedge z(z\varepsilon x\leftrightarrow\bigvee vw[z=(v,w)])\wedge\bigwedge uvw([(u,v)\varepsilon x\wedge(u,w)\varepsilon x] \rightarrow v=w)$ (x ist der Graph einer Funktion);

$\mathrm{Dom}(y,x)$ für $\bigwedge u(u\varepsilon y \rightarrow \bigvee v[(u,v)\varepsilon x])$ (y ist der Vorbereich von x);

$N(y)$ für $y=\emptyset\vee\bigwedge z[\bigwedge u(u\cup\{u\}\varepsilon z) \rightarrow u\varepsilon z) \rightarrow (y\varepsilon z \rightarrow \emptyset\varepsilon z)]$ (y ist eine natürliche Zahl);

Für die Ziffern 1,2,3 schreiben wir $1=\{0\}$, $2=\{1\}$, (da ja $1\cup\{1\}=\{1\}$); $3=2\cup\{2\},\dots$

$Sf(x)$ für $\mathrm{Func}(x)\wedge\bigvee y[N(y)\wedge\mathrm{Dom}(y,x)\wedge y\neq 0]$ (x ist eine endliche Folge, d.h. eine Funktion, deren Vorbereich eine natürliche Zahl >0 ist);

$x=\mathrm{Sub}(y,z,v)$ für $Sf(x)\wedge Sf(y)\wedge\bigwedge uw[(u,w)\varepsilon x\leftrightarrow([(u,w)\varepsilon y\wedge w\neq z]\vee$
$\vee[(u,z)\varepsilon y\wedge w=v])]$.

(x geht aus der endlichen Folge y dadurch hervor, daß man v für z einsetzt);

$x+y=z$ (Addition): siehe Kapitel 5, Aufgabe 4.

$u=y\frown z$ für $Sf(y)\wedge Sf(z)\wedge\bigwedge u[u\varepsilon x\leftrightarrow(u\varepsilon y\vee\bigvee vwr[\mathrm{Dom}(w,x)\wedge(w,v)\varepsilon z\wedge(w+v,r)=u])]$; ($u$ ist die Aneinanderhängung ("concatenation") der Folgen y und z);

$x=\widehat{y}$ für $Sf(x)\wedge Sf(y)\wedge\bigvee w[\mathrm{Dom}(w,x)\wedge\mathrm{Dom}(w,y)]\wedge$
$\wedge\bigwedge uv[(u,v)\varepsilon y \rightarrow Sf(v)]\wedge\bigwedge u[(0,u)\varepsilon x \rightarrow (0,u)\varepsilon y)]$
$\wedge\bigwedge uvw\{[(u,v)\varepsilon x\wedge(u\cup\{u\},w)\varepsilon y] \rightarrow (u\cup\{u\},v\frown w)\varepsilon x\}$.

(Das n-te Glied der Folge x entsteht durch Aneinanderhängen der ersten n Glieder der (endlichen) Folge y.)

Die oben angegebene (übliche) Darstellung der endlichen Folgen usw. kann bis auf (explizit definierbare) Isomorphie axiomatisch bestimmt werden, analog zur Darstellung der geordneten Paare in Aufgabe 4(a) aus Kapitel 5.

2. WIE FINDET MAN AXIOME FÜR DIE MENGENTHEORETISCHEN GRUNDBEGRIFFE?

(Begriffliche Analyse von F) Wie kompliziert die technischen Untersuchungen später auch sein mögen, die Entdeckung solcher Axiome spielt sich ganz einfach so ab:

Man legt eine Sprache fest, z.B. L_E, *und schreibt Sätze hin, die in der* (erweiterten) *Realisierung, wo die Variablen über alle Mengen laufen und* ε *die Elementbeziehung ist, gelten.*

Die tatsächlich getroffene *Auswahl* unter diesen Sätzen ist in gewissem Maß von den "Bedürfnissen" der mathematischen Praxis bestimmt, z.B. wählt man jene Eigenschaften aus, die zum Beweis von E^{A_γ} und $\vee^{A_\gamma}$ für die klassischen Strukturen tatsächlich gebraucht werden; aber auch allgemeinere Prinzipien, aus denen sich diese Eigenschaften als Spezialfälle ergeben (vgl. die Bemerkung auf S. 233).

Nun fragen Mathematiker manchmal (wie Pilatus): was ist Wahrheit (für Mengen)? und warten - wieder wie Pilatus - die Antwort nicht ab. Natürlich besteht die Möglichkeit einer tieferen Untersuchung: z.B. ist der ganze Teil B *einer* weiteren Analyse dieser Frage gewidmet. Aber hier wollen wir den Begriff der mengentheoretischen Wahrheit (der sowieso wohlbestimmt ist, sobald man überhaupt die mengentheoretischen Grundbegriffe für sinnvoll hält) akzeptieren und sehen, was man damit machen kann. Damit ist das Problem, eine Grundlegung oder Rechtfertigung für Axiome zu geben, nach dem folgenden, ganz natürlichen, Grundsatz zu lösen:
Ganz allgemein: Axiome der Praxis, auch der formalen Mengenlehre, sind mengentheoretisch gerechtfertigt, wenn man einen (präzisen) (Mengen-) Begriff hat, der die Axiome in der erweiterten Realisierung erfüllt. Insbesondere ist A_γ gerechtfertigt, wenn E^{A_γ} wahr ist.

Die formale Ableitung von E^{A_γ} aus den üblichen Axiomen der Mengenlehre liefert dann eine solche Rechtfertigung, wenn wir wenigstens einen präzisen Mengenbegriff haben, der diese Axiome erfüllt. Die Abschnitte 2(b) und 2(c) sind diesem Punkt gewidmet.

(a) *Notwendige Unterscheidungen.* Lange bevor man - durch die mengentheoretischen Paradoxien veranlaßt - Definitions- (Poincaré's Prädikativität) oder Beweismethoden (Brouwers Konstruktivität) einschränkte, kritisierte man den Mengenbegriff wegen seiner Mehrdeutigkeit. Diese Kritik ist nicht fatal, da sie durch zwar grundätzlich wichtige, aber gar nicht subtile Unterscheidungen gegenstandslos wird; zu jener

Zeit war diese Kritik jedoch berechtigt, da der Mengenbegriff eingeführt wurde als grobes Gemisch mit wenigstens drei Bestandteilen:
Mengen wurden aufgefaßt

(i) lediglich als Analoga zu endlichen Bereichen (die man zu verstehen glaubte, und von denen man meinte, daß sie mehr oder weniger denselben Gesetzen genügten);

(ii) als beliebige Teilbereiche eines *gegebenen* Bereiches; wie wir es in der Mathematik gewöhnt sind (Mengen *von* ganzen Zahlen, Mengen *von* Punkten; dabei wird dann vorausgesetzt, daß der Bereich der Zahlen und der Bereich der Punkte (reelle Zahlen) wohldefiniert sind);

(iii) als eine Abstraktion des allgemeineren Begriffes "Eigenschaft": eine Menge ist der Bereich aller Objekte mit einer gewissen Eigenschaft. (Da verschieden definierte Eigenschaften von genau denselben Objekten erfüllt werden können, wird der Mengenbegriff hier als eine Invariante von Eigenschaften aufgefaßt).

Eigenschaften, von denen wir nicht schon von vornherein wissen, auf welche Art von Objekten sie zutreffen, werden in der Mathematik kaum betrachtet. Aber sowohl in der Logik als auch in der Alltagssprache kommen solche Eigenschaften häufig vor. Ein Beispiel ist etwa die Eigenschaft, leer zu sein (die übrigens auf sich selbst angewendet werden kann); oder die Eigenschaft, blau zu sein: obwohl hier der Bereich der Objekte beschränkt ist, benutzen wir diese Eigenschaft ohne klare Vorstellung von der Klasse aller blauen Dinge. Auf das mögliche Interesse der Mathematik an einem solchen Eigenschaftsbegriff kommen wir später noch zurück (denn die spezifische Eigenschaft, blau zu sein, ist natürlich nicht-mathematisch).

Flagrante Irrtümer, wie Widersprüche, sind bei mathematischen Anwendungen des Mengenbegriffes selten, da bei jeder einzelnen Deduktion *einer* der Mengenbegriffe stillschweigend vorausgesetzt und beibehalten wird. Aber die Unterscheidungen werden wesentlich bei der Analyse der zu Paradoxien führenden Irrtümer, wo verschiedene, präzis formulierte Prinzipien (Axiome, Schlußregeln) zu Widersprüchen führen, obwohl jedes von ihnen plausibel ist. Genauer: jedes dieser Prinzipien gilt für *einen* dieser drei Mengenbegriffe, aber kein Begriff erfüllt sie alle. Solche Fehler sind besonders unangenehm, da sie - wie gesagt - im Gegensatz zu Rechenfehlern nicht eindeutig *lokalisiert* werden können. Offenbar sind die erwähnten Unterscheidungen für eine solche Analyse unabdingbar.

Beispiel (Komprehensionsaxiom): Ist P eine Eigenschaft von Elementen *aus* einer Menge a, kann man (im Sinne von (ii)) die Menge aller $x \varepsilon a$ mit der

Eigenschaft P bilden:

$$\bigwedge a \bigvee x \bigwedge y\,[y \varepsilon x \leftrightarrow (y \varepsilon a \wedge Py)]. \qquad (*)$$

Manchmal unterschlägt man a stillschweigend, wenn

$$\bigvee x \bigwedge y\,(y \varepsilon x \leftrightarrow Py) \qquad (**)$$

gilt, z.B. in der Analysis, wo a die Menge der ganzen Zahlen ist, y eine numerische Variable und die Variable x über Mengen von ganzen Zahlen läuft. [In der Typentheorie (Kapitel 5) kann man dies allgemeiner formulieren: wenn y den Typ τ hat, hat x den Typ (τ), und a ist jetzt der Bereich aller Objekte vom Typ τ.]

Später, nachdem die erwähnten Zweifel (und übrigens Freges eigene Bedenken an "seinem" unbeschränkten Abstraktionsprinzip) schon vergessen waren, bemerkte Russel, daß (**) mit einfachen logischen Regeln zu Widersprüchen führt, wenn man das unterdrückte a ganz ignoriert [d.h. wenn man die Typenunterscheidung beseitigt]: man nimmt z.B. $y \not\varepsilon y$ für Py; wenn ein x die Formel $\bigwedge y(y \varepsilon x \leftrightarrow y \not\varepsilon y)$ erfüllt, folgt $x \varepsilon x \leftrightarrow x \not\varepsilon x$, was nicht sein kann.

Für den Mengenbegriff (ii) ist (**) ganz und gar nicht plausibel, und sicherlich nicht evident. Aber für den Begriff (iii) wird (**) tatsächlich einleuchtend, wenn $y \varepsilon x$ interpretiert wird: die Eigenschaft y hat die Eigenschaft x; *vorausgesetzt*, die allgemeinsten Eigenschaften werden betrachtet, also auch Eigenschaften, die nicht überall definiert sind. Nur darf man in diesem Fall nicht erwarten, daß die herkömmlichen formalen Gesetze der Logik [die für die Interpretation der logischen Zeichen in Kapitel 1 gelten] noch richtig sind; z.B.: entweder A ist (definiert und) wahr oder A ist (definiert und) falsch. Für den Begriff (iii) können wir also die Eigenschaft x, die auf eine Eigenschaft y genau dann zutrifft, wenn y nicht auf sich selbst zutrifft, akzeptieren, aber diese Eigenschaft ist dann für das Argument x nicht definiert.

Offenbar berührt die Russelsche Paradoxie (oder eine der anderen Paradoxien) den Mengenbegriff (ii) nicht mehr als etwa den Begriff der hereditär endlichen Mengen (über der leeren Menge): auch hier gibt es offensichtlich nicht zu jedem P eine *endliche* Menge x, so daß $\bigwedge y(y \varepsilon x \leftrightarrow Py)$, wobei y *endliche* Mengen durchläuft; Gegenbeispiele liefern etwa die folgenden Eigenschaften Py: $y=y$; oder y ist eine natürliche Zahl, vgl. S.207; (oder natürlich: $y \not\varepsilon y$). Andererseits ist (*) offenbar gültig, wenn alle Variablen über hereditär endliche Mengen laufen.

Dennoch gibt es *ein modernes Paradoxienproblem:* Ist der Begriff (iii) präzis genug, daß mit ihm eine ebenso starke Theorie entwickelt werden kann wie in (b) unten mit dem Begriff (ii)? Insbesondere: welches sind seine logischen Gesetze? Und wenn diese Theorie tragfähig ist: hat sie auch Bedeutung für die mathematische Praxis oder nur für die Grundlagenforschung?

Diskussion (Beziehung des vorliegenden Abschnittes zu einigen allgemeinen Punkten aus der Einleitung). Die Unterscheidungen (i) - (iii) oben bedeuten ein Beispiel *informaler Präzision.* Die Diskussion des Komprehensionsaxioms illustriert, wie man mit informalen Unterscheidungen richtige Axiome wie (*) finden kann. Der Leser wird nämlich bemerkt haben, daß die explizite Formulierung von (*) nicht irgendwie vom Himmel herunterfiel und so den Mengenbegriff klärte; sie war das Resultat einer informalen Analyse, d.h. der Unterscheidung zwischen (ii) und (iii) oben. Die explizite Formulierung von (**) verhalf sicher zu der Erkenntnis, daß die ursprüngliche krude Vermischung der Begriffe unpräzise war, aber wiederum war die informale Diskussion von (iii) nötig, um zu zeigen, warum (**) überhaupt plausibel ist. Ganz allgemein: explizite Formulierung (Formalisierung) kann zeigen, daß etwas nicht in Ordnung ist, aber sie ist bestenfalls ein Hilfsmittel, wenn es darum geht, die Sache dann in Ordnung zu bringen.

Den Schritt von informalen Unterscheidungen (und allgemeiner: vom Nachdenken über die inhaltliche Bedeutung eines Begriffes) zur Formulierung formaler Axiome nennt man *informale Ableitung.* Angesichts der informalen Ableitungen oben und in (b) und (c) unten, sollte der Leser die in der Einleitung diskutierte positivistische Doktrin noch einmal überprüfen, die ja informale Ableitungen entweder als unzuverlässig oder mathematisch irrelevant abtut.

Schließlich wird es dem Leser klar sein, daß schon aufgrund von Cantors Charakterisierung der Mengen (als jene "Vielheiten", die als "Einheiten" gedacht werden können) das Axiom (**) *nicht* plausibel ist. In L_E wäre eine "Vielheit" durch eine beliebige Formel P (mit freier Variable y) bestimmt, und (**) würde voraussetzen, daß *jede* "Vielheit" automatisch eine Einheit ist. Natürlich liefert die Cantorsche Charakterisierung noch kein brauchbares Prinzip, um wichtige "komprehensible" oder "zusammenfaßbare" Vielheiten effektiv zu bestimmen. - Ein solches Prinzip, das von der Iteration der Potenzmengenbildung ausgeht, wird im nächsten Abschnitt untersucht.

(b) *Existenz eines präzisen Mengenbegriffes im Sinne* (ii) (d.h. Mengen *von* Objekten, die (*) genügen). Kurz nach der Veröffentlichung von Russels Paradoxie fanden sowohl Russel als auch Zermelo einen präzisen Mengenbegriff, der in der Typentheorie analysiert wird.

Zermelos Version, die sogenannte kumulative Typenstruktur (K.T.) [vgl. Kapitel 5, Aufgabe 5] sieht so aus:

C_0 ist ein (eventuell leerer) Bereich von Individuen, d.h. von Objekten, die keine Elemente enthalten;

$C_{\alpha+1}=C_\alpha \cup \mathfrak{P}(C_\alpha)$, d.h. die Vereinigung von C_α mit dem Bereich aller Teilmengen von C_α;

$C_\alpha=\bigcup_{\beta<\alpha} C_\beta$ für Limeszahlen α;

Äquivalent kann man für $\alpha\neq 0$ setzen

$$C_\alpha=\bigcup_{\beta<\alpha} C_\beta \cup \mathfrak{P}(C_\beta) .$$

Zu den logischen Operationen auf Mengen kommt hier also noch *zusätzlich* die Operation $\mathfrak{P}$ und ihre *Iteration* (bis zu transfinitem α, wenn man eine transfinite Ordinalzahl α zuläßt) hinzu.
Sei ε_α die auf C_α eingeschränkte Elementbeziehung.

Die Formel (**), die man manchmal uneingeschränktes Komprehensionsaxiom nennt, ist in der Struktur $\langle C_\alpha, \varepsilon_\alpha\rangle$ für jedes α *offensichtlich falsch:* nehme etwa $y=y$ für Py, denn es ist $C_\alpha \notin C_\alpha$. Das Axiom (*) ist *offensichtlich wahr* für jedes α: für $a\varepsilon C_\alpha$ nehmen wir $x=\{y:y\varepsilon a$ und Py gilt in $\langle C_\alpha, \varepsilon_\alpha\rangle\}$; wenn $\alpha=\beta+1$, so ist $y\varepsilon C_\beta$ (wegen $y\varepsilon a$); da *alle* Teilmengen von C_β zu $C_{\beta+1}$ gehören, gilt $x\varepsilon C_{\beta+1}$, d.h. $x\varepsilon C_\alpha$. Wenn α eine Limeszahl ist und $a\varepsilon C_\alpha$, so liegt a schon in einem $C_\beta(\beta<\alpha)$, und wiederum ist $x\varepsilon C_\alpha$.

In (c) unten werden die von Zermelo aufgestellten Axiome diskutiert, die die Grundlage für alle üblichen Axiomensysteme der Mengenlehre bilden. Außerdem sieht man leicht, daß sie von $\langle C_\alpha, \varepsilon_\alpha\rangle$ für alle Limeszahlen α erfüllt werden: der präzise Mengenbegriff oben ist daher eine Rechtfertigung für diese Axiome (zumal nur kleine α wie $\omega+\omega$ vorausgesetzt werden müssen), es sei denn, man hat theoretische oder empirische Gründe gegen naive Anschauungen, insbesondere gegen K.T.

Im weiteren Text ist meist $C_0=\emptyset$. Dies wird durch die *Entdeckung* gerechtfertigt, wonach die meisten mathematischen Strukturen adäquat (im Sinne von Abschnitt 1) auf Mengen zurückgeführt werden können, die nur mit der leeren Menge durch Iteration der Operation $\mathfrak{P}$ erzeugt werden können. Diese Entdeckung hat *grundlagentheoretische* Bedeutung, da wir nun genauer sagen können, wovon wir reden; denn der Begriff eines "beliebigen" Individuums oder eines "beliebigen mathematischen Objekts" ist etwas unbestimmt. (Wegen $C_0=\emptyset$ gilt übrigens $C_\alpha \vee \mathfrak{P}(C_\alpha) = \mathfrak{P}(C_\alpha)$ für alle α.)

(c) *Zermelos Axiome.* Beim Lesen sollte man nachprüfen, daß sie in jedem $\langle C_\alpha, \varepsilon_\alpha \rangle$, α Limeszahl, erfüllt sind.

1. Extensionalität (jedes α)

$$\bigwedge xyz([z\varepsilon x \wedge \bigwedge u(u\varepsilon x \leftrightarrow u\varepsilon y)] \rightarrow x=y) .$$

(Wenn $C_0=\emptyset$, gilt sogar $\bigwedge xy[\bigwedge u(u\varepsilon x \leftrightarrow u\varepsilon y) \rightarrow x=y]$.)

2. Potenzmenge. $z\subset x$ bedeutet $\bigwedge u(u\varepsilon z \rightarrow u\varepsilon x)$

$$\bigwedge x \bigvee y \bigwedge z(z\varepsilon y \leftrightarrow z\subset x) .$$

(α Limeszahl, weil $x\varepsilon C_\beta \rightarrow y\varepsilon C_{\beta+1}$)

[3. $\bigwedge a \bigwedge X \bigvee x \bigwedge y[y\varepsilon x \leftrightarrow (y\varepsilon a \wedge X(y))]$,

wo L_E wie in Kapitel 6 durch Variablen zweiter Stufe erweitert wurde. Dies ist nötig, um (*) in seiner intendierten Form aufzuschreiben. 3 wird natürlich von $\langle C_\alpha, \varepsilon_\alpha \rangle$ für jedes $\alpha>0$ erfüllt. Auch beweist man wichtige Ergebnisse, wie Satz 1 weiter unten, am einfachsten für diese Form des Komprehensionsaxioms. Dennoch wird in den meisten Axiomensystemen 3 durch ein *Schema erster Stufe* ersetzt, wobei nur solche X zugelassen werden, die explizit durch (endliche) Formeln aus L_E definierbar sind.]

3*. Für jede Formel $A(y,x_1,\ldots,x_n)$, die die Variable x nicht enthält:

$$\bigwedge a \bigwedge x_1 \ldots \bigwedge x_n \bigvee x \bigwedge y(y\varepsilon x \leftrightarrow [y\varepsilon a \wedge A(y,x_1,\ldots,x_n)]).$$

4. Paarmenge: $\bigwedge x_1 x_2 \bigvee x \bigwedge y[y\varepsilon x \leftrightarrow (y=x_1 \vee y=x_2)]$ (α Limeszahl)

5. Vereinigung: $\bigwedge z \bigvee x \bigwedge y[y\varepsilon x \leftrightarrow \bigvee u(y\varepsilon u \wedge u\varepsilon z)]$ (jedes $\alpha>0$)

Da jede Struktur $\langle C_\alpha, \varepsilon_\alpha \rangle$ durch transfinite Iteration erzeugt wird, ist die Relation ε *wohlfundiert*. Dies kommt in dem sogenannten Regularitäts- oder Fundierungsaxiom zum Ausdruck:

[6. $$\bigwedge X \bigwedge a [X(a) \rightarrow \bigvee x \bigwedge y \{X(x) \wedge [X(y) \rightarrow y \notin x]\}] \ .$$

Wenn man sich wieder auf Axiome erster Stufe beschränkt, nimmt man als Schema die folgenden Spezialfälle von 6:]

6^*. Für jede Formel $A(x)$

$$\bigwedge a [A(a) \rightarrow \bigvee x \bigwedge y \{A(x) \wedge [A(y) \rightarrow y \notin x]\}] \ .$$

Die Axiome 1,2,4,5 [3,6 und daher auch] $3^*,6^*$ werden von $\langle C_\omega, \varepsilon_\omega \rangle$ mit $C_0 = \emptyset$ (den hereditär endlichen Mengen) erfüllt. Dies gilt nicht für das

7. Unendlichkeitsaxiom $\bigvee x J_1(x)$, wo $J_1(x)$ die folgende Formel ist

$$\bigvee y \bigwedge z (y \varepsilon x \wedge [z \varepsilon x \rightarrow \bigvee u (u \varepsilon x \wedge \bigwedge w [w \varepsilon u \leftrightarrow (w \varepsilon z \vee w \subset z)])]) .$$

Dieses Axiom wird von $\langle C_\alpha, \varepsilon_\alpha \rangle$ für alle C_0 und alle $\alpha > \omega$ erfüllt (daher kommt der Name "Unendlichkeitsaxiom": Existenz von Mengen unendlichen Typs): wir nehmen $y = \emptyset$ und $u = z \cup \mathfrak{P}(z)$.

1,2,4,5,7 [3,6 und daher auch] $3^*,6^*$ werden also von $\langle C_\alpha, \varepsilon_\alpha \rangle$ für jede Limeszahl $\alpha > \omega$ erfüllt.

Die Systeme [1,2,3,4,5]; 1,2,3^*,4,5; [1,2,3,4,5,7]; 1,2,3^*,4,5,7; bezeichnen wir mit $[A_-]$, A^*_-, $[A]$, bzw. A^*.

AUFGABE 1: Bezeichnungen wie auf Seite 209. Sei $A(x)$ eine Formel, die die Variable y nicht enthält; für $\bigvee x \bigwedge y [A(y) \leftrightarrow x = y]$ schreiben wir kurz $\bigvee ! x A(x)$ (gelesen: es gibt genau ein x, welches A erfüllt). Zeige:

a) $\bigwedge yz \bigvee ! x (x = y \cup \{z\})$ folgt aus den Axiomen 1 und 4.

b) für je drei Ziffern m,n,p folgt entweder $n+m=p$ oder $n+m \neq p$ aus A^*_- .

c)
$$\bigwedge yzv \{Sf(y) \rightarrow \bigvee ! x [x = \mathrm{Sub}(y,z,v)],$$
$$\bigwedge yz \{[Sf(y) \wedge Sf(z)] \rightarrow \bigvee ! x [Sf(x) \wedge x = \widehat{yz}]\},$$
$$\bigwedge y \{Sf(y) \rightarrow \bigvee ! x [Sf(x) \wedge x = \widehat{y}]\}$$

folgen aus A^*_-.

Zeige, daß auch $\bigwedge x ([Sf(x) \wedge N(x)] \rightarrow \mathrm{Dom}(1,x))$ aus 1 und 4 folgt.

[a) - c) zeigen, daß die auf Seite 209 eingeführten Funktionszeichen im Sinne der Aufgaben 1 und 4 aus Kapitel 5 wieder eliminiert werden können.]

(d) *Axiomatisieren Zermelos Axiome die K.T. im Sinne von Abschnitt 1?* Gemäß Seite 206 ist [$\cup^{A\gamma}$ und daher auch] $\cup^{A\gamma}$ nicht erfüllt, denn wenn $X \varepsilon C_\alpha$, ist $\overline{\overline{X}} < \overline{\overline{C}}_\alpha$.

Die folgenden Ergebnisse zeigen, daß [weder X^A noch D^A, und daher also auch] weder X^{A^*} noch D^{A^*} für die intuitiven K.T. gelten. D^{A^*} ist in der starken Form verletzt, daß E^{A^*} nicht aus A^* [und E^A nicht aus A] folgt; d.h. mit den Mitteln von A^* kann man nicht beweisen, daß A^* überhaupt ein Modell hat.

Die Ergebnisse vor Satz 4 sind alle technisch sehr einfach. Sie enthalten aber nicht nur allgemeine, begrifflich wichtige Erkenntnisse, sondern illustrieren auch, wie technisch nützlich die Interpretation von [A und] A^* in $<C_{\omega+\omega}, \varepsilon_{\omega+\omega}>$ ist.

[SATZ 1: E^A, E^{A_-} *folgen (noch) nicht (einmal auf zweiter Stufe) aus* A *bzw.* A_- *(auch wenn man 6 dazunimmt).*

BEWEIS (durch Kardinalzahlabschätzung): Seien $M=<C_{\omega+\omega}, \varepsilon_{\omega+\omega}>$ und $M_-=<C_\omega, \varepsilon_\omega>$, in beiden Fällen $C_0=\emptyset$. M, M_- sind dann die kleinsten Modelle von A bzw. A_-, d.h. jedes Modell von A hat eine Kardinalzahl $\geq \sum \aleph^{(n)}$, wobei $\aleph^{(0)} = \aleph_0$, $\aleph^{(n+1)} = 2^{\aleph^{(n)}}$, und jedes Modell von A_- ist unendlich. Da jedes Element von M_- endlich ist, ist E^A in M_- falsch; da jedes Element von M eine Kardinalzahl $\leq \aleph^{(n)}$ hat, ist E^A in M falsch. Da sowohl M als auch M_- das Axiom 6 erfüllen, ist Satz 1 bewiesen.

Im Gegensatz dazu folgen $E^{A\gamma}$ und $\cup^{A\gamma}$ für die klassischen Strukturen γ sogar schon aus A^*!

Die Beweisidee wird in Satz 3 für A^*_- noch einmal wiederholt, da wir nicht bei jedem Leser die Kenntnis der Systeme zweiter Stufe A und A_- voraussetzen wollen.]

Auf den *ersten* Blick wird D^{A^*} [D^A] dadurch verletzt, daß Zermelos Axiome nichts über die Möglichkeit aussagen, $<C_\alpha, \varepsilon_\alpha>$ über $\alpha=\omega+\omega$ hinaus fortzusetzen [implizit in Satz 1], was die *Unvollständigkeit* dieser Axiome zeigt:

SATZ 2: *Sei*

$$J_2 = \bigvee y \bigwedge z \{ y \varepsilon x \wedge J_1(y) \wedge [z \varepsilon x \rightarrow \bigvee u (u \varepsilon x \wedge \bigwedge v [v \varepsilon u \leftrightarrow (v \subset z \vee v \varepsilon z)]\},$$

$J_1(y)$ wie in Axiom 7. Weder J_2 noch $\neg J_2$ folgen aus A^*, auch wenn 6^* dazugenommen wird. (J_2 impliziert, daß Mengen des Typs $\omega+\omega$ existieren.)

[Beachte: J_2 ist zwar eine Formel erster Stufe, folgt aber noch nicht einmal aus den Axiomen zweiter Stufe.]

BEWEIS: Zermelos Axiome werden sowohl von $<C_{\omega+\omega},\varepsilon_{\omega+\omega}>$ als auch von $<C_{\omega+\omega+\omega},\varepsilon_{\omega+\omega+\omega}>$ erfüllt; $\neg J_2$ gilt in der ersten Struktur, J_2 in der zweiten. Mit anderen Worten: die Zermeloschen Axiome sind unvollständig, d.h. sie lassen J_2 formal unentschieden.

[Dieses einfache Ergebnis kann verallgemeinert werden. Wir wollen annehmen, daß (i) die Axiome F von der vollen K.T. und auch von $<C_\alpha,\varepsilon_\alpha>$ erfüllt werden (etwa $\alpha=\omega+\omega$, wenn F=A); und daß (ii) die Formel A_α aus L_E die Eigenschaft $x=C_\alpha$ in jedem $<C_\alpha,\varepsilon_\alpha>(\beta\geq\alpha)$ definiert (vgl. Aufgabe 1 von Kap. 6), d.h. wenn es überhaupt ein Objekt gibt, welches A_α in der Realisierung $<C_\beta,\varepsilon_\beta>$ von L_E erfüllt, so ist C_α das einzige Objekt dieser Art. Dann wird $\bigvee x A_\alpha$ von F nicht entschieden. Weiter unten werden wir sehen, daß auch noch elementarere Sätze von A^* nicht entschieden werden.]

SATZ 3: $E^{A^*_-}$ *folgt nicht aus* A^*_-, *auch nicht aus* $A^*_-\cup\{6^*\}$. [Dies ist die bereits erwähnte Abschwächung von Satz 1.]

BEWEIS: $<C_\omega,\varepsilon_\omega>$ mit $C_0=\emptyset$ ist das kleinste Modell von A^*_-. Da es unendlich ist, aber kein unendliches Element enthält, gilt $E^{A^*_-}$ in $<C_\omega,\varepsilon_\omega>$ nicht, denn $E^{A^*_-}$ verlangt, daß es eine Struktur (εC_ω) gibt, die ein Modell von A^*_- ist.
Sogar jedes Modell von 2,4,5 ist unendlich, wenn nur eine Nullmenge z.B. existiert, d.h. wenn ein Spezialfall von 3^* erfüllt ist, etwa mit $y\varepsilon y\wedge y\not\varepsilon y$ für $A(y)$.
Satz 3, aber nicht sein Beweis, werden durch Gödels *Unvollständigkeitssatz* verallgemeinert.

SATZ 4: E^{A^*} folgt nicht aus A^*.

Bemerkungen. (i) Der Beweis von Satz 4 kann auf sehr viele Axiomensysteme außer A^* verallgemeinert werden; der Leser sollte aber speziell die Axiome $A_T=\{A:A$ gilt in K.T.$\}$, A eine mengentheoretische Formel, betrachten. Offenbar ist dieses Axiomensystem vollständig. Der Beweis von Satz 4 zeigt in diesem Fall, daß A_T nicht in der Sprache der Mengenlehre definiert werden kann (in dem präzisen Sinn von Korollar 1).

(ii) Wie die [in L_E formulierten] Ergebnisse einfacher inhaltlicher Argumente schon aus A^* folgen, wird unten (Lemma 4 u. 5) nur kurz angedeutet. Wenn man aber einmal weiß, daß *einige* wahre Sätze nicht aus A^* folgen (z.B. E^{A^*} selber), könnte man diese Andeutungen bezweifeln. Ohne sie genau zu überprüfen, erhält man folgendes Ergebnis: *entweder* Satz 4 ist richtig *oder* D^{A^*} ist falsch (da diese einfachen Argumente nicht logisch aus A^* folgen), *oder* X^{A^*} ist falsch wie oben in (i). Für die späteren

Anwendungen genügen diese schwächeren Konsequenzen.

(iii) Formeln, ja ganz allgemein, alle syntaktischen Objekte [vgl. Kap.0] sind Mengen, oder, genauer ausgedrückt, sie sind geordnete Zeichenfolgen, und die Zeichen *sind* Mengen: ginge das nicht, wäre X^{A^*} verletzt. Jedes Zeichen s soll durch eine Formel aus A^* *definiert* sein, d.h. durch eine Formel mit einer freien Variablen x, so daß s das einzige Objekt ist, welches die Formel in K.T. erfüllt. Wir schreiben $\boxed{x,s}$ für diese Formel.

N.B. In Lemma 1 und 2 unten benötigt man von $\boxed{x,s}$ und von den allgemeineren sogenannten kanonischen Definitionen $\boxed{x,A}$ anderer syntaktischer Objekte nur, daß sie A in K.T. definieren. Wenn man aber verlangt, daß einfache syntaktische Eigenschaften aus A^* *folgen*, werden kanonische Definitionen wesentlich; nimmt man etwa $\boxed{x,\emptyset} = \bigwedge y \neg y \varepsilon x$ (Definition der leeren Menge), so folgt $\bigvee x \boxed{x,\emptyset}$ aus A^*. Sei nun P eine geschlossene Formel, die in K.T. gilt, aber nicht aus A^* folgt; dann definiert auch $P \wedge \boxed{x,\emptyset}$ die leere Menge in K.T., $\bigvee x (P \wedge \boxed{x,\emptyset})$ folgt aber nicht aus A^*.

Der Grund,warum Objekte mit Formeln und nicht mit Termen definiert werden, liegt natürlich darin, daß L_E keine Funktionszeichen enthält, im Gegensatz etwa zur Sprache L_C in Teil B. Der Unterschied ist unwesentlich [in folgendem Sinne:

> Zu jeder Formel A aus L_E und jeder Formel B mit einer freien Variablen können wir Konstante $\ulcorner A \urcorner$ und $\ulcorner B(\ulcorner A \urcorner)\urcorner$ einführen mit den Zusatzaxiomen: $\bigvee x (x = \ulcorner A \urcorner \wedge \boxed{x,A})$, $\bigvee y (y = \ulcorner B(\ulcorner A \urcorner)\urcorner \wedge \boxed{y, \bigvee x (B \wedge \boxed{x,A})})$; die Menge $\overline{\ulcorner A \urcorner}$ *ist* dann die Formel A, und $\overline{\ulcorner B(\ulcorner A \urcorner)\urcorner}$ *ist* die Formel, die $\overline{B(\ulcorner A \urcorner)}$ ausdrückt, d.h. die Feststellung, daß die Formel A die Eigenschaft $\overline{B}$ hat. Diese Bezeichnung kürzt die Formulierung der nachfolgenden Hilfssätze ab. Ein Leser, der die Aufgaben 1 und 8 von Kapitel 5 kennt, weiß, wie diese Konstanten wieder zu eliminieren sind.]

(iv) Ein ungewöhnlicher Aspekt des Beweises besteht darin, daß Beziehungen zwischen Formeln und ihrer inhaltlichen Bedeutung behandelt werden, wo man doch in den meisten Gebieten der Mathematik während eines Beweises entweder nur über den formalen Ausdruck (z.B. in der numerischen Arithmetik) oder, weit häufiger, nur über seine Bedeutung spricht. Wir folgen der Verabredung von Seite 204/205 (mit K.T. als der Struktur γ): ein Strich über einem formalen Ausdruck bedeutet seine Realisierung in K.T.; wenn insbesondere A eine geschlossene Formel ist, bedeutet $\overline{A}$, daß A in K.T. erfüllt ist.

[Im Haupttext bezeichneten Formeln fast durchweg ihre Realisierungen; eine Ausnahme macht natürlich die Definition des Realisierungsbegriffes selbst, z.B. am Anfang von Kapitel 2, wo die hier betrachtete *Beziehung* eine Rolle spielte. Wir kommen in Aufgabe 4 darauf zurück.]

Aus diesem ungewöhnlichen Aspekt ergibt sich, daß einige rein formale Konventionen explizit formuliert werden müssen, die sich sonst beim Operieren mit Zeichen von selbst verstehen (von einigen dieser Konventionen hängt der genaue Sinn des Satzes 4 selbst ab).

Erstens: mit jedem der Ausdrücke A, Ax oder $A(x)$ bezeichnen wir dieselbe Zeichenfolge aus L_E [vgl. Kapitel 2, Seite 18]; $A(x)$ wird vorgezogen, wenn man andeuten möchte, daß A die mit x bezeichnete Variable enthält und daß $A(t)$ aus A hervorgeht, wenn man x durch den mit t bezeichneten Ausdruck ersetzt. [Offenbar wird die Definition der Substitution am einfachsten, wenn die freien Variablen der betrachteten Formeln nicht auch noch gebunden vorkommen.]

Zweitens: da E^{A^*} auf L_E Bezug nimmt (A^* ist eine Formelmenge aus L_E), wird Satz 4 erst dann sinnvoll, wenn die Zeichen für L_E fest gewählt werden, etwa so:

Die mit = und ε wiedergegebenen Zeichen *sind* die ganzen Zahlen 0 bzw. 1, d.h. die leere Menge und die Einermenge $\{0\}$;

die mit $\neg, \vee, \bigvee$ wiedergegebenen logischen Zeichen sind 2,3,4;

die bisweilen mit $v_0, v_1, v_2, \ldots$ wiedergegebenen Variablen sind 5,6,7,...; v_n bezeichnet also die ganze Zahl $n+5$.

Hauptsächlich zwei Gründe bestimmen diese Wahl. Zunächst braucht man für den nachfolgenden Beweis in jedem Fall Zeichen, die in L_E kanonisch definiert werden können (für Details und weitere Bedingungen vgl. die Relation $\overline{\text{Def}}$ nach Aufgabe 2); mit willkürlich gewählten Zeichen würden wir nicht auskommen. Zweitens: wenn wir für die Zeichen Objekte aus C_ω wählen, erhalten wir eine von A^* unentschiedene Formel, die nur auf C_ω, d.h. auf die hereditär endlichen Mengen Bezug nimmt.

Der aufmerksame Leser wird bemerken, daß (die Gesamtheit der Formeln aus) L_E keine Struktur im engeren Sinne, d.h. keine Menge zu sein braucht. Genauer [indem wir direkt mit $\overline{D}$ (siehe Lemma 3) anstatt mit $\overline{V}$ arbeiten]: der Beweis von Satz 4 verläuft mit A^*_- genauso wie mit A^*; wir haben aber Satz 4 für A^* formuliert, weil Satz 3 schon ein (ad hoc) Argument für A^*_- enthält[3].

Aufgabe 2: Indem man auf die Definitionen von Seite 208/209 zurückgeht, zeige man, daß

(i) von allen Objekten (aus K.T.) nur die ganze Zahl n die Formel E_n mit der einzigen freien Variablen v_{4n} erfüllt, wobei

$$E_0 = \neg \bigvee v_2 (v_2 \varepsilon v_0)$$

$$E_{n+1} = \bigvee v_{4n} (E_n \wedge \bigwedge v_{4n+6} [v_{4n+6} \varepsilon v_{4n+4} \leftrightarrow v_{4n+6} = v_{4n} \vee v_{4n+6} \;\varepsilon\; v_{4n})]);$$

(ii) nur die endliche Folge $\overline{s} = \langle n_0, \ldots, n_{k-1} \rangle$ ganzer Zahlen die Formel

$$\bigvee x_0 \ldots \bigvee x_{k-1} \bigvee y_0 \ldots \bigvee y_k [E_{n_0}(x_0) \wedge \ldots \wedge E_{n_{k-1}}(x_{k-1}) \wedge$$
$$\wedge E_0(y_0) \wedge \ldots \wedge E_k(y_k) \wedge Sf(s) \wedge \mathrm{Dom}(y_k, s) \wedge (y_0, x_0) \varepsilon s \wedge \ldots \wedge (y_{k-1}, x_{k-1}) \varepsilon s]$$

erfüllt.

Da ja jede Formel aus L_E eine endliche Folge ganzer Zahlen *ist*, bietet Aufgabe 2 ein Schema, jeder Formel aus L_E eine *kanonische Definition* zuzuordnen. Diese Definition ist ebenfalls eine Folge von ganzen Zahlen; man sieht also unmittelbar, daß es eine Formel $\mathrm{Def}(y,x)$ aus L_E gibt, die in K.T. die folgende Relation definiert:

x ist eine endliche Folge von ganzen Zahlen und y ist die Formel aus L_E, die x (gemäß Aufgabe 2) *kanonisch definiert.*

Mit anderen Worten: wenn $\overline{x}$ die gegebene Formel A ist und wenn $\overline{\mathrm{Def}(y,x)}$ gilt, dann ist $\overline{y}$ die Formel $\boxed{x, A}$.

[Obwohl die Definition von Def ganz einfach ist, sollte der Leser, der die Kapitel 0 und 2 kennt, beachten, welche Konventionen bei der Formulierung von Aufgabe 2 stillschweigend gemacht wurden:

---

3 Für Leser, die an die übliche Literatur zum Gödelschen Unvollständigkeitssatz (entsprechend Satz 4 auf Seite 218) gewöhnt sind, wo Axiomensysteme betrachtet werden, die die Arithmetik "enthalten". Prinzipiell ist der Unterschied nicht wichtig, da bekanntlich die Arithmetik in der Mengenlehre A^*_- "entwickelt" (siehe Seite 216) und andererseits ein Modell für A^*_- in der Arithmetik definiert und begründet werden kann; siehe z.B. W. Ackermann, Die Widerspruchsfreiheit der allgemeinen Mengenlehre, Math. Annalen **114** (1937), 305-315. Der Beweis (unten) für mengentheoretische Systeme ist bequemer, da der Leser die Darstellung endlicher Folgen durch Mengen schon kennt und nicht zu "arithmetisieren" braucht.

(a) Da L_E keine Klammern enthält, sollte E_0 eigentlich so geschrieben werden: $\neg\bigvee v_2 \varepsilon v_2 v_0$, denn E_0 ist die Folge $<2,4,7,1,7,5>$.
(b) In den Formeln E_n kommt die freie Variable v_{4n} nicht gebunden vor. Dies vereinfacht die Definition der Substitution unten. Um sicherzugehen, daß die Definitionen E_n der natürlichen Zahlen nicht den ganzen Variablenvorrat aufbrauchen, haben wir nur die Variablen 5,7,9,... verwendet.
(c) Bei der Konstruktion der kanonischen Definition für $<n_0,\ldots,n_{k-1}>$ wird natürlich vorausgesetzt, daß $x_0,\ldots,x_{k-1}$, $y_1,\ldots,y_k$ verschiedene Variable bezeichnen, d.h. verschiedene ganze Zahlen >4, die weder in den Formeln E_i, E_{n_j} $(0\leq i\leq k,\ 0\leq j\leq k)$ noch in den Formeln vorkommen, die mit $(y_j,x_j)\varepsilon s$, $Sf(s)$ und $\mathrm{Dom}(y_k,s)$ abgekürzt werden. Wenn wir die kanonischen Definitionen für ganze Zahlen im Auge behalten, können wir sogar sagen: alle x und y müssen $>4\cdot\max(k,n_0,\ldots,n_{k-1})$ sein; sie müssen auch von den gebundenen Variablen in den Formeln Sf, Dom verschieden sein (diese Variablen wurden auf Seite 209 mit u,v,w,r bezeichnet); und schließlich muß s von allen bisher erwähnten Variablen verschieden sein. Wir wollen annehmen, daß v_1 und v_3 in keiner kanonischen Definition vorkommen (wir kommen darauf in Lemma 1 zurück).]

Große Buchstaben bedeuten Formeln aus der Sprache L_E von A^*: sie selbst sind keine Zeichen aus L_E. Die Variablen x,y sind beliebig, aber fest [genauer: sie sind verschieden von allen Variablen in kanonischen Definitionen; und außerdem so gewählt, daß auch weiterhin keine Variable sowohl frei als auch gebunden vorkommt. Wir nehmen etwa v_1 und v_3 für x bzw. y.]

LEMMA 1: *Zu jedem A mit nur einer freien Variablen x gibt es eine (geschlossene) Formel A_1, so daß $A_1 \leftrightarrow \bigvee x(\boxed{x,A_1} \wedge \neg A)$ in* K.T. *wahr ist, d.h. das syntaktische Objekt A_1 hat nicht die Eigenschaft $\overline{A}$.* (Tatsächlich folgt dies aus A^*.)

BEWEIS: Wir suchen uns zuerst eine Formel S mit den Variablen x und y, deren Realisierung $\overline{S}$ die folgende Relation zwischen syntaktischen Objekten ist ($\overline{x}=A$, $\overline{y}=A'$):

$$\{(A,A') : y \text{ ist die einzige freie Variable von } A \text{ und } A'=\bigvee y(\boxed{y,A} \wedge A)\}.$$

Zur Konstruktion von S definieren wir zuerst A' durch Rekursion nach der Länge von A und verwandeln sodann die rekursive Definition in eine explizite mengentheoretische Definition [Kapitel 5, Aufgabe 4].

Wenn $H = \bigvee x(S \wedge \neg A)$, kann man $A_1 = \bigvee y(\boxed{y,H} \wedge H)$ nehmen. Denn $\overline{A}_1$ bedeutet, daß H selbst das einzige Objekt ist, welches $\overline{H}$ erfüllt; da aber $\overline{H} = \overline{\bigvee x(S \wedge \neg A)}$, hat H' (dasjenige Objekt, welches mit H in der Relation $\overline{S}$ steht) die Eigenschaft $\neg\overline{A}$. Dieses Objekt ist aber A_1 selbst.
(Diese Konstruktion ist Gödels Variante des Cantorschen Diagonalverfahrens.)

[AUFGABE 3: *Definition der Formel $S(x,y)$ in Lemma* 1.

Form(x): x ist eine Formel aus L_E (in der, wie schon erwähnt, freie Variable nirgends gebunden vorkommen). Wir gehen aus von der rekursiven Definition der Klasse aller Formeln aus L_E und erhalten einen Ausdruck Form(x), von dem man in A_-^* beweisen kann, daß er die implizite Definition erfüllt; vgl. Aufgabe 8 aus Kapitel 5. (Wendet man Dedekinds Methode an, erfordert der Beweis A^*.)

$\bigvee l(v,x)$: v ist die einzige freie Variable der Formel x, und v kommt in x nur frei vor:

$$\mathrm{Form}(x) \wedge \mathrm{Od}(v) \wedge \bigwedge u[(u,4)\varepsilon x \rightarrow (u \cup \{u\}, v) \not\varepsilon x] \wedge$$
$$\wedge \bigwedge u \bigwedge w([\mathrm{Od}(u) \wedge u \neq v \wedge (w,u)\varepsilon x] \rightarrow \bigvee y[y \varepsilon w \wedge (y,4)\varepsilon x \wedge (y \cup \{y\}, u)\varepsilon x]);$$

dabei ist $\mathrm{Od}(v) = \bigvee q[N(q) \wedge v = q+q+5]$ in der Bezeichnung von Seite 209.

(Da v eine Variable ist, ist sie eine ungerade Zahl >4, d.h. Od(v); da v nur frei vorkommt, steht nirgends ein Quantor vor ihr, d.h. v steht nirgendwo hinter einer 4; und da v die einzige freie Variable ist, steht jede andere Variable, d.h. jede andere ganze Zahl >4 in der Folge x bei ihrem ersten Auftreten hinter einer 4.)

$S(x,y)$: x ist eine Formel, deren einzige freie Variable die zweite, oben gewählte Variable ist, z.B. $v_3(=7)$, d.h. $\bigvee l(x,7)$; nach Aufgabe 2 hat x eine kanonische Definition x_1 mit einer freien Variablen w, d.h. Def(x,x_1) und $\bigvee l(x_1,w)$. Sei p die erste Variable, die weder in x noch in x_1 vorkommt; ihre Definition

$$\mathrm{Od}(p) \wedge \bigwedge u[(u,p)\not\varepsilon x \wedge (u,p)\not\varepsilon x_1] \wedge \bigwedge u([u\varepsilon p \wedge \mathrm{Od}(p)] \rightarrow$$
$$\rightarrow \bigvee v[(v,u)\varepsilon x \vee (v,u)\varepsilon x_1])$$

bezeichnen wir mit $F(p,x,x_1)$.

In x und x_1 ersetzen wir 7 bzw. w jeweils durch p und erhalten dadurch x' und x_1', d.h. $x' = \mathrm{Sub}(x,7,p)$ und $x_1' = \mathrm{Sub}(x_1,w,p)$; und

$$y = 4 \frown p \frown 3 \frown x_1' \frown x' \; .$$

$S(x,y)$ ist dann

$$Vl(x,7)\wedge\bigvee x_1 w p x' x'_1 [\mathrm{Def}(x,x_1)\wedge Vl(x_1,w)\wedge F(p,x,x_1)\wedge$$
$$\wedge\, x'=\mathrm{Sub}(x,7,p)\wedge x'_1=\mathrm{Sub}(x_1,w,p)\wedge y=4^\frown p^\frown 3^\frown x'_1{}^\frown x'] \ .$$

Damit ist S definiert.]

KOROLLAR 1: Aus Lemma 1 folgt schon, daß X^{A} falsch ist (X^{A_F} ist sogar für jedes A_F aus der Sprache der Mengenlehre falsch).

Denn die Menge

$$t=\{A_1 : A_1 \text{ geschlossen und } \overline{A}_1 \text{ ist wahr (in K.T.)}\}$$

kann nicht als Realisierung einer Formel A dargestellt werden (denn wenn $t=\overline{A}$, ergäbe A_1 aus Lemma 1 einen Widerspruch). Dies wurde von Tarski bemerkt.

Wenn aber die *Wahrheit von A* im Gegensatz zum mengentheoretischen Folgerungsbegriff (siehe [Kapitel 2, 6 oder] Seite 204) nicht definiert werden kann, erwartet man

LEMMA 2: *Sei $\overline{V}$ (V mit einer einzigen freien Variablen) die Menge aller Formeln, die aus A^* folgen. Dann gibt es ein V_1, so daß $\overline{V}_1$ wahr ist, V_1 aber nicht aus A^* folgt.*

BEWEIS: Nach Lemma 1 gibt es ein V_1, so daß $V_1\leftrightarrow\bigvee x(\boxed{x,V_1}\wedge\neg V)$ wahr ist, d.h. $\overline{V}_1$ ist genau dann wahr, wenn V_1 nicht aus A^* folgt. Da aber alle Formeln, die aus A^* folgen, (in K.T.) wahr sind, ist Lemma 2 bewiesen. (Offenbar braucht man hier nicht zu wissen, daß *alle* Formeln, die aus A^* folgen, wahr sind, sondern nur jene von der "Form" V_1.)

[N.B. Das Lemma betrifft auch Systeme höherer Stufe, insbesondere das System zweiter Stufe in (c), da nur vorausgesetzt wird, daß der Folgerungsbegriff in der Realisierung K.T. von L_E definierbar ist. Lemma 2 liefert daher auch ein weiteres Unvollständigkeitsergebnis für das System zweiter Stufe.]

KOROLLAR 2: V_1 wird von A^* nicht entschieden, d.h. weder V_1 noch $\neg V_1$ folgen aus A^*.

[AUFGABE 4: (i) Man gebe eine Formel $\mathrm{Sat}(a,e,s,y)$ aus L_E an, die die folgende Relation $\overline{\mathrm{Sat}}$ definiert:

$\bar{e} \subseteq \bar{a} \times \bar{a}$, $\bar{y}$ ist eine Formel aus L_E,
$\bar{s}=\{(v_i,\xi_i) : v_i$ ist eine freie Variable von $\bar{y}$ und $\xi_i \varepsilon \bar{a}\}$,
und die ξ erfüllen $\bar{y}$ in der Realisierung (a,e) von L_E im Sinne von Kapitel 2.

(ii) Gib hiermit eine Definition $\mathrm{Sat}_0(a,e,y)$ der Relation:

$\bar{e} \subseteq \bar{a} \times \bar{a}$, $\bar{y}$ ist eine geschlossene Formel und $(\bar{a},\bar{e})$ ist ein Modell von $\bar{y}$.

(iii) Gib eine Formel $Z(y)$ an, die die Eigenschaft

$\bar{y}$ ist eine Formel aus L_E, und $\bar{y}$ ist ein Axiom der Zermeloschen Mengenlehre

definiert.

(iv) Zeige, daß $\bar{V}$ durch

$$\bigwedge ae(\bigwedge y[Z(y) \rightarrow \mathrm{Sat}_0(a,e,y)] \rightarrow \mathrm{Sat}_0(a,e,x))$$

definiert wird.

Beachte: Betrachtet man *eine feste* Formel A aus L_E, die die Variablen a und e nicht enthält, so wird die Relation "(a,e) *erfüllt* A" ganz einfach so definiert, daß man die Quantoren von A auf a beschränkt und jede atomare Formel $x\varepsilon y$ in A durch $(x,y)\varepsilon e$ ersetzt. Aufgabe 4 braucht man, weil A^* unendlich viele Formeln enthält und - weit wichtiger - weil $\bar{x}\varepsilon\bar{V}$ für variables $\bar{x}$ definiert werden muß.]

Diskussion von Lemma 2. Ob das Unvollständigkeitsergebnis von Lemma 2 gegenüber Satz 2 eine Verschärfung bedeutet, hängt von der *Gestalt* von V_1 ab. Für optimale Ergebnisse wird man versuchen, eine möglichst einfache Formel D zu finden, deren Realisierung $=\bar{V}$ ist, d.h. deren Realisierung ebenfalls die Menge aller Formeln ist, die aus A^* folgen.

Wir werden die wichtigsten Eigenschaften der Formel D hier beschreiben, aber für den Beweis (von $\bar{D}=\bar{V}$) oder auch nur die genaue Formulierung von D braucht man Ergebnisse aus Kapitel 2.

(i) Man erhält die Formel D wie folgt. In Lemma 3 formulieren wir "Schlußregeln" wie wir sie schon in Fußnote 2 erwähnten, und zeigen, daß die Menge aller Formeln, die mit diesen Regeln aus A^* abgeleitet werden können, gerade $\bar{V}$ ist. Weiter können diese Regeln in L_E ausgedrückt werden in folgendem Sinne: es gibt eine Formel $\mathrm{Dem}(y,x)$ aus L_E, so daß

$\overline{\text{Dem}}$ die Relation

> $\overline{y}$ ist eine Ableitung von $\overline{x}$ aus A^* mit Hilfe unserer Regeln

bedeutet. Dabei ist $\overline{y}$ eine endliche Folge von Formeln aus L_E, $\overline{x}$ ist eine Formel aus L_E. $D(x)$ ist also $\bigvee y \text{Dem}(y,x)$.

(ii) D ist elementarer als V in dem Sinne, daß die Quantoren von D auf C_ω beschränkt sind (wenn die Zeichen aus L_E wie in den Aufgaben 1,2,3 definiert werden), während die Quantoren von V auf keine Menge beschränkt sind (entsprechend der Definition des mengentheoretischen Folgerungsbegriffes auf Seite 205 [oder in Kapitel 2]).

(iii) Der in (ii) erwähnte elementare Charakter von D kommt am besten mit den Grundbegriffen von Teil B zum Ausdruck; die kurze Beschreibung dieser Begriffe in Abschnitt 0 des Teils B zeigt klar, daß die in Lemma 3 erwähnten Regeln kombinatorisch, d.h. "rein formal" sind. Wenn eine Formel Element von $\overline{D}$ ist, kann man dies daher auf kombinatorischem Weg feststellen [vgl. die Bemerkung nach Lemma 3].

(iv) Lemma 4 und 5 zeigen, daß $E^{A^*} \rightarrow D_1$ aus A^* folgt, wo D_1 nach Lemma 1 zu D gehört wie A_1 zu A. Da D_1 nach Lemma 2 *nicht* aus A^* folgt, ergibt sich Satz 4.

[LEMMA 3: *$\overline{V}$ (von Lemma 2) ist $\overline{D}$, wobei $\overline{D}=\overline{\bigvee y \text{Dem}}$ (*Dem *enthält die Variablen y und x), und* $\overline{\text{Dem}}$ *ist die folgende Relation zwischen syntaktischen Objekten:*

> $\{(\langle B;A_1,A_2\rangle, A)$: *$B$ ist eine endliche Konjunktion von irgendwelchen Formeln aus A^*;*
>
> *A_2 ist die pränexe Normalform von $B \rightarrow A$ nach Seite von Kapitel 2;*
>
> *A_1 ist eine aussagenlogische Identität der Gestalt* $F(t_1^1,\dots,t_m^1)\vee\dots\vee F(t_1^n,\dots,t_m^n)\}$,

wobei $\check{A}_2=\bigvee x_1\dots\bigvee x_m\ F$, wie auf Seite 21 von Kapitel 2.

BEWEIS: Wenn A aus A^* folgt, dann auch schon aus einer endlichen Teilmenge B von A^* (Endlichkeitssatz), d.h. $B \rightarrow A$ gilt. Nun wende man Kapitel 2, Seite 22-23 an.

Wenn V die (offizielle) Gültigkeitsdefinition ist (= wahr in allen Realisierungen, natürlich auch in unendlichen), so erbringt Lemma 3 die folgende Vereinfachung. Um zu verifizieren, daß eine Formel $\varepsilon\overline{V}$ ist, müßte man alle Realisierungen "betrachten"; um zu verifizieren, daß eine Formel $\varepsilon\overline{D}$ ist, hat man nur die endlichen Konfigurationen $<B;A_1,A_2>$ zu betrachten und die obigen Bedingungen nachzuprüfen. Intuitiv ist wohl klar: *wenn* $A\varepsilon\overline{D}$, so kann man diese Tatsache in endlich vielen Schritten feststellen. Diese Tatsache läßt sich in L_E formulieren; diese Formulierung hängt natürlich von der *Wahl* der Formel D und daher von Dem ab. Man muß diese Formel passend wählen, so daß diese Formulierung aus A^* folgt. Gäbe es kein solches Dem, dann würden wir Bemerkung (ii) oben anwenden.

LEMMA 4: *Sei* $D_A = \bigvee x(\boxed{x,A} \wedge D)$ *mit einer geschlossenen Formel* A *aus* L_E, *d.h.* A *enthält keine freien Variablen. Dann folgt*

$$D_A \rightarrow \bigvee x(\boxed{x,D_A} \wedge D)$$

aus A^*. (Tatsächlich braucht man Lemma 4 nur für spezielles A.)

Bevor wir den Beweis skizzieren, bemerken wir, daß $\overline{A \rightarrow \bigvee x(\boxed{x,A} \wedge D)}$ *nicht* für alle (geschlossenen) A wahr ist (in K.T.), zum Beispiel dann nicht, wenn $\overline{A}$ wahr ist, A aber nicht aus A^* folgt! Ein Beispiel für eine solche Formel A ist nach Lemma 2 und 3 die Formel D_1. Das zu beweisende Lemma hängt also wesentlich von der *Gestalt* von D_A ab.

Zunächst muß man zeigen, daß bei geeigneter (und zwar bei der naheliegendsten) Wahl von Dem und für kanonische Definitionen (in L_E) von endlichen Zeichenfolgen $<\overline{b},\overline{a}_1,\overline{a}_2>$ und A folgendes gilt: wenn $<<\overline{b},\overline{a}_1,\overline{a}_2>,A> \ \varepsilon \ \overline{\text{Dem}}$, dann kann die Formel $\bigvee x \bigvee y(\boxed{x,A} \wedge \boxed{y,<\overline{b},\overline{a}_1,\overline{a}_2>} \wedge$ $\wedge \text{Dem})$ auch wirklich aus A^* formal abgeleitet werden. Dies meint man, wenn man sagt, daß elementare kombinatorische Mathematik in dem Axiomensystem A^* formalisiert werden kann: denn wir haben schon nach Lemma 3 bemerkt, daß die Verifizierung der Voraussetzung $<<\overline{b},\overline{a}_1,\overline{a}_2>,A> \ \varepsilon \ \overline{\text{Dem}}$ auf die Überprüfung rein kombinatorischer Bedingungen hinausläuft, und dieser Prozeß wird durch eine formale Ableitung aus A^* nachgeahmt.

Weiter: wenn $\bigvee x \bigvee y(\boxed{x,A} \wedge \boxed{y,<\overline{b},\overline{a}_1,\overline{a}_2>} \wedge \text{Dem})$ (mit explizit gegebenen y!) aus A^* folgt, dann folgt auch $\bigvee x(\boxed{x,A} \wedge \bigvee y \text{Dem})$ aus A^*.

Schließlich hat man noch zu zeigen, daß das soeben skizzierte Argument seinerseits in A^* formalisiert werden kann; d.h. daß die Formel (mit den *Variablen* b,a_1,a_2 für Formeln und festem A)

$$\bigvee x\bigvee y(\boxed{x,A}\wedge y=(b,a_1,a_2)\wedge \mathrm{Dem}) \to \bigvee x\bigvee y\,[x=F(b,a_1,a_2)\wedge \mathrm{Dem}]$$

aus A^* folgt. Dabei ist $F(b,a_1,a_2)$ eine kanonische Definition für die Funktion, die jedem Tripel $(\bar{b},\bar{a}_1,\bar{a}_2)$ die Formel $\bigvee x\bigvee y(\boxed{x,A}\wedge$ $\wedge\boxed{y,<\bar{b},\bar{a}_1,\bar{a}_2>}\wedge \mathrm{Dem})$ zuordnet. Daher ist dann auch

$$\mathrm{A}^*\vdash \bigvee x\bigvee y(\boxed{x,A}\wedge y=(b,a_1,a_2)\wedge \mathrm{Dem}) \to \bigvee x\bigvee y(\boxed{x,D_A}\wedge \mathrm{Dem}).$$

Da die Variablen b,a_1,a_2 in der Konklusion nicht vorkommen, ist

$$\mathrm{A}^*\vdash \bigvee x\bigvee y(\boxed{x,A}\wedge \mathrm{Dem}) \to \bigvee x(\boxed{x,D_A}\wedge D),$$

was zu zeigen war.

Die detaillierte Ausführung stützt sich auf die verwendeten kanonischen Definitionen; die Natur des Problems ist durch die Diskussion nach Bemerkung (iii) auf Seite 219 wahrscheinlich hinreichend klar.

LEMMA 5: *Wir wollen annehmen, daß D dem Lemma 4 genügt, und wenn $A\leftrightarrow B$ aus A^* folgt, soll auch $\bigvee x(\boxed{x,A}\wedge D)\leftrightarrow\bigvee x(\boxed{x,B}\wedge D)$ aus A^* folgen. Wenn wir V in Lemma 2 durch D ersetzen, erhalten wir eine Formel D_1. Behauptung: $(E^{\mathrm{A}^*}\to D_1)$ folgt aus A^*.*

Wir kehren Lemma 4 um: wenn also eine einfache Allformel wie D_1 ($\bar{D}_1$ bedeutet: D_1 folgt nicht aus A^*) aus A^* folgt, dann gilt D_1 (vorausgesetzt natürlich, A^* ist widerspruchsfrei).

Formal (durch Fallunterscheidung, ob D_1 aus A^* folgt oder nicht):
(i) $\bigvee x(\boxed{x,D_1}\wedge\neg D)\to D_1$ nach Lemma 1 ohne Voraussetzung; beachte, daß $\bigvee x(\boxed{x,D_1})$ aus A^* folgt.
(ii) wenn E^{A^*} gilt und D_1 aus A^* folgt, dann folgt $\neg D_1$ nicht aus A^*.

Wenn wir aber in Lemma 4 $A=\neg D_1$ wählen, dann folgen $D_A\leftrightarrow\neg D_1$ und $\bigvee x(\boxed{x,\neg D_1}\wedge D)\leftrightarrow\bigvee x(\boxed{x,D_A}\wedge D)$ aus A^*, also auch $\neg\bigvee x(\boxed{x,\neg D_1}\wedge D\to\neg\neg D_1$.
In jedem Fall folgt also $E^{\mathrm{A}^*}\to D_1$ aus A^*.

Als KOROLLAR ergibt sich nun Satz 4; denn nach Lemma 2 folgt D_1 nicht aus A^*.

Diskussion von Satz 4

Wir fassen zusammen: [$\bigcup^A$ und daher auch] $\bigcup^{A^*}$ ist falsch, weil [A und damit auch] A^* von allen $\langle C_\alpha, \varepsilon_\alpha \rangle$, $\alpha > \omega$ eine Limeszahl, erfüllt wird; [A und erst recht] A^* können also die K.T. nicht im Sinne von Abschnitt 1 charakterisieren.

D^{A^*} [und sogar D^A] ist falsch, weil nach Satz 2 gewisse intuitive Sätze über Mengen von hinreichend hohem Typ nicht aus A^* [bzw. A] folgen.

D^{A^*} ist nicht einmal erfüllt, wenn man nur Sätze über endliche Mengen betrachtet, denn nach Lemma 3 ist E^{A^*} zu einer kombinatorischen Behauptung äquivalent, und Satz 4 zeigt, daß E^{A^*} nicht von A^* entschieden wird.

Von allgemeinem Interesse ist der Unterschied zwischen Satz 4 und den bekannteren Unabhängigkeitsergebnissen, etwa in der Geometrie. Ein *offenkundiger* Unterschied besteht natürlich darin, daß A^* Eigenschaften eines bestimmten intuitiven Begriffes (d.h. des Mengenbegriffes (ii) von Seite 211) formulieren soll, während die Axiome der Geometrie, zumindest heute, nur mehr als rein hypothetisch deduktives System aufgefaßt werden. Dieser Unterschied kann mit dem Folgerungsbegriff zweiter Stufe aus Kapitel 6 etwas mathematischer formuliert werden.

[Da die Struktur $\mathbb{N}$ mit unmittelbarem Nachfolger (vgl. S. 207) durch die Axiome A eindeutig bestimmt ist, muß also entweder E^{A^*} oder $\neg E^{A^*}$ aus A folgen (und zwar folgt E^{A^*} tatsächlich aus A). Mit anderen Worten: die Unabhängigkeit von E^{A^*} rührt wesentlich daher, daß das Axiom 3 durch das Schema 3^* ersetzt wurde. Die Unabhängigkeit des Parallelenaxioms hat dagegen nichts mit einem entsprechenden Schritt in der Geometrie zu tun. Genauer: wir betrachten die Axiome von Pasch oder Hilbert in den Grundbegriffen: Punkte; Kongruenzrelation $C(a,b,c,d)$: die Strecke ab ist kongruent zur Strecke cd; und eine dreistellige Relation: a liegt zwischen b und c, d.h. a,b,c sind kollinear und a liegt zwischen den Punkten b und c. Alle Axiome sind erster Stufe bis auf das sogenannte Stetigkeitsaxiom (Dedekindscher Schnitt). Manchmal ersetzt man dieses Axiom durch ein Schema erster Stufe, so wie man oben 3 durch das Schema 3^* ersetzt hat; mit anderen Worten: man betrachtet nicht mehr beliebige Schnitte, sondern nur solche, die mit Formeln aus jener Sprache definiert werden können. Aber *das Parallelenaxiom ist auch vom Stetigkeitsaxiom zweiter Stufe unabhängig und nicht nur vom Schema erster Stufe.*]

X^{A^*} ist falsch nach Korollar 1 [weil L_E nur *beliebige* endliche Formeln verwendet und keine unendlichen (vgl. Kapitel 6); die Menge t aus Korollar 7 ist definiert durch

$$(\boxed{x,A_1}\wedge A_1)\vee(\boxed{x,A_2}\wedge A_2)\vee\ldots ,$$

wo $A_1,A_2,\ldots$ eine Abzählung der Formeln aus L_E ist].

Diesen "negativen" Ergebnissen steht das positive Korollar zu den Sätzen 2 und 4 gegenüber: ein rein kombinatorischer Satz wie E^{A^*}, der mit A^* nicht entschieden werden kann, folgt aus $A^*\cup\{J_2\}$.

Diese Unzulänglichkeiten dürfen schon deshalb nicht überraschen, weil die adäquaten Axiomatisierungen für klassische Strukturen (in Abschnitt 1) so überraschend *waren*. Der Schock kommt daher, daß man die ursprüngliche Überraschung vergessen hatte (vgl. aber Abschnitt (c) für andere Meinungen). Die Situation kann sehr gut mit zwei anderen Ereignissen in der Geschichte der Mathematik verglichen werden: die Irrationalität von $\sqrt{2}$ hat gezeigt, daß die rationalen Zahlen für die euklidische Geometrie nicht adäquat waren, und natürlich nicht, daß euklidische Konstruktionen zu verwerfen sind; oder $2^{\aleph_0}\times 2^{\aleph_0}=2^{\aleph_0}$ hat gezeigt, daß bijektive Abbildungen für eine Analyse des intuitiven Dimensionsbegriffes ungeeignet sind, und nicht, daß dieser Begriff mathematisch sinnlos ist. Der theoretische Wert der mengentheoretischen Begriffe kann aber erst beurteilt werden, wenn wir die weitere Entwicklung ihrer Theorie betrachten.

3. WIE KANN MAN DIE BISHERIGE THEORIE $A^*[A]$ VERSTÄRKEN?

K.T. ist auch weiterhin die Basis unserer Überlegungen. Wir betrachten zwei Richtungen für die weitere Forschung: (a) die Hinzunahme und (b) die Elimination von Axiomen.

(a) Bei der Untersuchung der K.T. kann man wie beim Studium spezieller Strukturen (natürliche Zahlen, reelle Zahlen) vorgehen, wo sozusagen alle legitimen Methoden angewendet werden. Unter diesem Gesichtspunkt bedeutet die Formulierung der Axiome in Abschnitt 2(c) nur einen Anfang, und der Prozeß, der zu diesen Axiomen führte, ist fortzusetzen. Die Ergebnisse von Abschnitt 2(d) zeigen, daß auch dann noch etwas zu tun bleibt, wenn man nur an Fragen interessiert ist, die in L_E formuliert sind; denn nicht einmal alle diese Fragen werden von $A^*[A]$ entschieden. Kurz: neue Axiome sind nötig.

(i) Nach Satz 2 braucht man Axiome, um die Existenz von Mengen hoher Typen auszudrücken (sogenannte Unendlichkeitsaxiome). Hierzu gehört das Ersetzungsaxiom, welches impliziert: zu jeder Wohlordnung $<a,a_1>$, $(a_1 \subseteq a^2)$, in C_α gibt es ein C_β (β die Ordnungszahl von $<a,a_1>$).

[Das Ersetzungsaxiom wird in der Prädikatenlogik zweiter Stufe so formuliert:

$$\bigwedge X \bigwedge a[(\bigwedge x \varepsilon a) \bigvee! y \; X(<x,y>) \rightarrow \bigvee z \bigwedge u(u \varepsilon z \leftrightarrow \bigvee x[x \varepsilon a \wedge X(<x,u>)])].$$

Die allgemeinen Probleme, die bei der Formulierung solcher Axiome auftauchen, werden diskutiert in Gödel "What is Cantor's Continuum Problem", Amer. Math. Monthly 54 (1947) 515 - 525.

Bemerkung: Der Leser möge verifizieren, daß jede Struktur, die die Axiome 1-6 von S.215/216 und das Ersetzungsaxiom oben erfüllt, zu einem $<C_\alpha, \varepsilon_\alpha>$ isomorph ist. [Mehr Information über das Ersetzungsaxiom findet man in Aufgabe 8 von Kapitel 5. Beachte, daß die Modelle C_σ^σ das (volle) Ersetzungsaxiom zweiter Stufe erfüllen.]

(ii) Ein besonderer Mangel von [Systemen erster Stufe wie] A^*, insbesondere 3^*, liegt darin, daß $C_{\alpha+1}$ *alle* Teilmengen von C_α enthalten soll, 3^* aber nur die in L_E explizit definierbaren Teilmengen "erwähnt"; zu diesen gehört z.B. die Menge t von Korollar 1 (Abschnitt 2) nicht, obwohl t in $C_{\omega+1}$ liegt. Dieses t ist "im wesentlichen" mit den hier betrachteten Grundbegriffen definiert, aber radikalere Verstärkungen können auch neue Grundbegriffe erforderlich machen; vergleiche Korollar 5 von Abschnitt 4.

[Bei näherem Hinsehen stellt sich heraus, daß (i) theoretisch wichtiger ist als (ii): (ii) betrifft nur die Potenzmengenbildung, während bei (i) noch die *Iteration* dieser Operation hinzukommt, und dies ist begrifflich weit schwieriger. Formal: bei (i) handelt es sich um Unzulänglichkeiten der Axiomensysteme erster *und* zweiter Stufe, (ii) betrifft nur das System erster Stufe. Übrigens wird eine Behauptung der Form

"die Formel A folgt auf zweiter Stufe aus B"

(der Folgerungsbegriff zweiter Stufe definiert wie in Kapitel 6) in der Sprache L_E erster Stufe (mit K.T. als Realisierung von L_E) formuliert: eine solche Behauptung zu begründen, läuft dann also darauf hinaus, (evtl. neue) Axiome in L_E aufzufinden. Ähnliches gilt auch für unendliche Formeln A, zumindest für solche mit Quantoren von beschränktem Typ: die Realisierung $\overline{A}$ kann im allgemeinen durch einen Ausdruck aus L_E definiert werden. Über das Verhältnis von (i) zu (ii) erfährt man mehr in Gödel "Remarks on Problems in Mathematics", in: The Undecidable, ed. M. Davis (N.Y. 1965) 84 - 88]. Natürlich ist es manchmal leichter, neue Axiome via (ii) zu entdecken.

Bemerkung über Unendlichkeitsaxiome und traditionelle Mathematik
Unendlichkeitsaxiome verdienen nicht nur an sich Interesse, sondern auch, weil sie unter Umständen Sätze über Mengen von niedrigem Typ zu beweisen gestatten: mit J_2 z.B. kann man die rein *arithmetische* Behauptung D_1 ableiten (vgl. Seite 228). ["arithmetisch" heißt: alle Quantoren sind auf $\langle C_\omega, \varepsilon_\omega \rangle$ beschränkt]. (Offenbar kann die *Wahrheit* von $\overline{D}_1$ nicht von der Existenz der Struktur $\langle C_{\omega+\omega+1}, \varepsilon_{\omega+\omega+1} \rangle$ abhängen, sehr wohl aber ihre Evidenz! Ähnliches findet man in der analytischen Zahlentheorie, wo Funktionen komplexer Variabler, d.h. Objekte aus $\langle C_{\omega+2}, \varepsilon_{\omega+2} \rangle$ betrachtet werden; mit bekannten Sätzen aus der Funktionentheorie versucht man dann, arithmetische Sätze zu beweisen. Zwei Unterschiede sind zu beachten. Erstens: wie wir in Teil B, Seite 253 ausführlicher diskutieren werden, können Funktionen einer komplexen Variablen in *heute bekannten* Beweisen der analytischen Zahlentheorie eliminiert werden in dem präzisen (logischen) Sinne, daß die betreffenden Sätze schon aus A^*_- folgen (die Beweise aus A^*_- sind natürlich komplizierter, da komplexe Funktionen durch explizit definierte rationale Approximationen zu ersetzen sind). Im Gegensatz dazu folgt D_1 nicht aus A^*, also erst recht auch nicht aus A^*_-. Zweitens: informal gesprochen hat D_1 primär metamathematisches und kein zahlentheoretisches Interesse; genauer: es ist nicht bekannt, ob einige der *bekannten* offenen zahlentheoretischen Fragen mit geeigneten Unendlichkeitsaxiomen entschieden werden können.

(b) Die Elimination von Axiomen aus A^* spielt bei der mengentheoretisch semantischen Grundlagenforschung ungefähr dieselbe Rolle wie bei den üblichen axiomatischen Untersuchungen. In der Mathematik sucht man reduzierte Axiomensysteme, die von einer mathematisch wichtigen Struktur erfüllt werden, welche ihrerseits die ursprünglichen Axiome nicht erfüllt. Wenn also A^* auf A_1 reduziert würde, so müßten wir einen Begriff (z.B. einen Mengenbegriff) angeben können, der A_1, nicht aber A^* erfüllt. Soll dieser Begriff grundlagentheoretische Bedeutung haben, darf er nicht mit K.T. definierbar sein. Andererseits sollte aber K.T. mit diesem neuen Begriff definiert werden können (wenn dies einen *fundamentaleren* Charakter als die K.T. haben soll). Es versteht sich, daß dieser neue Begriff auch mit A^* eventuell unverträgliche Axiome erfüllen wird; nur mit A_1 müssen sie verträglich sein, und die Reduktion auf A_1 soll den Weg zu einem neuen Begriff erleichtern.

Zur Zeit ist kein solcher Grundbegriff bekannt. (Der allgemeine Eigenschaftsbegriff, d.h. Menge im Sinne von (iii) aus Abschnitt 2(a), wurde als möglicher Kandidat für eine solche Grundlegung erwähnt, aber seine Logik ist noch nicht so weit untersucht, als daß dies hier diskutiert werden könnte.)

Bemerkung: Wir erinnern hier daran, wie die Axiome der Mengenlehre in Bourbaki behandelt werden (vgl. die entsprechende Bemerkung in Fußnote auf Seite 205, die Schlußregeln betraf): die mengentheoretischen Axiome, die im Verlaufe einer Ableitung angewendet werden, werden sehr selten erwähnt. Es wird wohl nie der Versuch gemacht, unnötige Axiome zu eliminieren; ganz im Gegensatz dazu wird größter Wert darauf gelegt, alle unnötigen Voraussetzungen in Sätzen über z.B. topologische Strukturen zu eliminieren. Dieses Verhalten paßt ganz ausgezeichnet zu den oben erwähnten Prinzipien über die Elimination von Axiomen, wenn so etwas wie *Menge im Sinne von K.T.* stillschweigend vorausgesetzt wird und kein unabhängiger Grundbegriff bekannt ist. Dieses Vorgehen wäre ganz und gar unwissenschaftlich, wenn man ernstlich an einer "empirischen" Rechtfertigung interessiert wäre, wie sie in Fußnote 5, S.272 betrachtet wird: denn die mathematische Praxis *wendet* Prinzipien *an*, sie will sie nicht *testen*; die Praxis neigt dazu, bewußt oder unbewußt, zweifelhafte Anwendungen von Prinzipien zu vermeiden. (Vgl. die Anwendung einer Arznei, um Kranke zu kurieren, mit dem Test, den man macht - oder machen sollte - um Nebenwirkungen festzustellen.) Die Elimination von Axiomen oder eigentlich eher die explizite Erwähnung der in einem Gebiet der Mathematik angewendeten mengentheoretischen Axiome hat aber manchmal folgende technische Bedeutung. Betrachten wir ein festes Axiomensystem, so kann es Sätze geben, die (i) in K.T. falsch sind oder von denen man nicht weiß, ob sie wahr sind; (ii) die keine neuen Theoreme einer speziellen *syntaktischen* Gestalt implizieren, aber (iii) die Entdeckung solcher Theoreme erleichtern. (i) und (ii) können wir mit Satz 2 illustrieren. Wir gehen aus von den Zermeloschen Axiomen 1-7, nehmen $\neg J_2$ hinzu und betrachten *arithmetische* Theoreme (s.o.) $\neg J_2$ gilt nicht in K.T., also (i); die Axiome 1-7 und $\neg J_2$ werden von $\langle C_{\omega+\omega}, \varepsilon_{\omega+\omega}\rangle$ im erweiterten Sinne von Seite 207 erfüllt, und dies kann man mit 1-7 beweisen; also (ii). (Bedingung (iii) ist erfüllt, wenn wir anstelle von $\neg J_2$ die Kontinuumhypothese oder ihre Negation nehmen, aber diese Ergebnisse gehen über den Rahmen des vorliegenden Buches hinaus.)

N.B. Weiter unten werden wir sehen, welche Bedeutung die Möglichkeit, systematisch einige Axiome aus A^* in mathematischen Beweisen zu eliminieren, für die (nicht mengentheoretische) Grundlegung der Mathematik in Teil B gewinnt.

4. HISTORISCHE BEMERKUNGEN; WEITERE INFORMATION ÜBER DEN INTUITIVEN GÜLTIGKEITSBEGRIFF

Wir betrachten eine Sprache L der Prädikatenlogik mit endlich vielen Relations- und Funktionszeichen; wir bezeichnen mit Val^1, Val^2,... die Menge aller Formeln aus L^1, L^2,..., die intuitiv gültig sind, mit $\overline{V}^1$, $\overline{V}^2$,... die Menge der Formeln, die im Sinne von Kapitel 2 und Kapitel 6 gültig sind.

(a) *Einige mengentheoretische Ergebnisse* (d.h. Ergebnisse, die in L_E formuliert sind, wie immer mit der Realisierung K.T.), die Zusammenhänge zwischen den mengentheoretisch definierten Begriffen $\overline{V}^i$ und den intuitiven Begriffen Val^i herstellen.

Sei $\overline{\mathrm{Dem}}_0$ (vgl. Lemma 3) die Relation $\langle A_1, A\rangle$, wobei A eine pränexe Formel aus L ist, $\check{A}=\bigvee x_1\ldots\bigvee x_m F(x_1,\ldots,x_m)$, und A_1 ist eine aussagenlogische Identität der Gestalt $F(t_1^1,\ldots,t_m^1)\vee\ldots\vee F(t_1^n,\ldots,t_m^n)$; Kapitel 2, S. 22: A_1 ist eine Ableitung von A aus der leeren Menge $\emptyset$. Wir setzen $\overline{D}_0 = \bigvee y\,\overline{\mathrm{Dem}}_0$.

I. $\overline{V}^1 \subset \overline{D}_0$. Dieses mengentheoretische Ergebnis wurde in Kapitel 2 bewiesen; man nennt es oft: Vollständigkeit der Regeln aus Lemma 3 bzgl. $\overline{V}^1$.

Aus den Bemerkungen in Fußnote 2 zu dem in der mathematischen Praxis implizit verwendeten Gültigkeitsbegriff ergeben sich für den intuitiven logischen Gültigkeitsbegriff sofort:

$$\text{II. } \mathrm{Val}^i \subset \overline{V}^i, \quad \text{und} \quad \text{III. } \overline{D}_0 \subset \mathrm{Val}^1 .$$

Aus I, II, III folgt unmittelbar

SATZ 5: $\mathrm{Val}^1 = \overline{D}_0 = \overline{V}^1$.

KOROLLAR: $\overline{D}_0 \subset \overline{V}^1$ folgt schon aus II und III, also ohne I, d.h. ohne Lemma 3.

N.B. Die mengentheoretische Feststellung $\overline{D}_0 \subset \overline{V}^1$ wurde hier also mit Hilfe des (primitiven) Grundbegriffes Val^1 abgeleitet. Dies kann man umgehen, denn $\overline{D}_0 \subset \overline{V}^1$ kann auch mit rein mengentheoretischen Prinzipien - genauer: mit A^*_- - bewiesen werden; mit anderen Worten:

bzgl. dieses speziellen Beweises mit Val^1 ist die Bedingung D^{A^*} von Abschnitt 1 erfüllt. Das Korollar mag als Beispiel dienen, wie man mit intuitiven logischen Begriffen (neue) Axiome für Mengen ableiten kann.

Formale Regeln zur Ableitung logisch gültiger Formeln erster Stufe wurden erstmals von Frege angegeben; sie sahen etwas anders aus als Dem_0. Die unserem II entsprechende Behauptung war ebenfalls evident. Das Gegenstück zu $\mathrm{Val}^1 \subset \overline{D}_0$ wurde nur vermutet und erst 50 Jahre später von Gödel bewiesen.

Wie sieht es nun mit einer Ausdehnung von Satz 5 auf Formeln höherer Stufen aus? Wir kennen zur Zeit keinen überzeugenden Beweis von $\mathrm{Val}^2=\overline{V}^2$, und wir haben auch keine positiven Ergebnisse über Verallgemeinerungen von $\overline{D}_0=\overline{V}^1$ (der anderen Hälfte von Satz 5); vgl. hierzu die Diskussion im nächsten Paragraphen. Das heißt aber noch nicht, daß Val^2 sinnlos wäre: man vergleiche etwa die Evidenz von $\mathrm{Val}^2=\overline{V}^2$ zum jetzigen Zeitpunkt mit der Evidenz von $\mathrm{Val}^1=\overline{V}^1$ vor Gödels Beweis. Erstens: wenn man tatsächlich feststellt, daß eine Formel zu $\overline{V}^1 \cup \overline{V}^2$ gehört, wird man auch feststellen, daß sie intuitiv gültig ist; und umgekehrt. Zweitens: für viele $A \in L^2$ wissen wir nicht, ob $A \in \overline{V}^2$ oder $A \notin \overline{V}^2$; wir können aber von einem beliebigen $A \in L^1$ auch nicht wissen, ob $A \in \overline{V}^1$ oder $A \notin \overline{V}^1$ (oder, was dasselbe ist, ob $A \in \mathrm{Val}^1$ oder $A \notin \mathrm{Val}^1$), auch *nach* dem Beweis von Satz 5 nicht.

(b) Weitere Ergebnisse über $\overline{V}^1$ und $\overline{V}^2$. Die Aufgaben 1 und 7 aus Kapitel 6 zeigen, daß der Endlichkeitssatz für den Folgerungsbegriff zweiter Stufe nicht gilt, er gilt noch nicht einmal für unendlich lange Formeln erster Stufe (für abzählbar unendliche Formeln kennt man allerdings eine Verallgemeinerung; vgl. die Zusammenfassung von Kapitel 6).

Genauere Informationen erhält man mit dem Begriff "gültig in $\langle C_\alpha, \varepsilon_\alpha \rangle$": wir bezeichnen mit V_α^i die Menge aller Formeln aus L^i, die in allen Realisierungen von L_E, die zu C_α gehören, gültig sind. Offenbar ist $V_\alpha^i \supset V_\beta^i$, wenn $\alpha<\beta$.

(i) Wenn $\alpha>\omega$, so ist $\overline{V}^1=V_\alpha^1$ (Kapitel 2, Aufgabe 2). Dagegen:

(i') Wenn L nicht nur einstellige Funktionszeichen enthält, ist $V_\omega^1 \neq V_{\omega+1}^1$ (Der Satz "jede totale Ordnung hat ein erstes Element" gilt in allen endlichen Strukturen, ist also $\in V_\omega^1$, aber $\notin V_{\omega+1}^1$.)

(ii) Wenn $L=L_E$, so ist zum Beispiel $V_{\omega+\omega+1}^2 \neq V_{\omega+\omega}^2$, denn A hat ein Modell in $\langle C_{\omega+\omega+1}, \varepsilon_{\omega+\omega+1} \rangle$, aber nicht in $\langle C_{\omega+\omega}, \varepsilon_{\omega+\omega} \rangle$.

Etwas allgemeiner sei $J\varepsilon L^2$ (ein Unendlichkeitsaxiom etwa) eine Formel, so daß $A\cup\{J\}$ ein Modell in C_{α_J+1}, nicht aber in C_{α_J} hat. Dann ist $V^2_{\alpha_J+1}\neq V^2_{\alpha_J}$. Offenbar gibt es für diese α_J eine Schranke α_E, nämlich die kleinste obere Schranke von $\{\alpha_J:\alpha_J=0$, falls $J\varepsilon\overline{V}^2$, und falls $J\notin\overline{V}^2$, ist α_J das kleinste α mit $J\notin V^2_\alpha\}$. α_E entspricht also ω in (i): über die Größe von α_E ist aber wenig bekannt.

(iii) Etwas zu einer Verallgemeinerung D^2 von D_0: eine wesentliche Vereinfachung von D_0 gegenüber V^1 bestand doch darin, daß alle Quantoren von D_0 auf $<C_\omega,\varepsilon_\omega>$ beschränkt waren, nach (i') im Gegensatz zu V^1. Man kann sich also fragen, ob $\overline{V}^2$ eine Definition D_2 besitzt, in der alle Quantoren auf $<C_{\alpha_E},\varepsilon_{\alpha_E}>$ beschränkt sind; man weiß darüber noch nichts. (Es ist anzunehmen, daß eine abgerundete Theorie für Formeln zweiter Stufe auch unendlich lange Audrücke berücksichtigen muß.)

Wie in Kapitel 7 bedeutet "beschränkt auf $<C_\alpha,\varepsilon_\alpha>$", daß jeder Quantor nur in der Form $\bigvee x(T_\alpha x\wedge\ldots$ oder $\bigwedge x(T_\alpha x\rightarrow\ldots$ vorkommt, wo T_α eine Definition von C_α in der Realisierung K.T. ist; die *kanonischen* Definitionen T haben die weitere Eigenschaft, daß C_α in *jeder* Realisierung $<C_\beta,\varepsilon_\beta>$ von L_E mit $\beta\geq\alpha$ von T_α definiert wird (vgl. Kapitel 5, Aufgabe 3).

Ganz trivial ergibt sich das folgende negative Ergebnis:

Hat die Formel $A_\alpha\varepsilon L^2_E$ bis auf Isomorphie nur das Modell $<C_\alpha,\varepsilon_\alpha>$, dann ist $\overline{V}^2\neq\overline{D}^2$ für jedes $D\varepsilon L_E$, dessen Quantoren auf $<C_\alpha,\varepsilon_\alpha>$ beschränkt sind.

Dies folgt unmittelbar aus Lemma 2. Anders gesagt: Lemma 2 zeigt, daß kein Axiomensystem zweiter Stufe vollständig bzgl. aller Formeln $A\varepsilon\overline{V}^2$ ($A\varepsilon L^2$) ist, daß es aber (unter unseren Voraussetzungen an α) Axiomensysteme zweiter Stufe gibt, die vollständig bzgl. geschlossener Formeln sind, deren Quantoren auf C_α beschränkt sind; mit anderen Worten: alle solche Formeln werden entschieden (im Sinne des Folgerungsbegriffes zweiter Stufe). Wir erinnern daran, daß $<C_\alpha,\varepsilon_\alpha>$ nach Aufgabe 1(b) nur dann das einzige Modell einer Formel A_α aus L_E ist, wenn α endlich ist; das negative Ergebnis oben entspricht also der Tatsache, daß $\overline{V}^1$ nicht durch eine Formel definiert werden kann, deren Quantoren auf $<C_\alpha,\varepsilon_\alpha>$, α endlich, beschränkt sind. Für später wollen wir uns merken, daß A alle Formeln aus L_E entscheidet, deren Quantoren auf (kanonische Definitionen von) $C_{\omega+\omega}$ beschränkt sind für alle ganzen Zahlen n (und viele weitere α). Eine dieser Formeln ist die Kontinuumhypothese (K.H.), bei der nur $C_{\omega+2}$ auftritt. Denn K.H. besagt, daß jede Teilmenge von $C_{\omega+1}$

entweder mit $C_{\omega+1}$ selbst oder mit einer Teilmenge von C_{ω} in umkehrbar eindeutiger Beziehung steht. Da bijektive Abbildungen zwischen Teilmengen von $C_{\omega+1}$ Elemente von $C_{\omega+2}$ sind, kann K.H. durch eine Formel ausgedrückt werden, deren Quantoren auf $C_{\omega+2}$ bzw. auf Elemente von $C_{\omega+2}$ beschränkt sind.

Natürlich können wir nicht erwarten, daß wir mit unserer *bisherigen* Analyse des Mengenbegriffes (mit dem der Folgerungsbegriff definiert wurde; vgl. Seite 211 dieses Anhangs oder die Kapitel 2 und 6 des Haupttextes) schon feststellen können, ob K.H. oder ¬K.H. aus A folgt; ebenso wie wir zur Zeit auch nicht feststellen können, ob es unendlich viele Primzahlzwillinge gibt, kurz UP2 [4]; oder ob UP2 oder ¬UP2 aus den Peanoschen Axiomen folgt. Schon ohne großes Nachdenken wird man einsehen, daß es nicht leicht sein kann, K.H. zu entscheiden; denn es gibt viele Teilmengen von $C_{\omega+1}$ und viele Abbildungen von $C_{\omega+1}$ in Teilmengen von $C_{\omega+1}$, und wir kennen keine Ordnungen auf diesen beiden Klassen von Mengen und Abbildungen, mit denen man diese Klassen näher zusammenbringen könnte. Formaler: wenn wir für einen Augenblick annehmen, daß wir vom Mengenbegriff nur die Axiome A^* kennen, dann können wir sogar beweisen, daß unsere Analyse nicht ausreicht, um K.H. zu entscheiden. (Über UP2 wissen wir noch weniger: wie bei K.H. wissen wir nicht, ob UP2 wahr ist; aber hier wissen wir nicht einmal, ob UP2 von A^* unabhängig ist.)

Zusammenfassung: Sicher wissen wir über $\overline{V}^2$ etwas weniger als über $\overline{V}^1$; dieser Mangel liefert noch lange keinen Grund für die Annahme, daß $\overline{V}^2$ weniger vernünftig definiert sei als $\overline{V}^1$: tatsächlich werden *beide* mit den gleichen mengentheoretischen Begriffen definiert. Beachte, daß die explizite Bezugnahme auf unsere *bisherige Analyse* solcher Begriffe wie Menge oder Folgerung zweiter Stufe erklärt, warum wir diese Begriffe nicht abzulehnen brauchen, einfach weil wir gewisse Fragen über sie nicht beantworten können.

4
K.H. hat mehr mit UP2 gemeinsam als etwa mit der Riemannschen Hypothese (R.H.): auch wenn wir zeigen können, daß K.H. oder UP2 formal unabhängig sind (von A^* etwa), so sagt dies noch nichts über ihre Wahrheit aus. Wenn man aber die Unabhängigkeit der R.H. von A^* mit bestimmten Methoden gezeigt hat, so kann R.H. mit diesen Methoden auch bewiesen werden; denn jedes Gegenbeispiel zur R.H. kann allein mit Rechnungen verifiziert werden, die sich in A^* formalisieren lassen (vgl. Lemma 4 auf Seite 227).

(c) *Eine weitverbreitete Ansicht* (die mit den in der Einleitung erwähnten philosophischen Auffassungen verwandt ist) *wonach Formeln erster Stufe und der Folgerungsbegriff erster Stufe eine bevorzugte Stellung einnehmen.* Im Gegensatz zu (a) und (b) oben, wo K.T. als sinnvoll akzeptiert wurde, lehnt diese Ansicht alle spezifischen unendlichen Strukturen ab, da sie nicht durch Axiomensysteme erster Stufe charakterisiert werden können. Insbesondere wird dann auch ein Ergebnis wie Satz 4 uminterpretiert: Satz 4 zeigt nicht, daß das betrachtete Axiomensystem inadäquat ist, sondern eher das Gegenteil: Begriffe wie Menge oder natürliche Zahl (bzgl. welcher A^* inadäquat war) gelten als *unpräzise*; vgl. Seite 195 für doktrinäre Präzisionsforderungen und Seite 239 für Inadäquatheit. Diese "unpräzisen" Begriffe sind also durch präzise Begriffe zu ersetzen, die durch Axiomensysteme wie A^* *definiert sind;* ebenso wie der Gruppenbegriff durch die üblichen Gruppenaxiome definiert wird. Jede Struktur $\mathfrak{T}$, die die gewählten Axiome der Mengenlehre erfüllt, wird als mengentheoretische Struktur zugelassen; dann ist klar, daß die Axiome nicht kategorisch (und noch nicht einmal vollständig bzgl. L_E) sein können. Bei der K.H. etwa gibt es dann nichts zu entdecken, wie man ja auch nicht nach neuen Gruppenaxiomen sucht, um die Kommutativität zu entscheiden. Natürlich kann man nach dieser Auffassung auch die Entscheidbarkeit(oder, etwas formaler, den definitiven Charakter auf) *zweiter* Stufe nicht so anwenden, wie wir es oben getan haben. Genauer: sie interpretiert die Entscheidbarkeit zweiter Stufe, zum Beispiel der K.H., d.h. der Aussage

$$[(A \to \text{K.H.}) \in V^2] \vee [(A \to \neg \text{K.H.}) \in V^2] \qquad (*)$$

wie folgt: (*) ist zwar ein Theorem der Mengenlehre, denn (*) ist eine Formel aus L_E und folgt aus A^*; aber für jede mengentheoretische Struktur $\mathfrak{T}$ sieht die Folgerungsbeziehung zweiter Stufe anders aus, und (*) besagt nur, daß in jedem $\mathfrak{T}$ *entweder* das erste *oder* das zweite Disjunktionsglied von (*) gilt. Ein Anhänger dieser Auffassung würde dies mit der logischen Trivialität $\bigwedge x \bigwedge y\,(x \odot y = y \odot x) \vee \neg \bigwedge x \bigwedge y\,(x \odot y = y \odot x)$ vergleichen, die in jeder Gruppe gilt (wo $\odot$ durch die Gruppenoperation realisiert wird); man schließe aber hieraus nicht, daß alle Gruppen kommutativ oder alle Gruppen nicht kommutativ sind.

Diskussion: Schon bei einer ersten Prüfung kann diese Auffassung nicht überzeugen. Zwar wurde der Gruppenbegriff tatsächlich durch Axiome definiert, keineswegs aber die Begriffe "Menge" oder "natürliche Zahl"; dementsprechend wie wir schon in den Fußnoten 2 und 3 erwähnten, werden die Definitionen oder "Axiome" für Gruppen in der mathematischen Praxis dauernd wiederholt, was mit den Eigenschaften oder Axiomen für Mengen nicht geschieht. Weiter: wie weiß man denn, ob gegebene mengentheoretische Axiome *überhaupt* einen Begriff definieren? Bei Gruppen nehmen wir etwa die additive Gruppe modulo 2 auf {0,1}. Für A^* bleibt uns zur Zeit *nur* $<C_{\omega+\omega},\varepsilon_{\omega+\omega}>$ (und $<C_{\omega+\omega},\varepsilon_{\omega+\omega}>$ rechtfertigt A genau so gut! für das Ersetzungsaxiom ist $<C_\alpha,\varepsilon_\alpha>$ genauer zu analysieren; vgl. Aufgabe 8 aus Kapitel 5). Aber für *diese* Antwort müssen wir K.T. verstehen, zumindest bis zum Typ $\omega+\omega$; sie kommt für die betrachtete Auffassung also nicht in Frage. Eine extreme Variante dieser Auffassung versteigt sich daher sogar zu der Behauptung, daß die Kohärenz (Widerspruchsfreiheit) von A^* nur eine *Annahme* ist; im Gegensatz zur mathematischen Praxis kennt sie keine Grenzen zwischen dem Widerspruchsfreiheitsproblem und wahrhaftig problematischen Vermutungen, wie etwa der Fermatschen oder Goldbachschen Vermutung.

Bei etwas genauerer logischer Analyse wird diese Ansicht noch unhaltbarer. Wenn also Definierbarkeit mittels gegebener Axiome ein Kriterium dafür abgeben soll, ob ein Begriff definit oder bedeutungsvoll ist, warum dann das ganze Getue um den Gültigkeitsbegriff zweiter Stufe (Nichtinvarianz von V^2 für alle mengentheoretischen Strukturen im obigen Sinne)? Nach Abschnitt 2, Lemma 2, ist auch D_1, also eine Behauptung über die erste Stufe (V^1 oder D), nicht invariant für alle mengentheoretischen Strukturen. Im übrigen liefert diese Auffassung keine Richtlinien, wonach dieses "Kriterium" zu wählen ist, d.h. wonach die speziellen mengentheoretischen Axiome zu wählen sind. Kommen wir nun zum stärksten Einwand: *was soll das* (bei dieser Auffassung) *überhaupt heißen: einen Begriff axiomatisch definieren?* Was für Objekte sollen jene mengentheoretische Strukturen (oder Gruppen) sein? Wenn man den Mengenbegriff versteht, lautet die Antwort: eine mengentheoretische Struktur ist ein Paar von *Mengen* (a,b) mit $b\subset a^2$, welches L_E realisiert und die gegebenen Axiome erfüllt. Aber diese Auffassung lehnt den Mengenbegriff ab; und wenn wir das Wort "Menge" durch Ausdrücke wie "Struktur" oder "mathematisches Objekt" ersetzen, verschieben wir das Problem von Abschnitt 2 lediglich auf das Problem, die Begriffe "Struktur" oder "mathematisches Objekt" zu analysieren. Kurz: diese Auffassung gibt keine kohärente Analyse der logischen Gültigkeit (und des Folgerungsbegriffes) im Gegensatz zur mengentheoretischen Reduktion oder zu der ebenfalls kohärenten kombinatorischen Reduktion in Teil B unten.

Wie erklärt sich dann die Anziehungskraft dieser Auffassung, die für solche Mängel blind macht? Mängel, wie sie ähnlich schon von Frege im letzten Jahrhundert in seiner bereits klassischen Kritik an plumpem Formalismus betont wurden? Im Grunde ist es wohl die Überzeugung, daß Grundlagenfragen die (alltägliche) mathematische Praxis nicht berühren: wenn auch K.T. die einzige Rechtfertigung für A^* ist, so kümmert sich ein Mathematiker doch eher um Ableitungen *aus* A^* als um Argumente *für* A^*, worauf wir in der Einleitung schon hingewiesen haben. Dann ist aber die Versuchung groß, aus einer solchen Beschränkung eine Tugend zu machen und die Suche nach solchen Argumenten für sinnlos zu erklären. Man darf dies aber nicht mit seriösen Ansätzen wie Hilberts Programm (vgl. Teil B) verwechseln, wonach in einer Rechtfertigung von A^* die K.T. eliminiert werden soll. Denn zu einem solchen Programm gehört eine sorgfältige Neuformulierung solcher Begriffe wie etwa des logischen Folgerungsbegriffes mittels formaler Schlußregeln, die nach Fußnote 2 in der mathematischen Praxis mindestens ebenso selten vorkommen wie eine Analyse der mengentheoretischen Grundannahmen. Im übrigen handelt es sich bei der Möglichkeit einer solchen elementaren Rechtfertigung um eine Vermutung, wie Hilbert implizit erkannte, als er *Adäquatheitsbedingungen* formulierte: *eine Vermutung, die durch Ausführung des Hilbertschen Programmes zu stützen ist,* mit anderen Worten, die eine spezifische *grundlagentheoretische Untersuchung* erfordert.

Zur Beachtung: Grundlagentheoretisch wichtige Unterscheidungen spielen also in der mathematischen Praxis keine große Rolle, dafür aber in einigen Gebieten der mathematischen Logik. Wir wollen dies an den beiden folgenden, in der Literatur weitverbreiteten Fehlern illustrieren. Erstens (vgl. Einleitung, Seite 193): die Definition des logischen Folgerungsbegriffes soll abstrakte Strukturen ausgeschaltet haben, zumindest bei Formeln erster Stufe, weil nach Satz 5 von Abschnitt 4 die Gleichung $\overline{V}^1=\overline{D}_1$ gilt. Aber man kann diese Gleichung nicht verstehen, wenn man den Mengenbegriff nicht versteht, der in die Definition von V^1 eingeht; und die Gleichung ist nur richtig, wenn auch unendliche Mengen einbezogen werden, wie aus Abschnitt 4(b) (i') klar wird. Was weiter zu tun wäre, um in konsequenter Weise abstrakte Strukturen zu eliminieren, wird auf den Seiten 249 f. beschrieben.
Zweitens: Satz 2 auf Seite 217 wird in der Literatur fast immer als "relative" Widerspruchsfreiheitsbehauptung formuliert:

(i) wenn A^* konsistent ist, dann auch $A^*\cup\{\neg J_2\}$

(ii) Wenn A^* konsistent ist, dann auch $A^*\cup\{J_2\}$.

Da aber sowohl $A^*\cup\{\neg J_2\}$ als auch $A^*\cup\{J_2\}$ widerspruchsfrei *sind,* ist die Voraussetzung in (i) und (ii) unnötig, *es sei denn, man schränkt die Beweismethoden für* (i) *und* (ii) *explizit ein.* Da solche Einschränkungen in der mathematischen Praxis nicht üblich sind, versucht man als erstes, *Definitions*methoden einzuschränken, und zwar so: man betrachtet die Kontrapositionen von (i) und (ii) und sucht *explizite* Methoden δ_1 und δ_2, die Ableitungen aus $A^*\cup\{\neg J_2\}$ bzw. $A^*\cup\{J_2\}$ in Ableitungen aus A^* abbilden, so daß für alle (Ableitungen) d:

> wenn d die Ableitung eines Widerspruches ist,
> dann auch (i') $\delta_1(d)$ und (ii') $\delta_2(d)$.

Da aber $A^*\cup\{\neg J_2\}$ und $A^*\cup\{J_2\}$ widerspruchsfrei sind, *sind* (i') *und* (ii') *für beliebiges* δ_1 *und* δ_2 *richtig*, und wieder lautet die wichtigste Frage: mit welchen Methoden soll man (i'), (ii') *beweisen?* Die einzige Verstärkung der Behauptungen (i) und (ii), die durch explizite Definitionsmethoden formuliert werden kann, ist folgende: (i') und (ii') können (mit vorgegebenen Methoden) nur für geeignete δ bewiesen werden. Der Leser möge (für ein ganz elementares δ_1) verifizieren, daß (i') elementar bewiesen werden kann: zuerst definieren wir in natürlicher Weise die Realisierung $\langle C_{\omega+\omega}, \varepsilon_{\omega+\omega}\rangle$ im erweiterten Sinne von Seite 207 und zeigen dann, daß sie $A^*\cup\{\neg J_2\}$ erfüllt. Für diesen Schritt braucht man nur A^*. (Dieses Ergebnis ist Spezialfall eines allgemeinen Satzes aus der Beweistheorie, wie man *spezielle* Modellkonstruktionen (wie hier) in elementare relative Konsistenzbeweise überführen kann.) Im Gegensatz dazu kann (ii') für kein δ_2 bewiesen werden, noch nicht einmal in $A^*\cup\{J_2\}$: denn die Konsistenz von A^* kann in $A^*\cup\{J_2\}$ bewiesen werden; ein Beweis von (ii') in $A^*\cup\{J_2\}$ ergäbe daher einen Widerspruchsfreiheitsbeweis von $A^*\cup\{J_2\}$ in $A^*\cup\{J_2\}$ (vgl. Satz 4). Kurz: die populäre, aber schlampige Formulierung von (i') und (ii') verbirgt die tatsächliche Natur des Problems völlig.

Teil B Kombinatorische Grundlagen

Der Leser wird schnell herausfinden, daß ihm die Art des mathematischen Schließens, die wir hier betrachten (und in den Abschnitten 0 und 2 eingehender beschreiben) durchaus vertraut ist, denn es kommt in allen Gebieten der elementaren Mathematik vor. Lediglich die explizite Formulierung seines Wissens mag ihm neu erscheinen. Wir nennen diese Art des Schließens hier "kombinatorisch"; andere Namen sind "finit" oder "syntaktisch"; diese Bezeichnungen spiegeln ganz deutlich die verschiedenen philosophischen Auffassungen darüber wieder, was an diesem Schließen wesentlich ist.

Der vorliegende Teil B geht nicht so ins Einzelne wie Teil A; denn für eine präzise Darstellung der kombinatorischen Grundlagen sind Kenntnisse aus der Beweistheorie nötig, eines Teils der mathematischen Logik, der in diesem Buch nicht behandelt wurde und daher auch nicht vorausgesetzt werden soll. Dennoch sollte der Leser schon einmal ein formales System gesehen haben, etwa das in Kapitel I von Bourbaki.

ZUSAMMENFASSUNG
Die Grundbegriffe sind: *Wort*, d.h. eine endliche Folge von Zeichen aus einem endlichen Alphabet; *kombinatorische Funktion* (mit Wörtern als Argumenten und Werten); und *kombinatorische Beweise* von Identitäten (zwischen verschieden definierten kombinatorischen Funktionen wie $(a\cdot a) - (b\cdot b)$ und $(a+b)\cdot(a-b)$). Diese Begriffe werden hier als bekannt vorausgesetzt, ebenso wie wir in Teil A (oder auch im Haupttext) die Kenntnis der mengentheoretischen Grundbegriffe voraussetzten. Aus der Numerierung der Abschnitte in den Teilen A und B geht hervor, welche Etappen in den mengentheoretischen und kombinatorischen Grundlagen sich entsprechen.
In Abschnitt 0 analysieren wir die Grundbegriffe mittels informaler Unterscheidungen; in Abschnitt 0 (a,b) skizzieren wir die Begriffe "kombinatorische Sprache" und "kombinatorische Realisierung" [dies

entspricht Kapitel 2, wo "Sprache" und "Realisierung" für mengentheoretische Grundlagen diskutiert wurden]; Abschnitt 0(c) enthält die "Übersetzung" der kombinatorischen Mathematik in die Mengenlehre.

In Abschnitt 1 formulieren wir "Adäquatheitsbedingungen" für eine Reduktion des intuitiven mathematischen Schließens auf kombinatorische Prinzipien, und setzen diese Bedingungen in Beziehung zu Hilberts Widerspruchfreiheitsproblem. (Abschnitt 1(b)). Abschnitt 1(c) zeigt mit Beispielen, daß es beachtliche Teilgebiete der Mathematik gibt, für die das Hilbertsche Problem eine positive Lösung hat.

In Abschnitt 2(c) beschreiben wir ein formales System S_C, das sich zur kombinatorischen mathematischen Praxis etwa so verhält wie Zermelos Axiomensysteme in Teil A, Abschnitt 2(c) zur mengentheoretischen Praxis.

Abschnitt 2(d) bringt Gödels Unvollständigkeitssatz für S_C, d.h. wir geben einen *kombinatorisch* gültigen Satz an, der aus S_C formal nicht ableitbar ist. [Da es keinen Grund gibt anzunehmen, daß jede kombinatorisch formulierte Behauptung entweder kombinatorisch bewiesen oder kombinatorisch widerlegt werden kann genügt die *übliche Unvollständigkeit* von S_C nicht, um die Inadäquatheit von S_C bzgl. kombinatorischen Schließens zu beweisen.]

Gegen Ende von Abschnitt 2 und in Abschnitt 3 werden die Konsequenzen des Unvollständigkeitssatzes für das Hilbertsche Problem analysiert.

In Abschnitt 4(a,b) benutzen wir die Ergebnisse aus Teil A, Abschnitte 1-4 und Teil B, Abschnitte 1-3, zu einer Kritik der beiden bekannten Auffassungen, welche die Mathematik mit (i) der Mengenlehre bzw. (ii) kombinatorischem Schließen identifizieren. Insbesondere wird diskutiert, wie die Adäquatheitsbedingungen aus Teil A, Abschnitt 1 und Teil B, Abschnitt 1 eine Abtrennung des Mathematischen ermöglichen; also im Falle (i) eine Abtrennung von Fragen nach der Existenz anderer Objekte als Mengen und im Falle (ii) nach der Objektivität nicht-kombinatorischer (abstrakter) Begriffe. Natürlich folgt aus jeder dieser Auffassungen, daß die Analyse der relevanten Adäquatheitsbedingungen selbst als etwas Nichtmathematisches angesehen werden muß. [vgl. Satz 5 von Teil A]. In Abschnitt 4(c) kritisieren wir den groben Formalismus - wie schon in der Einleitung angekündigt.

Zur Beachtung: Im folgenden müssen *Beweise* von formalen Ableitungen (d.h. von endlichen Formelfolgen, die durch mechanische Anwendung formaler Regeln entstehen) unterschieden werden: der Unterschied ist vergleichbar mit dem Verstehen und dem Kopieren (Abschreiben) eines mathematischen Beweises. Genauer: gegeben sei eine kombinatorische Realisierung einer formalen Sprache; eine formale Ableitung *definiert* oder *beschreibt* einen Beweis. Dies entspricht im mengentheoretischen Fall der Definition einer Menge durch eine Formel, d.h. als Menge aller Objekte, die diese Formel erfüllen [d.h. die Realisierung dieser Formel im Sinne von Kapitel 2]. Der Formelbegriff des Prädikatenkalküls ist so beschaffen, daß syntaktische Beziehungen zwischen den Teilformeln einer Formel den mengentheoretischen Beziehungen der zugehörigen Realisierungen entsprechen. In der kombinatorischen Theorie werden zusätzlich formale Regeln so ausgewählt, daß jeder endlichen Folge von Formeln, die nach diesen Regeln konstruiert wurde, ein kombinatorischer Beweis zugeordnet werden kann; auch hier entsprechen syntaktische Beziehungen zwischen solchen Folgengliedern natürlichen Beziehungen zwischen den zugehörigen Beweisen.

Vertreter der formalistischen Doktrin, die in der Einleitung behandelt wurde, lehnen die Unterscheidung zwischen Beweis und formaler Ableitung entweder ab (weil sie den Beweisbegriff nicht akzeptieren) oder halten sie für unpräzise. In der Einleitung haben wir schon einige Annahmen dieser Doktrin kritisiert. Wenn wir die wichtigsten Konsequenzen dieser Unterscheidung beschrieben haben, kommen wir in Abschnitt 4 auf diese Frage noch einmal kurz zurück.

0 - KOMBINATORISCHES SCHLIEßEN

Die Objekte, die bei diesem Schließen betrachtet werden und ihm auch den Namen geben, sind endliche Kombinationen konkreter Objekte, etwa Buchstaben eines Alphabets, Ziffern, Zeichen einer formalen Sprache usw. Eine kombinatorische Funktion von n Variablen ist eine mechanische Regel *plus* einem kombinatorischen Beweis der Funktionseigenschaft, d.h. mit einem Beweis, daß die Regel, angewendet auf beliebige n Objekte (d.h. endliche Kombinationen der Aussagungsobjekte), nach endlich vielen Schritten einen Wert bestimmt; genauer: die Regel wird auf eine Beschreibung (der n Objekte) angewendet, die im allgemeinen von den Objekten selbst verschieden ist. Damit der Beweis schließlich auch kombinatorisch ist, dürfen nur (endlich viele) kombinatorische Funktionen und die möglichen endlichen Kombinationen der Ausgangsobjekte darin eingehen.

Eine detaillierte Untersuchung mechanischer Regeln findet der Leser in der Theorie der rekursiven Funktionen und eine teilweise Analyse kombinatorischer Beweise im nachfolgenden Text. Eine gute Vorstellung von diesen Begriffen vermittelt folgendes typisches Beispiel: die kombinatorische Funktion der *Addition* in der *numerischen Arithmetik*.

(i) *Die Objekte und ihre Beschreibung:*
Das Alphabet der numerischen Arithmetik besteht aus zwei Zeichen: der Individuenkonstanten 1 und dem (einstelligen) Funktionszeichen S. Die Terme (Wörter) sind daher 1, S1, SS1,..., die wir auch mit $S^0 1$, $S^1 1$, $S^2 1$,... bezeichnen.
Es ist dabei typisch, daß wir ganz mechanisch entscheiden können, ob zwei Terme dasselbe Objekt bezeichnen oder nicht. Wir müssen nur endlich oft die Identität bzw. Nichtidentität gegebener konkreter Objekte feststellen (vgl. hier das Erkennen eines Buchstabens des Alphabets). Es ist allerdings nicht typisch, daß jedes Objekt hier ein Term *ist*; im allgemeinen gehört zu jedem Objekt ein besonderer Term, seine kanonische Beschreibung: die Struktur dieses Terms spiegelt den Aufbau des Objektes wieder (genauer: die Etappen beim von uns vollzogenen Aufbau des Objektes). Da aber bei kombinatorischem Schließen nur solche Beschreibungen erlaubt sind, aus denen man die entsprechende kanonische Beschreibung auf rein mechanischem Wege rekonstruieren kann, erweist sich die Rolle kanonischer Beschreibungen der Objekte sozusagen im Nachhinein als unwesentlich (anders aber bei Funktionen: siehe (a) unten).

N.B. Solange nun die eben beschriebenen *Objekte* betrachtet werden, läuft die kombinatorische Theorie parallel zur mengentheoretischen Analyse. Denn die mengentheoretische Analyse (eine *realistische* Theorie) geht *prinzipiell* nicht auf die Beschreibung der behandelten Objekte (Mengen mit der Typenstruktur) ein - ein Prinzip, das zum Extensionalitätsaxiom aus Teil A, Abschnitt 2 führt. Dieses Prinzip ist nicht erfüllt in der konstruktiven Mathematik im weiteren Sinne des Wortes (Abschnitt 3 unten), wo auch Funktionen und konstruktive Beweise als *Objekte* zugelassen werden.
Die Identität zweier Ausdrücke zu konstatieren, ist ein Akt, der in der (kombinatorischen) mathematischen *Praxis* ohne weitere Untersuchung akzeptiert wird. Aber nicht hier; denn die Bedeutung des kombinatorischen Schließens für die *Grundlagenforschung* hängt gerade von dem elementaren Charakter dieser Akte ab, die mit den einfachsten sinnlichen Wahrnehmungen verglichen werden können, wobei dann die Objekte als raumzeitliche Gebilde aufgefaßt werden. Beweise sind also die einzigen abstrakten Objekte, die in dieser Theorie Platz haben, aber sie sind nicht der Gegenstand kombinatorischen Schließens. (Beweise, im Sinne von geistigen Akten, sind natürlich keine endliche Konfiguration von konkreten Objekten: wir werden insbesondere sehen, daß kombinatorische Beweise zumindest die Vorstellung einer Folge involvieren, nämlich der unendlichen Folge aller endlichen Kombinationen.)

Die zentrale Rolle dieses Aktes (also zu konstatieren, daß zwei Ausdrücke identisch sind oder nicht) kommt formal dadurch zum Ausdruck, daß nur Sprachen mit = als einzigem Relationszeichen gebraucht werden.

(ii) *Mechanische Regeln und ihre Beschreibung:*
Zum Alphabet von (i) nehmen wir noch das zweistellige Funktionszeichen + hinzu (für + (t,t') schreiben wir $t+t'$). Wir gehen aus von den Formeln

$$a+1=Sa \quad \text{und} \quad a+Sb=S(a+b); \quad (*)$$

für die Buchstaben a und b werden Terme eingesetzt, und die Substitutionsregel für die Gleichheit wird angewendet, d.h. wenn man $t_1=t_2$ und $t'=t''$ schon abgeleitet hat, darf man in $t'=t''$ den Term t_1 an einer oder mehreren Stellen durch t_2 ersetzen.

N.B. Die Formeln (*) definieren oder beschreiben die Regel für die Addition, falls man die syntaktische Operation "Substitution" versteht und insbesondere weiß, wann zwei Terme gleich sind. Bei Rechenmaschinen entsprechen die Formeln (*) der Instruktionsfolge, und das erforderliche Verstehen entspricht der Eigenschaft des Mechanismus der Rechenmaschine, auf die Befehle zu reagieren.

Nicht-mechanische Regeln (oder vielmehr Definitionen) für mathematische Funktionen sind in der Analysis gang und gäbe (dies ist ein wesentlicher Unterschied zwischen Schul- und Universitätsmathematik). Zum Beispiel: sei $r_1,r_2,\ldots$ eine Folge ρ von rationalen Zahlen zwischen 0 und 1; folgende "Regel" definiert dann eine Folge von Intervallen $A_0,A_1,\ldots,$ die nach der unteren Schranke von ρ konvergiert; A_{n+1} ist die linke Hälfte von A_n, falls sie ein Element von ρ enthält, sonst die rechte. Im allgemeinen wissen wir nicht, welche dieser Alternativen zutrifft. In der Theorie der rekursiven Funktionen beweist man, daß viele solche Definitionen für Funktionen der Analysis nicht durch mechanische, also auch nicht durch kombinatorische Regeln ersetzt werden können. (Hierzu bedarf es also keiner Analyse des kombinatorischen Beweisbegriffes, da die fraglichen Definitionen in so grober Weise nicht konstruktiv sind: anders aber bei den Hauptproblemen in Abschnitt 3 unten.)

(iii) *Kombinatorische Funktionen*
Wollen wir zeigen, daß eine kombinatorische Regel die Funktionseigenschaft hat, d.h. daß sie als kombinatorische Funktion aufgefaßt werden kann, müssen wir einen kombinatorischen Beweis dafür angeben, daß wir für je zwei natürliche Zahlen m und n mit dieser Regel eine Gleichung der

Form $S^n1+S^m1=S^p1$ ableiten können. Der Beweis benutzt das Induktionsprinzip, das in der kombinatorischen Mathematik so begründet wird: wir stellen uns die Konstruktion der Folge $S^0 1, S^1 1, S^2 1, \ldots$ vor und wenden an jeder Stelle dieser Konstruktion die Regeln (*) geeignet an. Die Folge dieser Anwendungen muß ihrerseits überschaut werden können, sonst ist dieser Schritt kombinatorisch nicht überzeugend. Genauer (für festes n): wenn $m=0$, erhalten wir $S^n1+S^m1=S^{n+1}1$, wenn wir in der ersten Formel von (*) a durch S^n1 ersetzen; wenn $m\neq 0$, ersetzen wir b in der zweiten Formel von (*) durch $S^{m-1}1$, was $S^n1+S^m1=S(S^n1+S^{m-1}1)$ ergibt. Es bleibt zu zeigen, daß die (speziellen) Gleichheitsregeln in (ii) zur Bestimmung des Wertes ausreichen. Wir gehen dazu auf die Folge $S^0 1, S^1 1, \ldots$ zurück und betrachten eine Ableitung einer Formel der Gestalt $S^n1+S^m1=S^q1$; wir erweitern sie zu einer Ableitung von $S^n1+S^m1=S^{q+1}1$, indem wir $S^{m-1}1$ für t_1, S^q1 für t_2, S^n1+S^m1 für t' und $S(S^n1+S^{m-1}1)$ für t'' nehmen. Zusammenfassend: der Term $a+b$ (genauer: die durch diesen Term definierte Regel) ist eine Funktion auf dem Alphabet aus (i), denn für je zwei ganze Zahlen n und m ist eine Formel des Typs $S^n1+S^m1=S^p1$ herleitbar. Entsprechend zeigt man, daß für gegebenes n und m die Zahl p eindeutig bestimmt ist.

Allgemeiner: wir betrachten einen Term t aus dem Alphabet mit den Variablen $a,b,\ldots,c$, der Konstanten 1 und den Funktionen S und $+$; die mechanische Regel, die t gemäß (ii) entspricht, definiert dann eine Funktion auf den Wörtern $S^0 1, S^1 1, \ldots$

> N.B. Wenn man nur versteht, eine mechanische Regel anzuwenden, so kann man offenbar noch nicht das Argument oben nachvollziehen; man vergleiche hier die syntaktische Unterscheidung zwischen Formeln ohne und mit Variablen.
> Aufgrund des intuitiven Verständnisses, das die Erklärungen in (i) dem Leser vermittelt haben, wird er vom kombinatorischen Charakter der Regeln für die Addition wohl hinreichend überzeugt sein. Es ist jedoch nicht ganz so einfach, die wesentlichen Prinzipien zu formulieren, die dem Beweis für die Funktionseigenschaft der Additionsregeln zugrunde liegen, mit anderen Worten: zu formulieren, was der kombinatorischen Vorstellung überhaupt möglich ist. (Dies würde die kombinatorisch gültigen Beweisprinzipien festlegen. Unter anderem würde dies auch eine (natürlich nicht kombinatorische) Aufzählung aller kombinatorischen Funktionen liefern: siehe Abschnitt 3.)

(iv) *Beweise von Identitäten und ihre Beziehung zu formalen Ableitungen*
Wir erweitern das Alphabet aus (ii) um die Variablen $a,b,\ldots c$ und dehnen die Regeln aus (ii) auf alle Gleichungen des neuen Alphabets aus; dieses

System wollen wir mit R^+ bezeichnen. Wenn wir in einem Term t die Variablen $a,b,\ldots,c$ durch $S^n1, S^m1, \ldots, S^p1$ ersetzen, erhalten wir einen neuen Term $t_{(n,m,\ldots,p)}$. Schließlich sei $\overline{t}$ die kombinatorische Funktion, die durch den Term t im Sinne von (iii) definiert ist.

Ein kombinatorischer Beweis der Identität $\overline{t}=\overline{t}'$ zeigt nach Definition, daß die Gleichung $t_{(n,m,\ldots p)}=t'_{(n,m,\ldots p)}$ für alle ganzen Zahlen $n,m,\ldots p$ mit den Regeln aus (ii) hergeleitet werden kann.

(α) Man beachte, daß eine formale Ableitung der Formel $t=t'$ (mit den Regeln aus R^+) einen Beweis von $\overline{t}=\overline{t}'$ liefert, denn R^+ ist abgeschlossen unter Substitution von $S^0 1, S^1 1, \ldots$ für Variable.

(β) Aber: obwohl zum Beispiel $\overline{1+a}=\overline{Sa}$ eine Identität ist (Beweis mit Induktion), kann die Formel $1+a=Sa$ in R^+ nicht abgeleitet werden. Denn eine ableitbare Formel müßte auch in dem folgenden (mengentheoretischen) Modell gelten: die Variablen laufen über Ordinalzahlen, und $1,S,+$ werden durch die Ordinalzahl 1, durch die Nachfolgeroperation und durch die übliche Ordinalzahladdition realisiert. Es ist aber $1+\omega\neq\omega+1$.

(Es ist überaus einfach, den abstrakten Ordinalzahlbegriff zu vermeiden und auf kombinatorischem Wege zu zeigen, daß $1+a=Sa$ nicht ableitbar ist: die Variablen sollen diesmal über geordnete Paare $\langle p,q\rangle$ ganzer Zahlen laufen, wobei $p\geq 0, q\geq 0$ und $p+q>0$; wir setzen $\overline{1}=\langle 0,1\rangle$, $\overline{S}(\langle n,m\rangle) = \langle n,m+1\rangle$, $\langle n,m\rangle \; F \; \langle 0,q\rangle = \langle n,m+q\rangle$, und $\langle n,m\rangle \; F \; \langle p+1,q\rangle = \langle n+p+1,q\rangle$; dann ist $\langle 1,0\rangle \; F \; \langle 0,1\rangle \neq \langle 0,1\rangle \; F \; \langle 1,0\rangle$.)

N.B. (α) bzw. (β) zeigen, daß das System R^+ bzgl. der kombinatorischen Theorie der Addition (kombinatorisch) gültig bzw. unvollständig ist. Der Gedankengang ist wie folgt: wir gehen aus von mechanischen Regeln für die Addition (hier das formale System aus (ii)) und verifizieren mit der Überlegung aus (iii), daß diese Regeln eine Funktion definieren; dann konstruieren wir ein formales System, welches Variable enthält (hier R^+) und fragen, ob die Behauptung $\overline{t}=\overline{t}'$ äquivalent zur Ableitbarkeit der Formel $t=t'$ in dem System ist. (Da bei dieser Frage dauernd die kombinatorischen Grundbegriffe auftauchen, kann ein Leser, der (α) und (β) ohne Schwierigkeiten nachvollzogen hat, ruhig annehmen, daß er diese Begriffe zumindest teilweise versteht.)

Die "psychologische" Terminologie darf keineswegs überraschen, denn diese kombinatorische Theorie ist als "idealistische" Theorie intendiert.

Schließlich wollen wir noch anmerken, daß der kombinatorische (aber nicht mechanische) Satz

"die Formel $1+a=Sa$ ist in R^{+} nicht ableitbar"

ähnlichen Charakter wie die Identität $\overline{1+a}=\overline{Sa}$ selbst hat; denn von jeder Formelfolge aus der Sprache von R^{+} kann man mechanisch feststellen, ob sie nach den Regeln aus R^{+} konstruiert ist oder nicht (ebenso wie man für jede ganze Zahl n die Werte von $1+S^{n}1$ und $SS^{n}1$ mechanisch berechnen kann), und ob $1+a=Sa$ die letzte Formel dieser Folge ist. Das Argument von (β) zeigt, daß die Antwort auf die eine oder die andere dieser Fragen negativ ausfallen muß.
Der elementare Charakter des Begriffes der Nichtableitbarkeit (in einem formalen System) ist für alles weitere wesentlich.

(a) KOMBINATORISCHE SPRACHEN UND REALISIERUNGEN

Wir betrachten Sprachen des Prädikatenkalküls mit Gleichheit (vgl. Anhang I [oder Kapitel 3]), aber ohne Quantoren (es gibt also nur freie Variable). Jede Sprache soll durch kombinatorische Funktionen gegeben sein, die die verschiedenen Arten von Zeichen aufzählen, evtl. mit Wiederholung (die Zeichen dürfen also nicht *beliebige* Mengen bilden). Häufig werden unsere Sprachen nur endlich viele Individuenkonstante, Funktions- und Relationszeichen enthalten, aber immer eine (unendliche) Folge von Variablen, die von einer festen Funktion aufgezählt werden.

N.B. Die (kombinatorischen Definitionen dieser) Aufzählungsfunktionen gehören zur Definition der Sprache. Daher werden Sprachen mit verschieden definierten Aufzählungsfunktionen auch dann als verschieden angesehen, wenn die durch sie definierten Zeichenmengen identisch sind. Insbesondere unterscheiden wir eine *endliche* Aufzählung (in Form einer endlichen Folge, d.h. als kombinatorisches Objekt) von einer *unendlichen* Aufzählung derselben Menge, solange ihre Äquivalenz nicht kombinatorisch bewiesen ist. Diese Unterscheidungen sind nötig, denn nicht immer trifft es sich wie bei den Objekten aus (i) auf Seite 245, daß man mit rein kombinatorischen Argumenten entscheiden kann, ob zwei Funktionen dieselbe Menge aufzählen, d.h. ob ihre Wertmengen identisch sind. An dieser Stelle weichen die kombinatorische Theorie und die Mengenlehre stark voneinander ab.

Sei L eine (kombinatorische) Sprache. Eine kombinatorische Realisierung von L besteht nach Definition aus

(i) einer nicht-leeren (endlichen oder unendlichen) Aufzählung U kombinatorischer Objekte, dem sogenannten *Universum* oder Variablen*bereich* von R;

(ii) Elementen (aus dem Wertbereich von U), die den Individuenkonstanten entsprechen;

(iii) n-stelligen kombinatorischen Funktionen (mit Argumenten und Werten aus dem Wertbereich von U) für jedes n-stellige Funktionszeichen;

(iv) einer n-stelligen charakteristischen Funktion (die nur die Werte $\top$ und $\bot$ annimmt) für jedes n-stellige Relationszeichen.

N.B. (iv) zeigt, daß wir ohne Einschränkung der Allgemeinheit nur Sprachen zu betrachten brauchen, die = als einziges Relationszeichen enthalten. Wenn L eine unendliche Folge von etwa zweistelligen Funktionszeichen enthält, die von einer Funktion ϕ über dem Bereich U_0 aufgezählt werden, so ist die Definition für eine Realisierung wie folgt abzuändern: R enthält eine dreistellige kombinatorische Funktion Φ (die erste Variable läuft über U_0, die beiden anderen über U) und (für jedes u_0 aus U_0) ist die zweistellige Funktion $\Phi u_0 xy$ die Realisierung des Zeichens ϕu_0.

(b) KOMBINATORISCHE REALISIERUNG EINER FORMEL: KOMBINATORISCHE GÜLTIGKEIT
Sei L eine (kombinatorische) Sprache, R eine Realisierung von L und A eine Formel aus L. Ein kombinatorischer Beweis π heißt Realisierung der der Formel A aus L, wenn (1) und (2) gelten ($\top$ und $\bot$ sind zwei verschiedene Objekte):

(1) für ein A ohne Variable bedeutet $\overline{A}$ den Wahrheitswert von A [d.h. den Wert von A nach Kapitel 1], wenn $\overline{s=t}=\top$, falls s und t dasselbe Element aus U bezeichnen, und $\overline{s=t}=\bot$ sonst. Schließlich ist π eine (mechanische)Verifizierung von $\overline{A}=\top$ [die Auswertungsregeln aus Kapitel 1 sind ganz offenbar mechanisch.]

(2) für ein A, dessen (wie gesagt: freie) Variable unter $x_1,\ldots,x_n$ vorkommen: π ist ein kombinatorischer Beweis, daß für alle Elemente $\overline{x}_1,\ldots,\overline{x}_n$ aus U die Auswertung von $\overline{A}$ nach (1) den Wert $\top$ ergibt. (Im allgemeinen, d.h. wenn U keine endliche Aufzählung ist, ist π keine mechanische Auswertung mehr.)

Sei E die Konjunktion der Gleichheitsaxiome für alle Terme aus A; wenn $E \to A$ mengentheoretisch gültig ist, so sieht man sofort, daß man für jedes R einen Beweis (eine Realisierung) von A finden kann. Wenn umgekehrt $E \to A$ nicht gültig ist, so kann man eine Realisierung R der Sprache von A und Elemente $\bar{x}_1,\ldots,\bar{x}_n$ aus dem Universum von R finden, so daß $\bar{A}=\perp$. (Offenbar setzen wir hier nicht voraus, daß jedes von U aufgezählte Element einen Namen in L hat, d.h. einem Term aus L entspricht.)

Diskussion: Sprachen mit Quantoren werden hier ganz einfach deshalb nicht betrachtet, weil die üblichen logischen Gesetze bei der naheliegenden Verallgemeinerung des Realisierungsbegriffes auf quantifizierte Formeln nicht mehr erfüllt sind. Wir betrachten als Beispiel eine quantorenfreie Formel A mit den Variablen $x_1,\ldots,x_n$; x und y; und die "natürliche" Definition:

das Paar $(\pi,\bar{f})$ (f eine $(n+1)$-stellige Funktion, die nicht in A vorkommt) realisiert $\bigvee x \bigwedge y A$, falls π ein kombinatorischer Beweis von

$$A(x_1,\ldots,x_n,x,\ f(x_1,\ldots,x_n,x))$$

ist;

das Paar $(\pi,\bar{g})$ (g eine n-stellige Funktion, die in A nicht vorkommt) realisiert $\bigwedge x \bigvee y \neg A$, falls π ein kombinatorischer Beweis von

$$\neg A(x_1,\ldots,x_n,\ g(x_1,\ldots,x_n),y)$$

ist;

das Tripel $(\pi,\bar{f},\bar{g})$ realisiert $\bigwedge x \bigvee y A \vee \bigvee x \bigwedge y \neg A$, falls π ein kombinatorischer Beweis von

$$A(x_1,\ldots,x_n,x,\ f(x_1,\ldots,x_n,x)) \vee \neg A(x_1,\ldots,x_n,g(x_1,\ldots,x_n),y)$$

ist. Offenbar ist nicht einzusehen, weshalb die Formel $\bigwedge x \bigvee y A \vee \bigvee x \bigwedge y \neg A$ (die in allen mengentheoretischen Realisierungen gilt) auch in diesem kombinatorischen Sinne gültig sein sollte.

Es ist noch nicht einmal plausibel, daß es *mechanisch* definierte Funktionen $\bar{f}$ und $\bar{g}$ gibt, so daß (für alle $\bar{x}_1,\ldots,\bar{x}_n,\bar{x},\bar{y}$ aus dem betrachteten Universum)

$$A(x_1,\ldots,x_n,x,f(x_1,\ldots,x_n,x)) \vee \neg A(x_1,\ldots,x_n,g(x_1,\ldots,x_n),y)$$

wahr ist, geschweige denn kombinatorisch beweisbar. (Dies wird im nächsten Paragraphen eingehender besprochen.)

(c) MENGENTHEORETISCHE ÜBERSETZUNGEN KOMBINATORISCHER IDENTITÄTEN; NICHT-KOMBINATORISCHE BEWEISE DER ÜBERSETZUNGEN

Offenbar werden in diesem Abschnitt sowohl die mengentheoretischen als auch die kombinatorischen Begriffe als bekannt vorausgesetzt. Die kombinatorische Grundlegung ist unabhängig von diesem Abschnitt, wir brauchen ihn aber, um im nächsten Abschnitt *Adäquatheitsbedingungen* zu formulieren.

Jeder kombinatorischen Sprache L und jeder kombinatorischen Realisierung R ordnen wir in natürlicher Weise eine Sprache L^* und eine Realisierung R^* im mengentheoretischen Sinne zu; vgl. Teil A, Abschnitt 1.

Die kombinatorischen Objekte von L und R (Zeichen, Alphabet, Wörter im Universum von R) werden als Mengen aufgefaßt; insbesondere ist ein Wort die endliche Folge der Mengen, die die Buchstaben des betrachteten Wortes sind. L und R werden durch (aufzählenden) kombinatorischen Funktionen gegeben; jeder Aufzählung ordnen wir die aufgezählte Menge zu und jeder kombinatorischen Funktion ihren Graphen. Die Zuordnung abstrahiert also von den Definitionen, die in die Bestimmung der kombinatorischen Sprachen und Realisierungen eingehen.

L^* ist der Bereich aller Mengen, die den verschiedenen Zeichen von L entsprechen, das Universum von R^* ist die Menge der Wörter, die zum Bereich von R gehören, die Realisierung eines Funktionszeichens f oder eines Relationszeichens R ist die $\overline{f}_R$ bzw. $\overline{R}_R$ entsprechende Menge.

Die wichtigsten Unterschiede zwischen den modelltheoretischen und den kombinatorischen Sprach- und Realisierungsbegriffen sind folgende:

(α) es gibt (mengentheoretische) Sprachen L' und Realisierungen R', die keinem kombinatorischen Paar (L,R) entsprechen (bei der obigen Zuordnung $(L,R) \to (L^*,R^*)$).

(β) es gibt kombinatorische Realisierungen, die zwar mengentheoretisch äquivalent sind (d.h. deren entsprechende mengentheoretische Realisierungen isomorph sind), aber nicht kombinatorisch (entweder gibt es keine kombinatorische Definition jener Isomorphismus, oder seine Isomorphieeigenschaft kann nicht kombinatorisch bewiesen werden). Man vergleiche dies mit den kanonischen Definitionen für Objekte aus K.T.; siehe Teil A, Lemma 3.

(α) ergibt sich unmittelbar aus einem Satz über rekursive Funktionen: es gibt Mengen, die durch keine mechanisch definierte Funktion, also *erst recht* nicht durch eine kombinatorisch definierte Funktion aufgezählt werden können.

(β) ergibt sich aus einer genaueren Untersuchung kombinatorischer Beweise, die zeigt: es gibt kombinatorische Funktionen mit gleichem Graphen, aber dies kann nicht kombinatorisch bewiesen werden.

Unter der *Übersetzung* einer Identität A in einer kombinatorischen Realisierung (mit Variablen aus $\{x_1,\ldots,x_n\}$) verstehen wir nach Definition den Satz: " $\bigwedge x_1\ldots\bigwedge x_n A$ gilt in der entsprechenden mengentheoretischen Realisierung".

Es kann offenbar keine kombinatorische Realisierung, d.h. keinen Beweis für A geben, wenn $\bigwedge x_1\ldots\bigwedge x_n A$ in der entsprechenden mengentheoretischen Realisierung nicht wahr ist.

Die allgemeine Natur nicht-kombinatorischer Beweise (von Übersetzungen) kombinatorischer Identitäten kann man wie folgt beschreiben (L,R fest):

Erstens (elementarer Fall): man betrachtet in R^* auch Realisierungen quantifizierter Formeln (die wir kombinatorisch nicht interpretiert haben); mit Methoden, die für mengentheoretische Interpretationen der erweiterten Sprache gelten, erhält man dann $\bigwedge x_1\ldots\bigwedge x_n A$. Solche Beweise kennt man aus Gebieten der Arithmetik oder der Theorie rationaler Zahlenfolgen; sie werden gemeinhin "nicht-konstruktive" Beweise genannt: vgl. Seite 246.

Zweitens: man bettet R^* in eine Realisierung ein, die überhaupt keiner kombinatorischen Realisierung entspricht, und benutzt im Beweis Eigenschaften der erweiterten Realisierung. Dies macht man in der analytischen Zahlentheorie, wo die Arithmetik ($\subset C_\omega$) in die komplexe Ebene ($\subset C_{\omega+1}$) oder gar in den Raum der auf der komplexen Ebene definierten Funktionen ($\subset C_{\omega+2}$) eingebettet wird. Ein ganz einfaches Beispiel für diesen Prozeß ist auch der Beweis von (β) auf Seite 248: mit Ordinalzahlen haben wir ein Unableitbarkeitsergebnis über das formale System aus (i) bewiesen, und dieses Unableitbarkeitsergebnis war eine solche Identität, wie wir sie hier betrachten.

In diesem letzten Beispiel konnten wir - sozusagen durch bloße Inspektion des Beweises - die nicht-kombinatorischen Realisierungen wieder eliminieren: anstelle des Bereiches aller Ordinalzahlen genügte ω^2 mit einer einfachen Ordnung, für die wir alle benötigten Eigenschaften beweisen konnten. Entsprechend kann man in heute bekannten Beweisen der analytischen Zahlentheorie die nicht-kombinatorischen Strukturen $\langle C_{\omega+1},\varepsilon_{\omega+1}\rangle$ oder $\langle C_{\omega+2},\varepsilon_{\omega+2}\rangle$ umgehen, indem man die betrachteten Funktionen durch rationale Approximationen ersetzt, wodurch sich natürlich kompliziertere Beweise ergeben.

Warum diese Elimination von Funktionsvariablen f kompliziert sein kann, zeigt folgendes Beispiel: angenommen, in einem Beweis der analytischen Zahlentheorie wurde das Prädikat $\bigvee f Q(f,x)$, etwa P, eingeführt und $\bigwedge x P$ mit Induktion bewiesen. Bei der Elimination müssen *explizite* (Approximationen) f_x angegeben werden, so daß $Q(f_0,0)$ und $Q(f_x,x) \rightarrow Q(f_{x+1},x+1)$. Da aber nach Voraussetzung das bewiesene Theorem eine Identität ist, *geht alle zusätzliche Information, die man bei der Elimination erhält, mit der Formulierung des Ergebnisses wieder verloren.* Diese Elimination analytischer Methoden ist also mathematisch wenig attraktiv.

Ob im folgenden Falle die abstrakten Realisierungen eliminiert werden können, ist keineswegs klar (*Konsistenzbeweise*). Wir betrachten die Axiome A^* der Zermeloschen Mengenlehre, eine Formel A und die kombinatorische Identität:"die Formel $A \wedge \neg A$ kann mit den formalen Regeln in Teil A, Lemma 3, aus A^* nicht formal abgeleitet werden". Wir nehmen dann $\langle C_{\omega+\omega}, \varepsilon_{\omega+\omega}\rangle$ her und beachten, daß A^* in dieser Struktur gilt und daß die formalen Regeln (in jeder Struktur) Wahrheit vererben; $A \wedge \neg A$ gilt aber nicht in $\langle C_{\omega+\omega}, \varepsilon_{\omega+\omega}\rangle$, kann also auch nicht formal ableitbar sein.

Diskussion: Dieses zwar einfache Argument ist keineswegs überflüssig, denn man muß dabei zeigen, daß A^* von $\langle C_{\omega+\omega}, \varepsilon_{\omega+\omega}\rangle$ erfüllt wird. Mit dem uneingeschränkten Komprehensionsaxiom (**) aus Teil A, Abschnitt 1(a) anstelle von A^* wäre der Schluß falsch (denn in Teil A, Abschnitt 1(b) hatten wir bemerkt, daß (**) in $\langle C_{\omega+\omega}, \varepsilon_{\omega+\omega}\rangle$ offensichtlich *nicht* gilt).

Daß man durch die Einbettung einer Struktur $\mathfrak{I}$ in eine reichere Struktur gewisse Sätze über $\mathfrak{I}$ oft einfacher beweisen kann, ist in der modernen Mathematik eine bekannte Tatsache. Hier konnten wir mit $\langle C_{\omega+\omega}, \varepsilon_{\omega+\omega}\rangle$ ein Ergebnis über $\langle C_\omega, \varepsilon_\omega\rangle$ ableiten. (Formale Nichtableitbarkeit kann in eine Behauptung über $\langle C_\omega, \varepsilon_\omega\rangle$ übersetzt werden, da die Arithmetik in $\langle C_\omega, \varepsilon_\omega\rangle$ "enthalten" ist.)

Aber gerade weil der Beweis oben so einfach ist - wir haben von den formalen Regeln nur benutzt, daß sie Wahrheit vererben - darf man nicht erwarten, daß er ohne weiteres zu einem *kombinatorischen* Beweis der Nichtableitbarkeit modifiziert werden kann; jedenfalls nicht so leicht wie es beim Unabhängigkeitsbeweis auf S. 248 für das formale System R_-^+ oder den bekannteren Beweisen der analytischen Zahlentheorie geht.

Wie schon in der Zusammenfassung auf S. 242-243 erwähnt wurde, soll dieser (0) Abschnitt die Kenntnisse aus der kombinatorischen Mathematik, die den in Teil A vorausgesetzten Kenntnissen aus der Mengenlehre entsprechen, vermittelt haben; insbesondere jene einfachen Dinge, die den modelltheoretischen Sprach- und Realisierungsbegriffen [in Kapitel 2] entsprechen. Folglich dürfte die (kurze) Darstellung im nächsten Abschnitt der Probleme der kombinatorischen Grundlagenforschung durchaus verständlich sein.

1. WIE ANALYSIERT MAN INTUITIVE MATHEMATIK MIT DEN KOMBINATORISCHEN GRUNDBEGRIFFEN?

Da weite Gebiete der Mathematik von abstrakten Objekten (wie $<C_\alpha, \epsilon_\alpha>$ für $\alpha \geq \omega$) handeln, die ganz und gar nicht kombinatorisch sind, können diese Objekte selbst nicht Gegenstand der Analyse sein; eine kohärente Alternative (vgl. die Einleitung, dort die Bemerkung über "idealistische" Grundlagenforschung) besteht darin, das Argumentieren *über* diese Objekte zu untersuchen. Eine präzise Formulierung dieser Alternative gibt das *Hilbertsche Programm* mit seinen Adäquatheitsbedingungen.

(a) REPRÄSENTATION (BESCHREIBUNG) DES MATHEMATISCHEN SCHLIESSENS MITTELS FORMALER SYSTEME

Wie wir schon zu Beginn der Einleitung bemerkten, handelt es sich beim Übergang vom intuitiven Schließen zu seiner Formulierung in einer formalen Sprache nicht um einen mechanischen Prozeß, denn die Repräsentation imitiert nicht die äußere Form (die Wörter) des intuitiven Schließens, sondern seine inhaltliche Bedeutung. Dieser Schritt soll schon vollzogen sein; es bleibt das Problem, *die für das intuitive Schließen wichtigsten Beziehungen* (etwa die Folgerungsbeziehung) *auf kombinatorischem Wege zu behandeln;* d.h. die entsprechenden Beziehungen für die Repräsentation kombinatorisch zu definieren und - ebenfalls kombinatorisch - ihre Eigenschaften zu beweisen.

Was zu tun ist, wird in den Adäquatheitsbedingungen in (b) und (d) unten analysiert. Im wesentlichen entspricht (b) der Bedingung $E^{A\gamma}$ aus Teil A, Abschnitt 1, (d) der Bedingung $U^{A\gamma}$. Wie zu erwarten, spielen die Sätze 4 und [5, oder der Spezialfall hiervon:] Lemma 3 eine entscheidende Rolle. Die Ergebnisse werden in Abschnitt 4(a,b) zusammengefaßt und diskutiert.

Diskussion: Im Hinblick auf die Diskussion in Abschnitt 4 sollte der Leser einmal vergleichen, (i) welche Rolle [Satz 5 oder] Lemma 3 für die kombinatorische Grundlagenforschung spielt, und (ii) welche Bedeutung entsprechende Ergebnisse für die mengentheoretische Grundlagenforschung haben.

(i) Wenn man die mengentheoretischen Grundbegriffe, mit denen der Folgerungsbegriff ja definiert werden kann, *akzeptiert*, so liefert Satz 5 einen *mathematischen* Beweis dafür, daß eine gewisse kombinatorische Definition der Folgerungsbeziehung [für Formeln *erster* Stufe] richtig ist. Bleibt man *innerhalb* des kombinatorischen Rahmens, so hat man nur die "empirische" Tatsache: jede Formel erster Stufe, die wir als logisch gültig erkennen, kann auch mit gewissen formalen Regeln erzeugt werden (Lemma 3 aus Teil A).

[Entsprechend: akzeptiert man die mengentheoretischen Grundbegriffe, so kann man mit der Theorie der rekursiven Funktionen zeigen, daß der Folgerungsbegriff *zweiter* Stufe nicht mechanisch definierbar ist. Vom kombinatorischen Standpunkt aus können wir nur sagen: wir *kennen* keine Definition, und für jeden vorgeschlagenen Ansatz können wir auch ein Gegenbeispiel angeben. Wir haben aber natürlich *keine* kombinatorische Formulierung hierfür, geschweige denn einen Beweis.]

(ii) Ein entsprechendes Ergebnis für die mengentheoretische Grundlagenforschung wäre etwa ein *Beweis*, daß $\mathbb{N}$ (die intuitive Struktur der Arithmetik) die Peanoschen Axiome $A_{\mathbb{N}}$ erfüllt. In der mengentheoretischen Grundlagenforschung wird $A_{\mathbb{N}}$ ganz einfach akzeptiert; es kann keine Rede davon sein, daß man beweisen könnte, daß $\mathbb{N}$ die Axiome $A_{\mathbb{N}}$ erfüllt; diese Einsicht wird nur durch passend gewählte informale Terminologie vermittelt.

(b) REDUKTION INTUITIVER PRINZIPIEN AUF KOMBINATORISCHE PRINZIPIEN (Hilbertsches Widerspruchsfreiheitsproblem)

Eine *Minimalbedingung* können wir mit Hilfe des Begriffs der Übersetzung aus Abschnitt 0(c) angeben.

Sei L eine kombinatorische Sprache, R eine kombinatorische Realisierung, A eine Formel aus L. Mit A_T bezeichnen wir die Übersetzung in L_E des (kombinatorischen) Satzes: "A gilt in R", d.h. die Realisierung R von L realisiert A.

Zumindest für geschlossene Formeln A aus L wollen wir dann wissen:

(i) falls A (in R kombinatorisch) gilt, ist dann A_T aus A^* (oder vielleicht sogar schon aus A^*_-) ableitbar?

(ii) falls eine Ableitung von A_T vorliegt, gilt dann A in R?

Diese Fragen sind so formuliert, daß es jedenfalls sinnvoll ist, nach rein kombinatorischen Lösungen zu suchen.

Genauer: die Formel Dem(s,A_T) aus L definiere in R die Relation: "die Folge s von Formeln aus L_E ist eine formale Ableitung von A_T aus A^*". Eine solche Formel gibt es, z.B. wenn $R=R_C$, $L=L_C$; vgl. Seite 262.

Zur Beantwortung von (i) müssen wir eine kombinatorische Funktion f, deren Argumente Formeln aus L_E und deren Werte Formelfolgen aus L_E sind, und einen kombinatorischen Beweis von $A \rightarrow$ Dem(fA,A_T) angeben. Das ist nichts anderes als der Nachweis, daß kombinatorische Mathematik in der Mengenlehre entwickelt werden kann [wir haben dies schon bei Lemma 4 aus Teil A benutzt].

Aus Frage (ii) wird (s variabel): gibt es einen kombinatorischen Beweis von Dem$(s, A_T) \rightarrow A$? Beachte, daß eine kombinatorische Formulierung dieser Fragen den kombinatorischen Charakter der Relation $\overline{\mathrm{Dem}}$ voraussetzt.

Eine positive Lösung von (ii) liefert tatsächlich eine *Elimination mengentheoretischer Annahmen.* Denn die intuitive Überzeugung, daß Dem$(s, A_T) \rightarrow A$ wahr ist, hat denselben Charakter wie der "Konsistenzbeweis" am Ende von Abschnitt 0(c): man betrachtet die Bedeutung der Formeln aus s, d.h. ihre Realisierungen in K.T., bemerkt, daß sie alle - inklusive A_T - wahr sind, und schließt daraus, daß A in R gilt (wenigstens für geschlossene Formeln A). Dieses Argument ist offenbar nicht zwingend, wenn man die mengentheoretischen Annahmen, die in A^* ausgedrückt werden, nicht akzeptiert. Und wenn man sie nicht akzeptiert, so hat A^* denselben logischen Status, den etwa das widerspruchsvolle Axiom (**) aus Teil A, Abschnitt 2(a), hatte, bevor seine Inkonsistenz bemerkt wurde. Und man wäre schlecht beraten, wollte man aufgrund einer Ableitung von A_T aus (**) den Schluß ziehen, daß A in R gilt! Auf der anderen Seite benützt ein kombinatorischer Beweis von Dem$(s, A_T) \rightarrow A$ (A eine Variable für geschlossene Formeln aus L) nicht die Bedeutung der Formeln aus s, deren inhaltliche Bedeutungen (Realisierungen) ja keineswegs kombinatorischen Charakter, sondern nur ihre formalen (syntaktischen) Eigenschaften.

> *Diskussion:* Der vorangehende Absatz zeigt, wie nötig eine positive Lösung der Frage (ii) ist, wenn man überhaupt von einer kombinatorischen Reduktion sprechen will: ohne sie wären noch nicht einmal die rein kombinatorischen Anwendungen unserer mengentheoretischen Annahmen kombinatorisch gerechtfertigt. Diese Lösung ist aber auch alles, was wir von unserer bisherigen Analyse verlangen können, denn nur Formeln der Gestalt A_T aus L_E haben wir kombinatorisch interpretiert. (Eine Erweiterung *ist* möglich, nur darf dazu der Begriff "kombinatorische Realisierung" nicht ganz so naiv auf reichere Sprachen verallgemeinert werden wie gegen Ende von Abschnitt 0(b).)

Auch ohne weitere Untersuchungen (Details in Abschnitt 3) macht Satz 4 aus Teil A eine positive Lösung von (ii) für das Axiomensystem A^* unwahrscheinlich. Nun ist Frage (ii) (nicht nur für A^*, sondern) *für alle Systeme sinnvoll, die sich mit abstrakten Objekten beschäftigen* (auch für die "elementaren" nicht-konstruktiven Beweise von Seite 253, wenn nur eine Übersetzung kombinatorischer Sätze in die betrachtete formale Sprache angegeben worden ist, etwa wie die Übersetzung von A in A_T). Das Hilbertsche Programm läßt sich gewiß nicht mit *allgemeinen* (positivistischen) Betrachtungen zurückweisen, wenn es ein einziges, *auf de* *ersten Blick* nicht-konstruktives formales System gibt, für das (ii) positiv gelöst werden kann. Das wird in (c) unten tatsächlich getan werden, womit eine tiefere Kritik an der positivistisch-formalistischen Doktrin gewonnen wird (vgl. auch unten Abschnitt 4(c)).

Bemerkung zu Hilberts Widerspruchsfreiheitsproblem
Seien x,y Variable für Formelfolgen aus L_E; die Konsistenz (von A^*) besagt, daß für beliebiges B aus L_E:

$$\mathrm{Dem}(x,B) \rightarrow \neg\mathrm{Dem}(y,\neg B) \qquad (+)$$

kombinatorisch beweisbar ist; (die Formel Dem aus der kombinatorischen Sprache L definiert in R die Beweisbeziehung für A^*; vgl. Teil A, Lemma 3); oder auch, wenn $\perp$ die Übersetzung einer kombinatorisch falschen Formel, etwa 0=1, ist:

$$\neg\mathrm{Dem}(x,\perp) \; . \qquad (++)$$

Wenn wir die Arithmetik wie in Teil A in L_E übersetzen, ist

$$(0=1)_T = \bigvee y_1 \bigvee y_2 [\bigwedge u \neg(u\varepsilon y_1) \wedge \bigwedge u(u\varepsilon y_2 \leftrightarrow u=y_1) \wedge y_1=y_2] \; .$$

((+) und (++) sind offenbar äquivalent, denn aus einer falschen Formel ist jede andere Formel formal ableitbar.)

Wenn wir (i) voraussetzen, *so ist* (ii) *zum Widerspruchfreiheitsproblem kombinatorisch äquivalent.*
Die Widerspruchsfreiheit folgt sofort aus (ii), wenn wir für A in (ii) die Formel 0=1 einsetzen.

Umgekehrt ergibt sich mit (i): $\neg A \rightarrow \mathrm{Dem}[f(\neg A),\neg A_T]$; also $\mathrm{Dem}[f(\neg A),\neg A_T] \rightarrow \neg\neg A$, d.h. $\neg\mathrm{Dem}[f(\neg A),\neg A_T] \rightarrow A$. Verbinden wir dies mit einem Spezialfall von (+) (nämlich mit $B=A_T$ und $y=f(\neg A)$), so folgt $\mathrm{Dem}(x,A_T) \rightarrow A$.

Der Vorteil von (++) gegenüber (ii) besteht lediglich darin, daß eine Variable in (ii) (über geschlossene Formeln A aus L) durch eine Konstante $\perp$ ersetzt wurde. Aber die Bedeutung der Widerspruchsfreiheit für die kombinatorische Grundlagenforschung besteht in seinen Konsequenzen, die oben in der Diskussion erwähnt wurden; diese Konsequenzen sind für (ii) evident, aber nicht direkt für (++).

(c) POSITIVE LÖSUNGEN ZUM HILBERTSCHEN PROBLEM

(Da diese Ergebnisse der Beweistheorie angehören, können wir sie hier nur andeuten.)

Sei L eine (kombinatorische) Sprache im Sinne von Abschnitt 0(b), R eine kombinatorische Realisierung von L und A eine Formel aus L mit Variablen (die notwendig alle frei sind) aus $\{x_1,\ldots,x_n\}$; wir wollen annehmen, daß A in R gilt, d.h. daß wir in R einen kombinatorischen Beweis von A haben.

SCHWACHES ERGEBNIS ("schwach" für die kombinatorische Grundlegung, da zur Formulierung *sowohl* mengentheoretische *als auch* kombinatorische Begriffe vorausgesetzt werden müssen).

Wenn alle Variable der Formel B aus L unter $y_1,\ldots,y_m$ vorkommen und wenn $\bigwedge y_1\ldots\bigwedge y_m B$ aus $\bigwedge x_1\ldots\bigwedge x_n A$ im mengentheoretischen Sinne folgt, dann gibt es in R auch einen kombinatorischen Beweis von B.

Um dies zu beweisen, genügt nicht *irgendeine* Formalisierung des logischen Folgerungsbegriff, sondern es bedarf der folgenden *speziellen* Eigenschaft der formalen Regeln aus Teil A, Seite 225 [genauer: aus Lemma 3, die auf dem Uniformitätstheorem von Kapitel 2 beruhen]. Wenn nämlich B mit *diesen* Regeln aus $\bigwedge x_1\ldots\bigwedge x_n A$ folgt, so folgt B schon mit aussagenlogischen Schlüssen aus einer Konjunktion $A_1\wedge\ldots\wedge A_k$; A_i entsteht aus A, indem man jedes x durch einen passenden Term ersetzt. Nach (b) oben *definiert* eine solche Ableitung einen kombinatorischen Beweis von $(A_1\wedge\ldots\wedge A_k)\rightarrow B$; zusammen mit der gegebenen Realisierung R von A ergibt dies eine Realisierung von B.

Die besondere Eigenschaft dieser Regeln wird von den üblichen Formalisierungen, z.B. in Bourbaki, nicht erfüllt, wo der modus ponens (aus X und $X\rightarrow Y$ folgt Y) zu den formalen Regeln hinzugenommen wird, so daß eine Ableitung von B aus $\bigwedge x_1\ldots\bigwedge x_n A$ auch Formeln mit alternierenden Quantoren enthalten kann. Wie wir in (b) aber gesehen haben, sind - bei der "naheliegenden"Verallgemeinerung der kombinatorischen Realisierungen - einige der formalen Regeln (wie etwa $A\vee\neg A$) dann nicht mehr kombinatorisch gültig.

KOMBINATORISCHE VERSION

In welcher Richtung das "schwache" Ergebnis oben verschärft werden muß, sollte nun klar sein. Da der intuitive logische Folgerungsbegriff selbst nicht akzeptiert wird, schreibt man alle Regeln auf, die nach intuitiven Vorstellungen von diesem Begriff offenbar gelten. Der modus ponens z.B. gehört sicher dazu. Sei $\mathrm{Dem}_W(s,X)$ (X läuft über Formeln aus L, s über Folgen solcher Formeln) eine Definition der Relation (wie immer, in der betrachteten Realisierung von L): s ist eine formale Ableitung von X in dem soeben beschriebenen "vollen" System. Sei $\mathrm{Dem}_{\gamma}(s,X)$ die entsprechende Relation für ein *spezielles* System von Regeln (wie etwa das aus Lemma 3, Teil A). Wir fragen: gibt es eine kombinatorische Funktion, deren Argumente und Werte Formelfolgen aus L sind, so daß

$$\mathrm{Dem}_{\mathfrak{W}}(s,X) \to \mathrm{Dem}_{\gamma}(fs,X)$$

kombinatorisch beweisbar ist? (Die Umkehrung ist klar, denn die Regeln des speziellen Systems gehören auch zum "vollen" System.)

Das schwache Ergebnis (zusammen mit der Vollständigkeit des speziellen Systems) läßt nur folgenden Schluß zu: es gibt eine mechanisch definierbare Funktion $\bar{f}$, für welche die *Übersetzung* von $\mathrm{Dem}_{\mathfrak{W}}(s,X) \to \mathrm{Dem}_{\gamma}(fs,X)$ *wahr* ist, und das geht so: für gegebenes s und X sehe man nach, ob $\overline{\mathrm{Dem}_{\mathfrak{W}}}(s,X)$ wahr ist; wenn nicht, gilt die Implikation; wenn ja, ist X gültig. Wir zählen nun alle formalen Ableitungen des Systems γ auf, bis wir auf eine Ableitung von X stoßen. Eine solche Ableitung muß es geben, denn alle formalen Theoreme von $\mathfrak{W}$ sind gültig und alle gültigen Theoreme sind in γ formal ableitbar. Bei diesem Argument bleibt aber die Frage offen, ob es ein *kombinatorisches* $\bar{f}$ gibt, und wenn ja, ob für ein solches $\bar{f}$ die Behauptung auch kombinatorisch bewiesen werden kann. Es handelt sich hier nicht nur um begrifflich verschiedene Ergebnisse, sie werden auch mit ganz verschiedenen mathematischen Methoden bewiesen.

Diskussion: Das Ergebnis zeigt, daß *elementare nicht-konstruktive Argumente* (im Sinne von Seite 253) eliminiert werden können. Darunter fallen sicherlich nicht-triviale Teilgebiete der Mathematik (in denen häufig nicht-konstruktiv geschlossen wird). [Wir betrachten als Beispiel das folgende modifizierte System der Arithmetik aus Aufgabe 2(d) in Kapitel 3: wir dürfen Funktionszeichen und (als neue Axiome) Gleichungen *hinzunehmen*, die wir kombinatorisch realisieren können, z.B. $f(0,y)=1$, $f(sx,y)=y\cdot fx$ für die Potenzfunktion y^x. Damit wir aber das obige Ergebnis anwenden können, *dürfen wir* (i) *im Induktionsschema nur Allformeln zulassen*, denn (ii) für andere A paßt unser Begriff der kombinatorischen Realisierung nicht. *Ad*(i): wir setzen $Ax = \bigwedge y B(x,y)$; $\bigwedge x Ax$ folgt (formal) aus $\bigwedge x \bigwedge y\,[(B(0,y) \wedge \bigwedge z\,[B(z,y) \to B(sz,y)]) \to B(x,y)]$, und dies folgt aus

$$\bigwedge x \bigwedge y\,[(B(0,y) \wedge (\bigwedge z{<}x)\,[B(z,y) \to B(sz,y)]) \to B(x,y)].$$

Hierfür haben wir eine kombinatorische Realisierung, denn wenn $B(x,y)$ eine kombinatorische Relation definiert, dann auch $(\bigwedge z{<}x)[B(z,y) \to B(sz,y)]$, wo die Variablen über natürliche Zahlen laufen. *Ad*(ii): ohne detaillierte Untersuchungen ist kaum zu erwarten, daß wir auch kompliziertere Formeln *A* zulassen dürfen, denn für solche *A* haben wir ja noch nicht einmal eine (kombinatorische) Realisierung des Induktionsschemas *definiert*. Man beachte, daß vom mengentheoretischen Standpunkt eine Einschränkung der Formeln *A* im Induktionsschema wie in (ii) sehr künstlich ist (vgl. auch Fußnote 3 in Teil A); vom kombinatorischen Standpunkt ist genau das Gegenteil der Fall. Wesentlich dabei ist die empirische Tatsache, daß ein großer Teil der zahlentheoretischen Praxis nur das eingeschränkte Induktionsschema benötigt.]

(d) REDUKTION INTUITIVER PRINZIPIEN AUF KOMBINATORISCHE PRINZIPIEN (Fortsetzung)

Gegeben sei eine intuitive Struktur γ mit der Sprache L_γ. Eine *Maximalanforderung* für kombinatorische Grundlagenforschung wäre etwa: man gebe ein (kombinatorisch definiertes) formales System an, welches für γ *gültig* und *vollständig* bzgl. L_γ ist. Denn kombinatorische Grundlagenforschung behandelt das Schließen *über* γ, und ein solches formales System würde daher alle (in L_γ formulierten) Fragen über γ entscheiden.

[Kapitel 4 enthält einige Beispiele, hauptsächlich für Sprachen *erster* Stufe, obwohl keines der Axiomensysteme kategorisch ist, d.h. kein System die betrachtete *Struktur* γ bestimmt (Aufgabe 1, Kapitel 3). Man beachte, daß die Nichtkategorizität der Arithmetik (Kapitel 3, Aufgabe 2) für die kombinatorische Grundlagenforschung belanglos ist, während Satz 4 aus Teil A zeigt, daß die Maximalanforderung für die Axiome A^* der Mengenlehre sicher nicht erfüllt sind.]

In der Theorie der rekursiven Funktionen können wir eine überzeugende Verallgemeinerung von Satz 4 formulieren (und dann beweisen): keine konsistente Erweiterung von A^*_-, deren Axiomenmenge mechanisch definierbar ist, ist vollständig; noch nicht einmal bzgl. arithmetischer Sätze und insbesondere auch nicht bzgl. Übersetzungen von kombinatorischen Identitäten in Sinne von Abschnitt 0(c).

2. WIE FINDET MAN AXIOME FÜR DIE KOMBINATORISCHEN GRUNDBEGRIFFE?

Terminologie wie in Teil A, Abschnitt 2(a).

(a) Wie beim naiven Mengenbegriff verbindet man auch mit dem unpräzisierten Begriff "konstruktiver Beweis" verschiedene Vorstellungen: hereditär endliche Mengen (i) können wir mit mechanischen Rechnungen vergleichen, Mengen der Typenhierarchie (ii) mit kombinatorischen Beweisen und abstrakte Eigenschaften (iii) mit sogenannten intuitionistischen Beweisen. Wir gehen hier nicht auf die Details ein, da wir nicht annehmen können, daß der Leser mit all diesen Begriffen gleichermaßen vertraut ist: z.B. wird er über Mengen im Sinne von (ii) mehr wissen als über kombinatorische Beweise. Andererseits ist die Literatur über Intuitionismus wesentlich umfangreicher als über abstrakte Eigenschaften: siehe den Schluß von Abschnitt 3.

(b) DIE SPRACHE L_C UND IHRE REALISIERUNG R_C
("*C*" für "kombinatorisch" oder auch für "concatenation", d.h. Aneinanderreihung oder Aneinanderkettung.)

L_C besteht aus einem einzigen Relationszeichen =, zwei Individuenkonstanten 0 und 1 (oder $\top$ und $\bot$), zwei einstelligen Funktionszeichen s_0 und s_1 und einer unendlichen Folge zweistelliger Funktionszeichen $f_1, f_2, \ldots$.

Das Universum von R_C besteht aus den endlichen Folgen zweier konkreter Objekte: $\overline{0}$ und $\overline{1}$ sind die einelementigen Folgen; $\overline{s}_0$ und $\overline{s}_1$ sind die kombinatorischen Funktionen, die an ein Element des Universums noch $\overline{0}$ bzw. $\overline{1}$ anhängen; die Funktionen $\overline{f}_i$ werden mit den Regeln aus (c) weiter unten definiert.

N.B. Adäquatheit von L_C und R_C bzgl. Definierbarkeit (vgl. Teil A, Abschnitt 1, X^{A_y} für die mengentheoretische Analyse): eine systematische Darstellung findet man in der Monographie von Smullyan, Theory of Formal Systems (Princeton, 1961), worin unter anderem Funktionen von endlich vielen Variablen und Wörter über einem endlichen Alphabet in R_C mit der Sprache L_C definiert werden. (Den kombinatorischen Charakter dieser Definition muß der Leser allerdings selbst nachprüfen, da der Autor dieser Frage keine explizite Beachtung schenkt.) Insbesondere kann die Sprache L_C mit einer Formel aus L_C in R_C definiert werden (vgl. Satz 4 in Teil A), derart, daß eine Zeichenfolge die Aneinanderreihung derjenigen Elemente (Folgen) ist, die diesen Zeichen entsprechen.

Beispiel: Wenn wir für die Konstante 0 die Folge $\langle\overline{0}\ \overline{1}\rangle$, für 1 die Folge $\langle\overline{011}\rangle$ und für = die Folge $\langle\overline{0}\ \overline{1}\ \overline{1}\ \overline{1}\rangle$ nehmen, dann ist die Formel 0=1 die Folge $\langle\overline{0}\ \overline{1}\quad \overline{0}\ \overline{1}\ \overline{1}\ \overline{1}\quad \overline{0}\ \overline{1}\ \overline{1}\rangle$; sie wird durch den Term $s_1 s_1 s_0 s_1 s_1 s_1 s_0 s_1\ 0$ definiert.

Man sieht sofort, daß bei diesen Definitionen von 0,1,= jedes Objekt nur *auf eine Weise gelesen werden kann* [vgl. Kapitel 0], d.h. anhand der Kodierung einer Zeichenfolge können wir die Zeichenfolge wieder rekonstruieren. Dies wäre beispielsweise nicht der Fall, wenn wir $\overline{0}$ für 0 und $\overline{1}$ für 1 genommen hätten; denn welche Folge wir auch für = gewählt hätten, sie wäre jedenfalls eine Folge von $\overline{0}$ und $\overline{1}$ gewesen, würde also *auch* eine Folge der Zeichen 0,1 kodieren.

(c) EIN FORMALES SYSTEM S_C, welches in der Sprache L_C formuliert und in R_C (kombinatorisch) gültig ist. Wir nehmen alle Regeln, die in kombinatorischen Realisierungen gelten (siehe Abschnitt 0(b)). Dazu

(i) die Axiome für die Nachfolgerfunktionen: $s_0x=s_0y \to x=y$; $s_1x=s_1y \to x=y$; $\neg s_0x=x$; $\neg s_1x=x$; $\neg s_0x=s_1y$; $\neg s_0x=0$; $\neg s_0x=1$; $\neg s_1x=0$; $\neg s_1x=1$; $\neg 0=1$;

(ii) das Schema für Beweise mit Induktion: für jede Formel Ax aus L_C kann Ax aus

$$A0 \wedge A1 \wedge (Ax \to As_0x) \wedge (Ax \to As_1x)$$

abgeleitet werden;

(iii) das Schema für Definitionen durch Rekursion: sei $C^n=\{0,1,s_0,s_1,f_r:r<n\}$ für $n=1,2,\ldots$; wir setzen $C=\cup_n C^n$. Weiter betrachten wir eine Aufzählung $(u_0^n,u_1^n,v_0^n,v_1^n)$ aller Quadrupel (u_0,u_1,v_0,v_1), wobei die Terme u aus Zeichen von $\{y\}\cup C$, die Terme v aus Zeichen von $\{x,y,z\}\cup C$ bestehen sollen; darüberhinaus ist jedes u_0^n,u_1^n mit Zeichen aus $\{y\}\cup C^n$, jedes v_0^n,v_1^n mit Zeichen aus $\{x,y,z\}\cup C^n$ aufgebaut. (Dies ist offenbar möglich.)

Wir schreiben $v[z]$ für v und nehmen die folgenden Axiome:

$$f_n(0,y)=u_0^n, \quad f_n(1,y)=u_1^n$$

$$f_n(s_0x,y)=v_0^n[f_n(x,y)], \quad f_n(s_1x,y)=v_1^n[f_n(x,y)].$$

Die Gültigkeit von (i) (in R_C) liegt auf der Hand, die von (ii) zeigt man mit Induktion (daher der Name des Schemas). Bleibt noch (iii); das Universum von $R_C,\overline{0},\overline{1},\overline{s}_0,\overline{s}_1$ bilden ein Modell, welches auf genau eine Weise zu einem Modell von (iii) erweitert werden kann. Die mechanischen Regeln zur Definition der Funktionen $\overline{f}_n$ werden durch die Axiome (iii) gegeben (im Sinne von Abschnitt 0(ii)). Daß diese Regeln tatsächlich Funktionen definieren, zeigt man durch Induktion: siehe Abschnitt 0(iii).

N.B. Der Beweis für die Gültigkeit von S_C illustriert den Unterschied zwischen kombinatorischen Beweisen, die als Gedanken aufgefaßt werden, und formalen Ableitungen: man muß sich schon vom Induktionsprinzip überzeugt haben, bevor man die Gültigkeit der formalen Regeln, die solche Beweise beschreiben sollen, einsehen kann.

In der Beweistheorie wird gezeigt, daß mit der Sprache L_C und den Regeln von S_C der größte Teil der bislang entwickelten (informalen) kombinatorischen Mathematik formuliert werden kann. Dazu gehört z.B. auch die teilweise Lösung des Hilbertschen Widerspruchsfreiheitsproblemes, die in Abschnitt 1(c) erwähnt wurde. Also steht S_C zur kombinatorischen Mathematik ungefähr so wie Zermelos Axiome (Teil A, Abschnitt 2) zur informalen mengentheoretischen Mathematik.

(d) IST S_C EINE ADÄQUATE AXIOMATISIERUNG DER KOMBINATORISCHEN THEORIE VON R_C?

Die Antwort hängt sehr stark davon ab, ob wir bei der Beschreibung kombinatorischer Beweise nur endlich viele kombinatorische Funktionen zulassen oder nicht (siehe Seite 244, Zeile 30/31). Wenn wir auf *endlich* vielen kombinatorischen Funktionen bestehen, ist der Beweis für die Gültigkeit von S_C in (c) oben nicht ohne weiteres kombinatorisch, denn bei der Konstruktion kommt die *unendliche* Folge $\overline{f}_n$ vor. Jedenfalls können in S_C nicht alle kombinatorischen Funktionen über dem Universum von R_C definiert werden, vorausgesetzt, S_C ist kombinatorisch gültig: (c) liefert eine kombinatorische Aufzählung der Funktionen $\overline{f}_n$; mit der Cantorschen Diagonalmethode können wir daher eine kombinatorische Funktion finden, die von allen in S_C definierbaren Funktionen verschieden ist. (An dieser Stelle sei es dem Leser überlassen, sich zu überlegen, ob der kombinatorische Beweisbegriff, so wie er ihn nach den bisherigen Erörterungen versteht, das obige Argument in (c) einschließt.)

Entsprechend finden wir eine Formel aus L_C, die kombinatorisch gültig ist, aber nicht in S_C abgeleitet werden kann: Gödels Methode (von Satz 4 aus Teil A, hier natürlich frei von dem spezifisch mengentheoretischen Kontext) zeigt, daß

$$\neg \mathrm{Dem}(x, s^*)$$

nicht in S_C abgeleitet werden kann. Dabei bedeutet $\overline{\mathrm{Dem}(x,y)}$ (für eine feste Definition der Sprache L_C; vgl. (b) oben) die kombinatorische Relation: $\overline{x}$ ist eine nach den Regeln von S_C konstruierte Formelfolge mit letztem Element $\overline{y}$; und s^* ist die kanonische Definition der Formel 0=1, d.h. jenes Elementes aus dem Universum, welches bei der betrachteten Definition die Formel 0=1 ist.

Andererseits zeigt aber der Gültigkeitsbeweis für S_C, daß $\neg\text{Dem}(x,s^*)$ in R_C gilt ("Gültigkeit" und "Beweis" natürlich im kombinatorischen Sinne verstanden).

Der Beweis für die Gültigkeit von S_C zeigt noch mehr: für jede Formel A aus L_C sei s_A ihre kanonische Beschreibung (die natürlich die formale Definition der Sprache L_C und nicht nur die Menge ihrer Formeln berücksichtigt); dann ist auch das Schema

$$\text{Dem}(x,s_A) \rightarrow A$$

gültig. $\neg\text{Dem}(x,s^*)$ ist ein Spezialfall hiervon, wenn man für A die Formel 0=1 nimmt. Dieses (in L_C formulierte) Schema bedeutet also eine Erweiterung des Systems S_C.

> Bei einer anderen, stärkeren, aber auch kombinatorisch gültigen *Erweiterung* wird eine Aufzählung aller in S_C definierten Funktionen eingeführt (oder, anders ausgedrückt, die Operation, die jedem geschlossenen Term von L_C seinen Wert zuordnet). Daß diese Operation eine kombinatorische Funktion ist, ergibt sich aus dem Beweis, daß die Regeln für die $\overline{f}_n$ kombinatorische Funktionen definieren.

KONSEQUENZEN FÜR DAS HILBERTSCHE PROGRAMM
(Genauer: für das Problem, das Hilbertsche Programm für *jedes* formale System, zu dem die mathematische Praxis Anlaß gibt, durchzuführen.)

Aus den oben beschriebenen Tatsachen ergibt sich, daß die in S_C formulierten Prinzipien nicht ausreichen, um das Hilbertsche Programm für S_C durchzuführen; und Entsprechendes gilt, grob gesprochen, auch für jede gültige Erweiterung von S_C: dies ist Inhalt des zweiten Unvollständigkeitssatzes von Gödel (bei einer genauen Formulierung dieses Satzes muß der Begriff "formales System" analysiert werden, wozu die Theorie der rekursiven Funktionen benötigt wird).

Der Gödelsche Satz selbst sagt aber nichts über die Undurchführbarkeit des Hilbertschen Programmes an sich aus, da jener Satz noch folgende Möglichkeit offenläßt. Zu jedem formalen System F, welches durch die mathematische Praxis motiviert ist (einschließlich der Mengenlehre), kann man ein kombinatorisches System S_F und eine kombinatorische Realisierung R_F angeben derart, daß einerseits R_F das System S_F erfüllt und andererseits $\neg\text{Dem}_F(x,s^+)$, also die Widerspruchsfreiheit von F, in S_F beweisbar ist.

Dies setzt natürlich voraus, daß es für jedes solche System F einen kombinatorischen Beweis gibt, der im Sinne von Abschnitt 0(a)(iv) nicht in F formuliert werden kann. Obwohl intuitiv wenig plausibel, ist diese letzte Annahme nicht ohne eine gründliche Untersuchung des *kombinatorischen* Beweisbegriffes auszuschließen; man muß auf jeden Fall subtilere Eigenschaften der kombinatorischen Beweise heranziehen als nur etwa ihre (mengentheoretische) Gültigkeit: denn der Unvollständigkeitssatz zeigt eben, daß es zu jedem (beweisbar konsistenten) F *gültige* Beweise gibt, die nicht in F formuliert werden können.

Ohne eine solche Analyse haben wir nur das folgende Ergebnis:
es gibt kein formales System S, so daß

(i) jeder in R_C (kombinatorisch) gültige Satz aus L_C in S formal abgeleitet werden kann;

(ii) die Gültigkeit von S (in R_C) auf kombinatorischem Wege bewiesen werden kann.

3. AUSBAU DER THEORIE

Was nun die gegen Ende von Abschnitt 2 erwähnte Hypothese anbetrifft, so zeigt die obige Diskussion zunächst einmal, daß eine *positive* Lösung des Hilbertschen Programmes eine empirische Untersuchung (vgl. $X^{A}\tau$ und $D^{A}\tau$ aus Teil A, Abschnitt 1) aller durch die mathematische Praxis motivierten formalen Systeme erfordern würde. (Gerade deshalb wäre es ja für das Hilbertsche Programm so interessant, ein einziges formales System zu finden, das die gesamte mathematische Praxis erfaßt.)

Eine *negative* Lösung könnte man wie folgt bekommen: zuerst konstruieren wir ein formales System S, das die Bedingung (i), aber natürlich nicht (ii) (Ende von Abschnitt 2) erfüllt. Sodann suchen wir ein spezielles formales System der mathematischen Praxis, für welches das Hilbertsche Programm mit den Methoden von S nicht durchgeführt werden kann.

In dem Artikel über mathematische Logik in: Lectures on Modern Mathematics, vol.3 (ed. Saaty, 1965) wird ein System aufgestellt, das die Bedingung (i) erfüllen soll, in dem aber die Konsistenz der üblichen Arithmetik [erster Stufe, Kap.3, Aufg.2] nicht bewiesen werden kann. Der wesentliche Gedanke, der in diesem System ausgedrückt wird, besteht darin, daß schließlich alle kombinatorischen Beweise durch fortgesetzte Erweiterungen der Art, wie wir sie auf Seite 265 betrachtet haben, erzeugt werden können: Das Hauptproblem besteht darin zu sichern, daß **alle** Iterationen erfaßt werden, bei denen jede formale Ableitung eine kombinatorische Realisierung hat. (Nach Abschnitt 2(d) (ii) kann ein solches System als ganzes kein kombinatorisches Modell haben, d.h. es kann keinen *kombinatorischen* Beweis dafür geben, daß jede Ableitung in einem solchen S eine kombinatorische Realisierung hat.) Offenbar kommen nicht einmal alle abzählbaren Iterationen in Betracht.

Wir haben hier eine bemerkenswerte Analogie zu Teil A, Abschnitt 3: die Operation $\mathcal{P}$ (Potenzmengenbildung) erzeugt die Typenhierarchie, und das Hauptproblem der "Unendlichkeitsaxiome" betrifft auch dort die Iteration des Erzeugungsprinzips. Aber im Gegensatz zum vorhergehenden Absatz ist es mit heutigen Mitteln nicht möglich, eine *Schranke* für diese Iteration anzugeben; genauer, nach der Verallgemeinerung von Satz 2 in Teil A ist keine solche Schranke in der Mengenlehre definierbar.

N.B. Zum besseren Verständnis der mit dem Hilbertschen Programm verbundenen Probleme wollen wir es einmal mit der Quadratur des Kreises vergleichen, wobei die Begriffe "kombinatorischer Beweis" und "geometrische Konstruktion" einander entsprechen. (α) Hier müssen wir zunächst einsehen, daß die intendierten geometrischen Konstruktionen mit Zirkel und Lineal auszuführen sind und daß die Koordinaten eines Punktes, der auf diese Weise konstruiert werden kann, durch rationale Operationen und Quadratwurzeln ausgedrückt werden können. Dem entspricht die Formulierung eines Systems S, das der Bedingung (i) genügt. (β) dem Beweis, daß $\int_0^1 \sqrt{1-x^2}\,dx$ nicht mit rationalen Operationen und Quadratwurzeln ausgedrückt werden kann, entspricht der Beweis der Nichtableitbarkeit von $\neg \mathrm{Dem}(x,s^*)$. Moderne, oder zumindest vom Formalismus beeinflußte Bücher, übergehen meist die Diskussion von Punkt (α). Dies kann kaum überraschen, denn zu (α) gehört eine axiomatische Analyse geometrischer Begriffe, insbesondere die Einführung von Koordinaten ausgehend von intuitiven geometrischen Axiomen; aber eine solche Analyse wäre für die formalistische Doktrin, die die Möglichkeit dieser Art von Untersuchung bestreitet, ausgesprochen peinlich; siehe die Einleitung. (Die Formulierung von S bereitet mehr Schwierigkeiten als (α), da der intuitive kombinatorische Beweisbegriff weniger klar ist als der Begriff der geometrischen Konstruktion mit Zirkel und Lineal. Andererseits ist zu erwarten, daß die Präzisierung des kombinatorischen Beweisbegriffes weniger willkürlich ausfallen wird als die oben erwähnte Analyse des Begriffes der geometrischen Konstruktion, da dieser für unser Denken weniger fundamental ist.) Übrigens ist die Entdeckung formaler Systeme für die Analyse von Beweisen mit der griechischen Entdeckung der mathematischen

Geometrie für die Untersuchung der geometrischen Erfahrung zu vergleichen. (Obwohl es sich in beiden Fällen um Idealisierungen handelt, muß man zugeben, daß die geometrischen Idealisierungen der Erfahrung "näher" stehen.)

In diesem Zusammenhang ist noch ein Problem zu erwähnen, das zwar nicht zur Logik im strengen Sinn gehört, aber möglicherweise die *Methoden* der kombinatorischen Grundlagenforschung (zur Formalisierung und Lösung) braucht. Es handelt sich darum, eine Theorie jener Beweise aufzustellen, die nicht nur gültig, sondern "verständlich" (einsichtig) sind; u.a. wäre auch eine Theorie einsichtiger kombinatorischer Beweise zu betrachten. In der Geometrie entspräche dies einer Theorie "praktisch" ausführbarer Konstruktionen, bei denen nur Punkte auftreten, die "nahe" bei den Ausgangspunkten liegen und die bei "kleinen" Änderungen der Anfangsbedingungen stabil sind: die Entdeckung einer passenden Metrik ist natürlich ein wichtiger Schritt bei der Lösung des Problems. (Das Problem gehört nicht zur Logik im engen Sinn, da sich diese in erster Linie mit Gültigkeit oder zumindest verschiedenen Gültigkeits*begriffen* befaßt.)

Zum Schluß noch ein Wort über die intuitionistische Auffassung des mathematischen Denkens (Abschnitt 2(a)): sie geht weit hinaus über den Bereich der kombinatorischen Mathematik, da sie auch *abstrakte Objekte* wie Funktionen, Funktionen von Funktionen usf. zuläßt, solange sie sich nur auf Objekte des mathematischen Denkens beziehen; mengentheoretische Begriffe im realistischen Sinne werden hier nicht zugelassen. Der Intuitionismus hat eine idealistische Auffassung von der Mathematik; er unterscheidet sich also von der kombinatorischen dadurch, daß er *abstrakte Konstruktionen* zuläßt. Dies ist seine positive Seite.

Seine negative und bekanntere Seite besteht in polemischen Angriffen auf mengentheoretische Begriffe; diese Argumente sind aber auch nicht überzeugender als die, die Realisten gegen Idealisten vorbringen ("Was für Dinge sind denn Beweise?"); oder die von Formalisten gegen die übrigen Auffassungen ("Was sind abstrakte Objekte?"). Es wird nämlich dabei stets übersehen, daß es mehr Dinge im Himmel und auf Erden gibt, als die Philosophie sich träumen läßt (d.h. als von dem speziellen philosophischen System des jeweiligen Kritikers akzeptiert werden). Positive Ergebnisse, die mit eingeschränkten Mitteln erzielt werden, verlieren dadurch natürlich nicht ihr Interesse, denn sie zeigen zum Beispiel, daß sich mit den akzeptierten Objekten die betrachteten Phänomene befriedigend erklären lassen.

Offenbar läßt sich der Grundgedanke des Hilbertschen Programmes auch im Rahmen der intuitionistischen Auffassung ausnutzen: die Widerspruchsfreiheit der behandelten formalen Systeme soll jetzt eben mit intuitionistisch gültigen Mitteln (anstelle der kombinatorischen aus Abschnitt 2) nachgewiesen werden. Weitere Informationen findet man in dem oben zitierten Artikel, besonders auf S. 158 - 159.

4. KRITISCHE ZUSAMMENFASSUNG

(a) VERGLEICH ZWISCHEN MENGENTHEORETISCHEN UND KOMBINATORISCHEN GRUNDLAGEN : beide Grundlagensysteme beantworten die (etwas altmodisch formulierte) Frage: Was ist Mathematik? Das erste System präzisiert eine, übrigens ziemlich spezielle "realistische" Auffassung, und betrachtet in erster Linie Objekte und nicht das Schließen über diese Objekte. Die Antwort lautet: Mathematik ist *Mengen*-Lehre (und zwar von Mengen in einem geeignet präzisierten Sinn). Im zweiten Fall handelt es sich um eine spezielle "idealistische" Auffassung, die Aussagen über abstrakte mathematische Objekte als bloße "façon de parler" ansieht und zeigen will, daß unser Gebrauch dieser façons de parler kohärent ist. Das Frappierende an dieser Auffassung liegt darin, daß sie - ganz im Gegensatz zu unserer natürlichen Einstellung - das mathematische Schließen für prinzipiell kombinatorisch hält; "prinzipiell" im logischen Sinn (der in Teil 3 erklärt wurde), nämlich daß die *Gültigkeit* kombinatorisch formulierter Ergebnisse immer auch kombinatorisch bewiesen werden kann. Nach dieser Auffassung besteht also das Merkmal des Mathematischen - nicht in einer Einheitlichkeit der Objekte, sondern in einer Einheitlichkeit des mathematischen Denkens. Ferner, wie gesagt, ist daran besonders bemerkenswert, daß die Schulmathematik, die ja ein typisches Beispiel der kombinatorischen Mathematik darstellt, auch für die gesamte Mathematik typisch sein soll!
Beide Systeme trennen mathematische von ontologischen Fragen, d.h. Fragen nach der Existenz, d.h. Objektivität, abstrakter Objekte oder abstrakter Begriffe außerhalb des betrachteten Systems. Jedoch werden die Trennungslinien an verschiedenen Stellen gezogen. Wenn also die eine Trennung erfolgreich war, so sagt dies noch nicht, daß auch die andere Trennung richtig ist.

Betrachten wir insbesondere die Trennung von mengentheoretischen Begriffen und klassischen intuitiven Strukturen, die zum Beispiel in unseren geometrischen Anschauungen (Kontinuum) oder in unseren Vorstellungen vom Zufall (Wahrscheinlichkeit) vorkommen. *Wenn* die entsprechenden Adäquatheitsbedingungen aus Teil A, Abschnitt 1(a) (für einen dieser Begriffe γ) erfüllt sind, *dann* können wir von der gewünschten Trennung (Autonomie der mengentheoretischen Mathematik) reden. $E^{A\gamma}$ genügt insbesondere zum Nachweis, daß intuitiv beweisbare mengentheoretische Behauptungen auch mengentheoretisch beweisbar sind, genauer: eine in L_E formulierte Behauptung, die mit den intuitiven Prinzipien $A_{\mathfrak{F}}$ von $\mathfrak{F}$ bewiesen werden kann, folgt auch schon aus den mengentheoretischen Prinzipien, die zum Beweis von $E^{A_{\mathfrak{F}}}$ benötigt wurden. Wenn darüber hinaus auch noch $\cup^{A_{\mathfrak{F}}}$ erfüllt ist, können wir weitere (in $L_{\mathfrak{F}}$ formulierte) intuitive Eigenschaften heranziehen, ohne daß sich dieser Sachverhalt ändert; die einzige Voraussetzung dabei ist, daß der intuitive Begriff kohärent ist. [In Teil B, Abschnitt 1(a) wurde schon betont, daß mit mengentheoretischen Mitteln nicht formuliert werden kann, *warum* die dort erwähnten Adäquatheitsbedingungen richtig sind; wenn also wirklich Mathematik mit Mengenlehre identifiziert wird, so ist die (informale) Herleitung dieser Bedingungen als eigentliches Grundlagenproblem anzusehen (natürlich wird die Identifizierung nicht dadurch widerlegt, daß die Herleitung *auch* Mathematik enthält).]

Wie schon in Teil A, Abschnitt 1(a) und Abschnitt 2(a) bemerkt wurde, sind die Adäquatheitsbedingungen für die *klassischen* intuitiven Strukturen erfüllt, für Ordinalzahlen nur in einem abgeschwächten Sinne, und - so weit wir wissen - für den allgemeinen Eigenschaftsbegriff, also Begriff (iii) im Abschnitt 2(a), überhaupt nicht.

Im Gegensatz dazu gilt eine Trennung zwischen kombinatorischen und mengentheoretischen Begriffen nur in einem sehr *eingeschränkten,* aber keineswegs trivialen Gebiet der Mathematik (Teil B, Abschnitt 1(c)). Und wenn die in Teil B, Abschnitt 3, erwähnte Charakterisierung des kombinatorischen Schließens begründet ist, so stimmt diese Trennung außerhalb der gewöhnlichen Zahlentheorie [erster Stufe; Aufgabe 2, Kapitel 3] nicht mehr. Für jene Teilgebiete des mathematischen Schließens, für welche die Adäquatheitsbedingungen aus Teil B, Abschnitt 1(b) und Abschnitt 1(d) erfüllt sind, gelten (bzgl. dieser Trennung) im wesentlichen die gleichen Folgerungen wie oben bei $E^{A_{\mathfrak{F}}}$ bzw. $\cup^{A_{\mathfrak{F}}}$.

Selbstverständlich sind die mengentheoretische und die kombinatorische Grundlagen bestenfalls Hilfsmittel zum Studium jener abstrakten Objekte, die durch sie eliminiert werden!

(b) DOKTRINÄRE GRUNDLAGEN stützen (nach Definition) ihre eigene Position hauptsächlich durch Kritik an anderen Grundlagenansätzen. Auf diese Weise vermeiden sie die Aufgabe, auf jene Mängel (der eigenen Position) einzugehen, die eben nur mit Hilfe von Begriffen aus anderen grundlagentheoretischen Systemen formuliert werden können.

[Z.B. wird bei kombinatorischen Grundlagen gerne übersehen, daß der Folgerungsbegriff zweiter Stufe überhaupt nicht kombinatorisch definierbar ist; vgl. die Diskussion in Teil B, Abschnitt 1(a).] - Der Leser wird in diesem Zusammenhang bemerkt haben, daß ein Interesse an kombinatorischer Grundlagenforschung häufig mit einer Kritik an mengentheoretischen Begriffen einhergeht; ebenso kritisieren Anhänger der mengentheoretischen Grundlegung etwa den Eigenschaftsbegriff aus Teil A, Abschnitt 2(a) oder den intuitionistischen Konstruktionsbegriff aus Teil B, Abschnitt 3; ganz offenbar deshalb, weil sie (als Mengentheoretiker) für diese Begriffe keine Begründung kennen.

Für den doktrinären (kombinatorischen) Standpunkt liegt die Bedeutung des Gödelschen Unvollständigkeitssatzes gerade darin, daß hier ein Fehlschlag der kombinatorischen Grundlagenforschung selbst kombinatorisch formuliert werden kann. Von einem weniger legalistischen Standpunkt aus *hält man eine Theorie für unzureichend, wenn sie Tatsachen, für die eine andere Theorie eine Erklärung bietet, nicht zu erklären vermag;* soll doch eine Theorie unter anderem stets das theoretische Verständnis erweitern. [Damit deckt auch schon Satz 5 aus Teil A eine Schwäche der kombinatorischen Grundlagen auf, denn im mengentheoretischen Rahmen kann man die Wahl formaler Regeln vernünftig begründen, bei einer kombinatorischen Grundlegung müssen sie zum Ausgangsmaterial gezählt werden (vgl. die Diskussion in Teil B, Abschnitt 1(c).]

Darüberhinaus sind die Mittel der kombinatorischen Grundlagenforschung auch nicht geeignet, die Reichweite der kombinatorischen Mathematik zu bestimmen (vgl. den letzten Absatz von Abschnitt 2 aus Teil B); in einem breiteren (konstruktiven) Rahmen kann man dies aber zumindest versuchen (siehe Teil B, Abschnitt 3).

Die entsprechende Frage für die Mathematik überhaupt ist gegenwärtig noch nicht angreifbar, d.h. genauer: die Frage, ob es hinreichend abstrakte, aber noch präzise Begriffe gibt, womit die gesamte Mathematik charakterisiert werden könnte, kann zur Zeit noch nicht einmal genau formuliert, geschweige denn gelöst werden.

(c) GROBER FORMALISMUS: diese schon in der Einleitung erwähnte, und was Popularität anbetrifft, so überaus glorreiche Doktrin scheut sich nicht, die im letzten Absatz gestellte Frage zu beantworten. Diese Doktrin läßt nicht einmal die kombinatorischen Grundbegriffe zu; Mathematik, so heißt es, bestehe aus Behauptungen der folgenden Form: eine vorliegende Zeichenfolge wurde mit den und den mechanischen Regeln konstruiert (in der Terminologie von Teil B, Abschnitt 0(b) heißt dies, daß nur geschlossene Formeln einer kombinatorischen Sprache betrachtet wurden). Allgemeine Behauptungen über solche Zeichenfolgen gehören schon nicht mehr zur Mathematik. Natürlich kann daher auch die minimale Adäquatheitsbedingung aus Teil B, Abschnitt 1(b) (Hilbertsches Widerspruchsfreiheitsproblem) nicht mehr formuliert werden, da ja dort eine *Variable* x vorkommt!

Von legalistischen Mängeln (vgl. Absatz (b) oben) ist diese Doktrin natürlich frei, ganz einfach deshalb, weil beinahe überhaupt nichts (Wesentliches) mit den von ihr zugelassenen Mitteln formuliert werden kann. Dieser Impotenzkult entspringt offenbar der Überzeugung, daß ganz grundlegende Phänomene der mathematischen Erfahrung einfach theoretisch nicht erklärt werden können; z.B. die (auf S. 256 beschriebenen) Bedingungen, unter denen Ergebnisse, die aus Eigenschaften abstrakter intuitiver Begriffe hergeleitet wurden, auch kombinatorisch gültig sind [5].

Der Leser wird bemerkt haben, daß nach dieser Doktrin die mechanischen Manipulationen das Wesentliche an der Mathematik sind, während er doch in der Schule gerade das Gegenteil gelernt hat: "Du sollst Beweise nicht nur kopieren, sondern verstehen!" (und schon damals hat er den Unterschied begriffen).

Diese Doktrin widerspricht nicht nur der mathematischen Praxis, sie klingt auch noch nicht einmal vernünftig. Besonders verhängnisvoll für den Fortschritt der Wissenschaft ist jedoch, daß die Doktrin zur weitverbreiteten Überzeugung geführt hat, gewisse Dinge seien nicht erklärbar, obwohl es dafür schon effektive Erklärungen gibt, wie etwa die positiven Lösungen für verschiedene Teilgebiete der Mathematik, des Hilbertschen Problems in Teil B, Abschnitt 1(c). Natürlich wird die *allgemeine* Behauptung der Doktrin, es wäre überhaupt sinnlos, nach solchen Erklärungen zu suchen, schon durch irgendeine (nicht-triviale) theoretische Erklärung widerlegt (vgl. die Seiten 259 und 266).

5
Bourbaki liebäugelt mit dieser Doktrin und schlägt hierfür eine "empirische" Erklärung aufgrund unserer Erfahrung mit formalen Systemen vor. Dies ist jedoch nicht durchdacht, da nichts über die (statistischen) Prinzipien gesagt wird, nach denen unsere Erfahrung ausgewertet werden soll. Da diese Prinzipien zumindest kombinatorische Mathematik erfordern, führt die Überprüfung dieser Prinzipien auf genau die gleichen Fragen wie in Teil B. Vgl. auch den Schluß von Teil A.

5. AKTUELLE FORSCHUNGSAUFGABEN

Einmal sind die beiden Grundlegungen, die wir hier betrachtet haben, zu vertiefen. In der mengentheoretischen Grundlagenforschung suchen wir nach neuen Axiomen, d.h. nach Eigenschaften, die von (hinreichend großen Abschnitten) der kumulativen Hierarchie erfüllt werden[6]. In der kombinatorischen Grundlagenforschung suchen wir eine tiefere Analyse der kombinatorischen Grundbegriffe (insbesondere, um damit die Grenzen des kombinatorischen Schließens überzeugend zu charakterisieren); etwas allgemeiner: wir können die Überlegungen von Teil B auf andere "idealistische" Grundlegungen übertragen, die entsprechende Adäquatheitsbedingungen erfüllen wie in Abschnitt 1(c). Das Interesse eines Grundlagensystems wird durch die Entdeckung von Unzulänglichkeiten keineswegs aufgehoben, da dadurch verschiedene Gebiete der mathematischen Praxis eingeteilt werden können, nämlich danach, ob das Gebiet in dieses oder jenes System paßt. Etwas Entsprechendes finden wir auch bei physikalischen Theorien: obwohl die Kontinuumsmechanik eine der Natur nicht adäquate Theorie ist (da die Natur atomar ist), brauchen wir sie, um wesentlich makroskopische Phänomene von mikroskopischen zu unterscheiden, d.h. von solchen, zu deren Erklärung man sich explizit auf die atomare Struktur beziehen muß.

6

Nirgends wurde in Anhang II die Idee der *fertigen* Hierarchie benutzt; stets waren stillschweigend nur Abschnitte C_α gemeint (genau wie ein strenger Finitist nie den Begriff der Gesamtheit C_ω aller hereditär endlichen Mengen benutzen würde). Diese Idee ist nicht nur mit Schwierigkeiten verknüpft, sondern man braucht sie einfach nicht, um die meisten der betrachteten Fragen zu verstehen. So ist etwa die Bedeutung der Kontinuumshypothese K.H. unabhängig von ihr, da K.H. für *alle* C_α, lediglich $\alpha>\omega+2$ denselben Wahrheitswert hat, sobald $\alpha>\omega+2$ ist. Zumindest sind die üblichen Unendlichkeitsaxiome, die auf S. 230 erwähnt wurden, nur geringfügig "weniger" wohlbestimmt. Sie haben die Form $\bigvee\alpha I(\alpha)$, wobei alle Quantoren in I auf C_α oder höchstens vielleicht $C_{\alpha+2}$ oder $C_{\alpha+3}$ beschränkt sind; also wenn etwa $I(\alpha_0)$ wahr ist, so bleibt $I(\alpha)$ wahr für alle C_β $(\beta>\alpha_0+3)$ und hat weiter nichts mit der Länge der Hierarchien zu tun. (Wir haben wieder eine analoge Situation, wenn der strenge Finitist die Existenz einer endlichen Ordinalzahl nachweisen muß, die eine finit oder auch nur mechanisch wohldefinierte Bedingung erfüllt.) Es ist jedoch zu beachten, daß in der Logik übliche Unendlichkeitsaxiome (wie das Ersetzungsaxiom auf Seite 231)nicht immer die eben behandelte existentielle Form $\bigvee\alpha I(\alpha)$ haben, obwohl manche aus evidenten Axiomen dieser Form folgen.

Die andere Forschungsrichtung, die hier erwähnt werden soll, versucht aus den entdeckten Mängeln bekannter Grundlagensysteme Ansätze für neue Systeme zu gewinnen. (An vernünftigen Vorschlägen fehlt es nicht; aber die Durchführung ist schwierig.) Wir brauchen hier nur daran zu erinnern, daß sich die erwähnten "realistischen" und die "idealistischen" Grundlagen förmlich aufdrängen, wenn wir an *verschiedene* Gebiete der Mathematik denken: die erste, genauer die mengentheoretische Variante aus Teil A, wenn wir an die (objektiven) Möglichkeiten für Kombinationen und Permutationen von Mengen gewisser Objekte oder gar an Punktmengen denken; die zweite, wenn wir an numerische Rechnungen nach gewissen Regeln und an unsere Reflexionen über diese Prozesse denken. Wenn wir noch einmal den Vergleich mit der Physik heranziehen, können wir etwas vereinfachend sagen: bei der ersten Grundlegung geht es in erster Linie um die Dinge selbst, nicht unsere Kenntnis über sie, bei der zweiten Grundlegung ist es umgekehrt. Selbst wenn nun eine *einheitliche* Grundlegung möglich (oder wünschenswert) ist, so darf man kaum erwarten, daß all die verschiedenen Gebiete der Mathematik auf eines *dieser*, der Praxis so nahestehenden, Systeme zurückgeführt werden können (natürlich im Sinne der relevanten Adäquatheitsbedingungen). Im Gegenteil: *entweder* denkt man an Grundlagen, die viel weniger mit der mathematischen Praxis zu tun haben (als die Teile A und B), wie ja auch von der üblichen Erfahrung zu den Elementarteilchen ein weiter Weg ist; *oder* man denkt an ein System, in dem sowohl Objekte als auch unser Wissen über sie berücksichtigt werden (wie dies bei der *Modallogik* intendiert wurde, obwohl man dies an den heutigen Darstellungen der Modallogik kaum mehr bemerken kann). So scheint z.B. folgende Annahme keineswegs unvernünftig zu sein: zu einer durchsichtigen und wirklich überzeugenden Begründung neuer mengentheoretischer Axiome sind neben Einsichten in der Form von Sätzen (in der Sprache der Mengenlehre) über die kumulative Hierarchie Betrachtungen sowohl über den Erzeugungsprozeß als auch über unsere Kenntnis (dieses Prozesses) erforderlich. Man vergleiche hier etwa die Tatsache, daß reichere (analytische) Sprachen nötig waren, um Beweise gewisser Sätze der Arithmetik durchsichtig zu machen. Vgl. Seite 232.

Teil C Vergleich zwischen der semantischen und syntaktischen (kombinatorischen) Einführung in die mathematische Logik

N.B. "Semantisch" bedeutet, wie üblich, "mengentheoretisch-semantisch"; bei einer syntaktischen Analyse werden natürlich auch gewisse semantische Fähigkeiten vorausgesetzt, und zwar die Kenntnis der entsprechenden kombinatorischen Grundbegriffe (also Teil B, Abschnitt 2 anstelle von Teil A, Abschnitt 2).

1. Die Vorteile der semantischen Analyse sind:
(a) Nach Teil A, Abschnitt 1 und Abschnitt 4 setzt die syntaktische oder beweistheoretische Analyse dort ein, wo die semantischen Untersuchungen aufhören: die Wahl der Axiome und die logische Folgerungsbeziehung entnimmt man der semantischen Analyse; sie bilden das Ausgangsmaterial für beweistheoretische Betrachtungen.

(b) Nach Teil A, Abschnitt 2 und Teil B, Abschnitt 3 gibt es Gebiete der Mathematik, die mit der K.T. semantisch begründet werden können, die aber *keine* kombinatorische Grundlegung besitzen (und von denen auch nicht bekannt ist, ob sie überhaupt konstruktiv begründet werden können).

[(c) Einige der betrachteten Ergebnisse der (klassischen) Prädikatenlogik können kombinatorisch formuliert und bewiesen werden, lassen sich aber "semantisch" wesentlich leichter beweisen, d.h. wenn wir ausnützen, daß die Regeln für den Folgerungsbegriff aus Kapitel 2 gültig und vollständig sind; vgl. Teil B, Abschnitt 1(c).

2. Es ist ein Nachteil der semantischen Analyse, daß einige Ergebnisse aus 1(c) wie das Interpolationslemma, nicht nur für semantisch vollständige Regeln gelten, sondern auch für eine größere Klasse von Regeln, sofern diese nur einige recht einfache kombinatorische Bedingungen erfüllen. Ein semantischer Beweis verbirgt also die volle *Allgemeinheit* des betrachteten Ergebnisses.]

Sachverzeichnis

Hochschultext

Innerhalb der *Hochschultexte* werden auf dem Gebiet der Mathematik wichtige Vorlesungsausarbeitungen und Lehrbücher publiziert. Ebenfalls Aufnahme in die *Hochschultexte* finden Übersetzungen bewährter Lehrbücher; wir glauben, auf diese Weise dem Studierenden der Anfangs- und mittleren Semester Bücher zugänglich machen zu können, die in Form und Inhalt im wahrsten Sinn des Wortes brauchbare Arbeitsmittel sind. *Hochschultexte* ist auf dem Gebiet der Mathematik Vorstufe und Ergänzung der Lehrbuchreihe *Graduate Texts in Mathematics,* einer Reihe, die (ausschließlich in englischer Sprache) es sich zum Ziel gesetzt hat, in knappen Leitfäden den Studierenden unmittelbar an den heutigen Stand der Wissenschaft heranzuführen.

H. Werner, Praktische Mathematik I. 1970. DM 14,– (Ursprünglich erschienen als „Mathematica Scripta, Band 1")

M. Gross und A. Lentin, Mathematische Linguistik. 1971. DM 28,–

J. C. Oxtoby, Maß und Kategorie. 1971. DM 16,–

G. Owen, Spieltheorie. 1971. DM 28,–

S. Mac Lane, Kategorien – Begriffssprache und mathematische Theorie. 1972. DM 34,–

H. Hermes. Introduction to Mathematical Logic. 1972. DM 28,–

G. Kreisel und J.-L. Krivine, Modelltheorie – Eine Einführung in die mathematische Logik. 1972. DM 28,–

H. Werner und R. Schaback, Praktische Mathematik II. In Vorbereitung.

Graduate Texts in Mathematics

Vol. 1 Takeuti/Zaring: Introduction to Axiomatic Set Theory. VII, 250 pages. DM 35,–

Vol. 2 Oxtoby: Measure and Category. VIII, 95 pages. DM 28,–

Vol. 3 Schaefer: Topological Vector Spaces. XI, 294 pages. DM 35,–

Vol. 4 Hilton/Stammbach: A Course in Homological Algebra. IX, 338 pages. DM 44,40

Vol. 5 MacLane: Categories. For the Working Mathematican. X, 262 pages. DM 31,50

Heidelberger Taschenbücher

12 van der Waerden: Algebra I. 8. Auflage. DM 10,80
15 Collatz/Wetterling: Optimierungsaufgaben. 2., veränderte Auflage. DM 14,80
23 van der Waerden: Algebra II. 5. Auflage. DM 14,80
26 Grauert/Lieb: Differential- und Integralrechnung I. 2., verbesserte Auflage. DM 12,80
30 Courant/Hilbert: Methoden der mathematischen Physik I. 3. Auflage. DM 16,80
31 Courant/Hilbert: Methoden der mathematischen Physik II. 2. Auflage. DM 16,80
36 Grauert/Fischer: Differential- und Integralrechnung II. DM 12,80
38 Henn/Künzi: Einführung in die Unternehmensforschung I. DM 10,80
39 Henn/Künzi: Einführung in die Unternehmensforschung II. DM 12,80
43 Grauert/Lieb: Differential- und Integralrechnung III. DM 12,80
44 Wilkinson: Rundungsfehler. DM 14,80
49 Selecta Mathematica I. Verfaßt und herausgegeben von K. Jacobs. DM 10,80
50 Rademacher/Toeplitz: Von Zahlen und Figuren. DM 8,80
51 Dynkin/Juschkewitsch: Sätze und Aufgaben über Markoffsche Prozesse. DM 14,80
64 Rehbock: Darstellende Geometrie. 3. Auflage. DM 12,80
65 Schubert: Kategorien I. DM 12,80
66 Schubert: Kategorien II. DM 10,80
67 Selecta Mathematica II. Herausgegeben von K. Jacobs. DM 12,80
73 Pólya/Szegö: Aufgaben und Lehrsätze aus der Analysis I. 4. Auflage. DM 12,80
74 Pólya/Szegö: Aufgaben und Lehrsätze aus der Analysis II. 4. Auflage. DM 14,80
80 Bauer/Goos: Informatik. Eine einführende Übersicht I (Sammlung Informatik). DM 9,80
85 Hahn: Elektronik-Praktikum für Informatiker (Sammlung Informatik). DM 10,80
86 Selecta Mathematica III. Herausgegeben von K. Jacobs. DM 12,80
87 Hermes: Aufzählbarkeit, Entscheidbarkeit, Berechenbarkeit. 2., revidierte Auflage. DM 14,80
91 Bauer/Goos: Informatik. Eine einführende Übersicht II. (Sammlung Informatik). DM 12,80
98 Selecta Mathematica IV. Herausgegeben von K. Jacobs
103 Diederich/Remmert: Funktionentheorie I. DM 14,80
105 Stoer: Einführung in die Numerische Mathematik I. DM 14,80